国家精品课程配套教材
国家级一流本科课程配套教材
科学出版社“十四五”普通高等教育本科规划教材
葡萄与葡萄酒工程专业系列教材

葡萄酒工艺学

（第二版）

李　华　王　华　袁春龙　陶永胜　著

科学出版社
北京

内 容 简 介

葡萄酒工艺学是研究葡萄酒原料、酿造、陈酿等理论和方法技能的科学，是葡萄与葡萄酒工程专业的学科基础课。本书是在保留第一版特色的基础上全新修订而成，以可持续发展为指导，主要论述原料及其改良、葡萄酒微生物和各类葡萄酒的酿造及质量控制等，力求科学、系统地介绍葡萄酒工艺学近年来国内外的研究成果。同时，本书配套精美课件及相关工艺视频，方便教师授课及学生学习。

本书可作为葡萄与葡萄酒工程、酿酒工程、食品科学与工程等相关专业的本科生、研究生教材，以及葡萄酒相关人员的参考用书。

图书在版编目（CIP）数据

葡萄酒工艺学 / 李华等著．—2 版．—北京：科学出版社，2023.4

国家精品课程配套教材　国家级一流本科课程配套教材　科学出版社“十四五”普通高等教育本科规划教材　葡萄与葡萄酒工程专业系列教材

ISBN 978-7-03-074593-4

Ⅰ．①葡…　Ⅱ．①李…　Ⅲ．①葡萄酒－酿造－高等院校－教材　Ⅳ．① TS262.61

中国国家版本馆CIP数据核字（2023）第011091号

责任编辑：席　慧 / 责任校对：严　娜

责任印制：张　伟 / 封面设计：蓝正设计

科学出版社 出版

北京东黄城根北街16号

邮政编码：100717

http://www.sciencep.com

北京富资园科技发展有限公司印刷

科学出版社发行　各地新华书店经销

*

2007年 9 月第　一　版　开本：787×1092　1/16

2023年 4 月第　二　版　印张：17 1/2

2024年 7 月第二十七次印刷　字数：448 000

定价：59.80元

（如有印装质量问题，我社负责调换）

前　言

1987 年，我在西北农业大学（现西北农林科技大学）首次开设了“葡萄酒工艺学”这门课程。2000 年在陕西人民出版社的支持下，我们出版了我国第一部《现代葡萄酒工艺学》。2007 年，科学出版社出版了当时修订后的《葡萄酒工艺学》。该版《葡萄酒工艺学》自出版以来，受到全国各有关高校、科研院所、葡萄酒生产企业及葡萄酒爱好者的欢迎，截止到 2023 年，先后印刷了 24 次。

自 2007 年版《葡萄酒工艺学》出版以来，随着社会经济等的不断变化、科学技术的不断进步、葡萄酒消费的变化和为适应市场对产品风格的必要调整，葡萄酒生产过程也发生了很大的变化，出现了新的投入品、材料、技术和酿酒方法，我国及有关国家的法规，以及国际法规在一般食品领域和葡萄酒特定要求方面都有了很大的发展和变化。此外，可持续发展理念已成为国际社会的广泛共识。这就要求我们将生态放在葡萄酒产业的突出位置，使之成为实现未来葡萄酒产业的方法、工具和理想。为此我们提出了经济与生态、文化和娱乐等社会功能共存的理念，以及“强化风格，提高质量，降低成本，节能减排”的可持续、高质量发展路线。

为适应上述变化，我们总结了多年来的研究成果、教学经验和国内外的最新研究成果，在保留了上一版科学结构的基础上，重新修订了《葡萄酒工艺学》，以为葡萄酒的教学、科研、生产、推广，以及我国葡萄酒产业的可持续、高质量发展尽绵薄之力。在本书的修订过程中，凝聚了西北农林科技大学葡萄酒学院葡萄酒工艺学、葡萄酒化学等相关教学科研团队的智慧，得到了葡萄酒行业相关机构、各产区及其酒庄和科学出版社的大力支持，在此一并致谢。

由于作者的水平有限，本书难免会存在一些疏漏，敬请读者批评指正。

李　华

2023 年 3 月 14 日

目　录

教学课件索取单

凡使用本书作为教材的主讲教师，可获赠教学课件一份。欢迎通过以下两种方式之一与我们联系。本活动解释权在科学出版社。

科学 EDU

1．关注微信公众号“科学 EDU”索取教学课件

关注→“教学服务”→“课件申请”

2．填写教学课件索取单拍照发送至联系人邮箱

姓名：	职称：	职务：
学校：	院系：	
电话：	QQ：	
电子邮箱（重要）：		
所授课程 1：		学生数：
课程对象：□研究生 □本科（____年级） □其他________		授课专业：
所授课程 2：		学生数：
课程对象：□研究生 □本科（____年级） □其他________		授课专业：
使用教材名称/作者/出版社：		食品专业教材最新目录

联系人：席慧 咨询电话：010-64000815 回执邮箱：xihui@mail.sciencep.com

第1章 绪 论

1.1 葡萄酒的起源和历史

据考古资料，野生葡萄起源于60万年以前。我们知道，从理论上讲，葡萄浆果落地裂开后，果皮上的酵母菌就开始活动，酿酒也就开始了，而根本不需要人为加工。正是因为如此，葡萄酒才成为已知的最古老的发酵饮料。也正因为如此，在人类起源的远古时期就有了葡萄酒（李华等，2007）。最早栽培葡萄的地区是小亚细亚里海和黑海之间及其南岸地区。大约在7000年以前，南高加索、中亚细亚、叙利亚、伊拉克等地区和国家就开始了葡萄的栽培。在这些地区，葡萄栽培经历了三个阶段，即采集野生葡萄果实阶段、野生葡萄的驯化阶段和葡萄栽培随着移民传入其他地区阶段（Jordan，2002）。

人类有意识地酿造葡萄酒是在新石器时期（公元前8500～前4000年）。最早生产葡萄酒的证据出现在中国（公元前7000年）、格鲁吉亚（约公元前6000年）、伊朗（约公元前5000年）、希腊（约公元前4500年）和亚美尼亚（约公元前4100年）等地的考古遗址（王华等，2016；Li et al.，2018）。

在埃及的古墓中所发现的大量珍贵文物（特别是浮雕）清楚地描绘了当时古埃及人栽培、采收葡萄和酿造葡萄酒的情景。最著名的是Phtah Hotep墓址，距今有6000年的历史。西方学者认为，这是葡萄酒业的开始（Vine，1981）。而中美科学家对距今9000～7000年的河南舞阳县的贾湖遗址的研究结果，却使世界葡萄酒的人工酿造历史推前了3000年。他们用气相色谱、液相色谱、傅里叶变换红外光谱、稳定同位素等分析方法，对在该遗址中发掘的大量附有沉淀物的陶片进行了一系列的化学分析，结果显示：陶片沉淀物含有酒精挥发后的酒石酸，而酒石酸是葡萄和葡萄酒特有的酸；陶片上残留物的化学成分有的与现代葡萄单宁酸相同（McGovern et al.，2004），且贾湖遗址出土的陶器类型十分丰富，完全符合葡萄酒酿造的要求（吕庆峰和张波，2013）。这不仅说明人类至少在9000年前就开始酿造葡萄酒了，而且也说明在世界上最早酿造葡萄酒的可能是中国人。

公元前2000年，古巴比伦的《汉谟拉比法典》中已有对葡萄酒买卖的规定，对那些将坏葡萄酒当作好葡萄酒卖的人进行严厉的惩罚。这说明当时的葡萄和葡萄酒生产已有相当的规模，而且也有一些劣质葡萄酒充斥市场。

欧洲最早开始种植葡萄并进行葡萄酒酿造的国家是希腊。公元前800年，一些航海家从尼罗河三角洲带回葡萄、葡萄种植和葡萄酒酿造技术，并逐渐传开。公元1000年前，希腊的葡萄种植已极为兴盛。希腊人不仅在本土，而且在其当时的殖民地西西里岛和意大利南部也进行了葡萄栽培和葡萄酒酿造。

公元前6世纪，希腊人把小亚细亚原产的葡萄酒，通过马赛港传入高卢（现在的法国），并将葡萄栽培和葡萄酒酿造技术传给了高卢人。然而在当时，高卢的葡萄酒生产并不很重要。公元前146年，罗马人从希腊人那里学会葡萄栽培和葡萄酒酿造技术后，很快在意大利半岛全面推广。随着罗马帝国的扩张，葡萄栽培和葡萄酒酿造技术迅速传遍法国、西班牙、北非及德国莱茵河流域地区，并形成很大的规模。时至今日，这些地区仍是重要的葡萄和葡萄酒产区。

15～16 世纪，葡萄栽培和葡萄酒酿造技术传入南非、澳大利亚、新西兰、日本、朝鲜和美洲等地。据 *The Discovery of America in The Tenth Century* 一书记载，公元 1000 年，Leif Ericson 从冰岛出发，穿过大西洋，来到美洲，发现了大量的野生葡萄。16 世纪中叶，法国胡格诺派教徒来到佛罗里达，开始用野生葡萄（*Vitis rotundifolia*）酿造葡萄酒。公元 16 世纪，西班牙殖民将欧亚种葡萄（*V. vinifera*）带入墨西哥、美国的加利福尼亚州和亚利桑那州。公元 16 世纪，英国殖民将栽培葡萄带到美洲大西洋沿岸地区，但尽管做了多次努力，由于根瘤蚜、霜霉病和白粉病的侵袭，以及这一地区的气候条件，欧洲葡萄的栽培失败了。

19 世纪 60 年代，是美国葡萄和葡萄酒生产的大发展时期。1861 年从欧洲引入葡萄苗木 20 万株，在加利福尼亚州建立了葡萄园。但由于根瘤蚜的危害，几乎全部被摧毁。后来，用美洲原生葡萄作为砧木嫁接欧洲种葡萄，防治了根瘤蚜，葡萄酒生产才又逐渐发展起来。

现在南北美洲均有葡萄酒生产，阿根廷、美国的加利福尼亚州及墨西哥均为世界闻名的葡萄酒产区（李华等，2007a）。

中国是葡萄的起源中心之一。全世界葡萄属植物有 80 余种，原产于中国的就有 42 种 1 亚种 12 变种，包括分布于中国中部和南部的葛藟（*V. flexuose*），东北、北部及中部的山葡萄（*V. amurensis*），中部至西南部的刺葡萄（*V. davidii*），广西的毛葡萄（*V. lanata*），分布广泛的蘡薁（*V. bryoniifolia*）等（李华，2008）。

在世界范围内，葡萄酒的最初起源地在远东，包括中国、叙利亚、土耳其、格鲁吉亚、亚美尼亚、伊朗等国家。葡萄酒由最初的起源地远东传入欧洲，再由欧洲传入东方和世界其他地区。因此，包括中国等国家的远东地区是葡萄、葡萄酒的起源地，欧洲则是后起源中心，即栽培葡萄的后驯化与传播中心（王华等，2016；Li et al.，2018）。

1.2 葡萄酒在中国的发展

有人说，葡萄酒是外来文化，因而它长期被列入“洋酒”之列。但实际上，最原始的“酒”，是野生浆果经过附在其表皮上的野生酵母自然发酵而成的果酒，称为“猿酒”，意思是这样的酒是由我们的祖先发现并“造”出来的。而我国是世界人类和葡萄的起源中心之一，因此葡萄酒应是“古而有之”了（李华和李甲贵，2000；李华和王华，2010）。McGovern 等（2004）的研究结果不仅证明了这一观点，而且还证明中国人可能在世界上最早酿造了葡萄酒。

我国是葡萄属（*Vitis*）植物的起源中心之一。原产于我国的葡萄属植物有 40 余种（包括变种）。我国最早对葡萄的文字记载见于《诗经》。《周礼・地官司徒》记载：“场人，掌国之场圃，而树之果蓏、珍异之物，以时敛藏之。”郑玄注：“果，枣李之属。蓏，瓜瓠之属。珍异，蒲桃、枇杷之属。”据考证，我国古代曾将葡萄叫作“蒲陶”“蒲桃”“葡桃”等，葡萄酒则相应被叫作“蒲陶酒”“蒲桃酒”“葡桃酒”等。此外，在古汉语中，“葡萄”也可以指“葡萄酒”。关于葡萄两个字的来历，李时珍在《本草纲目》中写道：“葡萄，《汉书》作蒲桃，可造酒，人酺饮之，则醄然而醉，故有是名”。“酺”是聚饮的意思，“醄”是大醉的

样子。按李时珍的说法，葡萄之所以称为葡萄，是因为这种水果酿成的酒，能使人饮后酶然而醉，故借“酺”与“酶”两字，叫作葡萄。

中国存在葡萄酒最早的时代由河南舞阳贾湖遗址考证为9000年前，到5000年以后即公元前2070年的夏代，这一阶段可称作中国葡萄酒文化的第一时期，历时2000年的夏、商、周三代可称作第二时期。而秦统一中国到西汉武帝通西域后才真正开启了中国的葡萄酒产业（王华等，2016；Li et al.，2018）。

我国引入欧亚种葡萄（*V. vinifera*）始于汉武帝建元年间。汉武帝遣张骞出使西域（公元前138～前119年），从大宛（中亚的塔什干地区）将葡萄引入。引进葡萄的同时还招来了酿酒艺人，从事葡萄酒的生产。

我国的栽培葡萄主要由西域引入，先至新疆，经甘肃河西走廊至陕西西安，其后传至华北、东北及其他地区。但直到唐朝盛期，我国的葡萄酒生产才有了很大的发展。唐朝著名诗人，如王绩、白居易、李白等，都有咏葡萄酒的著名诗句。

如果我们以欧亚种葡萄的引进，作为我国葡萄与葡萄酒产业的起始点的话，那么从汉武帝建元年间张骞从西域引进欧亚种葡萄，到清末民国初的2000多年，我国的葡萄酒业和葡萄酒文化的发展大致上经历了以下5个主要的阶段（李华和李甲贵，2000）：①汉武帝时期——葡萄酒业的开始和发展；②魏晋南北朝时期——葡萄酒业的恢复、发展与葡萄酒文化的兴起；③唐太宗和盛唐时期——灿烂的葡萄酒文化；④元世祖时期至元朝末期——葡萄酒业和葡萄酒文化的鼎盛时期；⑤清末民国初期——葡萄酒业的转折期。

从汉武帝时代到清末民国的2000多年间，中国的葡萄酒产业历经了创建、发展、繁荣、衰落等不同时期。在这漫长的历史过程中，虽然潮起潮落，但与之相伴的是生生不息、流传至今的璀璨的中国葡萄酒文化。因此，无论从葡萄酒的起源，还是从中国连绵不断发展的葡萄酒文化及中国葡萄酒在当今世界上的地位分析，全世界葡萄酒大家庭应该划分为：以中国等远东国家为代表的“古文明世界”（Ancient World），以法国、西班牙等欧洲国家为代表的“旧世界”，以及以美国、澳大利亚等国家为代表的“新世界”（王华等，2016；Li et al.，2018）。

我国葡萄酒虽然已有漫长历史，但葡萄和葡萄酒生产始终为农村副业，产量不大，未受到足够重视。直到1892年华侨张弼士在烟台栽培葡萄，建立了张裕葡萄酿酒公司，我国才出现了第一个近代新型葡萄酒厂。

1949年以后，特别是十一届三中全会以来，我国的葡萄和葡萄酒事业得到了迅速发展。在20世纪50年代末和60年代初，从保加利亚、匈牙利和苏联引入了数百个鲜食和酿酒葡萄品种。20世纪80年代以来，又从西欧引进了一些世界著名酿酒品种。我国的葡萄选育种工作也取得了很大的成绩。李华等（2007a，b）经过多年的研究，建立了以无霜期为热量指标，确定酿酒葡萄栽培的北界（一级指标）；以干燥度为水分指标，确定酿酒葡萄栽培的南界（二级指标）；以年极端最低温度−15℃为冬季埋土防寒线（三级指标）的酿酒葡萄气候区划新指标体系。利用该指标体系，对全国623个气象台/站30年的气象要素日值，共7000多万个数据进行了系统分析，首次完成了中国酿酒葡萄气候区划。突出显示了在有灌溉能力的条件下，中国面积广大的干旱半干旱地区的大部均为酿酒葡萄种植最佳气候区，引导葡萄酒产业向新疆、甘肃、宁夏、陕西、西南高山区等最佳产区发展，使中国葡萄酒产业的空间布局更加科学合理。

目前，我国葡萄酒工业已经有了一支强大的技术队伍。西北农林科技大学（原西北农业大学）在1985年成立了葡萄栽培与酿酒专业，并在此基础上于1994年4月成立了葡萄酒学院。经过多年的努力与探索，西北农林科技大学葡萄酒学院已成为我国目前唯一培养具有国际就业能力的，从事葡萄与葡萄酒生产、经营和管理的葡萄酒工程师的行业性学院。根据我国葡萄与葡萄酒产业发展的要求，结合有关国际通行的做法和西北农林科技大学葡萄酒学院多年的探索，教育部已于2003年特批，在西北农林科技大学葡萄酒学院设立葡萄与葡萄酒工程专业，培养具有复合型知识结构与综合技能的葡萄与葡萄酒工程技术人才，为葡萄与葡萄酒行业的发展，提供人才与技术保障。葡萄与葡萄酒学科的创立与发展，开创了我国现代葡萄酒产业，并促进其蓬勃发展；葡萄酒学院成立前后培养的学生，遍布我国葡萄酒企业，且多数已经成为葡萄酒企业的技术骨干，支撑着我国葡萄酒产业的技术基础，使我国葡萄酒产业得到迅速发展，体现了教育为产业服务的发展思路。截止到2020年我国葡萄栽培面积为78.5万hm^2，居世界第3位；葡萄酒产量为6.6亿L，居世界第10位；消费量为12.4亿L，居世界第6位，进口葡萄酒为4.3亿L，进口贸易额为16亿欧元，居世界第7位，有力地提升了我国葡萄酒的国际地位（OIV，2021b）。

1.3 世界葡萄酒概况

1.3.1 世界葡萄栽培面积变化

据国际葡萄与葡萄酒组织（OIV，2021b）的统计数据表明，2000～2020年全世界葡萄栽培面积总体呈下降趋势，其中2003年面积最大，约为780万hm^2，之后连续下降，2011～2014年小幅回升后再次减少，到2017年以后，全世界葡萄栽培面积基本稳定在730万hm^2左右（图1-1）。世界主要国家的葡萄栽培面积见表1-1。

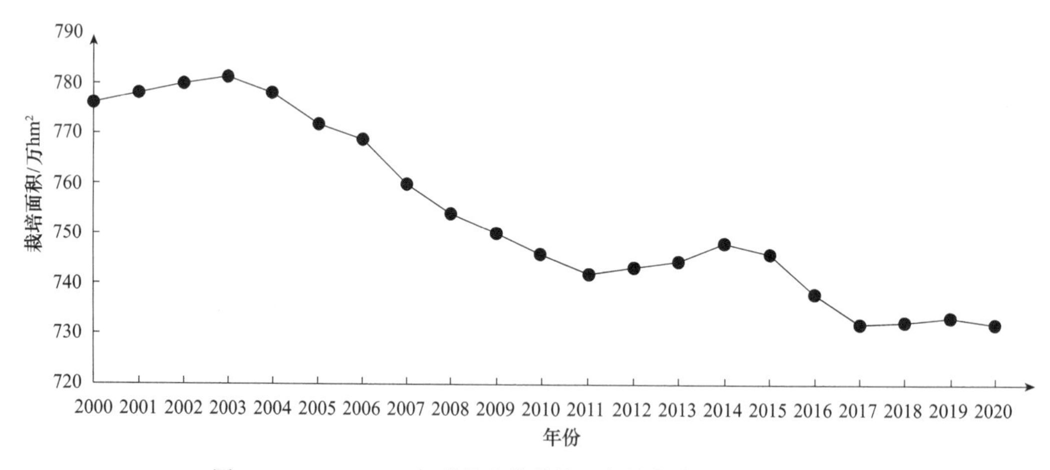

图1-1 2000～2020年世界葡萄栽培面积的变化（OIV，2021b）

2020年中国栽培面积为78.5万hm^2，已经连续5年小幅增加，占世界葡萄栽培面积的10.7%，居世界第3位，较2019年增加了0.5%（表1-1）。

表 1-1 世界主要国家葡萄栽培面积的变化（万 hm^2）（OIV，2021b）

国家	2016 年	2017 年	2018 年	2019 年	2020 年	2020 年同比增长	2020 年占世界总量
西班牙	97.5	96.8	97.2	96.6	96.1	−0.5%	13.1%
法国	78.6	78.8	79.2	79.4	79.7	0.4%	10.9%
中国	77.0	76.0	77.9	78.1	78.5	0.5%	10.7%
意大利	69.3	69.9	70.1	71.3	71.9	0.8%	9.8%
土耳其	46.8	44.8	44.8	43.6	43.1	−1.1%	5.9%
美国	43.9	43.4	40.8	40.7	40.5	−0.5%	5.5%
阿根廷	22.4	22.2	21.8	21.5	21.5	−0.0%	2.9%
智利	20.9	20.7	20.8	21.0	20.7	−1.4%	2.8%
葡萄牙	19.5	19.4	19.2	19.5	19.4	−0.5%	2.6%
罗马尼亚	19.1	19.1	19.1	19.1	19.0	−0.5%	2.6%
伊朗*	16.8	15.3	16.7	16.7	16.7	0.0%	2.3%
印度*	13.1	14.7	14.9	15.1	15.1	0.0%	2.1%
澳大利亚	14.5	14.6	14.6	14.6	14.6	0.0%	2.0%
摩尔多瓦	14.5	15.1	14.7	14.3	14.0	−2.1%	1.9%
南非	13.0	12.8	12.3	12.2	12.2	−0.0%	1.7%
塔吉克斯坦*	13.1	11.1	10.8	11.2	11.2	0.0%	1.5%
希腊*	10.5	10.6	10.8	10.9	10.9	0.0%	1.5%
德国*	10.2	10.3	10.3	10.3	10.3	0.0%	1.4%
俄罗斯	8.8	9.0	9.3	9.6	9.6	0.0%	1.3%
阿富汗*	8.9	9.4	9.4	9.6	9.6	0.0%	1.3%
巴西	8.6	8.4	8.2	8.1	8.0	−1.2%	1.1%
埃及*	8.3	8.4	8.0	7.9	7.9	0.0%	1.1%
阿尔及利亚*	7.6	7.5	7.5	6.6	6.6	0.0%	0.9%
保加利亚	6.4	6.5	6.7	6.7	6.6	−1.5%	0.9%
匈牙利	6.8	6.8	6.9	6.7	6.5	−3.0%	0.9%
其他国家	81.6	81.2	81.1	82.7	82.7	0.0%	11.3%
世界总量	737.7	732.8	733.1	734.0	732.9	−0.1%	100.0%

注：只统计 2020 年葡萄园面积大于 5 万 hm^2 的国家

* 沿用已有最新数据

1.3.2 世界葡萄酒产量变化

2000～2020 年，世界葡萄酒产量 2004 年达到峰值（295 亿 L），以后持续下降，经过了 2012～2013 年和 2017～2018 年剧烈变化后，2020 年世界葡萄酒产量约为 260 亿 L，比 2019 年增加了 1%，略低于过去 20 年的平均值（图 1-2）。世界主要国家葡萄酒产量的变化见表 1-2。

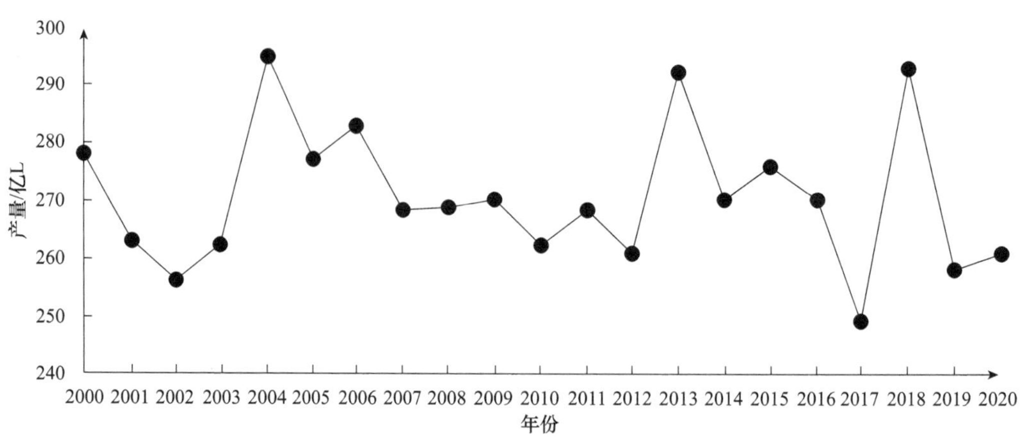

图 1-2 2000～2020 年世界葡萄酒产量的变化（OIV，2021b）

2020 年中国葡萄酒产量为 6.6 亿 L，比 2019 年降低了 15%，已连续 4 年大幅减产（表 1-2）。

表 1-2 世界主要国家葡萄酒产量的变化（亿 L）（OIV，2021b）

国家	2016 年	2017 年	2018 年	2019 年	2020 年	2020 年同比增长
意大利	50.9	42.5	54.8	47.5	49.1	3%
法国	45.4	36.4	49.2	42.2	46.6	10.4%
西班牙	39.7	32.5	44.9	33.7	40.7	21%
美国	24.9	24.5	26.1	25.6	22.8	−11%
阿根廷	9.4	11.8	14.5	13.0	10.8	−17%
澳大利亚	13.1	13.7	12.7	12.0	10.6	−12%
南非	10.5	10.8	9.5	9.7	10.4	7%
智利	10.1	9.5	12.9	11.9	10.3	−13%
德国	9.0	7.5	10.3	8.2	8.4	2%
中国	13.2	11.6	9.3	7.8	6.6	−15%
葡萄牙	6.0	6.7	6.1	6.5	6.4	−2%
俄罗斯	5.2	4.5	4.3	4.6	4.4	−4%
罗马尼亚	3.3	4.3	5.1	3.8	3.6	−5%
新西兰	3.1	2.9	3.0	3.0	3.3	10%
匈牙利	2.5	2.5	3.6	2.7	2.4	−11%
奥地利	2.0	2.5	2.8	2.5	2.4	−4%
希腊	2.5	2.6	2.2	2.4	2.3	−4%
巴西	1.3	3.6	3.1	2.0	1.9	−5%
格鲁吉亚	0.9	1.0	1.7	1.8	1.8	0%
其他国家	16.8	16.5	18.1	16.6	15.4	−7%
世界总量	270	248	294	258	260	1%

注：只统计 2020 年葡萄酒产量大于或等于 1 亿 L 的国家（OIV，2021b）

1.3.3 世界葡萄酒消费量的变化

世界葡萄酒消费量（2000～2020年）在2007年达到最高的250亿L，之后开始下降，略有回升的也未超过245亿L，到2020年降至234亿L，是自2003年以来的最低值。新型冠状病毒感染疫情危机对世界葡萄酒消费产生的影响与2008～2009年全球金融危机时相似。2020年全球消费2亿L以上的22个国家中，大部分消费量下降。在过去的几年中，中国葡萄酒消费量下降是世界消费水平下降的主要因素（图1-3、表1-3）。

2020年中国葡萄酒消费量为12.4亿L（亚洲第1位），比2019年减少了17.3%，占世界总消费量的5.30%，居全球第6位，说明疫情危机对中国的消费影响很大（表1-3）。

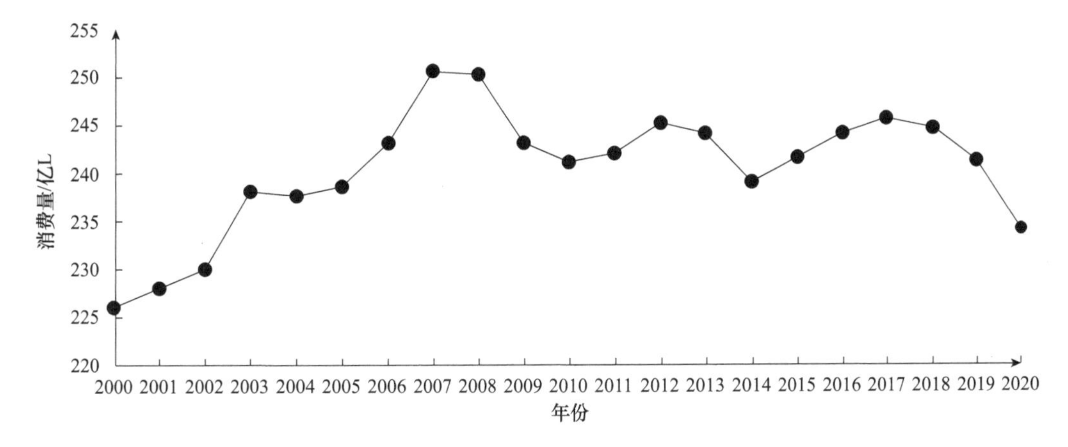

图1-3 2000～2020年世界葡萄酒消费量的变化（OIV，2021b）

表1-3 世界主要国家葡萄酒消费量的变化（亿L）（OIV，2021b）

国家	2016年	2017年	2018年	2019年	2020年	2020年同比增长	2020年占世界总量
美国	31.3	31.5	32.4	33.0	33.0	0.0%	14.1%
法国	28.3	28.6	26.0	24.7	24.7	0.0%	10.6%
意大利	22.4	22.6	22.4	22.8	24.5	7.5%	10.5%
德国	20.2	19.7	20.0	19.8	19.8	0.0%	8.5%
英国	12.9	13.1	12.9	13.0	13.3	2.3%	5.7%
中国	19.2	19.3	17.6	15.0	12.4	−17.3%	5.3%
俄罗斯	10.1	10.4	9.9	10.0	10.3	3.0%	4.4%
西班牙	9.9	10.5	10.9	10.3	9.6	−6.8%	4.1%
阿根廷	9.4	8.9	8.4	8.9	9.4	5.6%	4.0%
澳大利亚	5.4	5.9	6.0	5.9	5.7	−3.4%	2.4%
葡萄牙	4.7	5.2	5.1	4.6	4.6	−0.0%	2.0%
加拿大	5.0	5.0	4.9	4.7	4.4	−6.4%	1.9%
巴西	3.1	3.3	3.3	3.6	4.3	19.4%	1.9%

续表

国家	2016年	2017年	2018年	2019年	2020年	2020年同比增长	2020年占世界总量
罗马尼亚	3.8	4.1	3.9	3.9	3.8	−2.6%	1.6%
荷兰	3.6	3.7	3.6	3.5	3.5	−0.0%	1.5%
日本	3.5	3.5	3.5	3.5	3.5	−0.0%	1.5%
南非	4.4	4.5	4.3	3.9	3.1	−20.5%	1.3%
瑞士	2.7	2.7	2.6	2.7	2.6	−3.7%	1.1%
比利时	2.8	2.8	2.7	2.7	2.6	−3.7%	1.1%
奥地利	2.4	2.4	2.4	2.3	2.3	0.0%	1.0%
瑞典	2.4	2.3	2.3	2.3	2.2	−4.3%	0.9%
捷克	2.1	2.2	2.1	2.1	2.1	0.0%	0.9%
其他国家	34.8	33.1	37.3	37.7	32.2	−14.6%	13.8%
世界总量	244	246	244	241	234	−2.8%	100%

注：只统计了2020年葡萄酒消费大于或等于2亿L的国家（OIV，2021b）

1.3.4 世界葡萄酒国际贸易情况

2000～2020年世界葡萄酒国际贸易量和贸易额总体呈上升趋势（图1-4）。2020年世界葡萄酒出口贸易量为105.8亿L，比2019年下降了1.7%，为过去10年的平均水平；出口贸易额为296亿欧元，比2019年下降了6.7%。全世界主要葡萄酒进出口国的葡萄酒国际贸易状况见表1-4。

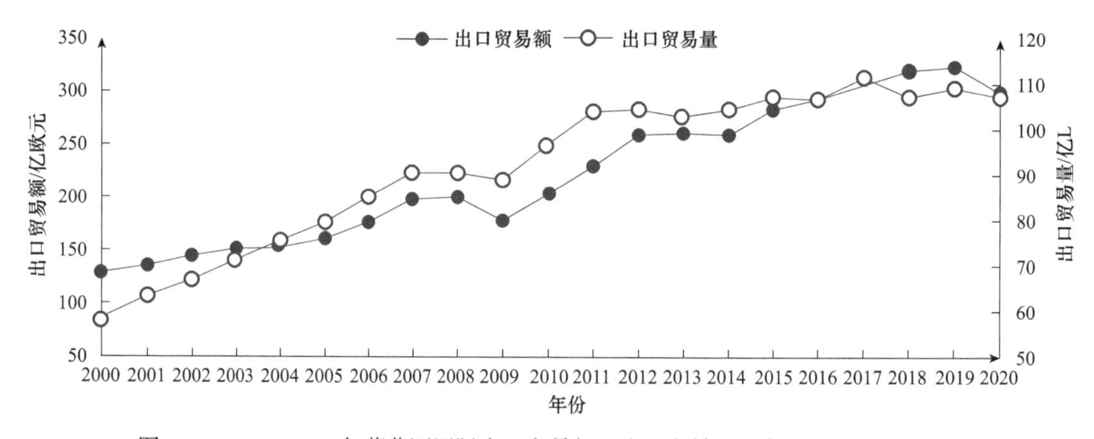

图1-4 2000～2020年葡萄酒国际出口贸易额和出口贸易量的变化（OIV，2021b）

表1-4 世界葡萄酒的主要进出口国贸易情况（OIV，2021b）

国家	出口量/亿L		出口额/百万欧元		国家	进口量/亿L		进口额/百万欧元	
	2019年	2020年	2019年	2020年		2019年	2020年	2019年	2020年
意大利	21.4	20.8	6387	6233	英国	14.0	14.6	3957	3804
	增长 −2.8%		增长 −2.4%			增长 4.3%		增长 −3.9%	
西班牙	21.4	20.2	2718	2626	德国	14.8	14.1	2635	2572
	增长 −5.6%		增长 −3.4%			增长 −4.7%		增长 −2.4%	

续表

国家	出口量 / 亿 L		出口额 / 百万欧元		国家	进口量 / 亿 L		进口额 / 百万欧元	
	2019 年	2020 年	2019 年	2020 年		2019 年	2020 年	2019 年	2020 年
法国	14.3	13.6	9794	8736	美国	12.3	12.3	5787	5160
	增长 −4.9%		增长 −10.8%			增长 0.0%		增长 −10.8%	
智利	8.7	8.5	1716	1595	法国	7.2	6.3	869	761
	增长 −2.3%		增长 −7.1%			增长 −12.5%		增长 −12.4%	
澳大利亚	7.4	7.5	1829	1787	荷兰	4.2	4.7	1198	1304
	增长 1.4%		增长 −2.3%			增长 11.9%		增长 8.8%	
阿根廷	3.1	4.0	682	655	加拿大	4.2	4.5	1742	1727
	增长 29%		增长 −4.0%			增长 7.1%		增长 −0.9%	
美国	3.6	3.6	1254	1147	中国	6.1	4.3	2182	1599
	增长 0.0%		增长 −8.5%			增长 −29.5%		增长 −26.7%	
南非	4.1	3.6	590	535	俄罗斯	4.5	3.5	1039	948
	增长 −12.2%		增长 −9.3%			增长 −22.2%		增长 −8.8%	
德国	3.8	3.4	1044	882	比利时	3.1	3.0	1010	988
	增长 −10.5%		增长 −15.5%			增长 −3.2%		增长 −2.2%	
葡萄牙	3.0	3.1	819	846	葡萄牙	2.9	2.7	164	158
	增长 3.3%		增长 3.3%			增长 −6.9%		增长 −3.7%	
新西兰	2.7	2.9	1096	1145	日本	2.8	2.6	1607	1366
	增长 7.4%		增长 4.5%			增长 −7.1%		增长 −15.0%	

注：2020 年只统计出口量大于或等于 2 亿 L 的国家（OIV，2021b）

2020 年世界进口葡萄酒第一的国家为英国，其次是德国和美国，分别进口 14.6 亿 L、14.1 亿 L 和 12.3 亿 L，进口额分别约为 38 亿欧元、26 亿欧元和 52 亿欧元（表 1-4）。

2020 年中国是全世界进口葡萄酒减少最多的国家：进口量为 4.3 亿 L，进口额为 16 亿欧元，分别比 2019 年下降了 29.5% 和 26.7%（表 1-4）。

目前，随着经济的发展和消费水平的提高，葡萄酒消费也转向优质葡萄酒。因此，葡萄和葡萄酒生产必须提高产品质量，以适应葡萄酒消费情况的变化。世界上主要葡萄酒生产国，正在从品种选育、良种区域化、新型酿酒设备的研制、优良酵母和乳酸菌系的选择和活性干酵母的生产及技术人员的培训等方面努力，以尽可能准确、实用地确定各种优质葡萄酒的最佳生产条件和储藏条件（李华和胡亚菲，2006a，2006b）。

此外，在世界葡萄酒竞争日益激烈的条件下，对葡萄园质量的鉴定不再只是根据葡萄酒的质量来进行。葡萄酒的质量形象还需要其他的因素：产地美丽的风景，葡萄园及葡萄酒厂与周围环境的协调，产品的自然特色，对环境的贡献等。这就需要我们以科学发展观为指导，在考虑保护环境的前提下，以人为本，日益完善我国的葡萄与葡萄酒产业，走持续生产的道路。葡萄持续生产的概念，必须满足生产高质量的葡萄和葡萄酒、尊重人和环境、保证葡萄与葡萄酒长期的经济效益等三方面的要求，也就是利用自然调节机制和资源，取代任何不利于环境的手段，长期保证高质量葡萄的可持续生产系统。该系统应能达到以下目的：

①推广亲环境的栽培技术体系，充分发挥葡萄园的生态服务功能；②优质葡萄的持续生产，尽量降低残留物含量；③保护生产者的健康；④保持葡萄生态系统及其周边的生物多样性；⑤优先使用自然调节机制；⑥保持并改善土壤质量；⑦尽量降低对水、土壤和空气的污染。

这样，就可以将葡萄持续生产的目标定义为：优质、稳产、长寿和美观。因此，生产优质葡萄、保证葡萄与葡萄酒生产者合理的收益、保护葡萄产地、尊重人和环境就成为葡萄与葡萄酒产业的全部任务。在葡萄持续生产的模式中，通过根据葡萄所要求的生态条件进行科学的产业布局、合理控制产量等手段，保证葡萄的质量，是葡萄与葡萄酒产业持续生产的基础；只有保持葡萄的稳产，才能保证以葡萄酒为代表的葡萄产品的质量及其稳定性，延长葡萄植株的经济寿命，保护葡萄园的景观，长期保证葡萄与葡萄酒产业的最佳经济效益；只有通过限制产量、合理施肥、科学种植等措施延长葡萄植株的寿命，才能在提高土地利用率、保证葡萄与葡萄酒产业的长期效益的同时，不断提高产品质量，生产出能够诠释产地特质、风格独特、不能模仿的优质产品，提高土地的价值；只有保持葡萄园美丽的景观，才能使葡萄与葡萄酒产业在经济上充满活力，并保持其多功能性，特别是在社会、文化和娱乐等方面的功能，促进产地的繁荣和国土资源的合理利用，实现土地增值和农民增收（李华等，2005）。

1.4 葡萄酒与健康

葡萄酒是新鲜葡萄或葡萄汁经发酵获得的饮料产品。在葡萄酒中除酒精（乙醇）外，还含有很多其他物质，如甘油、高级醇、芳香物质、多酚化合物等。这些物质的含量和比例，就决定了葡萄酒的种类和风味。

葡萄酒中含有多种有机和无机物质，风味鲜美，使它不仅是营养丰富的饮料，而且在适量饮用的条件下，还能防治各种疾病，增强人体健康（郭巍，2015）。但是关于饮用葡萄酒的益处和弊病之争一直没有停止过，围绕这一问题展开研究最多的是葡萄酒的酚类物质和酒精：葡萄果皮和种子中含有丰富的多酚类物质（陈雅纯等，2019），葡萄多酚主要成分以原花青素为主，其次为黄酮醇、黄烷醇类、白藜芦醇和儿茶素类，抗氧化活性是其最显著的生物活性；然而多项研究也证实饮酒对健康有不利影响，如长期摄入酒精对中枢神经系统、肌肉、肝脏和胰腺等组织产生毒害作用（曹瑞红和雷振河，2019）。本章首先介绍葡萄酒的主要成分，然后从酚类物质和酒精两方面出发，详细、客观地阐述两者对健康的影响，以此为读者更加理性地认识葡萄酒、合理地饮用葡萄酒提供建议和帮助（王华等，2022）。

1.4.1 葡萄酒的成分

在葡萄酒中，水是其他物质的载体，占总体积的70%～90%；其次是乙醇，根据葡萄酒种类的不同，含量为7%～17%（李华，2000）。此外，葡萄酒中还存在着许多其他成分，如有机酸、酚类物质、芳香物质及氨基酸、维生素和矿质元素等（李华等，2007）。这些成分不仅塑造了葡萄酒的独特风味，还为其增添了一定的营养价值（表1-5）。

表1-5 葡萄酒中主要的营养物质

分类	作用
氨基酸：含有24种氨基酸，其中包括8种人体必需氨基酸，其中脯氨酸、色氨酸、赖氨酸、谷氨酸等含量相对较高	氨基酸可以通过分解为人体提供能量；保持人体中的氮素平衡，促进人体生长，调节机体代谢

续表

分类	作用
有机酸：酒石酸（2～7 g/L）、苹果酸（0.5～0.8 g/L）、琥珀酸（0.2～0.9 g/L）、柠檬酸（0.10～0.75 g/L）等	开胃健脾、帮助胃液消化脂肪和蛋白质
维生素：维生素 C（0.1～0.3 mg/L）、维生素 B_6（0.6～0.8 mg/L）、硫胺素（0.008～0.086 g/L）、核黄素（0.18～0.45 mg/L）、烟酸（0.65～2.10 mg/L）等	维生素 C 可以提高机体免疫力，防止坏血病；核黄素可以防止口角炎和舌炎；烟酸保护皮肤，防止糙皮病
无机盐：钾（700～1500 mg/L）、钠（10～40 mg/L）、钙（60～90 mg/L）、镁（60～150 mg/L）、铁（2～8 mg/L）等	钾具有利尿和防止水肿等作用；镁参与蛋白质和能量代谢的各种酶的活动；钙是人体骨骼的构成元素

酚类物质作为影响葡萄酒色泽和口感的重要因素，并且具有强大的生理活性功能，一直是消费者、葡萄酒从业者和科研人员关注的焦点。研究表明，红葡萄酒酚类物质含量为 1531～3192 mg/L（以没食子酸计），白葡萄酒酚类物质含量为 210～402 mg/L（李华，2007b）。根据结构可以将红葡萄酒中的酚类物质分为类黄酮和非类黄酮两大类。

1.4.2 葡萄酒在人体内的转化

葡萄酒和大多数食物不一样，它不经过预先消化就可以被人体吸收，特别是空腹饮用葡萄酒时。在饮用后 30～60 min 时，人体中游离乙醇的含量达到最大值，为葡萄酒中乙醇总量的 75%。如果在进餐时饮用葡萄酒，则葡萄酒与其他食物一起进入消化阶段，葡萄酒的吸收速度较慢（1～3 h）。在以后 4 h 内，血液中酒精的含量很快减少，约在 7 h 以后消失。

吸收后的葡萄酒 95% 被氧化提供热能。这一氧化作用主要在饮入后的开始几小时内进行，并且主要在肝脏中进行。

肝脏能固定少量酒精，从而逐渐净化血液。被吸收的酒精中的一部分（2%～8%）也能通过唾液、尿和汗等排出体外。

1.4.3 葡萄酒中的酚类物质对健康的影响

1. 心血管保护 葡萄酒多酚对心血管疾病具有一定的保护作用，主要体现在防止活性氧（reactive oxygen species，ROS）的产生，调节脂质代谢，防止低密度脂蛋白氧化，促进一氧化氮（NO）的产生和血管舒张，改善内皮细胞功能等方面。

体外细胞实验证明，红酒可以降低 ROS 产生，上调烟酰胺腺苷二核苷酸依赖的脱乙酰化酶 SIRT1 和 SIRT6 的表达，保护循环系统的功能，预防内皮功能障碍。Calabriso 等（2016）用葡萄酒多酚处理人脐静脉内皮细胞，降低了 ROS 的产生，下调与动脉粥样硬化相关的细胞黏附因子（如 ICAM-1、VCAM-1、E-选择素等）基因及蛋白质表达。类黄酮类化合物可以通过诱导血管活性因子，如一氧化氮和内皮源性超极化因子（endothelium-derived hyperpolarizing factor，EDHF）释放，抑制内皮素-1（endothelin-1，ET-1）释放，抑制平滑肌细胞收缩和增殖。另外，多酚可以影响脂质代谢，影响载脂蛋白 A 和 B，修饰极低密度脂蛋白（very low density lipoprotein，VLDL）颗粒，上调脂蛋白脂肪酶（lipo protein lipase，LPL）活性来降低血浆中甘油三酯（triglyceride，TG）的含量，从而减少低密度脂蛋白胆固醇（lowdensity lipoprotein cholesterol，LDL-C）的浓度（王华等，2022）。

2. 预防癌症 来源于葡萄的酚类物质具有很强的抗肿瘤效果，包括抗侵袭、促凋亡、抗氧化、抗增殖、调节肿瘤细胞周期、抑制血管生成等，因其对正常细胞不会造成伤害的特性，是研制天然抗癌药物的良好选择（王华等，2022）。

研究表明，来源于葡萄的芪类化合物能够通过抑制血管内皮生长因子受体（vascular endothelial growth factor receptor-2，VEGFR-2）磷酸化，抑制血管生成，减少肿瘤细胞的生长与迁移。白藜芦醇可以抑制黑色素瘤细胞的细胞外调节蛋白激酶（extracellular regulated protein kinases，ERK）信号通路，促进 p21、p27 等细胞周期抑制因子的蛋白质表达，同时下调 SHCBP1 蛋白在 B16 细胞中的表达，抑制黑色素瘤细胞的增殖和迁移。白藜芦醇还可以通过减少活性氧对细胞的损害，影响超氧化物歧化酶等氧化酶活性，诱导癌细胞凋亡。此外，Gomez-Alonso 等（2012）研究表明，黄酮醇对结直肠腺癌上皮细胞具有直接细胞毒作用，可以抑制细胞周期蛋白 D1 与环氧合酶-2（cyclooxygenase-2，COX-2）表达，在 G_2/M 期引起细胞周期阻滞，减少细胞增殖（王华等，2022）。

3. 预防神经退行性疾病　在预防神经退行性疾病方面，多酚类物质可以通过抑制神经元内过度磷酸化的 tau 蛋白、淀粉样 β 肽积累、炎症、突触丢失与氧化应激等机制，减缓认知能力的下降和疾病的发生。

Mendes 等（2018）用白葡萄酒多酚提取物（100 mg/L）处理小鼠 2 个月，结果显示，多酚及其代谢物能够通过血脑屏障，调节脑细胞的氧化还原状态，提高过氧化氢酶活性，减少膜脂氧化，还能调节脑细胞膜脂肪酸组成，影响神经炎症。Ho 等（2013）研究了红酒多酚对阿尔茨海默病的作用，研究发现脑靶向多酚代谢物槲皮素-3-*O*-葡萄糖苷酸可以减少淀粉样 β 蛋白，抑制寡聚体的产生，还能通过激活丝裂原活化蛋白激酶（mitogen-activated protein kinase，MAPK）和 c-Jun 氨基末端激酶（c-Jun N-terminal kinase，JNK）信号通路来防止与学习和记忆功能相关神经元减少，改善基础突触传递。此外，程雪娇等（2015）的研究显示，白藜芦醇可以抑制星形胶质细胞增殖活化并降低骨架胶质纤维酸性蛋白（glial fibrillary acidic protein，GFAP）表达水平，还可以通过降低促炎因子肿瘤坏死因子-α（tumor necrosis factor-α，TNF-α）的表达，减少神经细胞的坏死和凋亡。另外，杨梅素可以通过抑制 MAPK 和核因子 κB（nuclear transcription factor-κB，NF-κB）信号通路和促炎因子［TNF-α、白细胞介素（interleukin，IL）-6 和 IL-1β］生成，抑制神经炎症，改善帕金森病（Parkinson's disease，PD）模型大鼠的运动障碍（王华等，2022）。

4. 预防肥胖　肥胖是增加心血管疾病、癌症与糖尿病患病风险的重要因素之一。多酚类物质可以通过降低血脂水平和炎症，减少脂肪积累，提高脂联素合成和脂质分解基因的表达等途径，调节机体脂质代谢，降低肥胖。

Chao 等（2017）用含有不同浓度杨梅素的乙醇溶液喂养肥胖雄性大鼠，可显著降低大鼠体质量和血脂水平；减少脂肪积累，降低肾周与附睾脂肪组织的细胞大小和质量。曹丽娟等（2016）证明了不同浓度原花青素对肥胖小鼠具有明显的降脂作用，250 mg/kg 原花青素能显著降低小鼠体质量，100 mg/kg 与 250 mg/kg 能够显著性降低血清中甘油三酯（TG）、总胆固醇（total cholesterol，TC）的含量。而 Hung 等（2019）的研究表明，ε-葡萄素（ε-viniferin）比白藜芦醇更能促进脂肪细胞分化，增强脂联素表达，减少脂质积累。研究发现，白藜芦醇可以抑制 α-葡萄糖苷酶活性，减少脂肪细胞对葡萄糖的摄取，虽然对脂肪酶的抑制作用较弱，但也具有降血脂和抑制脂肪沉积的作用（王华等，2022）。

5. 骨骼健康　葡萄酒中的酚类物质还可以促进骨形成，防止骨量流失，提高骨强度，增强骨骼对骨折的抵抗力，改善骨质疏松，从而降低骨折风险。葡萄酒中的黄酮类衍生物——丁香亭可以激活骨形态发生蛋白-2（bone morphogenetic protein-2，BMP-2）、SMAD1/5/8 蛋

白和细胞外信号调节激酶 1/2（extracellular signal-regulated kinase 1/2，ERK1/2）信号通路，血清碱性磷酸酶（alkaline phosphatase，ALP）、骨钙素蛋白、Ⅰ型胶原蛋白和骨细胞矿化量明显增加，刺激成骨细胞成熟与分化，促进骨形成（王华等，2022）。

6. 与肠道菌群的相互作用 葡萄酒多酚的生物利用率较低，只有 5%～10% 可以在小肠中被吸收，90%～95% 未被吸收的葡萄酒多酚会进入结肠，部分被微生物代谢为生物可利用的代谢物，进而对组织和器官产生积极的影响。另外，葡萄酒多酚还可以调节肠道微生物群落，产生类似于益生菌的效应。葡萄酒多酚可以调节微生物组成。定期适量饮用红酒可以抑制非有益菌（如结肠癌和炎症性肠病的重要病原体——产气荚膜梭菌），促进有益菌（如肠球菌、布氏杆菌、双歧杆菌等）的生长。

葡萄酒中的多酚物质因抗氧化、抗癌、抑菌等多种生物活性，具有保护心血管、预防癌症、预防神经退行性疾病、预防肥胖、保护骨骼和调节肠道菌群等积极作用。此外，最近的研究还显示葡萄籽提取物原花青素 C1 能够选择性诱导衰老细胞凋亡，提升老年小鼠的健康状况和平均寿命。然而值得注意的是，这些研究对酚类物质的具体生物活性及细胞和分子机制的探讨大多集中在动物和细胞模型上，并且酚类物质的用量较大，而实际情况是葡萄酒中的酚类物质含量少，并且生物利用度低。因此在正常饮用量的前提下，葡萄酒中的酚类物质对人体健康能发挥多大的积极功效还有待进一步探索（王华等，2022）。

1.4.4 葡萄酒中的酒精对健康的影响

部分研究显示，低或中程度的酒精摄入对缺血性心脏病、糖尿病和全因死亡率下降会产生积极作用，可以提高高密度脂蛋白浓度，降低血液和血管壁中的低密度脂蛋白水平；增强胰岛素敏感性，增加脂联素水平并改善内皮功能。但是这些研究存在样本小、混杂因素控制不足及计算相对风险的参考类别选择不佳等限制。随着研究的改进，越来越多的证据表明饮酒对延长寿命或预防心血管疾病没有显著或无作用（王华等，2022）。

1. 酒精与死亡风险的关系 对《全球疾病负担研究》的最新分析报告（具有当前规模最大的样本量）显示，饮酒是影响全球死亡和伤残调整寿命年（disability-adjusted life-year，DALY，指从发病到死亡所损失的全部健康寿命年）的主要风险因素之一。仅 2016 年，因饮酒而导致的死亡人数为 280 万，占年龄标准化男性死亡的 6.8% 和年龄标准化女性死亡的 2.2%。在 15～49 岁人群中，饮酒是过早死亡和残疾的主要风险因素，尤其对于该年龄组的男性，因饮酒致死的情况在全部致死情况中占比高达 12.2%，而且与饮酒相关的 DALY 占所有可归因 DALY 的 9%，远高于女性在这两项指标中的表现（分别为 3.8% 和 2.3%）。另外，在饮酒与心血管疾病的关系方面，该研究仅发现了缺血性心脏病“J”形曲线的统计学显著证据［男性和女性的最低相对风险对应的日平均饮酒量分别为 0.83 份和 0.92 份标准饮料（每份含 10 g 酒精）］，对糖尿病和缺血性卒中观察到不显著的“J”形曲线。而所有其他结果，包括所有癌症，相对风险是随着饮酒量单调增加的。当综合所有风险整体评估时，由于饮酒与癌症、伤害和传染病风险之间存在很强的关联，上述的微小有益影响会被抵消。因此，该研究认为最大限度地降低整体健康风险的饮酒量为每天 0 份｛95% 置信区间不确定性区间（uncertainty interval，UI），［0.0～0.8］｝标准饮酒量，随着日饮酒量的增加，风险单调上升（王华等，2022）。

2. 酒精与癌症的关系 在饮酒与癌症的关系方面，世界卫生组织国际癌症研究机构（international agency for research on cancer，IARC）早在 2007 年就已将酒精列为Ⅰ类致癌物，已有足够的证据表明，饮酒与头颈部癌、食道癌、肝癌、结直肠癌和乳腺癌的发生存在直接联系。最近，一项关于饮酒导致全球癌症负担的报告显示，2020 年全球所有癌症新病例中约有 74 万例与饮酒有关，其中与重度饮酒（>60 g/d）、过度饮酒（20～60 g/d）和中度饮酒（<20 g/d）相关的癌症病例数分别占总癌症病例数的 46.7%、39.4%、13.9%。众所周知，酒精在体内先会被乙醇脱氢酶（alcohol dehydrogenase，ADH）1B 变成乙醛，最后经乙醛脱氢酶（acetaldehyde dehydrogenase，ALD）H2 变成危害较小的乙酸，其中危害最大的是乙醛。研究表明，乙醛不仅可以造成干细胞脱氧核糖核酸（deoxyribonucleic acid，DNA）双链断裂，还能导致染色体重组，进而增加诱发癌症的概率。虽然 DNA 损伤是偶然发生的，但喝酒能够增加这个偶然性，尤其对于中国和其他东亚人群，因为这类人群的 ALDH2 和 ADH1B 的低酒精耐受性遗传变异比例较高，这些突变都破坏了参与酒精解毒酶的功能，会导致乙醛在血液中大量积聚。因此在无法正常代谢酒精的遗传性低酒精耐受性人群中，酒精直接导致几种癌症的风险可能会进一步增加（王华等，2022）。

最新的《中国居民膳食指南（2022）》对饮酒建议进行了更新，将曾经的日饮用酒的酒精量（成年男性不超过 25 g，成年女性不超过 15 g）修改为限制酒精摄入。但酒是自然和文化的产物，饮酒是一个结合了生理学、心理学和社会学的综合事件。在不可避免需要饮酒的情况下，消费者更关注的是如何能最大限度地降低饮酒带来的有害健康的风险。在此情况下，相较于其他常见酒种，红葡萄酒或许是最佳选择。经常饮用烈酒、啤酒或苹果酒的人比饮用等量葡萄酒的人有更高的死亡风险，这可能与葡萄酒中的酚类物质有关。另外，与不吃东西喝酒相比，佐餐饮酒的死亡率和心血管风险更低，因为随餐饮用可能会使肠道对酒精的吸收下降，进而降低血液中的酒精含量。此外，将酗酒（1～2 d/ 周）或频繁饮酒（6～7 d/ 周）改为 3～4 d/ 周适量饮酒，会降低全因死亡率、患心血管疾病和肝硬化风险。除了饮酒模式，还要注意降低饮酒量及避免产生酒瘾（王华等，2022）。

1.5 葡萄酒分类

1.5.1 关于酒精含量的几个定义

OIV（2005）对酒精含量做了如下规定。

酒度：在 20℃的条件下，100 个体积单位中所含有的纯酒精的体积单位数量（A）。

潜在酒度：在 20℃的条件下，100 个体积单位中所含有的可转化的糖，经完全发酵能获得的纯酒精的体积单位数量（B）。

总酒度（T）：$T=A+B$。

自然酒度：在不添加任何物质时的总酒度。

1.5.2 葡萄酒的定义

根据国际葡萄与葡萄酒组织的规定，葡萄酒只能是破碎或未破碎的新鲜葡萄果实或葡萄汁经完全或部分酒精发酵后获得的饮料，其酒度不能低于 8.5%（体积分数）。但是，根据气候、土壤条件、葡萄品种和一些葡萄产区特殊的质量因素或传统，在一些特定的地区，葡萄酒的最低总酒度可降低到 7.0%（体积分数）。

1.5.3 葡萄酒的分类

葡萄酒的种类繁多，分类方法也不相同。我国的国家标准 GB/T 15037—2006《葡萄酒》非等效采用了《国际葡萄与葡萄酒组织的规定（OIV）法规》（2003 年版）中的定义部分。该标准对葡萄酒做了如下定义：以鲜葡萄或葡萄汁为原料，经全部或部分发酵酿制而成的，含有一定酒度的发酵酒。该标准按葡萄酒中二氧化碳含量（以压力表示）和加工工艺将葡萄酒分为平静葡萄酒、起泡葡萄酒和特种葡萄酒。

1. 平静葡萄酒 在 20℃时，二氧化碳压力小于 0.05 MPa 的葡萄酒为平静葡萄酒。按酒中的含糖量和总酸可将平静葡萄酒分为以下几种。

干葡萄酒（dry wines）：含糖（以葡萄糖计）量小于或等于 4.0 g/L 的葡萄酒。或者当总糖与总酸（以酒石酸计）的差值小于或等于 2.0 g/L 时，含糖量最高为 9.0 g/L 的葡萄酒。

半干葡萄酒（semi-dry wines）：含糖量大于干葡萄酒，最高为 12.0 g/L 的葡萄酒。或者总糖与总酸的差值小于或等于 2.0 g/L 时，含糖量最高为 18.0 g/L 的葡萄酒。

半甜葡萄酒（semi-sweet wines）：含糖量大于半干葡萄酒，最高为 45.0 g/L 的葡萄酒。

甜葡萄酒（sweet wines）：含糖量大于 45.0 g/L 的葡萄酒。

2. 起泡葡萄酒 在 20℃时，二氧化碳压力等于或大于 0.05 MPa 的葡萄酒为起泡葡萄酒。起泡葡萄酒又可分为以下几类。

当二氧化碳（全部自然发酵产生）压力在 0.05～0.34 MPa 时，称为低泡葡萄酒（semi-sparkling wines）。

当二氧化碳（全部自然发酵产生）压力等于或大于 0.35 MPa（对于容量小于 250 mL 的瓶子，二氧化碳压力等于或大于 0.3 MPa）时，称为高泡葡萄酒（sparkling wines）。

高泡葡萄酒按其含糖量分为如下几类。

天然（brut）高泡葡萄酒：含糖量小于或等于 12.0 g/L（允许差为 3.0 g/L）的高泡葡萄酒。

绝干（extra-dry）高泡葡萄酒：含糖量为 12.1～17.0 g/L（允许差为 3.0 g/L）的高泡葡萄酒。

干（dry）高泡葡萄酒：含糖量为 17.1～32.0 g/L（允许差为 3.0 g/L）的高泡葡萄酒。

半干（semi-sec）高泡葡萄酒：含糖量为 32.1～50.0 g/L 的高泡葡萄酒。

甜（sweet）高泡葡萄酒：含糖量大于 50 g/L 的高泡葡萄酒。

3. 特种葡萄酒 特种葡萄酒（special wines）是用鲜葡萄或葡萄汁在采摘或酿造工艺中使用特定方法酿制而成的葡萄酒。特种葡萄酒包括以下几种。

利口葡萄酒（liqueur wines）：由葡萄生成总酒度为 12%（体积分数）以上的葡萄酒中，加入葡萄白兰地、食用酒精或葡萄酒精及葡萄汁、浓缩葡萄汁、含焦糖葡萄汁、白砂糖等，使其终产品酒度为 15.0%～22.0%（体积分数）的葡萄酒。

葡萄汽酒（carbonated wines）：酒中所含二氧化碳是部分或全部由人工添加的，具有同起泡葡萄酒类似物理特性的葡萄酒。

冰葡萄酒（ice wines）：将葡萄推迟采收，当气温低于−7℃使葡萄在树枝上保持一定时间，结冰，采收，在结冰状态下压榨、发酵，酿制而成的葡萄酒（在生产过程中不允许外加糖源）。

贵腐葡萄酒（noble rot wines）：在葡萄的成熟后期，葡萄果实感染了灰绿葡萄孢，使果实的成分发生了明显的变化，用这种葡萄酿制而成的葡萄酒。

产膜葡萄酒（flor or film wines）：葡萄汁经过全部酒精发酵，在酒的自由表面产生一层典型的酵母膜后，加入葡萄白兰地、葡萄酒精或食用酒精，所含酒度等于或大于15.0%（体积分数）的葡萄酒。

加香葡萄酒（flavoured wines）：以葡萄酒为酒基，经浸泡芳香植物或加入芳香植物的浸出液（或馏出液）而制成的葡萄酒。

低醇葡萄酒（low alcohol wines）：采用鲜葡萄或葡萄汁经全部或部分发酵，采用特种工艺加工而成的、酒度为1.0%～7.0%（体积分数）的葡萄酒。

无醇葡萄酒（non-alcohol wines）：采用鲜葡萄或葡萄汁经全部或部分发酵，采用特种工艺加工而成的、酒度为0.5%～1.0%（体积分数）的葡萄酒。

山葡萄酒（*V. amurensis* wines）：采用鲜山葡萄（包括毛葡萄、刺葡萄、秋葡萄等野生葡萄）或山葡萄汁经过全部或部分发酵酿制而成的葡萄酒。

国家标准GB 15037—2006《葡萄酒》还对年份葡萄酒、品种葡萄酒和产地葡萄酒做出了如下规定。

年份葡萄酒（vintage wines）：所标注的年份是指葡萄采摘的年份，其中年份葡萄酒所占比例不能低于酒含量的80%（体积分数）。

品种葡萄酒（varietal wines）：用所标注的葡萄品种酿制的酒所占比例不低于酒含量的75%（体积分数）。

产地葡萄酒（origional wines）：用所标注的产地葡萄酿制的酒所占比例不低于酒含量的80%（体积分数）。

此外，根据葡萄酒的颜色不同，还可将葡萄酒分为白葡萄酒、桃红葡萄酒和红葡萄酒。

所有葡萄酒中均不得添加合成着色剂、甜味剂、香精、增稠剂。

1.6 葡萄酒工艺学的定义和任务

Ribereau-Gayon和Peynaud于1989年为葡萄酒工艺学做了如下定义：葡萄酒工艺学是研究葡萄酒酿造和储藏及利用化学方法（规律）研究葡萄酒成分的科学。葡萄酒工艺学的目的和任务是：防治葡萄酒的病害，并且利用最低的消耗尽可能地提高葡萄酒的质量和产量。

虽然人类酿造葡萄酒已有几千年的历史，但葡萄酒工艺学作为一门科学的建立，还是在19世纪。在拿破仑三世的要求下，著名化学家巴斯德（Pasteur）进行了葡萄酒病害的研究，并且发现了酒精发酵的实质，发明了巴氏消毒法（Pasteurization）。

1866年，巴斯德发表了他的名著：《葡萄酒和葡萄酒病害及其原因的研究：储藏和陈酿的新方法》（*Études sur le Vin*，*Ses Maladies*，*Causes qui les Provoquent*：*Procédés Nouveaux Pour le Conserver et Pour le Vieillir*）。巴斯德是公认的现代葡萄酒学的奠基人。后来，巴斯德的学生，物理学博士盖荣（Gayon）对葡萄酒生物化学及发酵现象进行了深入的研究。在此基础上，拉博德（Laborde）长期研究了葡萄酒酿造和储藏问题，以及葡萄和葡萄酒中的单宁、酯化现象、沉淀现象等，并在1907年发表了《葡萄酒工艺学教程》（*Coursd'Oenologie*）。因此，葡萄酒工艺学并不是一门抽象的科学，它是在为解决实际问题的研究中诞生的。但是，如果问题是在实践中观察到的，那么只有在深入地研究现象和问题的实质的基础上才能得到科学的解释，找出规律并推动技术和生产的发展。所以，葡萄酒工艺学必须以物理化学、生物化学和微生物学作为坚实的基础（李华，2000）。

但是，随着科学技术的迅猛发展，人们对葡萄酒及其酿造过程中各种复杂现象的认识越来越深入，从而不断完善质量控制手段，也使葡萄酒工艺学的目的和任务发生了根本的改变。

因此，葡萄酒工艺学是研究葡萄酒原料、酿造、陈酿等理论和方法技能的科学，其目的和任务是：在原料质量良好的情况下，尽可能地将存在于原料中的所有潜在质量，在葡萄酒中经济、完美地表现出来；在原料质量较差的情况下，则应尽量掩盖和除去其缺陷，生产出质量相对良好的葡萄酒（李华，1999）。

第2章 葡萄的成熟与采收

无论是什么类型的葡萄酒，都是以葡萄浆果为原料生产的。葡萄浆果的成熟度决定着葡萄酒的质量和种类，是影响葡萄酒生产的主要因素之一。在大多数葡萄酒产区，只有用成熟良好的葡萄果实才能生产品质优良的葡萄酒；好的年份也往往是指夏天的气候条件有利于果实充分成熟的年份。但在气候较为炎热的地区，由于葡萄果实成熟很快，为了获得平衡、清爽的葡萄酒，应尽量避免葡萄过熟；在有的产区，根据采收时期的早迟，既可生产具有一定酸度、果香味浓的干白葡萄酒，也可生产酸度较低、醇厚饱满的红葡萄酒或具有一定残糖的葡萄酒（李华，2002；官凌霄等，2020；屠婷瑶等，2017）。

健康、成熟和适时采收的葡萄不仅影响着葡萄酒中各类成分的含量和平衡，同时也通过影响葡萄浆果内部和外部天然拥有的酿造葡萄酒所需的所有要素（包括微生物及其营养物质、微生物群落演替的驱动力及生化反应的酶系统等），进而决定葡萄酒的风土特征（Hao et al.，2021；Gao et al.，2021；Wei et al.，2022；丁银霆等，2021）。

因此了解葡萄果实的成熟现象和果实中的成分及其在成熟过程中的转化，即葡萄浆果的生物化学，并根据需要进行控制，确定最佳采收期，是保证葡萄酒质量的第一步（李华等，2007）。

2.1 葡萄浆果的成分

一穗葡萄浆果包括果梗和果粒两个部分（图2-1）。每颗果粒又由果皮、种子和果肉三部分组成。

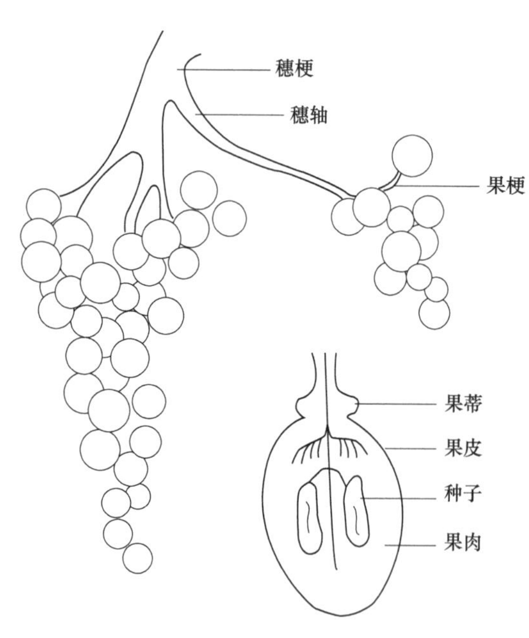

图2-1 葡萄果穗与浆果

2.1.1 果梗

果梗是支撑浆果的骨架。在转色期，果梗达到最大体积。在浆果成熟时，果梗占果穗总重量的3%～6%，但根据品种和年份不同而有所差异，如落果严重和僵果较多时，果梗的比例增加。果梗中除含有微量的糖和有机酸外，还含有单宁、单体酚、色素的隐色化合物、酚酸及其衍生物等酚类化合物（李华等，2007）。

1. 酚酸及其衍生物 在葡萄浆果中含有两类酚酸，即羟基苯甲酸和羟基肉桂酸类的衍生物。羟基苯甲酸的衍生物包括五倍子酸、儿茶酸、香子兰酸和水杨酸等，

它们可与葡萄酒中的酒精和单宁结合。羟基肉桂酸的衍生物包括香豆酸、咖啡酸和阿魏酸（图 2-2）。

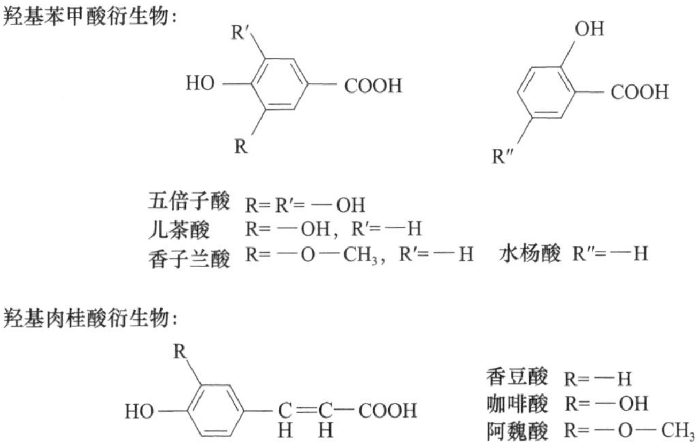

羟基苯甲酸衍生物：

五倍子酸 R= R′= —OH
儿茶酸 R= —OH，R′=—H
香子兰酸 R= —O—CH_3，R′= —H 水杨酸 R″= —H

羟基肉桂酸衍生物：

香豆酸 R= —H
咖啡酸 R= —OH
阿魏酸 R= —O—CH_3

图 2-2 葡萄与葡萄酒中的酚酸

20%～25% 的酚酸都以游离态的形式存在。一些菌类可将游离态的酚酸转化为气味很浓但葡萄酒不需要的挥发性物质。所以，在一些白葡萄酒和桃红葡萄酒中，由于酵母菌（*Saccharomyces cerevisiae*）可将酚酸脱羧形成乙烯基酚而出现药味。这种现象在红葡萄酒中较为少见。因为红葡萄酒的多酚含量更高，能抑制脱羧酶的活动。但是，在橡木桶中陈酿的红葡萄酒可出现某些让人舒适的动物气味。这是由于在有少量氧的条件下，酒香酵母属（*Brettanomyces*）的酵母菌会利用葡萄酒中固有的对羟基肉桂酸，如阿魏酸和对香豆酸等，在羟基肉桂酸脱羧酶作用下产生 4-乙烯基苯酚和 4-乙烯基愈创木酚，进一步在乙烯基还原酶的作用下转化为 4-乙基苯酚和 4-乙基愈创木酚等，对葡萄酒风味影响极大（曹培鑫等，2015）。此外，葡萄品种不同，成熟时的条件不同，葡萄浆果中酚酸的总量和游离态酚酸的比例也不相同。一些酵母菌菌系也能促进酚酸的脱羧。

在葡萄酒中，酚酸可与花色素和酒石酸相结合。咖啡酸和香豆酸都可与酒石酸结合，分别形成酒石咖啡酸和酒石香豆酸。如果在葡萄浆果中含量过高（占酚酸的 40%），在有空气的条件下，这两种酸可形成相同的酒石咖啡醌，后者可有三种变化方向（图 2-3）。

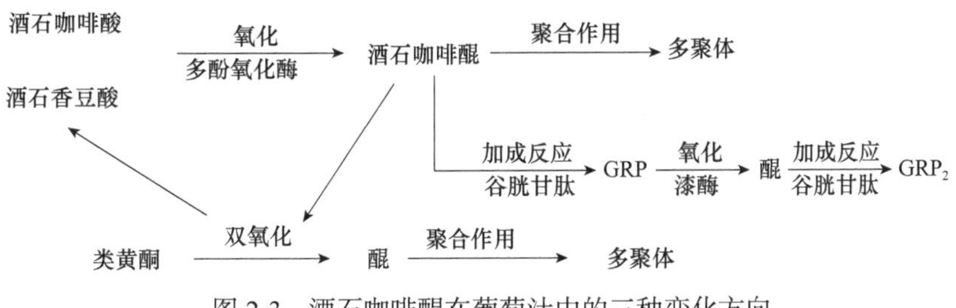

图 2-3 酒石咖啡醌在葡萄汁中的三种变化方向

（1）醌的含量提高，而且浆果中的氧化酶——多酚氧化酶会促进其形成。醌的积累导致颜色越来越黄的多聚体形成。

（2）醌与浆果中的一种肽——谷胱甘肽结合，形成一种叫作 GRP（2-*S*-谷胱甘酰咖啡酰酒石酸）的物质。GRP 是一种肉桂酸类衍生物，在漆酶的作用下，它首先形成另一种醌，然后这种醌能与谷胱甘肽结合生成 GRP_2。GRP 和 GRP_2 是无色可溶性物质，所以谷胱甘肽可以阻止葡萄汁的黄化。

（3）醌可通过共氧化促进其他类黄酮的氧化，特别是在葡萄的机械处理过程中形成的类黄酮。类黄酮的氧化又激活了形成酒石咖啡醌的酒石咖啡酸和酒石香豆酸。这一共氧化使类黄酮形成醌，并不断地聚合，颜色也越来越黄。

这三种反应可同时进行，其比例取决于葡萄汁中的成分。如果生成分子质量很大、不溶性的褐色多酚——黑色素，则葡萄汁的黄化可发展为褐化。因而，葡萄汁颜色的变化取决于能启动和促进这些反应之一的成分。

2. 聚合多酚 聚合多酚是由单体聚合而成的一类物质，随着逐渐的聚合，它们形成了更为复杂的聚合物。相反，通过解聚又会形成低聚体或单体酚。我们可将聚合多酚的单体分为黄烷-3-醇（只有一个羟基）和黄烷-3,4-二醇（有两个羟基）两大类（图 2-4）。

（1）黄烷-3-醇类，通过聚合作用形成缩合单宁，又称为单宁或原花青素。

（2）黄烷-3,4-二醇类，它们的聚合物是色素的隐色化合物，通过降解作用可形成色素类物质。这类聚合物通常不与蛋白质发生反应，不具有收敛性，所以也不称为单宁。

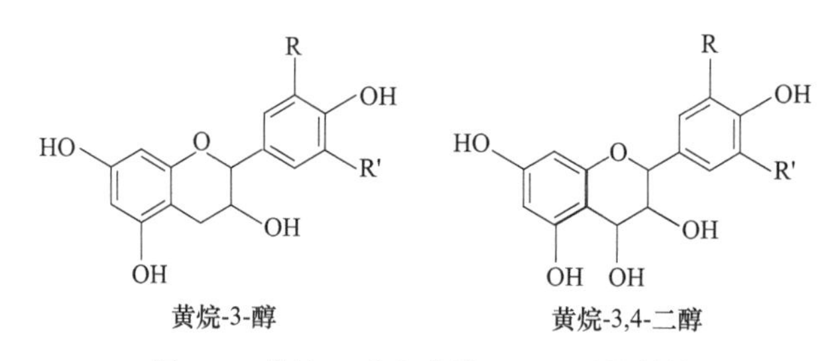

图 2-4 黄烷-3-醇和黄烷-3,4-二醇的结构

从化学结构上单宁可以分为水解单宁、缩合单宁等。水解单宁是指含有配糖键的单宁，由葡萄糖分子和没食子酸（gallic acid）或鞣酸（ellagic acid）缩合而成没食子单宁（gallotannin）或鞣酸单宁（ellagitannin），在酸性条件下易水解生成葡萄糖和没食子酸或鞣酸，这部分单宁主要来自橡木制品。缩合单宁是由黄烷-3-醇单体通过 C—C 键聚合而成，相对分子质量较大，化学结构较为稳定。在葡萄浆果中，只有一种单宁，即缩合单宁，或叫原花青素。经橡木桶贮藏的葡萄酒，除缩合单宁外，还有来自橡木的水解单宁。在酿酒葡萄中单宁呈现一定的苦味或收敛性，因此其对葡萄酒口感的影响至关重要。单宁含量过高，会影响葡萄酒的质量，但在贮藏过程中，由于沉淀和氧化作用，单宁含量不断降低。它们具有下列特性（李华，2000，2002；李华和王华，2005；李华等，2007）。

（1）在酒精中比在纯水中溶解度大，在葡萄酒酿造过程中，通过对固体部分的浸渍，它们溶解在葡萄酒中，但这只是葡萄中的一小部分（30%～50%）。同样，用橡木桶陈酿葡萄酒和贮藏过程中，橡木桶内壁的单宁也逐渐溶解在葡萄酒中。温度越高，其溶解度也越大。因此，热浸发酵或带皮发酵和热浸，可促使更多的单宁进入葡萄酒，同时也会促进单宁与色素、多糖的结合，而这些复合物是优质红葡萄酒必需的。但是，热浸工艺只能用于经除梗处理或单宁含量低的葡萄品种。

（2）味涩，具收敛性，但可使葡萄酒具有醇厚的特点。在葡萄和葡萄酒成熟过程中，它们形成复杂的聚合物，提高味感质量。在这一过程中，由于聚合作用和水解作用，最复杂的聚合物不断合成，也不断分解。

（3）很易氧化。因此，它们在氧化条件下可延迟其他物质的氧化，降低葡萄酒变质的速度，有利于葡萄酒成熟和醇香的产生。但是，单体或聚合酚也能进入葡萄汁或葡萄酒。其氧化作用可导致醌的形成，且随着其不断地聚合，颜色也越来越黄，从而改变葡萄酒的颜色。过强的氧化，还会导致黑色素的形成，使葡萄汁或葡萄酒褐化。

（4）参加蛋白质的絮凝反应，有利于葡萄酒的澄清。这一特性在葡萄酒下胶过程中常用。

（5）可与铁发生反应，形成不溶性化合物，引起葡萄酒变质（铁破败病）。

（6）具有轻微的抗菌作用，能抑制某些病害的发生、发展。

（7）可与一些色素结合，形成稳定的色素物质，其颜色不再随环境 pH 的改变而改变。

此外，单宁还可与多种大分子物质相结合。除色素、蛋白质、多糖等外，可与酒石酸、糖等结合，改变葡萄或葡萄酒的口感质量，也可导致陈年葡萄酒的沉淀。在酿造葡萄酒时，可通过改变除梗过程中去掉果梗的量来决定保留在葡萄汁中的单宁含量（李华等，2005）。

2.1.2　果皮

果皮占果穗总重量的 8% 左右。葡萄的果皮由表皮和皮层构成。欧亚种葡萄果实的表皮很薄，不透水，可用将果实在氢氧化钠溶液中浸泡的方法将之除去。在表皮上面，有一层蜡被，可使表皮不被湿润，并固定由风或昆虫带来的酵母菌或其他微生物。果皮中主要含有色素和芳香物质。

1. 色素　除少数染色品种（红肉品种）外，葡萄浆果的色素只存在于果皮中，主要是花色素和黄酮两大类。花色素，又叫花青素，是红色素，或呈蓝色，主要存在于红色品种中，而黄酮是黄色素，在红色品种和白色品种中都有。

花色素和黄酮都属于类黄酮类化合物（flavonoid compounds），其分子结构中都含有“黄烷构架”，即由一个 3 个碳和 1 个氧构成的杂环连接 A、B 两个芳香环。它们是多酚，含有 3 个羟基；它们也是杂多糖苷，含有一个或多个糖，可有单糖苷、双糖苷和多糖苷。花色素的杂环中 C3 含有一个羟基（—OH），而黄酮 C4 则含有一个羰基根（—C=O）（图 2-5 和图 2-6）。

黄酮存在于所有葡萄品种的浆果当中，但在葡萄酒中含量很少，所以对它们的认识也不多。似乎它们对白葡萄酒颜色的作用并不大，而在红葡萄酒中则主要发现了它们的糖苷配基。

1）*花色素苷的结构和性质*　花色素苷由不同花色素与单糖通过糖苷键连接而成，属于典型的类黄酮类物质。花色素以高度共轭的 2-苯并吡喃为基础母核，其中 2 个苯环通过 3 个碳原子形成的杂环相连从而形成 C6—C3—C6 的骨架结构。

在葡萄与葡萄酒中常见的 6 种花色素分属 6 种糖苷配基（图 2-7）。花色素的区别在于 R_1 及 R_2、C3 上的羟化、糖基化（包括糖的种类和数量）及酰基化（即糖的酯化）作用，即①B 环取代基（羟基和甲氧基）的不同，其中二甲花翠素衍生物占据主导地位；②糖基化，C 环的 C3 位、A 环的 C5 位（非欧亚种葡萄）；③酰基化，葡萄糖 C6 位能够与乙酸、香豆酸和咖啡酸发生酯化作用，形成相应的酰化花色素苷（He et al.，2012a，b）。

由于上述作用的不同，从而生成众多的形态。在葡萄果皮中已鉴定出 24 种物质，它们的混合物及它们各自比例的变化就构成了葡萄各种不同的颜色：黑、灰、红或桃红等。白色葡萄品种不含花色素，但一些品种如‘莎斯拉’（‘Chasselas’）、‘赛美蓉’（‘Semillon’）、

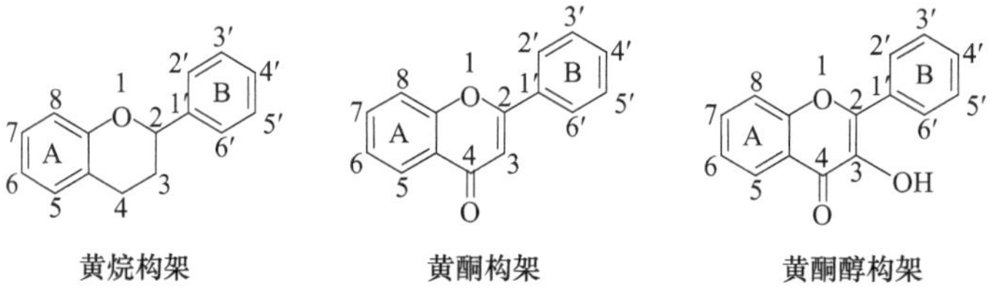

黄烷构架　　黄酮构架　　黄酮醇构架

图 2-5　黄烷、黄酮及黄酮醇的基本结构

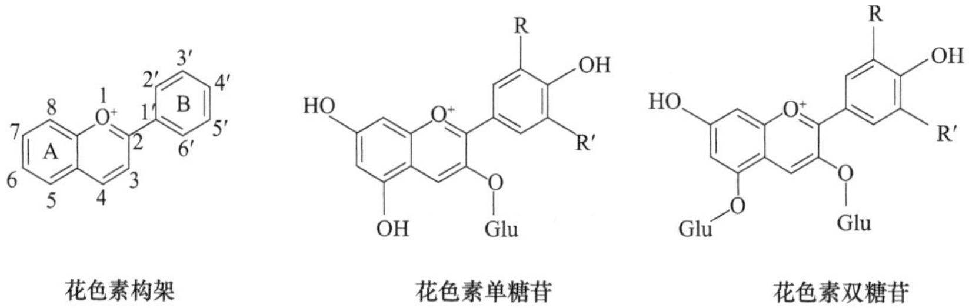

花色素构架　　花色素单糖苷　　花色素双糖苷

图 2-6　花色素和花色素糖苷的基本结构

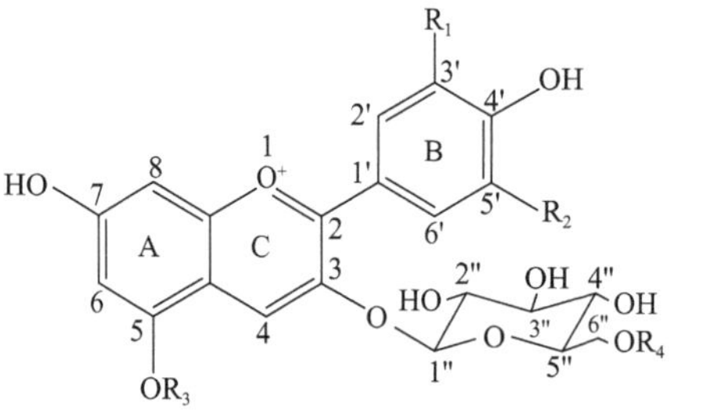

花色素单元	R_1	R_2
花葵素	H	H
花青素	OH	H
甲基花青素	CH_3	H
花翠素	OH	OH
甲基花翠素	OCH_3	OH
二甲花翠素	OCH_3	OCH_3

图 2-7　葡萄和葡萄酒中 6 种常见花色素苷的结构

‘长相思’（‘Sauvignon Blanc’）等在过熟时可具有桃红色色调。在美洲原生的葡萄种中，除 *V. monticola* 以外，其他的葡萄种及其一些杂种都含有花色素的双糖苷，而欧亚种葡萄（*V. vinifera*）则只含有很少量的双糖苷，为其色素总量的 1%～10%。所以，通过分析葡萄酒中的花色素双糖苷，可将欧亚种葡萄品种与美洲种及其杂种区别开来（李华等，2007）。

根据介质不同，花色素苷可以以两种相互平衡的形式存在：有色或无色（图 2-8）。颜色的深浅，取决于平衡趋向哪一边。如果介质中含有 SO_2，或介质酸性较弱或具有还原特性，可使平衡趋向于无色边，使葡萄汁或葡萄酒的颜色变浅。一般这一反应是可逆的，但如果还原性过大，可使花色素苷形成不可逆转的淡黄色物质——查耳酮。

此外，花色素还有以下特性及变化。

（1）花色素微溶于水或葡萄汁，易溶于酒精。因此，在酿造红葡萄酒时，应将葡萄果皮与葡萄汁一起进行发酵，以通过浸渍作用而将果皮中的色素溶解在葡萄酒中。也可用红色品种（染色品种除外）生产白葡萄酒。在这种情况下，应尽快（即在发酵开始以前）将果皮与葡萄汁分开。

（2）在溶液中，花色素的溶解度随温度的升高而加大。因此，可用给部分果实（1/5）

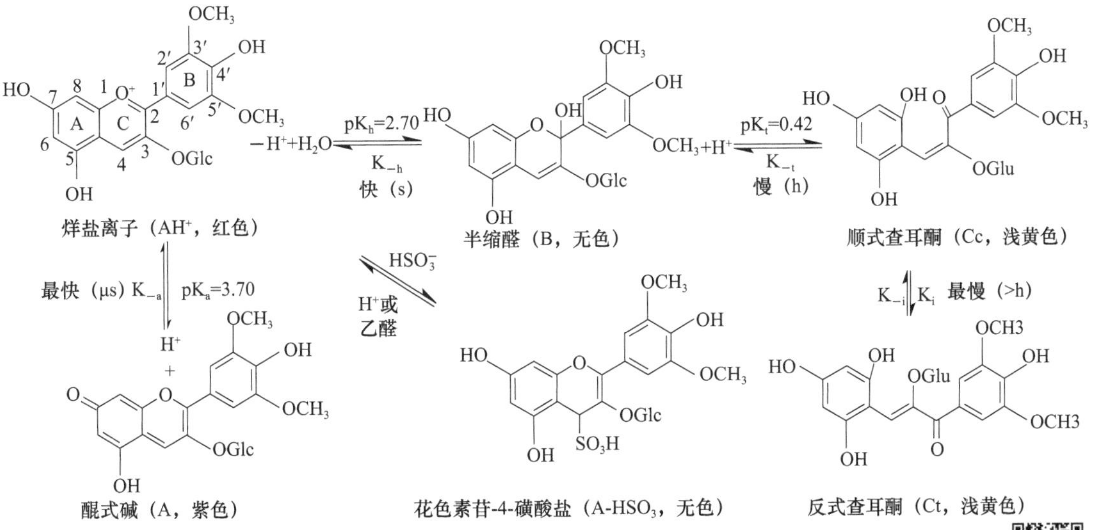

烊盐离子（AH^+，红色）　半缩醛（B，无色）　顺式查耳酮（Cc，浅黄色）

醌式碱（A，紫色）　花色素苷-4-磺酸盐（A-HSO_3，无色）　反式查耳酮（Ct，浅黄色）

图 2-8 花色素苷在不同介质中颜色的变化（Zhao et al.，2020）

动态平衡受到 pH、SO_2、离子强度的影响；红葡萄酒中呈色花色素苷只占较少的一部分

加热至 75～80℃的方法，加深红葡萄酒的颜色。加热后的果汁色深，单宁含量高，在发酵前将之与其他葡萄果实混合。通过发酵，可除去在加热过程中形成的焦味或“煮”味。

（3）易被氧化，在过强的氧化时，无论有无酪氨酸酶和漆酶的作用，都可改变其色调，并形成棕色不溶性物质，这就是葡萄酒在有氧条件下的棕色破败病。葡萄酒中的铁、铜含量越高，葡萄酒的温度高于 20℃后这一现象越严重。

（4）介质越酸，其颜色越鲜艳。在滴定葡萄汁或葡萄酒的酸度时，可以看到其颜色越来越浅。

（5）花色素苷可与单宁、酒石酸、糖等相结合。花色素和单宁相互化合形成的复杂化合物，即色素-单宁复合物，其颜色稳定，不再受介质变化的影响。单宁-色素复合物形成的量似乎与葡萄酒中的单宁含量无关，而受葡萄品种和葡萄酒的酿造条件影响，后者则是通过影响葡萄果皮细胞的破损而起作用的。因此，应促进这一反应的进行。可在酒精发酵结束时，即当酵母菌已将糖全部转化成酒精时，将葡萄酒加热至 50～70℃（不能低于 45℃）达到这一目的。

2）花色素的变化　在葡萄浆果中，花色素在转色期开始出现，主要是单体化合物，即游离花色素。在成熟过程中，其含量不断提高，并且单体间进行聚合。花色素的含量在葡萄成熟后达到其最大值，可达 2 g/kg，其中 10%～15% 为多聚体。所有有利于葡萄浆果中糖分积累的因素，如日照强、温度高、生长势弱等，都有利于花色素的积累，因为花色素的芳香环来源于糖。在有的地区，利用在转色期后摘除果穗附近老叶的方法，提高果穗的受光量和温度，以提高色素的含量。

在发酵过程中，花色素的结构变化很小，因为介质不利于其进行聚合作用。

在葡萄酒中，花色素的聚合作用则继续进行。葡萄酒换罐（换桶）的次数和游离二氧化硫的含量都会影响花色素的变化和葡萄酒的外观。花色素的多聚体使葡萄酒的颜色更为美丽。由于花色素的变化，其在红葡萄酒中有下列形态。

（1）游离花色素，它们有沉淀的趋势，每年会因此被除去其含量的一半。

（2）聚合花色素，分子质量不等，它们使葡萄酒呈红色。其中一小部分将形成胶体，应在葡萄酒装瓶前通过低温处理或过滤将这部分胶体除去。

（3）结合态花色素，即花色素与其他化合物形成的复合物，它们随着时间的延长，逐渐沉淀于陈年老酒的瓶底。

总之，葡萄酒中花色素的变化，取决于其陈酿条件，特别是氧化还原电位和在陈酿过程中形成的乙醛的多少（李华等，2005）。

2. 芳香物质 在葡萄与葡萄酒中，气味物质是所有能引起嗅觉和味觉物质的总称。芳香物质是葡萄酒中具有芳香气味的、在较低温度下能够挥发的物质的总称，是葡萄果皮中的主要气味物质，存在于果皮的下表皮细胞中。但有的品种的果肉中也含有芳香物质［如'玫瑰香'（'Muscat'）系列品种］。各种葡萄品种特殊的果香味取决于它们所含有的芳香物质的种类。葡萄的香味对于每一个品种是特定的，但其浓度和优雅度取决于品种的营养系、种植方式、年份、生态条件和浆果的成熟度。

葡萄的芳香物质种类很多，以游离态和结合态两种形态存在。游离态的芳香物质具有挥发性，而结合态的芳香物质不具挥发性，因此，只有游离态的芳香物质才具有气味。结合态的芳香物质只有转变为游离态的芳香物质后，才具有气味（李华等，2007）。

1）*游离态芳香物质* 能同时引起嗅觉和味觉的挥发性物，主要包括芳香物质（酯类、醛类、酮类、醇类）（图 2-9）和萜烯类化合物（图 2-10）等。它们的气味特征主要包括花香（玫瑰、风信子、丁香等）、果香（草莓、苹果、李子、山楂、香蕉等）、蜂蜜、香草等。

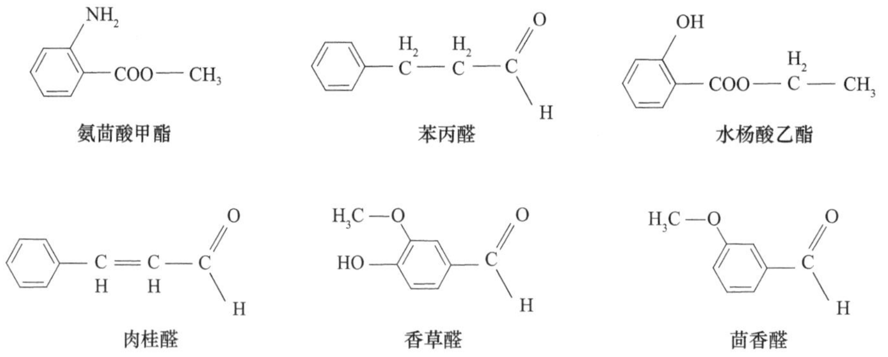

氨茴酸甲酯　苯丙醛　水杨酸乙酯

肉桂醛　香草醛　茴香醛

图 2-9 几种芳香物质的结构

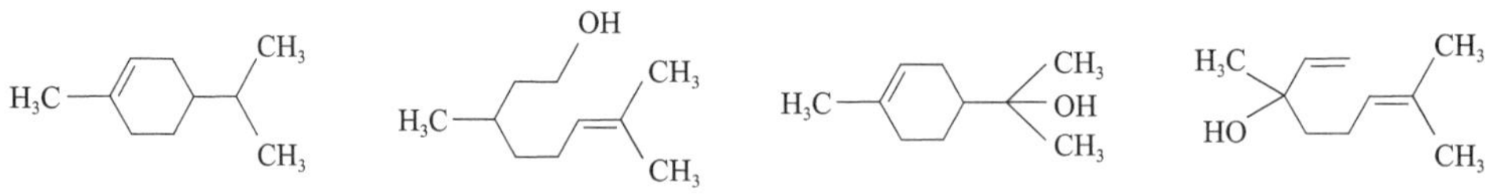

柠檬烯　橙花醇　萜品醇　里那醇

图 2-10 4 种萜烯类化合物的结构

2）*结合态芳香物质* 在对原料的机械处理过程中，葡萄汁的香气变浓。这是因为在这一过程中，芳香物质的糖苷，被分解为游离态的芳香物质和糖。此外，葡萄中的其他成分也会在葡萄酒的酿造过程中，变为挥发性物质。

芳香物质的糖苷为葡萄中游离态芳香物质的 3～10 倍。由于它们主要存在于葡萄果皮中，所以应尽量延长葡萄汁和果皮的接触（加强浸渍作用）时间，以促进芳香物质的糖苷进

入葡萄汁，并释放出游离态的芳香物质。

萜烯类化合物的糖苷占芳香物质糖苷的绝大部分。它们通过酶解而释放出具有气味的糖苷配基——烯醇。促使芳香物质分解而释放出游离态芳香物质的酶是糖苷酶。大多数酿酒酵母中普遍不存在 β-葡萄糖苷酶，而大多数非酿酒酵母（non-*Saccharomyces*）都可以合成 β-葡萄糖苷酶（刘玥姗，2015）。葡萄中糖苷酶部分地被葡萄汁中的糖所抑制，但有的酵母菌系（芳香酵母）的酶系统可在酒精发酵过程中使未分解的糖苷继续分解，释放出游离态的芳香物质。目前，正在研究人为添加外源糖苷酶以促进这一反应的技术（李华等，2022）。

某些类胡萝卜素可直接或间接地产生一些气味很浓的复合物，如 C_{13} 类去甲基异戊二烯，其中的一种紫罗兰酮已在一些‘玫瑰香’和‘西拉’的优质葡萄酒中检测出，其含量为每升几微克。这类结合态物质也在芳香性葡萄品种和其他葡萄品种中被发现。

在葡萄中还存在着一些非糖苷态的芳香物质的前体物质。气相色谱可将具有味感的气味物质分离鉴定。‘解百纳’（‘Cabernets’）系列品种的“甜椒”气味，就是由吡嗪类物质（由氨基酸产生的含氮杂环化合物）引起的。目前，在葡萄酒中检测出来的主要有 6 种吡嗪类化合物，都具有较强的青椒气味，其中 3-异丁基-2-甲氧基吡嗪浓度偏高，被认为是青草味的主要来源，在葡萄酒中，青椒味太浓是一种香气缺陷，是由不成熟的酿酒葡萄原料所致（刘春艳，2018）。质谱分析在其他品种中也检测到了这类物质，但其含量低于人类所能感知的阈值，至少在成熟浆果中是如此。而‘长相思’的“黄杨叶”气味则是由在发酵过程中产生的硫酐引起的，现在还不知道其前体物质。

某些葡萄酒具有优雅的香气。现在人们认为，这些香气是由类黄酮、酚酸、酒石酸酯等转化而来的，而这些物质在葡萄中都已存在。一些研究人员认为，这类物质与上述其他的芳香前体不同，因为它们所产生的气味物质并不包括葡萄中的游离态芳香物质（李华等，2005）。

在葡萄的幼果中，绝大多数芳香复合物的构成成分都已存在。在葡萄的成熟过程中，游离和结合态的芳香物质不断积累，以达到其在成熟时的含量和比例，该含量和比例根据品种和栽培条件的不同而有所差异。对于健康原料而言，其芳香潜力似乎在接近完全成熟时达到最大。在一个品种中，各类芳香物质混合在一起，如在‘玫瑰香’中，已鉴定出 60 种芳香物质，在‘雷司令’中有 50 种，在‘长相思’中有 35 种。这些物质构成了葡萄酒的果香，又叫作品种香气或一类香气，以与在葡萄酒发酵过程中形成的二类香气和在陈酿过程中形成的三类香气相区别。

总之，葡萄浆果中的芳香物质以游离态和结合态两种形式存在。结合态芳香物质只有在被分解释放出游离态芳香物质后才具有香气。因此，葡萄酒的果香，不仅取决于浆果中芳香物质的总量和游离态芳香物质的量，而且取决于结合态芳香物质在酿造过程中释放游离态芳香物质的能力。

2.1.3　种子

种子占果穗总重量的 3% 左右。正常情况下，一粒浆果有 4 颗种子。但如果有一至几个子房没有受精，种子数量就少于 4。有的品种无核（如‘无核白’）。种子中含有 5%～8% 的单宁，10%～20% 的油。在葡萄酒酿造过程中，如进行葡萄破碎、压榨等机械操作时，应尽量防止压烂种子，以避免过多的单宁和部分油进入葡萄酒，降低葡萄酒质量（李华等，2007）。

2.1.4 果肉

果肉是果穗最重要的部分，占其总重量的 80%～85%。果肉由薄壁细胞构成，其液泡中含有糖、酸及很多其他物质。果肉经破碎成为葡萄汁，后者经发酵转化为葡萄酒。1000 g 葡萄汁中各种成分含量见表 2-1。

表 2-1 1000 g 葡萄汁中各种成分的含量

成分	含量 /g	成分	含量 /g
水	700～780	结合态有机酸（酒石酸氢钾）	3～10
糖（葡萄糖、果糖）	100～250	无机盐	2～3
游离有机酸（酒石酸、苹果酸）	2～5	氮化物和果胶物质	0.5～1

葡萄汁中的主要成分是糖和有机酸。有机酸含量虽然较低，但在葡萄酒酿造和贮藏中起着重要作用。

1. 糖 除少量的非发酵性糖（<2 g/L）之外，葡萄汁中的糖几乎全是葡萄糖和果糖，主要来源于叶片中光合作用合成的蔗糖和植株中积累的淀粉。

$$C_{12}H_{22}O_{11}\text{（蔗糖）}+H_2O \longrightarrow C_6H_{12}O_6\text{（葡萄糖）}+C_6H_{12}O_6\text{（果糖）}$$

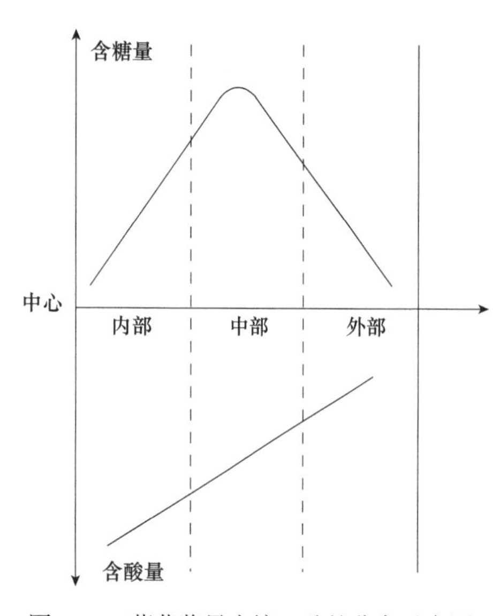

图 2-11 葡萄浆果中糖、酸的分布示意图

在浆果开始成熟时，果实中的葡萄糖含量高于果糖含量。在成熟时，这两种糖的含量接近，其比值趋近于 1。因此，利用果实中葡萄糖和果糖的比值可确定成熟期和采收时间。

葡萄浆果的幼果含糖量很低。进入转色期后，浆果中糖的含量迅速增加，在成熟时可达 150～250 g/L。葡萄浆果中的含糖量根据品种、立地条件和年份不同而有所差异。在接近成熟时，浆果中糖的含量每天可提高 4～5 g/L，由于 17～18 g/L 糖可转化为 1%（体积分数）的酒精，因此，采收期的确定是极为重要的。

果肉中部的含糖量最高（图 2-11）。当对葡萄进行压榨时，最先流出的汁就是果肉中部的。因此，在生产白葡萄酒时，自流汁比压榨汁中糖的含量更高。

2. 有机酸 有机酸也是葡萄汁的主要成分，在葡萄酒的酿造和贮藏过程中起着重要的作用。在葡萄汁中，有机酸的含量为 3～12 g H_2SO_4/L，主要是酒石酸、苹果酸和柠檬酸，其中柠檬酸含量很少，受品种、立地条件和年份等因素的影响。这些酸的存在方式有两种，即游离酸和有机酸盐。有机酸盐最主要的是酒石酸氢钾（COOH—CHOH—CHOH—COOK）。

酒石酸氢钾有如下特性：①在纯水和葡萄汁中溶解度大；②在酒精溶液和葡萄酒中溶解度很小；③温度越高溶解度越大。因此，在发酵过程中，它以酒石的形式结晶析出在发酵容器的内壁上。

所有的有机酸都是在浆果转色期以前形成的，主要由植株绿色部分的呼吸作用转化而形成。在成熟果粒中，有机酸的含量由内向外逐渐降低（图 2-11），因而压榨汁中酒石酸含量很高。

适量的有机酸能使葡萄酒醇厚并使之具有清爽感（如果含量过低，葡萄酒淡而无味，过高则粗糙），能溶解色素物质，并能抑制病菌的活动，对保持葡萄酒的颜色和生物稳定性具有重要作用（彭军等，2005；李华等，2007；苏鹏飞，2016），这也是有利于葡萄酒贮藏的主要因素之一。

3. 无机盐 如果将葡萄汁进行蒸发后，所剩下的物质叫作“干物质”，再将干物质碳化，剩下的灰分就是无机盐。在葡萄汁中，无机盐的含量为 2～4 g/L。

葡萄汁中的无机盐主要有：①阴离子。包括 SO_4^{2-}、Cl^-、PO_4^{3-}等，其含量主要与葡萄园土壤性质有关。②阳离子。包括 K^+、Ca^{2+}、Mg^{2+}、Fe^{2+}等，其中 K^+是葡萄汁中含量最高、最主要的无机盐，它和 Ca^{2+}、Fe^{2+}、Cu^{2+}一样，如果其含量过高，会引起葡萄酒病害（非病菌性病害）。

4. 氮化物 虽然氮元素只占生物体的一小部分（16%），但它却起着非常重要的作用。葡萄中的含氮类化合物主要有氨基酸、肽、蛋白质和铵态氮。

蛋白质只占葡萄浆果有机氮的 3%。不过，在葡萄浆果中也存在着铵态氮。在葡萄成熟时，浆果中含有 100～1100 mg/L 的总氮，其中 60～200 mg/L 为铵态氮。

虽然在浆果成熟前，由植株向果实的氮运输就已经停止，在成熟过程中葡萄果肉中的总氮仍继续升高，这可能是由于种子中蛋白质的水解作用，所释放的氮及铵态氮被用于果肉细胞中的蛋白质合成。

葡萄汁中的铵态氮和一些氨基酸是酵母的主要营养，可保证酒精发酵的迅速触发。酵母菌的氮代谢伴随着脱氨基作用，而脱氨基作用总是紧随脱羧作用的。因此，具有 n 个碳原子的氨基酸经酵母菌代谢后，就会形成 $n-1$ 个碳原子的高级醇，后者则在葡萄酒的香气中起作用。含硫氨基酸的代谢则形成二氧化硫。

葡萄的铵态氮的含量与总酸可能存在着一定的相关性，这可以解释为什么低酸葡萄汁的酒精发酵的启动较为困难。

蛋白质是胶体物质。在对原料的机械处理过程中，它们可与多糖、花色素、单宁等结合成大分子，后者则少量存在于葡萄酒中。此外，酵母菌的自溶也会释放出蛋白质。

在变质的葡萄浆果中，铵态氮的含量很高，有利于病原微生物的活动，极大地影响葡萄酒的贮藏和陈酿。

5. 果胶 果胶物质是植物的贮藏营养、结构及保护组织的构成成分。在化学上，它们具有胶凝作用。如果在葡萄汁中加入高浓度酒精，或在葡萄酒中加入 1% 的盐酸，果胶物质就会以凝胶的形式而沉淀。

葡萄浆果的果胶物质主要是不溶性的原果胶。在浆果的成熟过程中，在原果胶酶的作用下，原果胶逐渐被分解为可溶性的果胶酸和果胶酯酸而进入果肉细胞汁中。原果胶酶是一种复合酶，由酯酶、水解酶、果胶酶、纤维酶和半纤维酶构成。

果胶酸的结构很复杂，它们主要是由 D-半乳糖醛酸以 1,4-连接而成的直链，但也含有如 L-阿拉伯糖、D-半乳糖等其他糖类成分。果胶则是半乳糖醛酸的一部分羧基形成甲酯的果胶酸，葡萄浆果中果胶的甲酯化率很高，达到 70%～80%，又称聚半乳糖醛酸（polygalacturonic acid）或同型半乳糖醛酸（homogalacturonae），它们是以 D-半乳糖醛酸甲酯为单元，由 α-1,4 糖苷键连接而成（图 2-12）（Ribéreau-Gayon et al.，2006）。

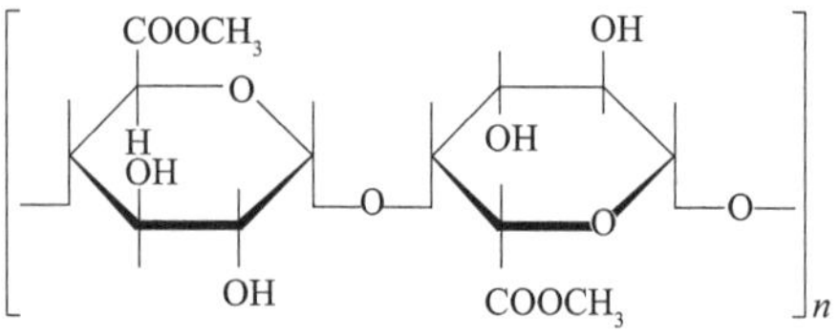

图 2-12　同型半乳糖醛酸单元的基本结构

果胶物质是多糖，也是杂多糖。它们可在半乳糖醛酶的作用下通过分子链的断裂而被解聚。内半乳糖醛酶主要作用于分子链长的果胶，而外半乳糖醛酶则主要作用于分子链较短的果胶物质。

果胶物质分子链的断裂有两种方式：由水解酶引起的水解作用，或者是由果胶酸裂解酶引起的裂解作用（图 2-13）。裂解酶主要以 β 消除方式切断果胶链，而水解酶则主要作用于果胶酸。酯酶可促进果胶物质的甲酯化和脱甲酯化作用。

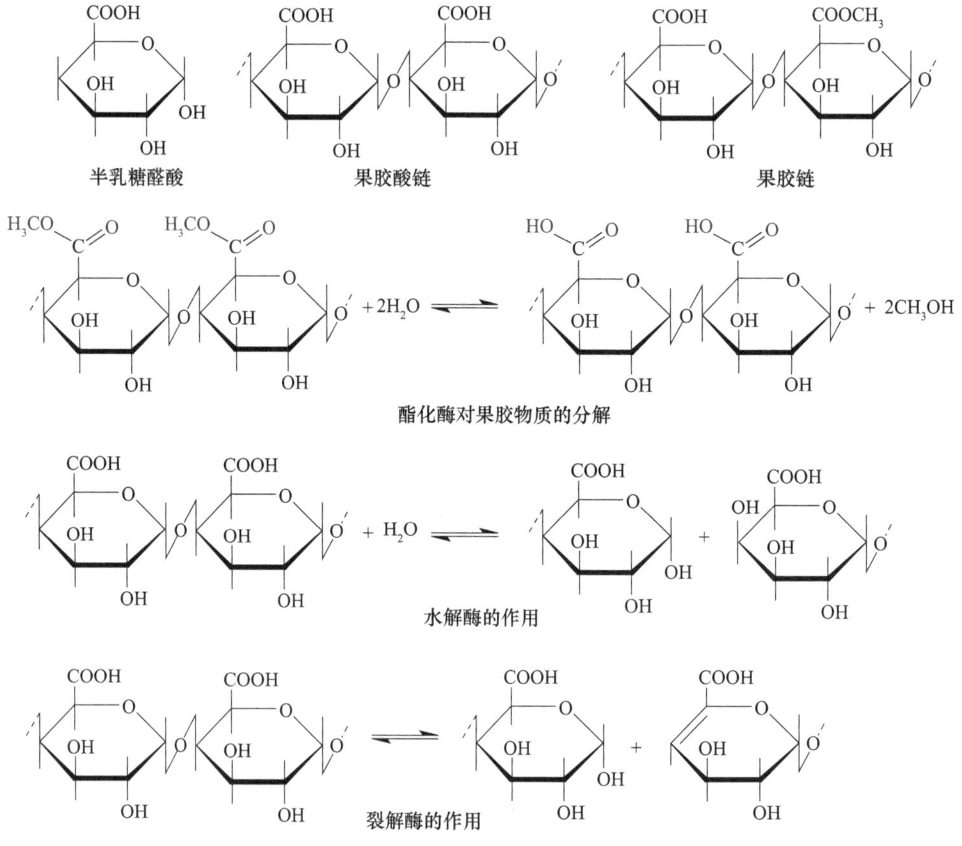

半乳糖醛酸　果胶酸链　果胶链

酯化酶对果胶物质的分解

水解酶的作用

裂解酶的作用

图 2-13　果胶物质分解的几种方式

果胶和果胶酸可溶于水形成胶体。在一定情况下，它们也可影响葡萄酒的澄清，因为它们具有保护胶体作用，影响其他胶体物质和悬浮物质的絮凝反应，但原果胶不溶于水。

在葡萄采收时，原果胶存在于果皮和果汁中，果胶则只存在于果汁中，浆果越成熟，破损量越大，果胶和原果胶的含量越高。由于是胶体，它们可使葡萄汁黏稠；它们的分子质量越大，葡萄汁的稠度就越大。果胶和果胶酸还是保护性胶体，可阻止其他胶体的絮凝反应。

果胶物质引起浑浊，影响澄清，堵塞过滤。所以，对葡萄汁应进行果胶酶处理。但是，在葡萄酒中，果胶物质的含量很少，因为葡萄中的原果胶酶使它们分解。同样，果胶物质的去甲酯化作用，使它们释放出甲酯，而后者可构成葡萄酒的果香。

在葡萄汁和葡萄酒中，还有其他的具有胶体性质的多糖。

（1）树胶，即由除半乳糖醛酸外，还由其他中性糖（主要是阿拉伯糖、鼠李糖、半乳糖和少量的木糖、甘露糖和葡萄糖）构成的可溶性多糖。

（2）黏胶，即由葡聚糖构成的一类多糖。这类物质是灰霉菌产生的，所以在用受灰霉菌危害的葡萄原料生产的葡萄酒中，这类物质形成光亮的丝状物，很难澄清。超声波处理或强力机械搅拌，可降低葡聚糖的污染能力（Ribéreau-Gayon et al.，2006），也可用以葡聚糖酶为主的酶处理将它们分解。

6. 酶 生物的代谢作用取决于生物化学反应，而正是在酶的作用下，生物化学反应才能在常温下以较快的速度进行。酶是由蛋白质构成的能双向催化生化反应的催化剂。

在葡萄汁中，主要有水解酶、氧化酶和转化酶。葡萄汁中的酶活性比葡萄中的要强得多，这是因为在葡萄汁中，除葡萄本身的酶外，还有酵母菌和灰霉菌产生的外酶的作用，而且在破损细胞上，酶的活性更强。

在葡萄酒的酿造过程中，酶在以下方面都起着重要的作用：①酒精发酵前原料中的变化；②酒精发酵的启动；③对葡萄酒工艺条件抗性强的酶还在葡萄酒的陈酿中起作用。

酶的活性受 pH 和温度等条件的影响。每一种酶都有其特有的最佳 pH 和温度。每种条件离其最佳值越远，酶的活性就越小。

1）氧化酶 最具危害性的是氧化多酚物质的酶，即多酚氧化酶，包括酪氨酸酶和漆酶。

多酚氧化酶（PPO）促进多酚物质的氧化，在葡萄酒酿造和贮藏过程中，由于形成棕色不溶性物质而引起氧化破败病（棕色破败病）。在果皮破碎的浆果中，氧大大加强这种发酵前的氧化作用，严重地影响所要生产的葡萄酒的质量。因此，在采收过程中，必须尽量防止浆果破损，并在发酵以前对葡萄汁进行 SO_2 处理。在发酵过程中，多酚氧化酶被部分除去，但漆酶在葡萄酒中仍然部分存在。因此，用部分霉烂的浆果酿造的葡萄酒很易感染棕色破败病。

2）水解酶 水解酶在酵母菌代谢中起着重要作用，其中最重要的是蛋白酶和果胶酶。

（1）蛋白酶。在葡萄酒的生产中常用的是酸性蛋白酶。在刚形成时，葡萄浆果中就含有蛋白酶。从葡萄转色开始，它们的活性就很强。在葡萄汁中，它们存在于果肉的残片上。蛋白酶对酒精发酵的启动具有重要的作用，酵母菌所合成的外酶——果胶酶，更加强了其活性。

蛋白酶的作用，是释放出便于酵母菌吸收的短链氨基酸。它们也能在发酵前作用于酵母菌的细胞壁，使之变得具有亲水性，从而减少发酵时所产生的泡沫。蛋白酶还能在苹果酸-乳酸发酵的启动中起作用。

（2）果胶酶。果胶酶是催化果胶质分解的一类酶的总称，它主要包括果胶酯酶、聚半乳糖醛酸酶、聚甲基半乳糖醛酸酶、聚半乳糖醛酸裂解酶和聚甲基半乳糖醛酸裂解酶（又称果胶酸裂解酶），还有少量的纤维素酶和半纤维素酶。它们共同作用使果胶分子质量变小，生成分子质量较小的聚甲基半乳糖醛酸，果胶水解为果胶酸和甲醇，使葡萄汁的黏度下降。葡萄本身含有果胶酶，酵母菌也能合成一些果胶酶，但这些酶的反应过程较缓慢。

在市面上，也有市售的果胶酶。它们可促进葡萄果皮中多酚和芳香物质的释放，促进葡萄汁的澄清和所生产的葡萄酒的澄清。

但须注意的是，一些市售的果胶酶含有脱羧酶，后者能将葡萄中的酚酸转化为葡萄酒的不良气味物质。所以在购买时，应选择精制果胶酶（李华等，2005）。

3）转化酶 转化酶可将蔗糖转化为发酵糖。在葡萄汁中，转化酶固定在果肉细胞的残片上。在发酵过程中，转化酶可提高加糖的效应。

酵母菌也能合成转化酶，但它们是内酶，只能在酵母菌细胞内起作用，因而作用不大。

7. 维生素 维生素是一类结构不同的小分子有机物，人和动物自身不能合成，人类必须从食物中获取维生素。维生素并不是真正的生物催化剂，它们常常作为辅酶或辅酶的构成部分而起催化作用。维生素的作用与其浓度呈正相关，它们在促进反应的同时逐渐消失。从化学的角度，维生素分别属于醇类（维生素 A）、类固醇衍生物（维生素 D_2 和维生素 D_3）或有机酸类（维生素 C 即抗坏血酸）等。细菌只能从它们所生活的基质中获取维生素。

一些维生素是脂溶性的，主要存在于种子当中。但在葡萄酒酿造中，水溶性的维生素，特别是维生素 C 和 B 族维生素具有更重要的作用。

维生素 C 又称为抗坏血酸，具有强还原性，可以防止氧化，因而可保护葡萄酒的构成成分，特别是多酚物质。多酚物质的氧化，可形成醌类物质，由于醌可催化抗坏血酸的氧化，从而阻止多酚物质的氧化。所以，在生产中，可在葡萄酒中加入 30～50 mg/L 维生素 C 以防止葡萄酒的氧化。

B 族维生素是在酒精发酵过程中起作用的辅酶。现已知道，在葡萄中有 11 种，在葡萄酒中有 12 种 B 族维生素。

B 族维生素可直接或间接地对酒精发酵起作用：作为酒精发酵的促进剂（维生素 B_1、维生素 B_3）而直接促进酒精发酵，作为酵母菌的生长素（维生素 B_2、维生素 B_6、维生素 B_7、维生素 B_8、维生素 B_{12}）而间接地促进酒精发酵。

此外，还有维生素 H（生物素），是酵母及其他微生物生育所必需的生长因子；维生素 P 是一组与保持血管正常通透性有关的黄酮类化合物，可增强血管的抵抗力，减少血管的透过性，有预防心血管疾病的功效（李华等，2005）。

2.2 葡萄浆果的成熟

在这一节中，我们着重讨论葡萄果实在成熟过程中所经历的不同时期，果实中各成分的变化，以及成熟度的控制。

2.2.1 葡萄浆果成熟的不同阶段

葡萄浆果从坐果开始至完全成熟，需要经历不同的阶段（李华，2008）（图 2-14）。

1. 幼果期 这个时期持续的时间从坐果开始，到转色期结束。在这一时期，幼果迅速膨大，并保持绿色，质地坚硬。糖开始在幼果中出现，但其含量不超过 20 g/L。相反，在这一时期中，酸的含量迅速增加，并在接近转色期时达到最大值。

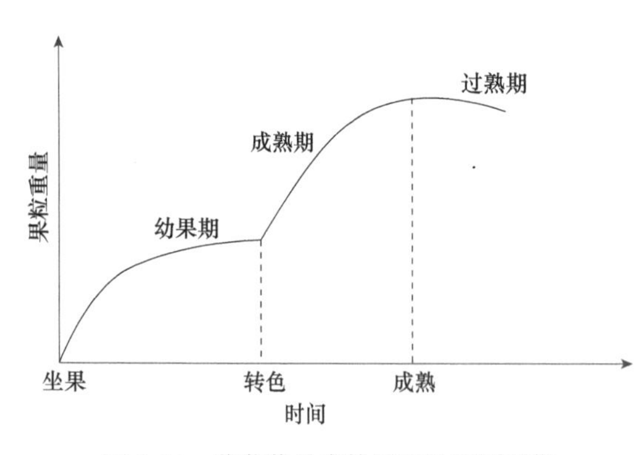

图 2-14 葡萄浆果成熟过程的不同时期

2. 转色期 转色期就是葡萄浆果着色的时期。在这一时期，浆果不再膨大。果皮叶绿素大量分解，白色品种果色变浅，丧失绿色，呈微透明状；有色品种果皮开始积累色素，由绿色逐渐转为红色、深蓝色等。浆果含糖量直线上升，由 20 g/L 上升到 100 g/L，含酸量则开始下降。

3. 成熟期　从转色期结束到浆果成熟需 35～50 d。在此期间，浆果再次膨大，逐渐达到品种固有大小和色泽，果汁含酸量迅速降低，含糖量增高，其增加速度可达每天 4～5 g/L。

浆果的成熟可分为两种，即生理成熟和技术成熟。所谓生理成熟，即浆果含糖量达到最大值，果粒也达到最大直径时的成熟度；而技术成熟是根据葡萄酒种类，浆果必须采收时的成熟度。这两种成熟的时间有时并不一致。

4. 过熟期　在浆果成熟以后，果实与植株其他部分的物质交换基本停止。果实的相对含糖量可以由于水分的蒸发而提高（果汁浓度增大），浆果进入过熟期。过熟作用可以提高果汁中糖的浓度，这对于酿造高酒度、高糖度的葡萄酒是必需的。

2.2.2　葡萄浆果中主要成分的变化

在葡萄浆果成熟过程中，果实中的主要成分也在发生变化。

1. 糖的积累　在幼果中，糖的含量很低，只有 10～20 g/L。但在成熟过程中，浆果中糖的含量不断增加，平均每月可增加 20 倍，浆果含糖量的增加主要通过以下途径。

（1）在转色期中，浆果糖含量的迅速增加，主要是植株其他部分（主干、主枝等）的积累物质向果实运输的结果。

（2）在成熟期，浆果中的糖则主要来源于叶和果梗等绿色器官，因为这一时期，这些组织中的积累物质开始分解并向其他部位转移。

此外，果实本身也可将苹果酸转化为糖（葡萄糖）。正如前面提到的那样，在幼果中主要是葡萄糖，在成熟过程中，果糖含量增加，在成熟时，这两种糖的比值趋近于 1。

2. 含酸量降低　在接近转色期时，浆果中酸的含量最高，约为 16 g H_2SO_4/L，以后迅速降低，在成熟时趋于稳定。酸度的降低主要是由于果实的呼吸作用。葡萄果实的呼吸作用主要以有机酸为基质，呼吸强度受温度的影响，如果温度高于 30℃，则呼吸强度迅速增加。

在葡萄成熟过程中，不同的有机酸，其变化的程度也不相同。苹果酸在浆果成熟过程中变化很大，它最易被呼吸作用所消耗并可被转化为糖。虽然在幼果中其含量很高，但在成熟时，其含量很低，只占总酸量的 10%～30%。影响苹果酸含量的因素主要是气候条件和品种。因为苹果酸在 30℃的条件下就可被呼吸消耗，所以在北方气候条件下，浆果中苹果酸的含量比在南方高。而对于酒石酸，只有在温度达到 35℃时，才开始被呼吸消耗。因此，在成熟过程中，其含量较苹果酸相对稳定。葡萄浆果中柠檬酸的含量始终很低。

3. 花色素苷的积累　在葡萄果实的成熟过程中，红色品种的花色素苷含量一般呈现逐渐上升的趋势，特别是在转色完成以后，花色素苷积累速度加快，成熟期后含量趋于稳定（刘旭等，2015）。除染色品种外，花色素苷主要积累在果皮中。葡萄果皮中花色素苷的含量会因品种、栽培方式及叶幕微气候等的不同而存在差异（Giacosa et al.，2015）。

2.2.3　成熟度控制

为了科学地确定葡萄浆果的成熟和采收时间，了解葡萄原料的状况，确定葡萄酒酿造的最佳工艺，就必须对葡萄进行成熟度控制（Delanoe et al.，2001）。

1. 成熟系数　成熟系数就是糖酸比。如果用 M 表示成熟系数，S 表示含糖量（葡萄糖，g/L），A 表示含酸量（酒石酸，g/L），则

$$M=S/A$$

这个系数是建立在葡萄成熟过程中含糖量增加、含酸量降低这一现象基础上的，它与葡

萄酒的质量密切相关，是目前最常用且最简单的确定成熟度的方法。虽然不同品种的 M 值不同，但一般认为，要获得优质葡萄酒，M 值必须等于或大于 20。但各地应根据品种和气候条件，确定当地的最佳 M 值（李华，1990；李华等，2007）。需要指出的是，对于酿造干白葡萄酒的原料，监控苹果酸含量的变化并使之在采收时维持在足够高的水平是非常重要的。

从图 2-15 可以看出，在成熟过程中，浆果含酸量、含糖量和 M 值的变化规律。

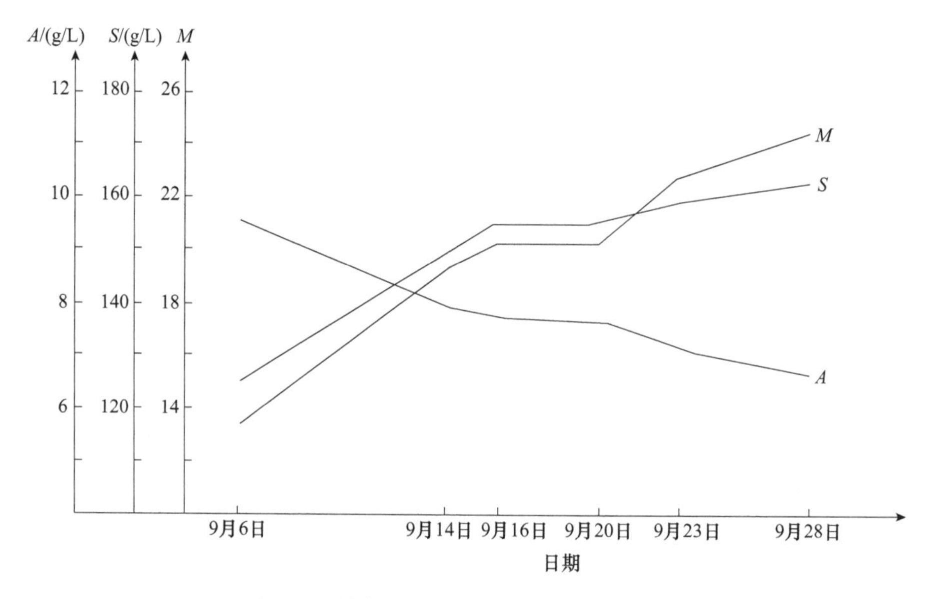

图 2-15　葡萄成熟过程中 S、A 和 M 的变化

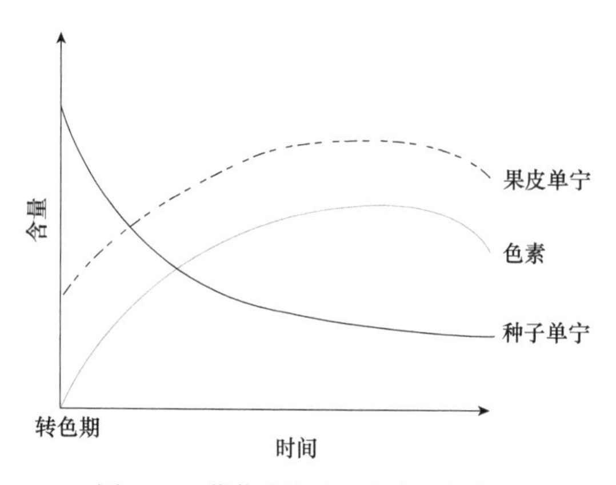

图 2-16　葡萄成熟过程中多酚的变化

从转色开始，葡萄浆果的重量不断上升，到接近成熟达最大值，然后由于失水而降低。因此，在葡萄成熟度控制过程中，对葡萄浆果百粒重的监控也是非常有意义的。

2. 多酚成熟度　对于酿造红葡萄酒的原料，现在越来越多的研究人员强调多酚成熟度。因为在葡萄的成熟过程中，葡萄种子中单宁（苦涩单宁）的含量降低，而果皮中的单宁和色素含量上升（图 2-16）。所以对于相应品种的每个葡萄园，当其浆果中果皮色素和单宁含量达到最大值而种子中单宁含量较低时就是该葡萄园的最佳多酚成熟度。

近几年，我们对甘肃嘉峪关、宁夏青铜峡、内蒙古乌海和陕西合阳等产区的酿酒葡萄多酚成熟度控制方面进行了相关研究，筛选出果实基本理化指标（酸或糖酸比）与多酚指标相结合的多酚成熟度控制指标体系，为葡萄的适时采收提供理论参考和实验依据（Zhou et al.，2019；苏鹏飞，2016；苏鹏飞等，2017）。

当然，在葡萄成熟度控制过程中，还应检测其感官、卫生状况及可吸收氮等指标的变化，以科学地确定葡萄的最佳采收期。

2.3　采收期的确定

2.3.1 影响采收期确定的因素

科学地确定采收期，不仅能提高葡萄酒的质量，而且能提高产量。在确定采收期时，必须考虑下列因素（李华等，2007）。

（1）产量。在一年中，浆果的产量在某一时期达到最大值，而且最高产量与浆果中的最大含糖量出现的时间一致。

（2）质量。葡萄酒的质量取决于浆果中各种成分的含量及其比例，而且根据不同类型的葡萄酒而有所差异：对于果香味浓的干白葡萄酒和起泡葡萄酒，应在葡萄完全成熟以前，即芳香物质含量最高时采收；对于红葡萄酒，应在葡萄完全成熟时，即色素物质含量最高但酸度不过低时采收；对于加强葡萄酒，则应在过熟期采收。

（3）病害和自然灾害。在有病害或自然灾害危险的地区或年份，为了防止它们造成较大的危害，影响葡萄酒产量、质量和贮藏性，可适当提早采收。

（4）其他。葡萄园面积、劳动力安排、运输距离及发酵容积、发酵期限等，都会直接影响采收期。因此，在确定采收期以前，必须考虑这些因素。

一般来讲，农民都有提早采收的趋势，这会严重影响葡萄酒的产量和质量。

2.3.2　采收期确定的方法

在确定采收期以前，应首先选择所使用的成熟系数并进行实验（一般使用 *M* 值），根据最佳条件（葡萄酒质量最好时），确定 *M* 值，并在不同年份使用相似的 *M* 值。

1. 利用 *M* 值确定采收期　　在使用 *M* 值确定采收期时，应包括以下步骤。

1）取样　　最好的取样方法为，在同一葡萄园中，按一定的间距选取 250 棵植株，在每棵植株上随机地取一粒葡萄，但在不同植株上，应注意更换所取葡萄粒的着生方向。每次取样应在同一葡萄园中的相同植株上进行。因此，最好在所选取的植株上做好标记，以便重复取样。

每次取样之间的间隔时间不能过长或过短，一般在采收前 3 周开始，每 3～4 d 取一次。

2）分析　　每次取样后，应马上进行分析。将采取的 250 粒浆果压汁（应压干），混匀，取样分析含糖量和含酸量。

3）结果　　将分析结果绘于坐标纸上，时间为横轴，含糖量、含酸量、*M* 值为纵轴。这样绘出的曲线（图 2-15）能够代表品种、地区及年份的特点，并能帮助确定最佳采收期。

当然，在所取的样品中，除分析成熟系数 *M* 值的变化外，还应分析苹果酸（干白葡萄酒）、多酚成熟度（红葡萄酒）、可吸收氮（王华，1999）和卫生状况的变化。

2. 利用品尝确定采收期　　在实践中，我们通常利用成熟度控制的方法来确定酿酒葡萄的采收期。成熟度控制的方法，就是通过在葡萄转色后定期采样，分析葡萄浆果的糖、酸、pH、色素、单宁等指标。但在确定采收期时，这些资料仍显不足。而对葡萄浆果的感官分析（品尝）（ITV，2003），可对上述化学分析结果进行补充，而成为评价葡萄的成熟度的实用方法，特别是在评价葡萄的技术成熟度和酿酒的质量潜能方面具有重要的作用。

1）取样方法　　由于同一果穗内部的果粒的成熟度差异很大，在每块葡萄园中，必须取多个样本进行品尝。具体方法是，在每块葡萄园中，随机取 3 个果穗，每个果穗取 1 粒葡萄进行品尝，每块葡萄园应重复进行 3～4 次品尝。

2）品尝步骤　在进行葡萄的感官分析时，其步骤是先品尝果肉，然后品尝果皮和种子。在对葡萄进行外观分析后，应在口中将果皮和种子挤在一边，单独品尝果肉，以通过糖酸平衡、有无生青味等，确定果肉成熟度；通过果皮的品尝，可以了解香气、单宁质量及有无生青味等；最后，在对种子进行感官分析时，应注意颜色、硬度、单宁的味感等。此外，对于所有的样品，在口中对果皮和种子咀嚼的次数（10～15）都应保持一致。总之，品尝包括以下步骤。

（1）外观及触觉。果皮颜色、硬度、果粒是否易脱落等。

（2）果肉口感。糖、酸、粘连度、香味等。

（3）果皮口感。硬度、酸度、单宁、涩味、香气等。

（4）种子。颜色、硬度、单宁等。

3）品尝标准　在利用品尝评价酿酒葡萄的成熟度时，我们可以将葡萄浆果各部分的成熟程度分为四等，其标准见表 2-2。

表 2-2　酿酒葡萄成熟度感官评价标准

成熟程度				异常状况
一等	二等	三等	四等	
技术成熟度				
果肉酸，甜味淡，与果皮和种子粘连	果肉甜味适中，较酸，少量粘连	果肉味甜，酸味低，很少粘连	果肉味很甜，微酸，不粘连	果肉酸味和甜味都淡（水分胁迫）或都浓（浓缩）
果肉成熟度				
生青味重	味淡	有果香到果香中等	果酱味浓到很浓	霉味、土腥味、碳酸味，块状组织
果皮成熟度				
果皮硬，带绿色（白色品种）或带桃红色（红色品种）；生青气味重；味酸，发干，单宁感弱、粗糙	果皮较硬，果柄周围带绿色（白色品种）或桃红色（红色品种）；有生青味到无气味；味较酸或发干，单宁感弱、细致	果皮较软，着色均匀，浅黄色到琥珀黄色或深红到黑色；有果香，带生青味；用拇指和食指压破果粒，果汁开始带色；酸味淡，基本不发干，单宁细致	咀嚼果皮化渣，着色均匀，琥珀黄或黑色；果酱味浓到很浓；用拇指和食指压破果粒，果汁色重；无酸味和干感，单宁细致	霉味、土腥味、碳酸味，果皮易碎且有生青味
种子成熟度				
种子绿色或黄绿色	种子绿栗色	种子栗色，带炒香味，涩味弱到中等	种子深褐色，炒香味浓，无涩味，易脱落	种子上色，但果皮硬，果肉酸

4）实例分析　2003 年葡萄采收季节，我们用上述方法和标准，对昌黎华夏葡萄酒公司的 3 个‘赤霞珠’（‘Cabernet Sauvignon’）葡萄园的原料进行了感官分析，结果及根据结果提出的建议，列于表 2-3（李华，2004）。

表 2-3　对‘赤霞珠’成熟度的感官评价结果

成熟状况	一等	二等	三等	四等	结论和建议
1 号葡萄园					
技术成熟度			√		葡萄未成熟：可用于酿造没结构的葡萄酒，并需加糖发酵，最好与其他葡萄酒进行调配，以生产质量一般的产品
果肉成熟度			√		
果皮成熟度		√			
种子成熟度		√			
2 号葡萄园					
技术成熟度				√	糖 / 酸成熟，但芳香或果皮未成熟的葡萄：通过适宜的工艺（如较短的浸渍时间），可酿造质量中等的葡萄酒
果肉成熟度			√		
果皮成熟度		√			
种子成熟度		√			
3 号葡萄园					
技术成熟度				√	完全成熟葡萄，如果卫生状况良好，可酿造优质葡萄酒
果肉成熟度				√	
果皮成熟度				√	
种子成熟度				√	

2.4　采　　收

葡萄的采收包括三个阶段，即葡萄的采收、运输和葡萄酒厂的接收。在整个过程中，须尽量保证葡萄浆果完好无损，防止破损和污染。因此，应做到以下几点。

机械采收视频

手工采收视频

（1）建立葡萄酒厂时，应选择好场地，不应离其原料基地太远，以免拉长运输距离，引起浆果的破损、污染，甚至霉烂。

（2）在装运时，应降低容器的高度，防止葡萄果实的相互挤压。

（3）减少转倒的次数和高度。

（4）葡萄酒厂的接收部分应高于地面，并且一到葡萄酒厂就应迅速地进行机械处理。

（5）保证葡萄果实良好的清洁状态。

此外，必须通过葡萄园的良好操作规范和适时采收，保证葡萄原料的安全（杨晨露等，2019）。相关操作可扫码查看视频。

2.5　影响葡萄浆果质量的因素

影响葡萄浆果质量的因素很多。这些因素通过对原料质量的影响，而影响葡萄酒的种类和质量。可以将这些因素分为如下几类。

（1）不变因素，这类因素的作用不随年份的变化而变化，包括品种、砧木、气候、土壤种类、植株年龄，它们构成葡萄园的基本特征。

（2）每年变化的气候条件，如温度、日照、湿度、降水及它们在葡萄生长季节的分布，它们是影响“葡萄酒年份”特性的主要因素[葡萄酒年份是指某一葡萄酒的生产年份（或葡萄采收年份）]。

（3）可变因素，包括栽培技术、整形修剪、土壤管理等。

（4）灾害因素，包括自然灾害和病害流行等。

2.5.1 品种对葡萄酒的影响

葡萄品种是决定葡萄生产方向的重要因素。每个葡萄品种都有由其遗传基础决定的特性，但是这些特性的表现还受其他自然因素（气候、土壤）和人为因素（栽培方式、葡萄园管理等）的影响。因此，优良品种是获得相应优质葡萄产品的基础，但优良品种的优良特性，只有在与之相适应的环境条件及与品种和环境条件相适应的栽培管理下，才能表现出来。

葡萄品种对葡萄产品的特征和质量起着决定性的作用。例如，对于同一类型葡萄酒，不同的葡萄品种具有不同的浆果成分，因此用之生产的葡萄酒的特点也不相同。显然，欧亚种葡萄品种间颜色、风味、稠度等方面的差异，必然在其葡萄酒中反映出来。因此，根据原料的不同，可以生产出白葡萄酒、红葡萄酒，以及在酒度、酸度、芳香性、优雅度等方面各异的产品。虽然气候和土壤条件及栽培技术可以影响品种特征在葡萄酒中的表现程度，但这些品种特征始终存在于葡萄酒中，而且可以被有经验的消费者品尝出来。因此，葡萄品种对葡萄酒的质量、个性、风格，都有很大的影响。在以产地命名葡萄酒的国家和地区，每一个产区都规定了只能用某一些品种，而不能用另一些品种生产葡萄酒。这也表明在这些地区，品种起着决定性的作用。

总之，在影响葡萄产品质量的各种因素中，最重要的是葡萄品种；但是品种并不是决定产品质量的唯一因素，它只能在与之完全适应的生态条件（包括气候、土壤条件）和栽培技术条件下，才能充分在葡萄浆果中表现出其优良特性，即表现出品种的潜在质量；而葡萄浆果的质量又仅仅是葡萄产品的潜在质量，这一质量的表现，取决于与之完全相适应的贮藏、加工方式和方法。

现有的葡萄品种，在栽培学、葡萄酒工艺学特性方面存在着很大的差异，如生长周期，对病、虫害的抗性和气候条件的适应性，栽培性状，产量及浆果成分等。在长期的栽培过程中，人们逐渐选择了那些最适应当地生态条件并且能生产出质量最好的相应产品的葡萄品种。因此，在人的影响下出现了葡萄品种对特定产区的栽培学适应性和生产某些特殊产品的特异性。这就逐渐地产生了一些相互区别的特殊产区。这些产区结合了生产品质极高、独具风格的葡萄产品的气候、土壤、品种及特殊的技术条件。因此，必须使以上诸方面条件完全协调并且都有利于获得葡萄产品的潜在质量及其充分表现，才能生产出品质极高、独具风格的产品，才能获得国内外消费者的认可。

当以上条件具备时，就可以讲品种完全适应相应的区域，而这一适应性的好坏取决于是否能获得所需要产品的特异性。品种的适应性可强可弱：在一些特定产区，一些品种只在少数年份表现优良；而另一些品种在很多地区的多数年份都表现优良，这些品种就具有较强的可塑性。如果这些可塑性强的品种的潜在质量优良，那么它们就是广适性品种，如‘佳美’‘缩味浓’‘赤霞珠’‘梅尔诺’等，在全世界很多葡萄产区都有栽培（李华，2008；李华和王华，2015；Wang et al.，2018）。

一些葡萄酒的独特风味来自单一葡萄品种，如法国阿尔萨斯等地的葡萄酒都是单品种酿造的，此外还有波尔多生产的干白葡萄酒（‘缩味浓’），夏朗特的白兰地（‘白玉霓’），以及我国

张裕葡萄酒公司的‘雷司令’，长城葡萄酒公司的干白葡萄酒（‘龙眼’）等（李华，2008）。

但多数情况下，不同葡萄品种之间的结合，可以“取长补短”（果香、单宁、色素、糖、酸等），使葡萄酒更加平衡、协调，提高葡萄酒的质量，如‘佳利酿’-‘歌海娜’在法国南部，‘梅尔诺’-‘赤霞珠’-‘品丽珠’在波尔多，‘黑比诺’-‘霞多丽’在香槟等。所以，新区发展酿酒葡萄，在栽培品种的选择上要注意品种的搭配，即品种结构（李华和王华，2015）。

2.5.2 栽培条件

一般来讲，栽培条件主要是通过影响产量来影响葡萄浆果和葡萄酒的质量的。因此，这里我们只讨论产量-质量关系。

李华（2000）引用Ferrre的研究结果（表2-4）很好地表现了这一关系：在一定范围内，株产越高，含糖量越低。虽然在成熟时，浆果含糖量仅仅是众多的质量因素之一，但在其他条件一致的条件下，含糖量是果实质量和葡萄酒质量的重要标志。因为随着含糖量的增加，含酸量降低，而色素、多酚类和芳香物质等含量增加。

表2-4 产量和含糖量的关系

株产 /kg	含糖量 /g	
	全株	每升葡萄汁
0.4	65	235
0.8	126	225
1.2	168	200
1.6	184	165
2.0	182	130

根据众多的研究结果，可用图2-17简单地表示产量-质量关系。在该图中，当产量达到*A*值时，随着产量的增加，质量维持在一定水平上；当产量增加到*B*值时，则随着产量的增加，质量迅速下降。因此，当产量介于*A*、*B*之间时，产量和质量最好。所以，各地应根据多年的观察资料，根据品种和当地的气候、土壤条件，确定*A*、*B*值，以获得最佳经济效益。

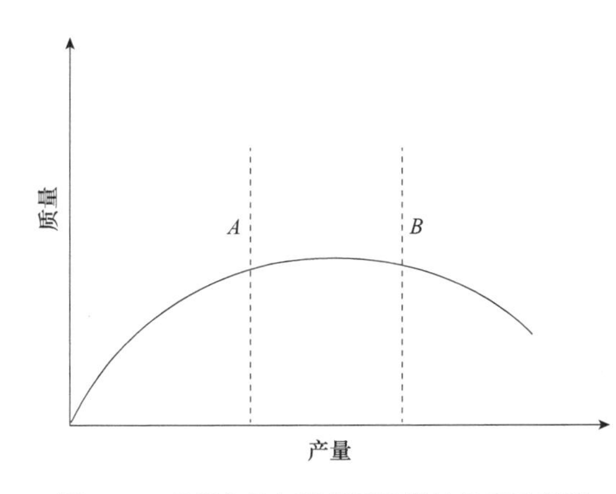

图2-17 葡萄产量与葡萄酒质量的关系示意图

2.5.3 自然微生物群落

葡萄的生长发育过程依赖于葡萄园的生态系统，其生物多样性对葡萄的生理生态有重要影响。葡萄生态系统的组成包括葡萄园土壤、葡萄植株、园内覆盖的其他植物、有益昆虫等小动物及各种微生物群体，构成复杂且动态的种间生态网络。在自然状态下，葡萄生态系统中生物多样性的相互作用能够增强植株自身的免疫力和对环境的适应性和抗性，有利于葡萄的健康生长。各种微生物群落的动态演变和代谢作用是自然状态下葡萄转化成为葡萄酒的本质核心，主要是酵母菌利用糖类物质产生乙醇和其他代谢产物（丁银霆等，2021）。

目前的葡萄栽培和葡萄酒酿造过程充斥着大量的化学助剂和过度的人为干预，其目的是保障葡萄的产量和发酵过程的可控性。特定的人类干预措施，包括杀虫剂、杀菌剂和除草剂的使用，影响了葡萄园生境的生物多样性。例如，为了应对葡萄霜霉病，人们选择喷施大量的波尔多液，铜离子的富集不仅对环境和人体造成危害，而且造成霜霉病菌变异性和抗药性显著增强，从而驱使人们研制杀伤性更强的药物，但这些高毒性的农药没有选择性，不仅杀死了病原菌而且杀死了葡萄本身存在的有益微生物。已有研究发现，田间施药对自然发酵葡

萄酒的酵母菌群落结构有显著影响，化学农药的使用会改变自然发酵过程酵母菌的种类和比例，导致酿酒酵母等发酵有益菌的数量和比例降低，隐球酵母属（*Cryptococcus*）等的发酵有害菌的种类和数量提高（丁银霆等，2021）。

此外，地上部过度施加化学肥料和农药，使得葡萄所需养分主要通过外源充分供给，这不仅导致植株对养分的需求减少，葡萄树的根系逐渐变浅和退化，植株对逆境的抵抗力减弱，而且无选择性地杀死了地下部的葡萄园土壤微生物，尤其是能够影响植株环境抗性能力的根际微生物，造成了整个葡萄生态系统遭到破坏。在葡萄酒的酿造过程中，商业酵母、外源果胶酶和二氧化硫等的使用不仅增加了生产成本，而且同样也杀死了葡萄本身携带的有益微生物菌群，这些菌群伴随葡萄共同进化，具有明显的亲和性，能够增强葡萄酒的风味复杂性。这些外源化学成分的添加破坏了葡萄有益菌群的生长代谢，抑制了微生物代谢的酶系统，造成葡萄酒风味严重同质化，丧失了自然风土特性（丁银霆等，2021）。

鉴于此，我们提出了极简化的葡萄生态生产理念，其核心思想是尽量减少人为干预，增加葡萄生态系统的生物多样性，减少各种杀虫剂和化学肥料的使用，运用生物防治技术管理葡萄园的鸟害和虫害，倡导有机栽培模式，保持葡萄生态系统中微生物群落的自然状态，突出微生态的风土特征（李华和王华，2020）。同时，在葡萄酒发酵过程中，促进有益微生物活动，抑制有害微生物活动，发酵过程也不使用化学方法，在不改变发酵培养基成分的前提下，尽量做到零添加，保证自然微生物在发酵过程中的代谢活动和相互作用。我们的目标是在自然状态下，通过物理手段促进微生物群落向葡萄和葡萄酒生态系统有益的方向发展，从而达到葡萄产业可持续、高质量发展的目的。

2.6 小　　结

我们可以将葡萄原料分为液体和固体两个部分。

在液体中，即葡萄汁中的主要成分是糖和有机酸；在固体中的主要成分是存在于所有固体部分（包括果梗、果皮和种子）中的无色多酚、果胶物质，以及一般只存在于果皮中的有色多酚和芳香物质；此外，还有固体和液体部分都存在的氮化物、酶类、维生素和无机盐。对于每一类物质，都应了解它们的化学结构和特性，以及它们在葡萄成熟过程中、在葡萄酒酿造过程中和在葡萄酒中的变化。

由于在葡萄浆果中含有上述成分和相应的酶系统，在不同的情况下，就会产生一系列的生物化学转化，这些转化进而会对葡萄酒的工艺产生相应的影响。我们可用表 2-5 对作为葡萄酒原料的葡萄浆果的这些生物化学转化及其对葡萄酒工艺的影响做一小结。

（1）机械处理（采收、运输、破碎、分离、压榨、泵送等），葡萄浆果破损：酶及其底物都暴露在空气中（表 2-5）。

表 2-5　葡萄浆果破损后的酶促反应及对葡萄酒工艺的影响

酶	底物	反应产物	对工艺的影响
脱羧酶＋酒精脱氢酶	亚麻油酸和亚油酸	多种己醇	改变香气；形成生青味
多酚氧化酶	多酚物质	醌和多聚体	影响澄清、香气和口感；使酶失活

续表

酶	底物	反应产物	对工艺的影响
果胶酶	原果胶	甲醇	促使原果胶和果胶溶解；破坏保护性胶体；有利于出汁和澄清
果胶酯化酶	果胶	半乳糖醛酸	
原果胶酶	果胶	多聚半乳糖醛酸	
蛋白酶	蛋白质	肽	为酵母菌和细菌的生长提供氮源；促进酒精发酵和副产物的形成；改变物理化学稳定性
内肽酶	肽	氨基酸	
氨肽酶	肽	氨基酸	
转化酶	蔗糖（加糖）	果糖和葡萄糖	提高酒度
葡萄糖苷酶	多酚及萜烯的杂糖苷	萜烯醇、花青素	释放芳香物质；影响颜色的稳定性

（2）完好无损的葡萄浆果，细胞未被破坏（表 2-6）。

表 2-6　完好无损葡萄的酶促反应及对葡萄酒工艺的影响

酶	底物	反应产物	对工艺的影响
多种酶	多种底物	产生 2% 的酒精	产生特殊香气
细胞内发酵	无氧代谢和分解代谢	产生副产物	选择性提取酚类物质
细胞内发酵	无氧代谢和分解代谢	氮化物和果胶物的重组	有利于酒精产生和苹果酸-乳酸发酵

栽培酿酒葡萄品种的目的是获得优质的葡萄酒产品。因此，必须首先选择与生产方向、产品结构相适应的品种结构，即努力使所选用葡萄品种的适应性和特异性与当地的生态条件和生产目标相一致。另外，在欧亚种众多的葡萄品种中，存在着一些潜在品质良好的广适性酿酒品种，它们在世界上大多数的葡萄酒产区栽培都获得了成功。因此，必须充分了解这些品种的特性，研究它们是否能适应各地的气候条件并能生产出优质的产品。

目前，全世界的葡萄酒产量虽然过剩，但消费者对优质葡萄酒的需求量仍不断增长。在这种形势下，必须首先保证产品质量，生产优质葡萄酒。因此，任何单纯追求产量的措施都应抛弃。因为这样不仅不能生产出高质量的产品，而且会加重葡萄酒过剩的趋势。

每个产区葡萄品种的选择都应建立在品种试验的基础上。品种试验包括物候期、适应性、产量、葡萄酒质量和特性等方面。要使这些实验结果可靠，每个品种的供试群体应达 200 株以上。

在保护和发展生物多样性、保障葡萄园自然生态平衡的前提条件下，采用优良的广适性品种，是提高产品质量的重要手段（李华，1990；李华和王华，2020）。但与此同时，还必须注意利用那些当地品质优良的传统品种。只有这两方面有机结合在一起时，才能在提高葡萄酒质量的同时，保证产品的个性和风格，防止葡萄酒风格的均一化。

第3章 原料的改良

由于各种条件的变化，有时葡萄浆果没有完全达到其成熟度；有时浆果受病虫害危害等，使酿酒原料的各种成分不符合要求。在这些情况下，可以通过多种方法提高原料的含糖量（潜在酒度）、降低或提高含酸量等，以对原料进行改良（李华，1990；李华等，2007）。

需要指出的是，原料的改良并不能完全抵消浆果本身的缺陷所带来的后果。因此，要获得优质葡萄酒，必须首先保证浆果达到最佳成熟度，对于红色品种而言，浆果多酚物质成熟度对酿造优质葡萄酒至关重要（苏鹏飞等，2016；侯国山等，2019；孟强和刘树文，2019）。在采收过程中保证浆果完好无损、无污染（李华和王华，2017）。

3.1 浆果含糖量过低

对于含糖量过低的葡萄原料，就需要人为地提高原料的含糖量，从而提高葡萄酒的酒度。最常见的有加糖和加浓缩葡萄汁两种方式（杨晨露等，2017）。此外，也可通过反渗透和干化处理的方式，提高原料的含糖量。

3.1.1 添加蔗糖

所用的糖必须是蔗糖，一般用大于99%的结晶白砂糖（甘蔗糖或甜菜糖）（OIV，2022c）。

1. 添加量 从理论上讲，加入17 g/L蔗糖可使酒度提高1%（体积分数）。但在实践中由于发酵过程中的损耗（如挥发、蒸发等），加入的糖量应稍大于17 g/L，可参考表3-1。

表3-1 增加1%（体积分数）酒精需加入的蔗糖量

葡萄酒类型	蔗糖添加量/（g/L）	葡萄酒类型	蔗糖添加量/（g/L）
白葡萄酒、桃红葡萄酒	17.0	葡萄汁发酵	17.5
红葡萄酒（带皮发酵）	18.0		

例如，利用潜在酒度为9.5%（体积分数）的5000 L葡萄汁生产酒度为12%（体积分数）的白葡萄酒或红葡萄酒，其蔗糖的添加量为

12%－9.5%＝2.5%　　　　需要增加的酒度

2.5%×17.0 g/L×5000 L/1000＝212.5 kg　　　　需要添加的蔗糖量

2. 添加方法和时间 先将需添加的蔗糖在部分葡萄汁中溶解，然后加入发酵罐中，添加蔗糖以后，必须倒一次罐，以使所加入的糖均匀地分布在发酵汁中。

添加蔗糖的时间最好在发酵刚刚开始的时候，并且一次加完。因为这时酵母菌正处于繁殖阶段，能很快将糖转化为酒精。如果加糖时间太晚，酵母所需其他营养物质已部分消耗，发酵能力降低，常常发酵不彻底，造成酒精发酵中止。

此外，在控制发酵温度时应考虑加入的糖在发酵过程中所释放的热量（李华，2000；李华和王华，2017）。

3.1.2 添加浓缩葡萄汁

1. 浓缩葡萄汁的制备 将葡萄汁进行二氧化硫处理，以防止发酵。再将处理后的葡萄汁在部分真空条件下加热浓缩，使其体积降至原体积的1/5～1/4，这样获得的浓缩葡萄汁中各种物质的含量都比原来增加4～5倍。虽然在制备过程中，部分酒石酸转化为酒石酸氢钾沉淀，但浓缩葡萄汁中的含酸量仍然较高。因此，为了防止葡萄酒中的酸度过高，可在进行浓缩以前，对葡萄汁进行降酸处理。此外，浓缩汁中钾、钙、铁、铜等含量也较高。

2. 添加量 在确定添加量时，必须先对浓缩葡萄汁的含糖量（潜在酒度）进行分析。

例如，已知浓缩葡萄汁的潜在酒度为50%（体积分数），5000 L发酵用葡萄汁的潜在酒度为10%（体积分数），葡萄酒要求酒度为11.5%（体积分数），则可以用下面的方法算出浓缩葡萄汁的添加量：

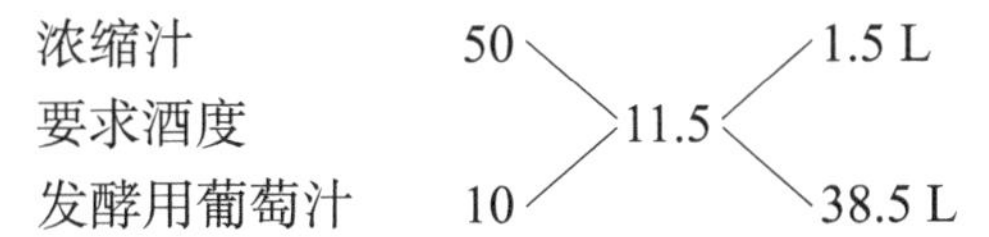

即要在38.5 L的发酵用葡萄汁中加入1.5 L浓缩汁，才能使葡萄酒达到11.5%（体积分数）的酒度。因此，在5000 L发酵用葡萄汁中应加入浓缩葡萄汁的量为

$$1.5\ L \times 5000L / 38.5\ L = 194.8\ L$$

3. 添加的时间和方法 添加蔗糖与添加浓缩葡萄汁，都能提高葡萄酒的酒度。但添加蔗糖时，葡萄酒的含酸量和干物质含量略有降低。与之相反，添加浓缩葡萄汁则可提高葡萄酒的含酸量和干物质含量（表3-2）。这两种方法在实践中可任选一种（李华，2000；李华和王华，2017）。

表3-2 添加蔗糖和添加浓缩葡萄汁对葡萄酒成分的影响

葡萄酒成分	对照	蔗糖	浓缩葡萄汁
酒度（体积分数）/%	10.3	12.3	12.4
固定酸/（g H_2SO_4/L）	5.81	5.54	6.48
干物质/（g/L）	18.6	17.0	19.5

3.1.3 反渗透法

反渗透法是在压力的作用下，通过半透膜将离子或分子从混合液中分离出来的物理方法（Longo et al.，2017），所施加的压力必须大于渗透压。我们知道，如果含糖量过低的葡萄汁通过半透膜除去过多的水分就可以提高葡萄汁的含糖量，达到改良原料的目的。反渗透的操作过程是在较低的温度下进行且不涉及水的相变，所以与传统的蒸发技术相比，反渗透对浓缩果汁来说热损失小、能耗低、耗资少。

反渗透法在很多领域都广泛地被利用（丁姗姗和李洛洛，2015；吕建国等，2013），在食品行业，国内外对澄清苹果、葡萄、猕猴桃等果汁开展了广泛的研究。Berger（1991）深入地研究了该法在葡萄原料改良中的作用。在该研究中，他所用的半透膜为内径42 μm、外径80 μm的芳香型聚酰胺中空纤维。这种膜的特性如下：抗压能力15 MPa，pH 1～11，温度0～35℃。

半透膜像线圈一样装在长 1000 mm，直径 150 mm 的不透钢筒内，其装置和工作原理如图 3-1 所示，其在酒厂中的工艺图见图 3-2。

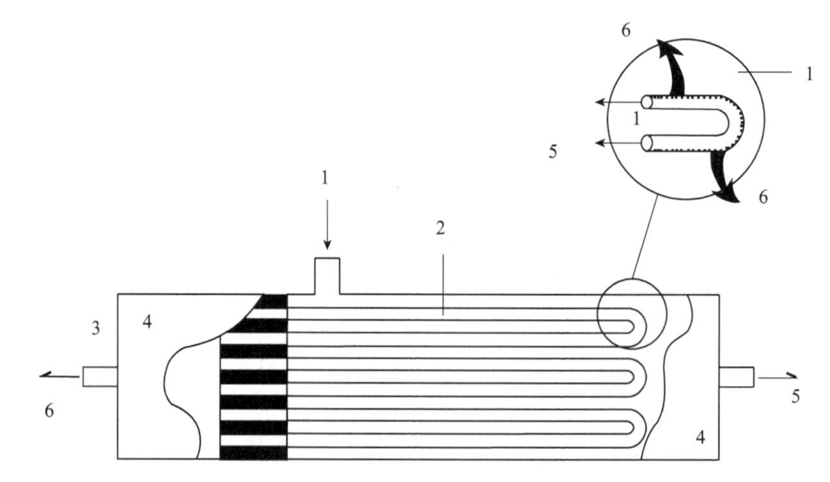

图 3-1　半透膜装置和工作原理示意图

1. 澄清葡萄汁；2. 中空纤维；3. 分流管；4. 环氧壳体；5. 滤出液（水）；6. 浓缩液

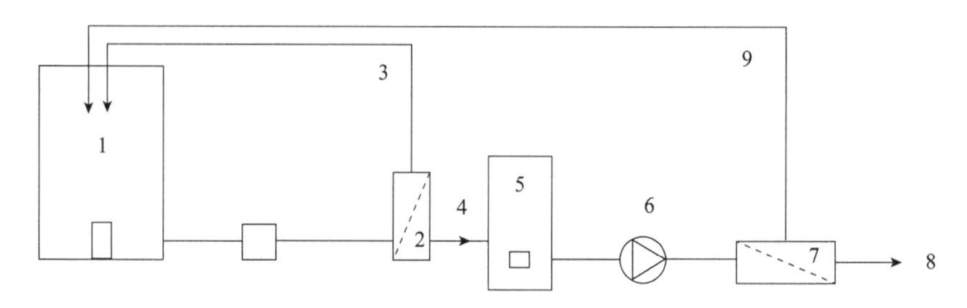

图 3-2　半透膜装置的实际应用示意图

1. 待浓缩葡萄汁；2. 微过滤 <0.2 μm；3. 过滤残留液；4. 滤出液；
5. 缓冲罐；6. 高压泵；7. 半透膜装置；8. 滤出液（水）；9. 浓缩汁

通过 3 年在 5 个品种上的实验，由聚酰胺中空纤维构成的半透膜完全可以在室温条件下将水从葡萄汁中除去。浓缩后葡萄汁（含糖量 450 g/L）的苹果酸和酚类物质同样升高，该项技术并不影响葡萄汁的发酵特性。用这一方法酿出的葡萄酒除酒度更高外，其他物质，特别是酚类物质的含量也高。Berger（1991）认为，反渗透法对红葡萄酒质量的提高比白葡萄酒要明显。

3.1.4　选择性冷冻提取法

选择性冷冻提取法旨在提高酿造葡萄酒的葡萄汁的质量（OIV，2022a）。我们知道，提高原料质量的方式有两种：一是在压榨前对葡萄浆果进行选择；二是尽量使葡萄浆果中有利于提高葡萄汁质量的物质进入葡萄汁中。选择性冷冻提取法的原理是，在冷冻和解冻过程中，成熟度不同的葡萄浆果的表现也不相同，因为它们的比热、导热性、凝固热和溶解热等物理特性各不相同。因此，该方法就是将葡萄原料置于某一温度下，只使那些未成熟的浆果冻结，而那些成熟的浆果不冻结；然后立即压榨，从而获得成熟葡萄浆果的果汁，提高原料

的质量。在法国的研究结果表明，采用这种方法酿造的干白及甜白葡萄酒，其感官质量明显高于对照葡萄酒（李华等，2007）。该方法在不破坏典型性的条件下，可提高葡萄酒的香气和口感质量。此外，还可通过延迟采收、自然或人为的干化处理及自然冷冻的方式，提高葡萄原料的含糖量（OIV，2022a）。

3.2　降低含酸量

降低葡萄汁或葡萄酒的含酸量的方法主要有三种，即化学降酸、生物降酸和物理降酸。

3.2.1　化学降酸

化学降酸，就是用盐中和葡萄汁中过多的有机酸，从而降低葡萄汁和葡萄酒的酸度，提高 pH。OIV（2022c）允许使用的化学降酸剂有：酒石酸钾［$COOK-(CHOH)_2-COOK$］、碳酸钙（$CaCO_3$）和碳酸氢钾（$KHCO_3$），其中以碳酸钙最有效，而且最便宜。在利用碳酸盐或碳酸氢盐类降酸剂降酸过程中，会产生大量的二氧化碳，生成的二氧化碳在释放过程中会带走葡萄酒部分香气成分，因而可能会降低葡萄酒香气浓郁度；葡萄酒在降酸后可能会产生大量的有机酸盐沉淀，吸附葡萄酒中的色素，且由于降酸导致葡萄酒 pH 升高，不同 pH 会使其中花青素显示不同颜色，因此降酸后葡萄酒色泽可能会发生改变。因此，使用化学降酸剂时，应注意降酸对葡萄酒外观及香气的不利影响（马旭艺，2018）。碳酸钙降酸原理，主要是与酒石酸形成不溶性的酒石酸氢盐，或与酒石酸氢盐形成中性钙盐，从而降低酸度，提高 pH。其反应如下：

$$\underset{\text{碳酸钙}}{CaCO_3}+\underset{\text{酒石酸}}{COOH(CHOH)_2COOH}\longrightarrow \underset{\text{中性酒石酸钙}}{COO(CHOH)_2COO\text{—}Ca}+CO_2+H_2O$$

$$\underset{\text{碳酸钙}}{CaCO_3}+2[\underset{\text{酒石酸氢钾}}{COOH(CHOH)_2COOK}]\longrightarrow \underset{\text{中性酒石酸钙}}{COO(CHOH)_2COO\text{—}Ca}+$$

$$\underset{\text{酒石酸钾}}{COOK(CHOH)_2COOK}+CO_2+H_2O$$

1. 用量　上述降酸剂的用量，一般以它们与硫酸的反应进行计算。例如，1 g 碳酸钙可中和约 1 g（98/100）硫酸：

$$CaCO_3+H_2SO_4\longrightarrow CaSO_4+CO_2+H_2O$$

因此，要降低 1 g 总酸（以 H_2SO_4 计），需添加 1 g 碳酸钙或 2 g 碳酸氢钾或 2.5～3.0 g 酒石酸钾。

2. 使用方法　前面讲过，葡萄汁酸度过高，主要是由于苹果酸含量过高。但化学降酸的作用主要是除去酒石酸氢盐，并且影响葡萄酒的质量和葡萄酒对病害的抗性。此外，由于化学降酸提高 pH，有利于苹果酸-乳酸发酵，可能会使葡萄酒中最后的含酸量过低。因此，必须慎重使用化学降酸。

多数情况下化学降酸仅仅是提高发酵汁 pH 的手段，以有利于苹果酸-乳酸发酵的顺利进行，这就必须根据所需要的 pH 和葡萄汁中酒石酸的含量计算使用的碳酸钙量。一般在葡萄汁中添加 0.5 g/L 碳酸钙，可使 pH 提高 0.15，这一添加量足够达到启动苹果酸-乳酸发酵的目的。

如果葡萄汁的含酸量很高，并且不希望进行苹果酸-乳酸发酵，可用碳酸氢钾进行降酸，其用量最好不要超过 2 g/L。与碳酸钙比较，碳酸氢钾不增加 Ca^{2+} 的含量，而后者是葡萄酒不稳定的因素之一。如果要使用碳酸钙，其用量不要超过 1.5 g/L。

对于红葡萄酒，化学降酸最好在酒精发酵结束时进行，可结合分离转罐添加降酸盐。而对于白葡萄酒，应在对葡萄汁澄清后加入降酸剂，可先在部分葡萄汁中溶解降酸剂，待起泡结束后，注入发酵罐，并进行一次封闭式倒罐，以使降酸盐分布均匀。

此外，如果对葡萄酒进行化学降酸，则最好用于改变葡萄酒的 pH（李华等，2005）。

现在用表 3-3 和表 3-4 说明化学降酸的方法和降酸剂的添加量，以及化学降酸对葡萄酒成分的影响。

表 3-3　法国波尔多地区的化学降酸剂的用量

发酵前的酸度 /（g H_2SO_4/L）	用量 /（g/kL 葡萄酒）		发酵前的酸度 /（g H_2SO_4/L）	用量 /（g/kL 葡萄酒）	
	$CaCO_3$	$KHCO_3$		$CaCO_3$	$KHCO_3$
≥6.0	500	1000	≥8.0	1000	2000
≥7.0	750	1500			

注：酿造白葡萄酒，化学降酸剂在澄清后加入，如果用膨润土处理葡萄汁，可在加入膨润土的同时加入降酸剂；酿造红葡萄酒，可在第一次倒罐时加入降酸剂，也可在酒精发酵结束后在出酒时加入

表 3-4　不同降酸剂对葡萄酒成分的影响

葡萄酒成分	对照	添加 10 g $CaCO_3$/kL	添加 15 g $KHCO_3$/kL
酒石酸 /（g H_2SO_4/L）	5.86	4.96	5.07
pH	2.94	3.20	3.17
钾 /（g/L）	0.86	1.00	1.03
钙 /（g/L）	0.08	0.12	0.08

在添加降酸剂获得的葡萄酒中，酸度的降低主要是由于酒石酸含量降低及钾和钙的含量增加。

OIV（2006）规定，通过化学降酸生产的葡萄酒中，酒石酸的含量不能低于 1 g/L；化学降酸和化学增酸不能用于同一原料。

3. 复盐法降酸　用各种化学降酸剂所引起的降酸，主要是引起酒石酸含量的降低。而含酸量过高的葡萄原料，主要是苹果酸含量过高。所以，如果需要降酸的幅度很大，则可采用复盐法降酸（OIV，2022a）。其原理是，当用含有少量酒石酸-苹果酸-钙的复盐的碳酸钙，将部分葡萄汁的 pH 提高到 4.5 时，就会形成钙的 L（+）酒石酸-L（−）苹果酸复盐沉淀。但是，由于在这一过程中不可避免地要产生一些酒石酸钙沉淀，所以在整个沉淀反应过程中，会产生 1/3 的苹果酸盐和 2/3 的酒石酸盐沉淀（Usseglio-Tomasset and Bosia，1992）。

复盐法降酸的具体步骤如下。

（1）$CaCO_3$ 的用量计算公式：Ca（kg）$=\Delta A\times V$；

$$\Delta A=A-\mathrm{AV}。$$

（2）需预先用 $CaCO_3$ 降酸的葡萄汁量的计算公式：$v=V\times\Delta A/(A-1.3)$。

在以上三个公式中，Ca 为所需 $CaCO_3$ 量（kg）；ΔA 为降酸幅度（g H_2SO_4/L）；V 为需降酸的葡萄汁总量（t）；A 为葡萄汁的总酸（g H_2SO_4/L）；AV 为葡萄酒所需总酸（g H_2SO_4/L）；v 为需预先用 $CaCO_3$ 处理的葡萄汁量（t）。

例如，有葡萄汁 20 t，其总酸为 8.0 g H_2SO_4/L，要求葡萄酒的总酸为 5.0 g H_2SO_4/L，则需降低的酸度为

$$\Delta A = A - AV = 8.0 - 5.0 = 3.0 \text{ g } H_2SO_4/L$$

$CaCO_3$ 的用量为

$$Ca = \Delta A \times V = 3.0 \times 20 = 60 \text{ kg}$$

需预先降酸的葡萄汁量为

$$v = V \times \Delta A / (A - 1.3) = 20 \times 3.0 / (8.0 - 1.3) = 8.96 \text{ t}$$

所以，应先用 60 kg 含有少量复盐的 $CaCO_3$，对 8.96 t 葡萄汁进行降酸，以形成酒石酸-苹果酸钙复盐沉淀，并进行分离过滤去除沉淀，再与剩余的葡萄汁混合，如果还有 Ca^{2+} 存在，则在混合过程中产生新的沉淀。

3.2.2 生物降酸

生物降酸，是利用微生物分解苹果酸，从而达到降酸的目的（OIV，2022a）。可用于生物降酸的微生物有进行苹果酸-乳酸发酵的乳酸菌、能分解苹果酸的酵母菌和能将苹果酸分解为酒精和 CO_2 的裂殖酵母属（*Schizosaccharomyces*）。生物降酸通常能够增加葡萄酒风味和微生物稳定性、提高葡萄酒品质。但是，某些乳酸菌在葡萄酒中具有降解酒石酸的能力，其中乳酸杆菌属的某些菌株降解能力较强；酒石酸是一种酸性较强的有机酸，它对葡萄酒的酸度、色泽和风味等有很大影响，一般情况下，酒石酸的分解意味着葡萄酒的破败，所以生物降酸应避免酒石酸的分解（李华等，2005；段中岳，2015）。

1. 苹果酸-乳酸发酵　在适宜条件下，乳酸菌可通过苹果酸-乳酸发酵将苹果酸分解为乳酸和 CO_2。这一发酵通常在酒精发酵结束后进行，导致酸度降低，pH 增高，并使葡萄酒口味柔和。对于所有的干红葡萄酒，苹果酸-乳酸发酵是必需的发酵过程，而在大多数的干白葡萄酒和其他已含有较高残糖的葡萄酒中，则应避免这一发酵。

2. 降酸酵母的使用　一些酿酒酵母（*Saccharomyces cerevisiae*）株系，能在酒精发酵的同时，分解约 30% 的苹果酸，这类酵母对于含酸量高的葡萄原料是非常有益的（李华等，2007）。

3. 裂殖酵母的使用　一些裂殖酵母可将苹果酸分解为酒精和 CO_2，这一过程又称为苹果酸-酒精发酵（简称 MAF），是葡萄酒生物降酸的另一途径。在葡萄酒中，能够进行 MAF 的这些裂殖酵母除能正常利用糖作底物生成酒精外，还能在厌氧条件下分解苹果酸，最终生成乙醇和 CO_2。它们在葡萄汁中的数量非常小，而且受到其他酵母的强烈抑制。因此，如果要利用它们的降酸作用，就必须添加活性强的裂殖酵母。此外，为了防止其他酵母的竞争性抑制，在添加裂殖酵母以前，必须通过澄清处理，最大限度地降低葡萄汁中的内源酵母群体，这种方法特别适用于苹果酸含量高的葡萄汁的降酸处理（李华和王华，2017）。

3.2.3 物理降酸

物理降酸方法包括冷处理降酸、离子交换法处理和电渗析法降酸（OIV，2022a）。

1. 冷处理降酸　化学降酸产生的酒石，其析出量和酒精含量、温度、贮存时间有关。

酒精含量高、温度降低，酒石的溶解度降低。当葡萄酒的温度降到 0℃以下时，酒石析出加快，因此冷处理可使酒石充分析出，从而达到降酸的目的。冷处理虽可保持酒的非生物稳定性，但酒中所含的苹果酸变化不大（张方艳等，2014）。目前，冷处理技术用于葡萄酒的降酸，已被生产上广泛采用（李华和王华，2017）。

2. 离子交换法处理 通常的化学降酸会给葡萄汁中产生过量的 Ca^{2+}。葡萄酒工业常采用苯乙烯碳酸型强酸性阳离子交换树脂除去 Ca^{2+}，该方法对酒的 pH 影响甚微，用阴离子交换树脂（强碱性）也可以直接除去酒中过高的酸。葡萄酒中不同种类的有机酸脱除率不同，采用离子交换法进行葡萄酒降酸，将改变葡萄酒中酸的比例（张敏等，2015）。

此外，电渗析法也可达到降酸的目的，可基本满足酒石稳定的需求，但其去除酒石酸盐的效果不如冷冻法显著（文连奎等，2010）。

3.3 浆果酸度过低

这类浆果的特点，是在一定条件下，含糖量达到最大值，而有机酸含量则很低，有时可降至 3 g H_2SO_4/L 以下。用这类浆果酿造的葡萄酒不厚实，没有清爽感，而且不稳定，容易在贮藏过程中感染各种病害。

因此，对于这类浆果不仅要尽量保持现有的含酸量，还应通过相应的处理，提高其含酸量。OIV（2006）允许的增酸方法包括：化学增酸和葡萄汁的混合等。

3.3.1 化学增酸

OIV（2022c）规定，用于葡萄汁和葡萄酒的化学增酸剂只有乳酸、L（－）或 DL-苹果酸和 L（＋）酒石酸，而且对葡萄汁和葡萄酒的增酸量，最多不能超过 4 g 酒石酸 /L。当然，对于已降酸的葡萄原料或葡萄酒不允许再增酸（OIV，2022a）。

很难确定在什么情况下应直接增酸。但一般认为，当葡萄汁含酸量低于 4 g H_2SO_4/L 和 pH 大于 3.6 时，可以直接增酸。在实践中，一般每千升葡萄汁中添加 1000 g 酒石酸。

需使用增酸剂时，最好在酒精发酵开始时添加。

在葡萄酒中，还可加入柠檬酸以提高酸度，但其添加量最好不要超过 0.5 g/L。柠檬酸主要用于稳定葡萄酒，但在经过苹果酸-乳酸发酵的葡萄酒中，柠檬酸容易被乳酸菌分解，提高挥发酸量，因此应避免使用。此外,OIV（2022a）规定，葡萄酒中柠檬酸含量不得高于 1 g/L。

与在降酸时一样，如果对葡萄酒进行化学增酸，则最好用于改变葡萄酒的 pH（李华等，2005）。

在使用化学增酸剂时，先用少量葡萄汁将酸溶解，然后均匀地将其加进发酵汁，并充分搅和。应在木质、玻璃或瓷器中溶解，不要用金属容器。

3.3.2 葡萄汁的混合

未成熟（特别是未转色）的葡萄浆果中有机酸含量很高（20～25 g H_2SO_4/L），其有机酸盐可在 SO_2 的作用下溶解，进一步提高酸度。但这一方法有很大的局限性，因为至少要加入 40 kg 酸葡萄 /kL，才能使酸度提高 0.5 g H_2SO_4/L。

此外，还可以通过增酸酵母的使用或离子交换等方式提高葡萄或葡萄酒的含酸量（李华

和王华，2017）。

3.4 变质原料

酿酒葡萄质量的基本要求为：品种纯正、成熟，具本品种典型色泽、风味，新鲜洁净，无杂质，无霉烂、病虫，无机械损伤，无非正常外部水分（NY/T 3103—2017）。但在实际生产过程中会遇到变质的原料，这类葡萄果实包括所有由于病虫、冰雹及其他因素而腐烂、变质、破损的葡萄果实。其特点是：①与正常葡萄原料比较，果穗固体部分不正常地提高；②浆果病虫害严重。

对于这类葡萄原料，应尽量避免以上缺点带来的后果。

3.4.1 受病危害的果实

我国的大部分葡萄产区都处在季风性气候区，雨热同季，再加上栽培管理不当，葡萄病虫害危害严重（庞建，2016）。真菌病害主要有灰霉病、白腐病、黑腐病和白粉病等。前三种病害常在果实受霜霉病、虫、冰雹及暴风雨危害造成伤口以后，危害葡萄果实（李华等，2007）。这类葡萄果实一般有以下几方面的缺陷。

（1）产量低，并且固体部分含量高。

（2）果皮破损，色素物质被部分破坏，且果汁中含有较多的果胶物质。

（3）含有众多的有害细菌（如醋酸菌、乳酸菌等）和引起棕色破败病的氧化酶，特别是漆酶等。

为了生产质量相对较好可消费的葡萄酒，必须对这类原料进行如下处理。

（1）除梗，以除去过多的固体部分。

（2）尽早添加二氧化硫（100～150 mg/L）杀菌并抑制氧化作用，然后将葡萄汁或者进行热处理，或者进行离心处理或在澄清后用膨润土处理，再用澄清葡萄汁进行酒精发酵。

（3）对于红色品种，如果由于氧化作用，色素破坏太重并且溶解度降低，应用它酿造桃红葡萄酒或白葡萄酒。在这种情况下，应尽快并迅速地进行机械处理，及时进行 SO_2 处理，分离时应进行封闭式分离，获得的葡萄酒不能与正常葡萄酒混合。

（4）在发酵过程中，应进行一次果胶酶处理和一次酪蛋白处理，以避免葡萄酒浑浊和具有不良味道。

对于这类葡萄原料，热处理（张莉等，2006）和闪蒸（flash evaporation）（Sebastian and Nadau，2002）能取得良好效果，但必须将所有的原料在70℃的条件下热处理30 min。

3.4.2 含泥沙的葡萄原料

由于暴雨的作用或其他原因，这类葡萄果实中含有较大比例的泥沙。如果土壤为钙质土、果实含酸量低，这些泥沙可中和果汁中的部分酸，造成严重的后果。在这种情况下，应尽量去除果实中的泥沙。可以首先将葡萄汁用浓度较高的 SO_2 处理后，进行澄清，然后进行开放式分离。如果发酵开始时再进行一次膨润土处理，效果会更好。经以上处理后，如果酸度降低，应进行增酸处理（李华和王华，2017）。此外，葡萄园生草覆盖（特别是埋土防寒区）能有效防止葡萄原料的泥沙污染（李华和王华，2020）。

3.5 小　　结

在我国，由于各方面的原因，葡萄原料在采收时存在的主要问题通常是成熟度不够，即含酸量过高，含糖量过低。

为了提高原料的含糖量，使葡萄酒达到所要求的酒度，常采用添加蔗糖的办法。但是，在添加糖时必须注意以下两点。

（1）转化率。17～18 g/L 糖可转化 1%（体积分数）的酒精。

（2）添加时间。应在酒精发酵刚刚开始时加入，并应使所添加的糖充分溶解，与葡萄汁混合均匀。

反渗透法、选择性冷冻提取法也能提高原料含糖量，但需相应的设备投资。在自然条件允许的情况下，延迟采收、自然冷冻、干化处理等，也是提高原料质量的良好方式。

降低含酸量主要有三种方法，即生物降酸法、化学降酸法和物理降酸法。在生物降酸法中，苹果酸-乳酸发酵主要用于干红葡萄酒；一些降酸酵母菌株可在酒精发酵的同时分解部分苹果酸；而裂殖酵母在白葡萄酒酿造中的应用正在研究中，并取得了令人鼓舞的结果。化学降酸法所采用的降酸剂只有碳酸钙、碳酸氢钾和酒石酸钾。物理降酸法常用的是冷处理，应用低温使酒石酸氢钾结晶析出而达到降酸的目的，离子交换法、电渗析法应用得较少。在化学降酸法使用时必须注意以下两点。

（1）降酸率。要降低 1 g H_2SO_4/L 总酸，需添加 1 g/L 碳酸钙或 2 g/L 碳酸氢钾或 2.5～3.0 g/L 酒石酸钾。

（2）添加时间。最好在发酵前降酸，并且使碳酸钙充分溶解，与葡萄汁混合均匀。

对于含酸量很高的葡萄汁，复盐法降酸可以取得良好的效果。

对于霉变葡萄原料，则最好采用热处理或闪蒸法酿造葡萄酒。

需强调的是，需要改良的原料在成分和微生物群体上均不符合生产具有风土特征的优质葡萄酒的要求，故原料的改良并不能完全抵消浆果本身的缺陷所带来的后果（李华和王华，2017；丁银霆等，2021；Wei et al.，2022）。独具风格的优质葡萄酒是种出来的。

第4章 葡萄酒微生物

葡萄酒最初是作为化学和生物学的偶然组合出现的，其中微生物起着决定性的作用。酵母菌从古老的自发发酵到目前受监控的工业发酵，葡萄种植者和酿酒师一直在根据科学知识和新技术不断改变他们的做法（Wei et al.，2022）。葡萄园和酒窖中存在的微生物在葡萄酒生产和质量中发挥着关键作用，其中酵母菌（主要是酿酒酵母）和乳酸菌（主要是酒酒球菌）是葡萄酒发酵和形成葡萄酒风味的主要驱动力（Swiegers et al.，2005）。

葡萄酒是新鲜葡萄或葡萄汁经发酵后获得的酒精饮料。葡萄或葡萄汁能转化为葡萄酒主要是靠酵母菌的作用。酵母菌可以将葡萄浆果中的糖分解为乙醇、二氧化碳和其他副产物，这一过程称为酒精发酵。当酵母菌完成酒精发酵后，就将接力棒交给乳酸菌，后者则将葡萄酒中苹果酸分解为乳酸、二氧化碳和其他副产物，这一过程称为苹果酸-乳酸发酵。葡萄和葡萄酒还是多种微生物良好的培养基，其中一些微生物的活动，会导致葡萄酒的病害和变质。关于葡萄酒的病害，我们将在第16章讨论。

4.1 与葡萄酒生产相关的微生物

葡萄树拥有复杂多样的微生物生态，包括细菌、丝状真菌和酵母菌。这些微生物不仅调节葡萄树的健康、生长和生产力，与葡萄浆果相关的微生物群还会随着葡萄采收进入发酵罐中，并对葡萄酒的成分、风味、香气和质量产生影响（Liu et al.，2019）。有些物种只能存在于葡萄中，如寄生真菌和环境细菌，而另一些在葡萄酒中则具有生存和生长的能力，它们就构成了葡萄酒微生物群体，涵盖了酵母菌种、乳酸菌和醋酸菌。这些微生物的比例取决于葡萄成熟阶段和营养物质的可用性（Barata et al.，2012）。

葡萄酒是一种发酵的天然产品，葡萄园是调节微生物群落质量的关键入口，特别是在不添加外源酵母的葡萄酒发酵中。因此，葡萄园中与葡萄酒相关微生物的来源和持久性对葡萄酒质量产生了至关重要的影响（Griggs et al.，2021）。葡萄浆果在转色之前容易受真菌的影响，之后健康完整浆果的微生物群落与葡萄叶的微生物群落相似，主要是担子菌酵母（如隐球菌属、红酵母属、掷孢酵母属）和类酵母真菌出芽短梗霉菌。外观完整的浆果的角质层可能会出现微裂缝并随着成熟而变软，从而增加了营养的可用性，并解释了接近采收期时氧化型或弱发酵型子囊菌种群（如假丝酵母属、有孢汉逊酵母属、梅奇酵母属、毕赤酵母属）可能占主导地位的原因。当葡萄皮明显受损时，浆果表面的高糖浓度有利于发酵活性较高的子囊菌生长，如毕赤酵母属和接合酵母菌，包括葡萄酒有害物种腐败酵母（如接合酵母属、有孢圆酵母属）和醋酸菌（如葡萄糖酸杆菌属、醋酸杆菌属）。健康的浆果上很难发现酿酒酵母，而受损的葡萄刚好相反。乳酸菌是葡萄酒微生物联盟的次要伙伴，同样很少从葡萄中分离出酒酒球菌（Wei et al.，2022）。

葡萄树和葡萄可能会受到一系列病害的影响，其中比较常见的是霜霉病、白粉病和灰腐病，这些病害大多数可以通过植物化学成分防治。此外，葡萄还可能带有腐生霉菌（如枝孢菌属、曲霉属、青霉属），这些霉菌会导致葡萄腐烂或产生霉菌毒素（Belda et al.，2017）。这些真菌在葡萄酒中不具备生长的能力，它们对葡萄酒品质的影响主要是由侵染葡萄造成的。相反，葡萄酒微生物联盟的微生物能够在葡萄酒中生存或生长，这取决于葡萄酒的酿造工艺。在葡萄和葡萄酒生产中，可将这些微生物分为3类：①易于控制或无害的物种，在符合良好生产规范（GMP）要求时不会使葡萄酒变质；②发酵物种，负责糖和苹果酸的转化；③严格意义的腐败物种，即在符合GMP要求时，也会导致葡萄酒变质的物种（Loureiro and Malfeito-Ferreira，2003；Malfeito-Ferreira，2010）。表4-1列出了相关群落中最相关的微生物物种及其作用（Barata et al.，2012）。

表4-1　从葡萄园和酒厂环境中分离的微生物物种及其作用

分组	代谢类型	属	物种	作用
丝状真菌	专性寄生		*Plasmopara viticola*	霜霉病
			Erysiphe necator	白粉病
	腐生霉菌	*Botrytis*	*B. cinerea*	灰腐病、贵腐病
		Aspergillus	*A. alliaceus* *A. carbonarius* *A. niger aggregate* *A. ochraceus*	曲霉属腐烂，产生赭曲霉毒素A
		Penicillium	*P. expansum*	绿色霉菌，产生棒曲霉素
		Cladosporium	*C. herbarum*	枝孢属腐烂
		Colletotrichum	*C. acutatum*	成熟腐烂病
		Greeneria	*G. uvicola*	炭疽病
酵母 担子菌	氧化型	*Filobasidium*, *Cryptococcus*, *Rhodotorula*		未知
酵母 子囊菌	氧化型	*Aureobasidium*	*A. pullulans*	未知
	氧化或弱发酵型	*Hanseniaspora/* *Kloeckera*	*H. uvarum/* *K. apiculata*	污染/腐败
		Candida	*C. stellata/* *C. zemplinina*	污染
			Zygoascus hellenicus/ *C. steatolytica*	污染
		Metschnikowia	*M. pulcherrima*	污染
		Pichia	*P. anomala*	污染/腐败
			P. membranifaciens	污染/腐败
			P. guilliermondii	污染/腐败

续表

分组		代谢类型	属	物种	作用
酵母	子囊菌	氧化或弱发酵型	*Debaryomyces*	*D. hansenii*	污染
			Lachancea（ex *Kluyveromyces*）	*L. thermotolerans*	污染
				L. fermentati（ex *Z. fermentati*）	
		发酵型	*Torulaspora*	*T. delbrueckii*	腐败
			Zygosaccharomyces	*Z. bailii*	腐败
				Z. bisporus	腐败
				Z. rouxii	腐败
			Dekkera/Brettanomyces	*D. bruxellensis*	腐败
			Saccharomyces	*S. cerevisiae*	发酵 / 腐败
				S. bayanus	发酵 / 腐败
				S. paradoxus	
				S. pastorianus	
			Schizosaccharomyces	*Sc. pombe*	腐败
			Saccharomycodes	*S. ludwigii*	腐败
细菌	醋酸菌	好氧型	*Gluconobacter* sp. *Acetobacter* sp. *Gluconoacetobacter* sp.		葡萄酒腐败，生产醋
	乳酸菌	厌氧型、半厌氧型	*Oenococcus* sp. *Lactobacillus* sp. *Pediococcus* sp. *Weissella* sp.		苹果酸-乳酸发酵 / 葡萄酒腐败
	其他细菌		*Acinetobacter* sp. *Curtobacterium* sp. *Pseudomonas* sp. *Serratia* sp. *Enterobacter* sp. *Enterococcus* sp. *Bacillus* sp. *Staphylococcus* sp.		无害污染物

4.2 酵母与酒精发酵

葡萄汁转化为葡萄酒是一个复杂的生化过程。酵母利用葡萄汁中的糖和其他成分作为其生长的底物，将它们转化为乙醇、二氧化碳和其他有助于葡萄酒化学成分和感官特征的副产物，这一过程称为酒精发酵。由于酵母比较小，长时期内未被人们发现。一直到1857年，路易斯·巴斯德在研究酒精发酵时，才发现了酵母，从而揭开了酒精发酵的谜底（李华等，2007）。

关于非酿酒酵母的分类和命名，一直比较混乱。本书根据 Porter 等（2019）和 Kurtzman 等（2008）建议，将克鲁维酵母属（*Kluyveromyces*）归于拉钱斯酵母属（*Lachancea*），将伊萨酵母属（*Issatchenkia*）归于毕赤酵母属（*Pichia*）。

4.2.1 与葡萄酒酿造相关的酵母多样性

酵母是广泛分布在自然环境中的真核单细胞微真菌。其中酿酒酵母（*Saccharomyces*）是被广泛开发和研究的酵母种类。非酿酒酵母（non-*Saccharomyces*）在过去被认为是腐败酵母，但是现在人们对非酿酒酵母在葡萄酒酿造中的有益作用有了新的认识（Mateo and Maicas，2016）。

在葡萄各器官表面，酵母菌的分布很不均匀：叶片、果梗和幼果等绿色器官上很少，主要附着在成熟葡萄浆果果皮上，而且与灰霉菌的孢子、乳酸菌、醋酸菌一样，主要在果皮的气孔周围（Barata et al.，2012）。根据产地、成熟期的天气状况、葡萄的卫生状况等不同，每粒葡萄浆果表面的酵母细胞数量也不相同，但一般在 10^3～10^5 cfu/g。而在采收并破碎后的葡萄汁中，酵母的细胞数量通常能达到 10^6 cfu/mL（Fleet et al.，2002）。

葡萄浆果表面为微生物生长提供了合适的物理环境。红酵母属（*Rhodotorula*）、隐球酵母属（*Cryptococcus*）和假丝酵母属（*Candida*）是未成熟葡萄的主要酵母菌种。随着浆果成熟过程中糖浓度的增加和酸度的降低，克勒克酵母属（*Kloeckera*）/ 有孢汉逊酵母属（*Hanseniaspora*）占主导地位，占酵母菌群总数的 50% 以上。具有低酒精耐受性的其他专性需氧或弱发酵酵母种类的比例较小，如假丝酵母属、隐球酵母属、德巴利酵母属（*Debaryomyces*）、拉钱斯酵母属（*Lachancea*）、梅奇酵母属（*Metschnikowia*）、毕赤酵母属（*Pichia*）、红酵母属、有孢汉逊酵母属、裂殖酵母属（*Schizosaccharomyces*）、有孢圆酵母属（*Torulaspora*）和接合酵母属（*Zygosaccharomyces*）（Mane et al.，2017）。完整无损的葡萄浆果上很难分离到酿酒酵母（*Saccharomyces cerevisiae*），但如果在严格的无菌条件下进行自然发酵，当发酵过半时，酿酒酵母却几乎占从葡萄汁中分离出的酵母的一半，这也间接地证明葡萄浆果上酿酒酵母的存在。表 4-2 列出了与葡萄酒发酵相关非酿酒酵母种类及酿酒学特性。

表 4-2 与葡萄酒发酵相关非酿酒酵母种类及酿酒学特性

酵母属	种	有利影响	不利影响
梅奇酵母属	*M. pulcherrima*	分泌糖苷酶，增强葡萄酒的芳香度；降低乙醇产量	延迟发酵；产生过量的乙酸乙酯
假丝酵母属	*C. stellata* *C. zemplinina* *C. pulcherrima*	耐高渗压；高产甘油、萜烯醇；低产挥发酸	发酵率低；产硫化合物和过量的高级醇；高产乙酸乙酯
有孢汉逊酵母属	*H. guilliermon* *H. uvarum* *H. vinae*	产生挥发性酯类；高产胞外酶；低产赭曲霉毒素 A	发酵力弱；发酵果糖；产生乙偶姻和生物胺；与酿酒酵母竞争营养
毕赤酵母属	*P. anomala* *P. vini* *P. kluyveri*	增加挥发性硫醇和多糖的浓度；酯酶活性较高	抑制酿酒酵母
接合酵母属	*Z. bailii*	发酵能力强；产 SO_2 和 H_2S 含量少；低产高级醇，降解苹果酸	挥发酸含量高；二次发酵产生过量 CO_2
酒香酵母属	*B. bruxellensis*	产膜（雪莉酒）；产多种胞外酶	产生乙基酚和乙烯酚，形成异味

续表

酵母属	种	有利影响	不利影响
裂殖酵母属	*Sc. pombe*	降解苹果酸和葡萄糖酸	高产乙醛、丙醇和 2,3-丁二醇；产酯类含量低
有孢圆酵母属	*T. delbrueckii*	发酵纯度高；低产挥发酸、乙醛；高产酯类；耐高渗透压	产硫化合物较高

4.2.2　葡萄酒酿造过程中酵母菌种的变化

自然发酵条件下，在酒精发酵过程中，不同的酵母菌种在不同的阶段产生作用，但种群的交替过程存在着交叉。在自发发酵的初始阶段，主要以尖端酵母［包括柠檬形克勒克酵母（*K. apiculata*）及其有性世代葡萄汁有孢汉逊酵母（*H. uvarum*）］和发酵毕赤氏酵母（*P. fermentans*）占优势，并触发酒精发酵；其他酵母，如假丝酵母属、毕赤酵母属、梅奇酵母属和拉钱斯酵母属等，可根据产区、葡萄园年龄、葡萄品种和实际酿酒工艺被检测到（Beltran et al.，2002）。随后，随着乙醇产量的增加［5%～7%（体积分数）］，大多数非酿酒酵母菌无法存活，通常被发酵性更强的菌种，如耐热拉钱斯酵母（*L. thermotolerans*）和德尔有孢圆酵母（*T. delbrueckii*）所取代，最终酿酒酵母菌接管发酵过程，成为优势菌种并完成酒精发酵（González-Royo et al.，2014）。

通常情况下，在波尔多红葡萄酒自然发酵过程中，入罐时，尖端酵母和发酵毕赤氏酵母的种群数量最大；但 20 h 左右后，酿酒酵母数量加大，与前者共存；随后尖端酵母和发酵毕赤氏酵母消失。当葡萄汁比重降到 1.070～1.060 时，酿酒酵母的细胞数量一般为 10^7～10^8 cfu/mL。在第一罐入罐几天后，酿酒酵母就占据了所有的设备。原料一入罐，酿酒酵母就可占酵母总数的 50% 左右。因此，在酿造白葡萄酒时，从开始采收后的第二周，即使在低温下，葡萄汁的静置澄清也会越来越困难。这是由于酿酒酵母的繁殖，其群体数量变大，发酵启动越来越快而造成的。所以，在对白葡萄酒原料进行处理时，建议每周对压榨机、酒泵及其管道和澄清罐消毒一次。

在酒精发酵的后期（酵母衰减阶段），酿酒酵母群体数量逐渐下降，但仍能维持在 10^6/mL 以上。正常情况下，它们能完成酒精发酵，一直到发酵结束，都不会出现其他的酵母（图 4-1）。相反，在发酵中止的情况下，致病性（对葡萄酒而言）酵母就会活动，导致葡萄酒病害。其中最常见和危害性最大的是导致葡萄酒严重香气异常的间型酒香酵母（*Brettanomyces intermedius*）的活动。

在发酵结束后的几周内，酿酒酵母群体数量迅速降低到 1000 cfu/mL 以内。但是，在葡萄酒的陈酿期间，甚至在装瓶后，其他种的酵母（致病酵母）也可能活动。有些酵母可以氧化酒精，并且产膜，如毕赤氏酵母。可通过添满、密封等方式防止氧化性酵母的活动。另一些酵母，主要是酒香酵母和德克氏酵母（*Dekkera*），可利用葡萄酒中微量的糖进行厌氧活动，在感病葡萄酒中，它们的群体数量可达 10^4～10^5 cfu/mL。最后，对于甜型葡萄酒，一些酵母可在陈酿或装瓶后进行再发酵。这类酵母主要包括路德类酵母（*Saccharomycodes ludwigii*）、拜耳结合酵母（*Zygosaccharomyces bailii*）及一些抗酒精和 SO_2 能力很强的酿酒酵母株系（李华等，2007）。

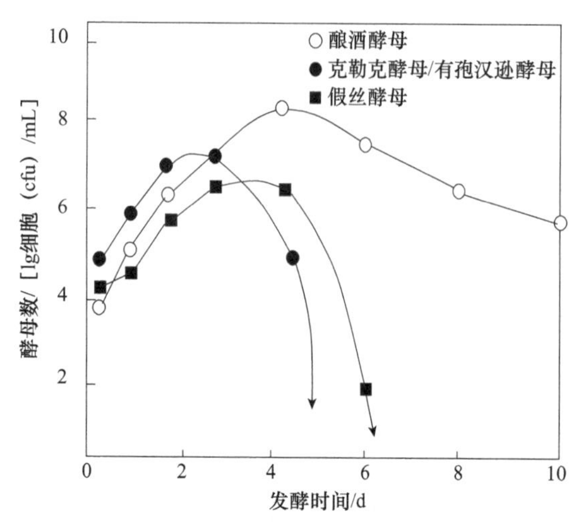

图 4-1 酒精发酵过程中酵母种群与数量的变化

每种酵母的初始菌密度和发酵过程中最大菌密度都有很大变化

4.2.3 酵母之间的相互作用

葡萄酒是一个复杂的微生物生态系统，包含有利于相互作用的多种微生物的混合物：可能存在酵母-酵母、细菌-酵母、细菌-细菌和丝状真菌-酵母相互作用。微生物之间的物理接触、群体感应、捕食、寄生、共生、抑制都是直接的相互作用；间接相互作用是由于细胞外代谢物的存在，包括中立、共生、共栖、偏害和竞争。也可能存在水平基因转移，两种微生物之间的 DNA 交换可能使两个合作伙伴中的一个受益。对于酿酒，这些相互作用的影响被描述为消极的、积极的或中性的。

1. 消极互作 由酿酒酵母产生的乙醇是导致酒精发酵期间酵母菌多样性降低的主要化合物，尤其是非酿酒酵母菌。这种降低是由于大多数非酿酒酵母菌的低乙醇耐受性。尽管在特定种内的乙醇耐受性可能有很大差异，但是大多数本土酵母（有孢汉逊酵母属、假丝酵母属、毕赤酵母属、拉钱斯酵母属、梅奇酵母属和毕赤酵母属）通常在 3%～10%（体积分数）的乙醇浓度无法存活。但一些非酿酒酵母菌对乙醇具有高度耐受性，直到酒精发酵结束仍然可以存活，如德尔有孢圆酵母（*Torulaspora delbrueckii*）、假丝酵母（*Candida zemplinina*）、拜耳接合酵母（*Zygosaccharomyces bailii*）和裂殖酵母（*Schizosaccharomyces pombe*）（Jolly et al.，2014；Santos et al.，2008）。

某些酵母菌（杀手酵母）可产生特定的细胞外蛋白质和糖蛋白，杀死其他菌种（敏感酵母）。Albergaria 等（2010）发现酿酒酵母 CCMI 885 上清液 2～10 kDa 蛋白质对耐热拉钱斯酵母（*L. thermotolerans*）、德尔有孢圆酵母（*T. delbrueckii*）和季也蒙有孢汉逊酵母（*Hanseniaspora guilliermondii*）具有抑菌作用，对马克斯拉钱斯酵母（*L. marxianus*）具有杀菌作用。一些非酿酒酵母菌也具有杀手特征。例如，*Komagataella phaffii* 产生一种针对有孢汉逊酵母属的杀手毒素（酵母菌素 KpKt）（Ciani and Fatichenti，2001）。

发酵过程中形成的其他化合物也可能影响细胞生长或死亡。不同酵母菌种产生的短链脂肪酸、中链脂肪酸、乙酸和乙醛都显示出相互对抗的作用（Ivey et al.，2013）。

美极梅奇酵母（*Metschnikowia pulcherrima*）对不受欢迎的野生腐败酵母表现出广泛而有效的抗菌作用，包括酒香酵母属、德克酵母属、有孢汉逊酵母属和毕赤酵母属。美极梅奇酵母的抗菌活性似乎与普切明酸（普切明色素的前体）有关，它会耗尽培养基中的铁，使其无法被其他酵母菌使用（Oro et al.，2014）。

对营养物质和其他化合物的竞争也可以在发酵过程中调节酵母的数量。在葡萄汁和发酵过程中发现的一些非酿酒酵母被描述为需氧型酵母菌，如毕赤酵母属、德巴利酵母属、红酵母属、假丝酵母属和浅白色隐球酵母（Combina et al.，2005）。在酿酒条件下，发酵过程中的可用氧在较低水平时促进了厌氧物种的生长，如酿酒酵母。具有氧化和弱发酵代谢的非酿酒酵母似乎比酿酒酵母对低氧的耐受性更低（Hansen et al.，2001）。

2. 积极互作 酵母之间的大多数协同相互作用主要是在非酿酒酵母和酿酒酵母之间。

例如，在柠檬形克勒克酵母菌 / 酿酒酵母菌共培养中，与纯培养相比，尖端细胞保持存活的时间更长（Mendoza，et al.，2007）。

非酿酒酵母和酿酒酵母之间也存在共生关系。一些非酿酒酵母由于具有很高的细胞外蛋白水解活性，可导致氨基酸从培养基中存在的蛋白质中释放出来，被酿酒酵母使用（Fleet，2003）。非酿酒酵母在酒精发酵早期阶段死亡，酵母细胞自溶并释放氨基酸，也可以为酿酒酵母提供营养。相反，酒精发酵后期的酿酒酵母自溶可能是腐败物种生长的重要微量营养素来源，尤其是德克酵母属 / 酒香酵母属。在非酿酒酵母物种中，由于其乙醇耐受性，酒香酵母菌（*Brettanomyces bruxellensis*）比其他野生酵母更适合在酒精发酵期间持续存在（Renouf et al.，2007）。

一种酵母产生的一些代谢物可以使其他种类受益。Cheraiti 等（2005）表明 *S. cerevisiae* 和 *S. cerevisiae*×*S. uvarum* 的杂交菌株的混合培养物的最大种群数远高于纯培养物中两种菌株的最大种群数之和。他们发现发酵过程中的混合培养物会产生大量乙醛，可供酿酒酵母菌株使用。由 *S. uvarum* 发酵的葡萄酒中产生的乙醛比 *S. cerevisiae* 要多。*S. cerevisiae*×*S. uvarum* 杂交菌株产生的乙醛导致 *S. cerevisiae* 细胞中细胞 NAD（P）H 水平降低。氧化还原电位的这种变化与生物量和特定发酵速率的增加有关（Liu et al.，2017）。

4.2.4　影响酵母菌生长和酒精发酵的因素

酵母菌生长发育和繁殖所需的条件，也正是发酵所需的条件。因为，只有在酵母菌出芽、繁殖的条件下，酒精发酵才能进行，而发酵停止就是酵母菌停止生长和死亡的信号。

1. 温度　尽管酵母菌在低于 10℃的温度条件下不能生长繁殖，但其孢子可以抵抗 −200℃的低温。

液态酵母的活动最适温度为 20～30℃。当温度达到 20℃时，酵母菌的繁殖速度加快，在 30℃时达到最大值；而当温度继续升高达到 35℃时，其繁殖速度迅速下降，酵母菌呈疲劳状态，酒精发酵有停止的危险。只要在 40～45℃保持 1～1.5 h，或 60～65℃保持 10～15 min 就可杀死酵母。

但干态酵母抗高温的能力很强，可忍受 115～120℃的高温 5 min（李华等，2007）。

1）发酵速度与温度　在 20～30℃，每升高 1℃，发酵速度就可提高 10%，因此发酵速度（糖的转化）随着温度的提高而加快。但是，发酵速度越快，停止发酵越早，因为在这种情况下，酵母菌的疲劳现象出现较早（表 4-3）。

表 4-3　同一葡萄汁在不同温度条件下的发酵情况

温度 /℃	开始发酵时间	最终酒度 /%（*V*/*V*）	温度 /℃	开始发酵时间	最终酒度 /%（*V*/*V*）
10	8 d	16.2	25	3 d	14.5
15	6 d	15.8	30	36 h	10.2
20	4 d	15.2	35	24 h	6.0

注：当温度≤35℃时，温度越高，开始发酵越快；温度越低，糖分转化越完全，生成的酒度越高

2）发酵温度与产酒精效率　在一定范围内，温度越高，酵母菌的发酵速度越快，产酒精效率越低，而生成的酒度就越低。因此，如果要获得高酒度的葡萄酒，必须将发酵温度控制在足够低的水平上（表 4-3）。

3）发酵临界温度　当发酵温度达到一定值时，酵母菌不再繁殖，并且死亡，这一温度就称为发酵临界温度。

如果超过临界温度，发酵速度就大大下降，并引起发酵停止。由于发酵临界温度受许多因素如通气、基质含糖量、酵母菌种类及其营养条件等的影响，所以很难将某一特定的温度确定为发酵临界温度。在实践中主要利用“危险温区”这一概念。在一般情况下，发酵危险温区为32～35℃。但这并不是表明每当发酵温度进入危险区，发酵就一定会受到影响，并且停止，而只表明，在这一情况下，有停止发酵的危险。

需要强调指出的是，在控制和调节发酵温度时，应尽量避免温度进入危险区，而不能在温度进入危险区以后才开始降温。因为这时，酵母菌的活动能力和繁殖能力已经降低。

对于红葡萄酒，发酵最佳温度为26～30℃；而对于白葡萄酒和桃红葡萄酒，发酵最佳温度为18～20℃（李华等，2007）。

2. 通气　酵母菌繁殖需要氧，在完全的无氧条件下，酵母菌只能繁殖几代，然后就停止。这时，只要给予少量的空气，它们又能出芽繁殖。但如果缺氧时间过长，多数酵母菌细胞就会死亡。

在进行酒精发酵以前，对葡萄的处理（破碎、除梗、泵送及对白葡萄汁的澄清等），保证了部分氧的溶解。在发酵过程中，氧越多，发酵就越快、越彻底。因此，在生产中常用开放式倒罐的方式来保证酵母菌对氧的需要（李华等，2007）。

3. 酸度　酵母菌在中性或微酸性条件下，发酵能力最强，如在pH 4.0的条件下，其发酵能力比在pH 3.0时更强。在pH很低的条件下，酵母菌活动生成挥发酸或停止活动。因此，酸度高并不利于酵母菌的活动，但却能抑制其他微生物（如细菌）的繁殖。

4. 酵母代谢产物的影响与酵母菌皮的利用　在发酵过程中，酵母菌本身可以分泌一些抑制自身活性的物质。这些抑制发酵的物质是酒精发酵的中间产物，主要是脂肪酸。所以除去这些脂肪酸可以促进酒精发酵，防止发酵中止。

在酒精发酵过程，活性炭可以吸附这些脂肪酸，从而促进酒精发酵，克服发酵中止。但是，在葡萄酒中加入活性炭后很难将之除去，而且很多国家限制活性炭的使用。所以，活性炭的这一特性难以实际应用。

酵母菌皮（用高温杀死酵母菌而获得）同样具有这种吸附特性（表4-4）。发酵前加入0.2～1.0 g/L酵母菌皮，可大大加速发酵，而且使发酵更为彻底（表4-5）。虽然与对照相比，加入酵母菌皮并不增加酵母群体总量，但可提高发酵结束时的活性酵母数量（表4-5）。因此，酵母菌皮的作用与生存素的作用完全一致，而且其效果最佳的条件也与生存素的最佳使用条件一致（李华等，2007）。

表4-4　酵母菌皮对未接种合成培养基中的脂肪酸和脂肪酸乙酯的吸附作用

酵母菌皮量/（g/L）	被吸附酸/%			被吸附乙酯/%		
	己酸	辛酸	癸酸	己酸乙酯	辛酸乙酯	癸酸乙酯
0.2	0	1.2	20.2	25.8	58.2	88.8
0.5	0	4.5	40.7	36.2	73.8	94.6
1.0	0	7.2	54.5	36.8	77.7	94.6

注：培养基初始含量（mg/L）：己酸6，辛酸10，癸酸3，己酸乙酯1.10，辛酸乙酯1.37，癸酸乙酯0.61。被吸附量为24 h后的量

表 4-5　发酵前添加酵母菌皮和硫酸铵对葡萄酒酒精发酵的作用

分析项目	对照	对照＋酵母菌皮		对照＋硫酸铵 0.2 g/L
		0.2 g/L	1.0 g/L	
被发酵糖 /（g/L）	206	247	257	212
总酵母菌 $\times 10^7$ cfu/mL	9	11	14	10
活酵母菌 $\times 10^6$ cfu/mL	3.5	10.0	26.0	2.7

注：葡萄汁（对照）含糖 260 g/L，初始活酵母 10^6 cfu/mL；发酵温度 19℃

酵母菌皮除可用于防止发酵中止外，还可用于发酵停止的葡萄酒重新发酵。在这种情况下，第一次发酵由于各种原因自然中止，含有大量残糖。这时加入酵母菌皮，可除去有毒脂肪酸，使发酵重新触发，而且与对照相比，发酵更为彻底（表 4-6）。

表 4-6　酵母菌皮对发酵中止葡萄酒再发酵的作用

再发酵天数	对照＋酵母液 $\times 10^6$ cfu/mL	对照＋酵母菌皮（0.5 g/L）＋酵母液 $\times 10^6$ cfu/mL
0	67.0	67.0
9	57.0	53.0
16	36.0	24.0
36	13.0	1.4

注：表中数据为含糖量（g/L），对照含乙醇 10.5%（体积分数）

大量实验结果还表明，酵母菌皮不仅能有效地防止发酵的中止和触发发酵中止的葡萄酒的再发酵，而且不影响葡萄酒的感官特征。OIV（2022b）将酵母菌皮的使用列入允许使用的工艺处理名单。

4.2.5　酒精发酵过程中泡沫的预防

在酒精发酵过程中，由于 CO_2 的释放，可能会形成泡沫，引起溢罐。为了防止溢罐，在入罐时，就只能利用罐容量的一半，造成设备的浪费。影响泡沫形成的主要因素包括：原料含氮物质的构成，特别是蛋白质的含量，发酵温度和所利用的酵母株系等。一些研究人员试图通过对发酵条件的确定，如用膨润土下胶除去蛋白等，来防止泡沫的形成，但没有取得理想的结果。

因此，特别是在美国的一些葡萄酒产区，一般用能提高表面张力的添加剂，以减少泡沫的形成并破坏其稳定性。使用较为普遍的抗沫剂有两种，都完全无毒，一是二甲基聚硅氧烷，二是油酸二甘油酯和油酸单甘油酯的混合物。它们的用量都应低于 10 mg/L，而且不得残留在葡萄酒中，特别是在过滤后的葡萄酒中。由于它们的利用，在酿造红葡萄酒时，装罐可达 75%～80%，而对于白葡萄酒，可装罐 85%～90%。但是 OIV（2022b）只允许使用油酸二甘油酯和油酸单甘油酯的混合物。

4.2.6　酒精发酵的中止

在葡萄汁中，含有酵母菌生长繁殖所需的所有物质。因此，一般而言，只要葡萄汁的含糖量不过高，在入罐时酿酒酵母群体达到 10^6 cfu/mL，酒精发酵就会很容易启动，并且顺利完成。但是，有很多因素可以影响酵母菌的生长和酒精发酵进程。这些因素包括营养的缺乏、发酵抑制剂等化学因素，给氧、温度和葡萄汁澄清等物理化学因素。如果酒精发酵出现困难，一些不需要的微生物，即致病性微生物就会活动，从而抑制酿酒酵母，这就是影响酒精发酵的微生物因素。

1. 酒精发酵中止的原因 引起酒精发酵中止的因素很多。多数情况下，是由于多种因素的共同作用，导致酒精发酵的困难和中止。可将这些因素大体上分为下列几种。

（1）葡萄汁中的高含糖量，本身就对酵母菌有抑制作用，在酒精发酵过程中形成的酒精，更加重了它的抑制。如果在发酵过程中加糖（提高酒度）太迟，已经受酒精影响的酵母，就很难继续其代谢活动。

（2）由原料的入罐温度和含糖量、发酵容器的种类（大小和材质等）引起的温度过高，会导致发酵中止。所有加速发酵进程的处理，如加糖（包括浓缩葡萄汁）、通气等，都会引起温度的升高。发酵温度一般不能超过30℃，而且升温越早，其抑制作用越大，发酵起始温度应较低，为20℃。

（3）相反，如果入罐温度过低，会限制酵母的生长，导致酵母群体数量过低。而且在温度较低的情况下，酵母对温度突变的适应性很差。

（4）严格的厌氧条件不利于酵母菌的活动，在酒精发酵过程中的通气，可加快其繁殖速度，而且在发酵开始时，即在酵母的繁殖阶段，就应通气。此外，固醇和长链脂肪酸也可加快发酵速度。

（5）营养的缺乏，包括氮素营养、脂类、生长素和矿物营养的缺乏，会影响酵母的活动。在一些特殊情况下，给氧结合添加铵态氮，可取得良好的效果。但是，营养的缺乏并不是普遍现象，而主要出现在进行水分胁迫的葡萄园、老葡萄园、行间生草葡萄园等。

（6）酵母的代谢副产物（如C_6、C_8、C_{10}饱和脂肪酸等）会加重酒精对酵母的抑制作用。

（7）含有农药的葡萄原料及霉变葡萄原料中有一些灰霉菌产生的物质，可抑制酵母的活动。

（8）对于白葡萄酒，原料的机械处理，包括破碎、分离、对破碎原料的压榨等，特别是对葡萄汁的澄清处理，都会对发酵进程产生影响。

（9）pH过高，会加重发酵中止的危险。由于我国大多数葡萄酒产区的土壤都带碱性，因此在采收时，应防止原料带土。

此外，还有其他一些因素影响酒精发酵的进程。Delanoe等（2001）根据危害分析的临界控制点（HACCP）原理，用5个“M”总结了引起发酵中止的原因（表4-7）。

表4-7 酒精发酵中止原因分析

设备（matériel）	环境（milieu）	方法（méthode）	工人（man d'oeuvre）	原料（matière）
1. 冷却设备不适应	1. 卫生条件差：酵母接种量不够	1. 接种太迟	1. 缺乏监控	1. 缺素原料：氧、可同化氮、硫胺素等
2. 调整不当	2. 温度过高	2. 通气（倒罐）不良	2. 缺乏卫生培训	2. 霉变原料（含灰霉菌素）
3. 热交换器结酒石	3. CO_2排除不良	3. 加糖太晚		3. 葡萄汁澄清过度

2. 预防措施 除环境、设备应保持良好的卫生状况外，应及时对原料进行二氧化硫处理，以防止致病性微生物的活动。

在入罐时适量加入 NH_4HSO_3，不仅可产生 SO_2，还可为酵母菌提供可同化氮。

对于白葡萄酒，对葡萄汁的澄清处理不能过度。在澄清时加入适量的果胶酶，可获得澄清度适当的葡萄汁。如果澄清过度，加入适量的纤维素，有利于葡萄汁的发酵。

为了防止野生酵母的活动，必须及时添加酵母：对于白葡萄酒，应在澄清后立即添加；对于红葡萄酒，在二氧化硫处理 12 h 后添加。

对于缺氮原料，氮素的补充在发酵开始时（比重在 1.060～1.050），最为有效。可结合开放式倒罐和加糖（如果需要）添加。

在发酵过程中，每天 1.5～2 倍（原料的量）的开放式倒罐，有利于酵母菌的活动。在此期间，由于 CO_2 的释放，没有氧化的危险。也可通过微量喷氧的方式（10 mg/L 葡萄汁）对发酵汁给氧。

如前所述，添加酵母菌皮或死酵母，也有利于发酵的完成。

Sablayrolles 和 Blayteyron（2001）对法国主要葡萄酒产区的 178 种有发酵中止危险的葡萄原料进行了研究。在这些原料中，‘霞多丽’占 27%，‘缩味浓’17%，‘梅尔诺’12%，‘品丽珠’11%，‘神索’10%，‘佳利酿’6%，‘赤霞珠’6%，‘白歌海娜’6%，‘西拉’5%。他们试图找到发酵中止与品种、地区、年份、总氮、可同化氮、糖、酸、pH 等因素之间的关系，但是，除原料含糖量外（图 4-2），统计分析结果并没有显示发酵中止与其他因素有显著的相关性。

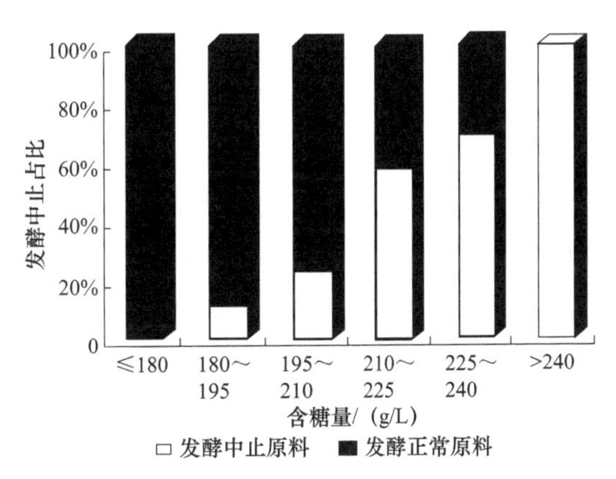

图 4-2　发酵中止与原料含糖量的关系

他们的研究结果还表明，当这些葡萄汁发酵进行到一半时，加氧（7 mg/L）结合加磷酸氢二铵［300 mg/L $(NH_4)_2HPO_4$］，能有效地防止发酵中止。

3. 发酵中止时的处理　在发酵过程中，很容易观察到发酵中止：如果 24～48 h 发酵汁的比重不再下降，就表示有发酵中止的危险。在这种情况下，可有多种措施促使发酵重新启动，防止致病性微生物的活动。

在发酵中止时，必须尽快将葡萄汁封闭分离到干净的发酵罐。对于红葡萄酒，即使浸渍不够，也要分离。分离有利于防止细菌的侵染，对发酵汁通气和降低发酵汁温度。在分离时进行 SO_2 处理（30～50 mg/L），以防细菌的活动。这样处理后，有时会自动再发酵。

如果再发酵不能自然启动，就必须添加酒母。同时将发酵中止葡萄汁添满、密封。须强调的是，如果发酵汁中已有 8%～9%（体积分数）的酒度，直接添加活性干酵母是没有用的。

制备酒母的方法如下：取 5%～10% 发酵中止的葡萄汁，将其酒度、含糖量分别调整为 9%（体积分数）和 15 g/L，30 mg/L SO_2 处理，加入抗酒精能力强的活性干酵母 200 mg/L，在 20～25℃进行发酵。当糖接近耗尽（比重低于 1.000）时，按 5%～10% 的比例加入到发酵中止葡萄汁中，以启动再发酵。也可以 1∶1 的比例，将发酵中止的葡萄汁加到酒母中，使混合汁进行发酵。当其比重降至低于 1.000 时，再将发酵中止葡萄汁按 1∶1 的比例混合，直至所有葡萄汁发酵结束。

在再发酵过程中，加入 0.5 mg/L 泛酸，既可防止挥发酸的升高，又能使已经过高的挥发酸消失。当然，加入硫酸铵（最高 50 mg/L）也有利于再发酵的进行。

此外，对发酵中止葡萄汁进行瞬间巴氏杀菌，即在 20 s 将葡萄汁的温度升至 72～76℃，可以改善葡萄汁的可发酵性。在杀菌后，待温度降低到 20～25℃，再加酵母进行再发酵。

需要强调的是，发酵中止后，即使是最好的再发酵，也会严重影响葡萄酒的质量。所以，必须采取适当的措施，预防酒精发酵的中止（李华，2006）。

4.3 乳酸菌与苹果酸-乳酸发酵

乳酸菌（lactic acid bacteria，LAB）是一类能利用可发酵糖，产生大量乳酸的细菌的统称。因此，“乳酸菌”不是细菌分类学术语。乳酸菌在自然界分布广泛，在工业、农业和医药业等与人类生活密切相关的领域，都得到广泛的应用。早在游牧时代，乳酸菌引起的兽畜乳变酸就已经是普遍现象。在葡萄酒生产中，乳酸菌很早就用于酸度过高葡萄酒的降酸。所谓葡萄酒乳酸菌是指与葡萄酒酿造相关的、能够将葡萄酒中苹果酸分解为乳酸的一群乳酸菌，因此有时也称为苹果酸-乳酸菌（malolactic bacteria，MLB）。相对于酵母菌引发的酒精发酵（主发酵）而言，由葡萄酒乳酸菌引发的苹果酸-乳酸发酵，是葡萄酒的次级发酵。由于苹果酸-乳酸发酵通常是在酒精发酵结束后进行的，因此有时又称之为“二次发酵”或“次级发酵”（secondary fermentation）（张春晖和李华，2003）。

4.3.1 葡萄酒乳酸菌的种类

同酵母一样，葡萄的营养成分是决定浆果表面细菌类型的重要因素之一。发现葡萄浆果表面常见的细菌种类是芽孢杆菌属（*Bacillus*）、肠杆菌属（*Enterobacter*）、伯克霍尔德氏菌属（*Burkholderia*）、沙雷氏菌属（*Serratia*）、肠球菌属（*Enterococcus*）和葡萄球菌属（*Staphylococcus*）等。然而，由于高酸和高乙醇，这些细菌物种不能在葡萄酒中生长，而乳酸菌，如乳杆菌属（*Lactobacillus*）、酒球菌属（*Oenococcus*）、明串珠菌属（*Leuconostoc*）和片球菌属（*Pediococcus*），以及醋酸杆菌属（*Acetobacterium*）、酸单胞杆菌属（*Acidomonas*）、葡萄糖酸杆菌属（*Gluconobacter*）、柯扎克氏菌属（*Kozakia*）等醋酸菌可以在酿酒过程中和葡萄酒中生长（Mane et al.，2017）。

乳酸菌存在于所有葡萄醪（汁）和葡萄酒中。在苹果酸-乳酸发酵结束时，葡萄酒中的乳酸菌群体可达 10^7 cfu/mL。它们主要归类于乳杆菌科（Lactobacillaceae）和链球菌科（Streptococcaceae）2 科的 4 属。其中，属于乳杆菌科的乳酸菌仅有乳杆菌属（*Lactobacillus*），该属细菌细胞呈杆状，革兰氏阳性；属于链球菌科的有 3 属，即酒球菌属（*Oenococcus*）、片球菌属（*Pediococcus*）和明串珠菌属（*Leuconostoc*），这 3 属的乳酸菌细胞呈球形或球杆形，革兰氏阳性。以上乳酸菌都能把存在于葡萄酒中天然的 L-苹果酸转变成 L-乳酸。按照乳酸菌对糖代谢途径和产物种类的差异，可以把它们分为同型乳酸发酵细菌和异型乳酸发酵细菌，分别进行同型和异型乳酸发酵。同型乳酸发酵是指产物中只生成乳酸和 CO_2 的发酵；异型乳酸发酵是指葡萄糖经发酵后产生乳酸、乙醇（或乙酸）和 CO_2 等多种产物的发酵。由于葡萄酒中的 MLB 多为异型乳酸发酵细菌，所以经苹果酸-乳酸发酵后，葡萄酒中的挥发酸含量都有不同程度的上升（李华等，2007）。

到目前为止，在葡萄酒中发现的苹果酸-乳酸细菌包括 4 属 40 余种，与葡萄酒酿造相关的乳酸菌种类见表 4-8（张春晖和李华，2003）。

表 4-8 与葡萄酒酿造相关的乳酸菌种类

种类	拉丁学名	种类	拉丁学名
乳杆菌属	*Lactobacillus*	**明串珠菌属**	*Leuconostoc*
同型发酵菌		异型发酵菌	
瑞士乳杆菌	*L. helveticus*	肠膜明串珠菌	*Leuc. mesenteroides*
嗜酸乳杆菌	*L. acidophilus*	肉明串珠菌	*Leuc. carnosum*
小鼠乳杆菌	*L. murinus*	柠檬色明串珠菌	*Leuc. citreum*
德氏乳杆菌	*L. delbrueckii*	乳明串珠菌	*Leuc. lactis*
干酪乳杆菌	*L. casei*	假肠膜明串珠菌	*Leuc. pseudomesenteroides*
同型腐酒乳杆菌	*L. homohiochii*	阿根廷明串珠菌	*Leuc. argentinum*
植物乳杆菌	*L. plantarum*	欺诈明串珠菌	*Leuc. fallax*
米酒乳杆菌	*L. sake*	**片球菌属**	*Pediococcus*
异型发酵菌		同型发酵菌	
希氏乳杆菌	*L. hilgardii*	有害片球菌	*P. damnosus*
布氏乳杆菌	*L. buchneri*	乳酸片球菌	*P. acidilactici*
短乳杆菌	*L. brevis*	小片球菌	*P. parvulus*
发酵乳杆菌	*L. fermentum*	戊糖片球菌	*P. pentosaceus*
食果糖乳杆菌	*L. fructivorans*	**酒球菌属**	*Oenococcus*
高加索酸奶乳杆菌	*L. kefir*	异型发酵菌	
立形乳杆菌	*L. collinoides*	酒酒球菌	*O. oeni*
		北原酒球菌	*O. kitaharae*

在葡萄酒中，可以分离到以上4属的多种乳酸菌。

（1）乳杆菌属。包括同型发酵类型，如干酪乳杆菌（*L. casei*）、植物乳杆菌（*L. plantarum*）、米酒乳杆菌（*L. sake*）、同型腐酒乳杆菌（*L. homohiochii*），以及异型发酵类型，如短乳杆菌（*L. brevis*）、希氏乳杆菌（*L. hilgardii*）、食果糖乳杆菌（*L. fructivorans*）、布氏乳杆菌（*L. buchneri*）和发酵乳杆菌（*L. fermentum*）等。

（2）片球菌属。包括小片球菌（*P. parvulus*）、有害片球菌（*P. damnosus*）和戊糖片球菌（*P. pentosaceus*）。

（3）明串珠菌属。大多数细菌不能在葡萄酒pH条件下生长，只有肠膜明串珠菌（*Leuc. mesenteroides*）偶然出现。

（4）酒球菌属。目前只包括2种，即酒酒球菌（*O. oeni*）和北原酒球菌（*O. kitaharae*），其中酒酒球菌是目前启动葡萄酒苹果酸-乳酸发酵最重要、应用最广泛的乳酸菌（Liu et al.，2017）。

在表4-8所列的葡萄酒乳酸菌中，用于苹果酸-乳酸发酵商业发酵剂的细菌只有酒酒球菌和植物乳杆菌，其中酒酒球菌发酵剂最为常用。片球菌属也能进行苹果酸-乳酸发酵，但该属细菌发酵时容易引起葡萄酒的变质，因此通常认为是一类有害乳酸菌。

葡萄酒中自然存在的乳酸菌大多数对低pH和酒精敏感。当葡萄酒的pH低于3.5时，其他种类的乳酸菌生长受到抑制，酒酒球菌处于主导地位，而当pH高于3.5时，乳杆菌和片球菌便会快速繁殖，并能引起葡萄酒的乳酸菌病害（李华等，2007）。

4.3.2 葡萄酒酿造过程中乳酸菌的变化

乳酸菌属于营养苛求菌（nutritionally fastidious microorganism），其生长繁殖需要相当完全的营养供给。由于营养条件的限制与环境胁迫对葡萄酒中自然乳酸菌群的抑制作用存在积累效应（cumulative effect），葡萄汁中自然乳酸菌的群体密度很低，而且竞争力也较弱。与自然酵母和醋酸菌相似，葡萄汁中的自然乳酸菌不会随着葡萄加工和酒精发酵而消亡，相反，有些败坏性的乳酸菌能够最终进入葡萄酒中，在某些情况下能够快速繁殖，从而造成葡萄酒的乳酸菌病害。

研究表明，葡萄酒中乳酸菌主要来源于葡萄浆果和酿酒设备。通常葡萄果实、叶片上的乳酸菌群体密度很小，故从葡萄带入葡萄酒中的乳酸菌数量很少。此外，葡萄酒厂的酿酒设备，如贮藏罐、酒泵、阀门、管道和木桶上也附着一定数量的乳酸菌。

葡萄酒中自然乳酸菌的种类有酒球菌属、片球菌属、乳杆菌属和明串珠菌属细菌。其中，酒球菌属细菌通常为苹果酸-乳酸发酵的主导菌，其他乳酸菌常出现在 pH 较高的和苹果酸-乳酸发酵完成后的葡萄酒中。图 4-3 表明了葡萄酒酿造过程中乳酸菌的群体和数量变化规律（李华等，2007）。

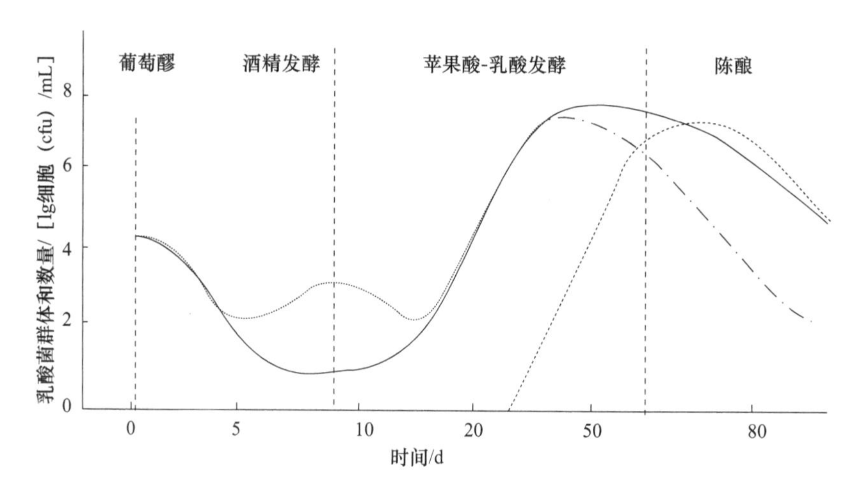

图 4-3 乳酸菌在葡萄酒酿造过程中的群体和数量的变化

图中——表示酒类酒球菌在 pH 3.5 条件下的生长动态；……表示在酒精发酵过程中乳酸菌群体经轻微增长后又下降；----- 表示其他种类的苹果酸-乳酸菌在苹果酸-乳酸发酵后期的生长动态；—-—-—表示当 pH 较高时，其他种类的苹果酸-乳酸菌的增殖导致酒类酒球菌群体数量的下降

（1）葡萄汁从压榨到酒精发酵以前，乳酸菌的菌密度为 10^3～10^4 cfu/mL，此时乳酸菌主要种类为植物乳杆菌、干酪乳杆菌、肠膜明串珠菌和有害片球菌等。

（2）在酒精发酵过程中，部分乳酸菌不能增殖，甚至有些种的细菌几乎全部死亡。但也有例外，有资料表明，植物乳杆菌在此阶段可以轻微增殖。酒精发酵结束后，乳酸菌细菌总数下降到每毫升只有数个细胞，甚至用平板分离法不能检出。此时的乳酸菌种类主要是酒酒球菌、有害片球菌及植物乳杆菌。

（3）酒精发酵后，残存的乳酸菌经过一段迟滞期后开始增殖，活性强的乳酸菌成为苹果酸-乳酸发酵的主导菌。此时细菌密度可达 10^6～10^8 cfu/mL。通常情况下，此时的主导菌为酒酒球

菌，但在pH较高（pH 3.5～4.0）的情况下，片球菌和乳杆菌也可以进行苹果酸-乳酸发酵。

（4）陈酿期间，通过过滤或添加SO_2的方法对乳酸菌进行清除或抑制，但当pH高于3.5、SO_2浓度低于50 mg/L时，可能会导致片球菌和乳杆菌的繁殖，而它们的繁殖会因为拮抗作用导致酒酒球菌的死亡。

在酒精发酵过程中和发酵结束后，乳酸菌种类和数量变化受原料品种特性、营养状况、SO_2添加量、pH、酒精含量、不同种乳酸菌之间，以及乳酸菌与酵母之间的相互作用等因素的影响。此外，酒精发酵所使用的酵母菌株、发酵与贮酒温度、转罐、澄清和过滤等多种工艺操作也影响着乳酸菌的群体消长。因此，不同的酿造条件下，乳酸菌的群体变化动态也有所不同。

酿酒葡萄品种差异似乎也影响着酿造过程中乳酸菌的群体变化。在相同生态条件下，‘梅鹿辄’浆果与‘赤霞珠’浆果发酵时，乳酸菌的种类与数量有较大差异；此外，不同的生态条件（产地）也影响着葡萄酒乳酸菌的分布。

总之，在良好的条件下，在葡萄酒酿造过程中，乳酸菌的生长周期包括以下主要阶段。

（1）潜伏阶段。这一阶段对应于酒精发酵阶段，乳酸菌群体数量下降，但保留下最适应葡萄酒环境的自然选择群体。

（2）繁殖阶段。出现于酒精发酵结束后，乳酸菌迅速繁殖并使其群体数量达到最大值。

（3）平衡阶段。乳酸菌群体数量几乎处于平衡、稳定状态。在适宜的条件下，该阶段可持续很长时间（李华等，2007）。

4.3.3 苹果酸-乳酸发酵对葡萄酒质量的影响

苹果酸-乳酸发酵对葡萄酒质量的影响受乳酸细菌发酵特性、生态条件、葡萄品种、葡萄酒类型及工艺条件等多种因素的制约。如果苹果酸-乳酸发酵进行得纯正，对提高酒质有重要意义，但乳酸菌也可能引起葡萄酒病害，使之败坏（李华和王华，2017）。

1. 降酸作用 在较寒冷地区，葡萄酒的总酸尤其是苹果酸的含量可能很高，苹果酸-乳酸发酵就成为理想的降酸方法，苹果酸-乳酸发酵是乳酸细菌以L-苹果酸为底物，在苹果酸-乳酸酶催化下转变成L-乳酸和CO_2的过程。二元酸向一元酸的转化使葡萄酒总酸下降，酸涩感降低。降酸幅度取决于葡萄酒中苹果酸的含量及其与酒石酸的比例。通常，苹果酸-乳酸发酵可使总酸下降1～3 g/L。

2. 增加细菌稳定性 苹果酸和酒石酸是葡萄酒中两大固定酸。与酒石酸相比，苹果酸为生理代谢活跃物质，易被微生物分解利用，在葡萄酒酿造学上，被认为是一种起关键作用的酸。通常的化学降酸只能除去酒石酸，较大幅度的化学降酸对葡萄酒口感的影响非常显著，甚至超过了总酸本身对葡萄酒质量的影响。而葡萄酒进行苹果酸-乳酸发酵可使苹果酸分解，苹果酸-乳酸发酵完成后，经过抑菌、除菌处理，使葡萄酒细菌学稳定性增加，从而可以避免在贮存过程中和装瓶后可能发生的再发酵。

3. 风味修饰 苹果酸-乳酸发酵另一个重要作用就是对葡萄酒风味的影响。这是因为乳酸细菌能分解酒中的其他成分，生成乙酸、双乙酰、乙偶姻及其他C_4化合物；乳酸细菌的代谢活动改变了葡萄酒中醛类、酯类、氨基酸、其他有机酸和维生素等微量成分的浓度及呈香物质的含量。这些物质的含量如果在阈值内，对酒的风味有修饰作用，并有利于葡萄酒风味复杂性的形成；但超过了阈值，就可能使葡萄酒产生泡菜味、奶油味、奶酪味、干果味等异味。双乙酰对葡萄酒的风味影响很大，当其含量小于5 mg/L时对风味有修饰作用，而高浓度的双乙酰则表现出明显的奶油味。

4. 乳酸菌可能引起的病害 在含糖量很低的干红和一些干白葡萄酒中，苹果酸是最易被乳酸菌降解的物质，尤其是在pH较高（3.5～3.8）、温度较高（>16℃）、SO_2浓度过低或苹果酸-乳酸发酵完成后没有立即采取终止措施，几乎所有的乳酸菌都可变为病原菌，从而引起葡萄酒病害。根据底物来源可将乳酸细菌病害分为酒石酸发酵病（或泛浑病）、甘油发酵（可能生成丙烯醛）病（或苦味病）、葡萄酒中糖的乳酸发酵（或乳酸性酸败）等。此外，有的乳酸菌，特别是有害片球菌（*P. damnosus*）的一些株系，可产生多糖，提高葡萄酒的黏度，引起葡萄酒的黏稠病（李华等，2007）。

4.3.4 影响乳酸菌在葡萄酒中生存与生长的因素

影响乳酸菌在葡萄酒中生存与生长的因素主要有pH、SO_2、酒精和温度，其他因素也会产生影响，但不是决定性因素。以上4种因素，可相互促进，也能相互抵消。例如，在pH适宜的葡萄酒中，乳酸菌对酒精的耐性就会强一些。

1. pH 葡萄酒的pH是影响乳酸菌生存与生长最重要的因素之一。pH的影响包括：通过影响菌群生长的迟滞期，影响苹果酸-乳酸发酵的启动；通过影响乳酸菌的生长速度，影响苹果酸-乳酸发酵持续时间的长短；对葡萄酒中不同种类的乳酸菌具有筛选作用；影响乳酸菌的代谢底物和终产物的种类与比例；影响乳酸菌的生存。

酒精发酵结束后，苹果酸-乳酸发酵能否启动与葡萄酒的pH关系密切。通常需要进行苹果酸-乳酸发酵的葡萄酒的pH在3.1～3.4，而乳酸菌的最适生长pH都在4.8以上，而且pH越低，对菌体的生存与生长的影响就越大。因此接种或自然诱发苹果酸-乳酸发酵都要求葡萄酒的起始pH在3.1以上。我们在'佳利酿'的新葡萄酒中接种*O. oeni* 31DH进行苹果酸-乳酸发酵时发现（接种量为2×10^6 cfu/mL），pH 3.1时，苹果酸-乳酸发酵完成时间需要44 d，而pH 3.4条件下只需23 d。

pH还对乳酸菌的种类具有筛选作用。通常pH 3.5以下时，片球菌属和乳杆菌属的细菌很难生存，此时酒球菌属和明串珠菌属的细菌便成为苹果酸-乳酸发酵的主要启动者和完成者。当pH高于3.5以上时，片球菌属和乳杆菌属的细菌或参与完成苹果酸-乳酸发酵，也可能在苹果酸-乳酸发酵完成后分解葡萄酒中的其他成分，造成葡萄酒败坏。

低pH还对乳酸菌具有杀伤作用。研究表明，当酒酒球菌和有害片球菌（啤酒片球菌）接种到酒中后，会有一部分细菌被立即杀死，pH越低，杀伤效应就越显著。类似的结果在接种酒明串珠菌PSU-1时也有报道。我们也详细考查了人工接种时pH对细菌的杀伤效应，发现酒明串珠菌31DH在pH 3.38时接种，细菌的死亡率为36%，而pH 3.24时接种，细菌的死亡率为48%。目前，对于如何提高人工接种原始菌群的存活率，已成为解决人工接种失败问题的关键所在（李华等，2007）。

此外，pH还影响乳酸菌在葡萄酒中的代谢活性。乳酸菌在不同pH条件下，代谢行为发生改变——对底物分解和形成产物的种类及比例不同，最终会影响葡萄酒的感官质量。研究表明，葡萄糖在pH 3.6时比在pH 3.0时更易被乳酸菌分解利用，并造成酒中挥发酸含量的升高。当pH高于3.5时，酒中的酒石酸也有被分解的危险；低pH条件下苹果酸的分解速度加快并生成较多的双乙酰。

2. SO_2 SO_2是葡萄酒酿造中广为使用的抗氧化剂，同时用于抑制野生酵母和杂菌的生长。SO_2添加到葡萄酒（汁）中后，以相互平衡的游离态和结合态的两种形式存在。与其抗氧化作用一样，SO_2的抗菌能力直接取决于葡萄酒的成分和pH。其活性部分，即分子态

SO_2 的比例，取决于游离 SO_2 的浓度和 pH（李华等，2005）。我们可以用下式计算以 pH 为变量的 SO_2 中分子态 SO_2 的比例：

$$\text{分子态 } SO_2（\%）=\frac{100}{10^{pH-1.81}+1}$$

例如，如果在 pH 3.2 时，分子态 SO_2 的比例为 3.91%，则在 pH 分别为 3.5 和 3.8 时，分子态 SO_2 的含量就相应为 2.00% 和 1.01%。也就是在 pH 3.8 时，需要约 4 倍的 SO_2 才能达到与 pH 3.2 时同样的效力。

在葡萄酒中，羰基化合物，如乙醛、丙酮酸和 2-酮戊二酸都能够与 SO_2 结合。通常情况下，当总 SO_2 浓度达 100 mg/L 以上或游离态 SO_2 浓度达 50 mg/L 以上时，都能对葡萄酒乳酸菌的生长产生抑制作用。SO_2 的抑制效应还受菌株种类、葡萄酒的 pH、温度及酒中不溶悬浮物含量等因素的影响。在葡萄酒乳酸菌中，肠膜明串珠菌比希氏乳杆菌和阿拉伯糖乳杆菌（*L. arabinosus*）对总 SO_2 敏感；*Leuc. gracile* 和啤酒片球菌（*P. cerevisiae*）比短乳杆菌和酒酒球菌对乙醛结合态 SO_2 敏感。葡萄酒的 pH 影响着 SO_2 在溶液中的化学电离平衡，pH 降低时，游离态 SO_2（分子态 SO_2）浓度增加，而游离态 SO_2 具有强烈的杀菌效果。在 pH 4.0 的合成培养基中，160 mg/L SO_2 对植物乳杆菌只具有相当弱的钝化作用，而 pH 3.4 时，却强烈地抑制细菌的生长。

此外，结合态 SO_2 对乳酸菌也有抑制作用，实际上，乳酸菌可以代谢结合态 SO_2 中的醛，从而释放出游离 SO_2，后者反过来抑制细菌的活动。虽然结合态 SO_2 的抑制作用不到游离态 SO_2 效果的 1/10～1/5，但是在葡萄酒中，结合态 SO_2 的浓度很容易比游离态 SO_2 高 5～10 倍（李华等，2007）。

所以，在酿造需要进行苹果酸-乳酸发酵的葡萄酒时，必须对原料进行合理的 SO_2 处理。因为对原料的 SO_2 处理，必然对乳酸菌产生暂时的抑制作用，而在酒精发酵结束时，结合态 SO_2 也会抑制乳酸菌的活动，从而推迟苹果酸-乳酸发酵。显然，必须禁止在分离时对葡萄酒的 SO_2 处理。

3. 酒精 酒精是乳酸菌在葡萄酒中生长的主要抑制因子，当葡萄酒中的酒精含量超过 10%（体积分数）时，便成为影响乳酸菌生存和生长的主要因素。一般认为，酒精含量超过 10%（体积分数）时，便成为苹果酸-乳酸发酵的抑制因子，是人工接种的主要障碍。

不同种的乳酸菌对酒精的敏感性不同，不同菌株对酒精的抗性存在差异。大多数的酒明串珠菌和片球菌可以忍耐 12%～14%（体积分数）的酒度，大多乳杆菌属的细菌可以忍耐 15%（体积分数）的酒度。从葡萄酒中分离到的植物乳杆菌甚至可以忍耐 17%（体积分数）的酒度。酒精的抑制作用还受 pH、温度和 SO_2 浓度的影响。温度升高和 pH 降低都能减弱细菌对酒精的忍耐性。以波尔多地区为例，在贮酒期间，12℃和 4℃下酒酒球菌的存活率都比 26℃下的高。进一步的研究表明，酒精还可能通过钝化乳酸菌进行苹果酸-乳酸发酵的相关酶系间接地影响苹果酸-乳酸发酵，以灰色明串珠菌的静息细胞进行苹果酸-乳酸发酵的研究表明，在酒度不超过 11%（体积分数）时，细菌对苹果酸的分解能力几乎不受影响，而当酒度达到 12%（体积分数）时，苹果酸乳酸酶活力下降 44%，酒度达到 13%（体积分数）时，酶活力下降了 87%。

研究表明，乳酸菌对酒精的耐受性与细胞膜中不饱和脂肪酸的含量和脂肪酸分子的碳链长短有关。对酒精具有较高抵抗力的乳酸菌质膜中，不饱和脂肪酸含量较高（增加质膜的流动性和柔韧性），脂肪酸分子碳链较长（有助于增加质膜的疏水作用）。同型腐酒乳杆菌（*L. homohiochii*）和异型腐酒乳杆菌（*L. heterohiochii*）是乳酸菌中最能耐受酒精的种类，它们能够在超过 18%（体积分数）的酒精中生长。在这类微生物中，发现了在其他乳酸菌中不常见的 C_{20}～C_{24} 单不饱和脂肪酸，在异型腐酒乳杆菌中，碳链长度超过 20 的脂肪酸含量占总膜脂的 30% 以上（李华等，2007）。

4. 温度 在葡萄酒中，乳酸菌最适生长温度范围较小，为 20～23℃。当酒度升高至 13%～14%（体积分数）时，最适温度降低。但如果温度继续降低，则生长减缓；温度降至 14～15℃时，生长停止。

对于乳酸菌，特别是酒酒球菌的生长和苹果酸-乳酸发酵的最佳温度均为 20℃左右。温度过高，如 25℃及其以上的温度，不仅会抑制细菌的生长，减缓苹果酸-乳酸发酵，而且会引起代谢途径的变化，产生过多的挥发酸。在实践中，应尽量保持葡萄酒的温度为 20℃。所以，在酒精发酵结束后，葡萄酒的温度不能过低。对于发酵车间温度低的地区，应考虑对葡萄酒进行升温。

如果葡萄酒的温度低于 18℃，苹果酸-乳酸发酵就会被推迟。但是，即使在温度为 10～15℃的情况下，已经启动的苹果酸-乳酸发酵也会继续进行，只是发酵速度减缓。降温可抑制细菌的生长，但不能除掉细菌。所以，即使在降温的情况下，苹果酸-乳酸发酵也能继续。根据温度的不同，苹果酸-乳酸发酵完成的时间可以是 5～6 d，也可以是数月。

对于正确酿造的葡萄酒，与 pH 相结合，温度是对苹果酸-乳酸发酵影响最大的因素，也是最容易控制的因素（李华等，2007）。

5. 其他因素

1）O_2 和 CO_2 葡萄酒的氧化还原电位通常在 300～500 mV，但这一数值受溶解的 CO_2 和通气的影响。虽然在厌氧和微氧条件下能够刺激乳酸菌的生长，提高苹果酸-乳酸发酵的速度，但适当的溶解氧对乳酸菌的生长也是必需的。CO_2 可以刺激酒酒球菌的生长，延长酒与酒脚的接触时间可以保持酒中较高的 CO_2 浓度，从而刺激乳酸菌的生长及加快苹果酸-乳酸发酵速度。同时酒脚中的酵母自溶物可以为乳酸菌的生长提供营养。CO_2 可以刺激乳酸菌生长的观点可以为起泡葡萄酒中能发生苹果酸-乳酸发酵所证实。

2）酿造工艺的影响 影响葡萄酒中乳酸菌生存与生长的酿造因素主要有 SO_2 的使用、生酒与酒脚的接触时间、换桶次数、热浸处理等。

对葡萄汁的澄清处理或对新生葡萄酒进行下胶、过滤或离心处理，都能够降低酒中乳酸菌生长所需的营养物质含量，减少自然启动苹果酸-乳酸发酵的可能性。

带皮发酵的葡萄酒比单独葡萄汁发酵的葡萄酒更易触发苹果酸-乳酸发酵。这是因为带皮发酵时，果皮中含有刺激乳酸菌生长的营养物质溶出。酒精发酵结束后，延迟分酒或延长酒脚接触时间，都能刺激乳酸菌的生长。

热浸法酿造的红葡萄酒较传统方法相比，较难触发苹果酸-乳酸发酵。

添加剂的使用，如 SO_2 可以控制乳酸菌的生长。其他添加剂，如富马酸、山梨酸、溶菌酶、尼生素（Nisin）等也影响乳酸菌的生长。

其他的酿造工艺，如冷稳定处理离子交换也可以减少菌体的数量或减少乳酸菌生长的营养物质的含量，从而影响苹果酸-乳酸发酵的启动。

4.3.5 苹果酸-乳酸菌发酵的控制

在酒精发酵结束后，应将葡萄酒开放式分离至一干净的酒罐中，并将温度保持在 20℃左右。在这种情况下，几周以后或在第二年春天，可能自然触发苹果酸-乳酸发酵。但是，

为了使其能在酒精发酵结束后立即触发，则应满足相应的工艺条件（李华和王华，2017）。

1. 工艺条件的控制 我们知道，在酒度一定的情况下，影响葡萄酒苹果酸-乳酸发酵触发和顺利进行的决定性因素包括温度、pH 和 SO_2。

1）温度 自然触发的苹果酸-乳酸发酵，在15℃下，乳酸菌的繁殖非常缓慢，发酵需要非常长的时间。反之，如果温度高于22℃，虽然有利于细菌的繁殖，但会提高葡萄酒挥发酸的含量。所以，在酒精发酵结束时，应尽量将葡萄酒的温度保持在20℃。

在对葡萄酒进行温度调整后，对葡萄酒接种乳酸菌，可以触发苹果酸-乳酸发酵。在该发酵触发后，如果温度的变化不是太突然，在15℃下，发酵可以继续进行。但是，在酒精发酵结束后，使苹果酸-乳酸发酵在18～20℃触发并完成，可以缩短危险期，保证葡萄酒的质量。

2）pH 葡萄酒的 pH 低于3.2时，乳酸菌很难繁殖。只有当乳酸菌的群体数量足够大（大于 10^6 cfu/mL）时，苹果酸-乳酸发酵才能在 pH 3.2 进行。所以如果葡萄酒的酸度过高，苹果酸-乳酸发酵就很难进行。原料良好的成熟度，可使葡萄酒获得适宜的酸度和 pH，有利于苹果酸-乳酸发酵。

对于酸度过高的原料，以下一些工艺措施可降低其葡萄酒的酸度，提高 pH。

（1）CO_2 浸渍可分解部分苹果酸。

（2）降酸酵母最多可分解30%的苹果酸。

（3）在分离时，可用 $KHCO_3$ 提高葡萄酒的 pH。

3）SO_2 对原料的 SO_2 处理，以及由酵母菌产生的 SO_2，在酒精发酵过程中被转变为结合态 SO_2。乳酸菌对这部分 SO_2 也敏感。因此，对原料添加 SO_2 的量，就决定了苹果酸-乳酸发酵的时间。此外，在酒精发酵结束后，即使少量的游离 SO_2，也会影响苹果酸-乳酸发酵的触发和进行。因此，如果需要对葡萄酒进行苹果酸-乳酸发酵，就必须做到以下几点。

（1）对原料的 SO_2 处理不能高于60 mg/L。

（2）用优选酵母进行发酵，防止酒精发酵中产生 SO_2。

（3）酒精发酵必须完全（含糖量小于2 g/L）。

（4）当酒精发酵结束时，不能对葡萄酒进行 SO_2 处理。

（5）将葡萄酒的 pH 调整至3.2。

（6）接种乳酸菌（大于 10^6 cfu/mL）。

（7）在18～20℃的条件下，添满、密封发酵（李华等，2007）。

2. 乳酸菌的接种 要使葡萄酒的苹果酸-乳酸发酵顺利触发和进行，除其他条件外，还必须要有足够大的乳酸菌群体，这就需要对葡萄酒接种乳酸菌。

在酒精发酵结束后，如果有正在进行苹果酸-乳酸发酵的葡萄酒，可用这些葡萄酒接种需要进行发酵的葡萄酒。具体方法是，与在酒精发酵时一样，在需要发酵的葡萄酒中加入1/3的正在发酵的葡萄酒，这样就可使全部的葡萄酒进行发酵，这就是所谓“串罐”。

但是，在酒精发酵结束后，必须尽快触发苹果酸-乳酸发酵。为了满足此需求，现在市场上有很多工业化生产的活性干乳酸菌，可根据需要在不同的条件下进行苹果酸-乳酸发酵。

1）酒精发酵前接种 乳酸菌群体对葡萄酒环境逐渐适应具有重要意义，而且在含有苹果酸的基质中，乳酸菌的糖代谢并不导致挥发酸含量的升高。因此，一些研究人员通过在酒精发酵开始前接种乳酸菌的方式，成功地进行了苹果酸-乳酸发酵。但这一方法危险性太大，因为它可推迟酒精发酵的触发；降低酵母菌在酒精发酵后期的活性，乳酸菌发酵苹果酸后往往发酵糖，从而导致乳酸病害（李华等，2007）。

Delanoe 等（2001）则认为，在装罐时加入植物乳杆菌（*L. plantarum*），苹果酸的分解在酒精发酵前开始，而且不会产生挥发酸。在酵母的繁殖过程中，细菌逐渐消失。但是，在酸度高的白葡萄汁中，苹果酸-乳酸发酵不能完全。

2）*酒精发酵后乳酸菌的接种*　在酒精发酵结束后，为了触发葡萄酒的苹果酸-乳酸发酵，人们选择了一些能在 pH 3.2～3.4 的葡萄酒中活动的乳酸菌系，并用它们进行接种。但在将它们接入葡萄酒后的几小时内，其活性可降低 90%；只有当它们中最具抗性的细胞群体达到 10^5 cfu/mL 时，接种的乳酸菌才能生长。因此，这一接种常常失败。

为了克服这一困难，各国研究人员做了大量工作。这些工作首先是选择那些能适应葡萄酒条件（主要是低 pH、高酒度等）的乳酸菌系，并将它们工业化生产为活性干乳酸菌。其次是研究这些乳酸菌的活化条件。现在，一般市售活性乳酸菌，都带有相应的活化剂。最后是研究接种条件。综合现有研究结果，要成功地利用活化乳酸菌，就必须满足下列条件。

（1）活化乳酸菌群体数量必须达到 10^6 cfu/mL。

（2）葡萄酒总 SO_2 量不能超过 60 mg/L。

（3）发酵温度必须控制在 18～20℃。

在满足上述条件下，活性干乳酸菌的使用在目前就可成为控制苹果酸-乳酸发酵有效的手段。现在，市场上也有可以直接接种于葡萄酒中活性干乳酸菌，这类产品可用于处理酸度高的葡萄酒。在使用商品活性干乳酸菌时，应按产品说明书的要求进行操作（李华等，2007）。

3. 乳酸菌代谢的控制　在苹果酸-乳酸发酵过程中，只形成一种乳酸，即 L-乳酸；而当乳酸菌分解其他任何葡萄酒构成成分时，都会同时形成 L-乳酸和 D-乳酸。在酒精发酵过程中，一些酵母菌也可形成少量的乳酸，特别是 D-乳酸含量一般为 200 mg/L。所以，葡萄酒中 D-乳酸的含量就可作为控制乳酸菌代谢的重要指标。

D-乳酸含量过高，表明乳酸菌开始分解苹果酸以外的其他葡萄酒构成成分；葡萄酒 D-乳酸含量上升可成为潜在细菌病害的表现。

因此，利用酶分析法分析测定葡萄酒中 D-乳酸的含量，可以在过量挥发酸出现以前，迅速、准确地鉴别出乳酸菌的代谢途径，以及时采取措施，防止乳酸菌病害。

此外，在苹果酸-乳酸发酵过程中，通过 pH、挥发酸、苹果酸、乳酸等有机酸的分析检测，可以监控发酵的进程及是否正常。

4. 苹果酸-乳酸发酵结束的控制　苹果酸-乳酸发酵的结束，并不导致活乳酸菌群体数量的下降。在适宜的条件下，它们可以以平衡状态较长期地存在于葡萄酒中。在此期间，乳酸菌的活动可作用于残糖、柠檬酸、酒石酸、甘油等葡萄酒成分，引起多种病害和挥发酸含量的升高。因此，在所有苹果酸消失后，应立即分离出葡萄酒，并在分离的同时加入 SO_2（50～80 mg/L）以杀死乳酸菌。用于避免苹果酸-乳酸发酵的其他方法，也可用于终止该发酵。

5. 苹果酸-乳酸发酵的避免　对于那些不适合进行苹果酸-乳酸发酵的葡萄酒，应在酒精发酵结束后防止微生物的活动。防治方法包括以下几种。

（1）分离并添加足够的 SO_2（50～80 mg/L），添满、密封。10～14 d 后再次分离。

（2）降低贮酒温度（15℃左右）。

（3）添加化学抑制剂。美国允许在葡萄酒中添加富马酸（0.5 g/L）抑制细菌的生长。

（4）添加细菌素。尼生素（Nisin）、植物乳杆菌素（Plantaricin）、片球菌素（Pediocin）可以抑制葡萄酒乳酸菌的生长。酒明串珠菌对尼生素非常敏感，5 μg/mL 的尼生素可以抑制

其生长，Plantaricin 可以抑制多种乳杆菌，Pediocin 可以抑制片球菌。

（5）添加溶菌酶。溶菌酶是从蛋清中提取的酶类，该酶对乳酸菌具有很好的溶菌效果，而且随着葡萄酒的 pH 的增加，酶活增强。使用溶菌酶可以降低 SO_2 的用量而且不影响葡萄酒的感官质量。溶菌酶抑制乳酸菌的用量为：白葡萄酒 250～500 mg/L，红葡萄酒 125～250 mg/L（李华等，2007）。

4.4 小　结

葡萄具有复杂的微生物生态，包括丝状真菌、酵母菌和细菌等，这些微生物对葡萄酒的成分、香气、风味和质量产生影响。有些物种只能存在于葡萄中，如寄生真菌和环境细菌，而另一些在葡萄酒中则具有生存和生长的能力，构成了葡萄酒微生物联盟。该联盟涵盖了酵母菌种、乳酸菌和醋酸菌。

在葡萄酒的酒精发酵过程中，酒精发酵的触发主要是由于非产孢子酵母（如柠檬克氏酵母）的活动，随后酿酒酵母成为优势酵母，并且保持到酒精发酵结束。但如果出现发酵中止现象，其他致病性酵母就会活动，引起葡萄酒的病害。所以，应尽量避免发酵中止。而且在葡萄酒陈酿过程中，除需生物陈酿的特种葡萄酒外，应防止任何微生物的活动。

葡萄酒是一个复杂的微生物生态系统，微生物之间直接或间接相互作用对葡萄酒的质量产生了巨大影响。在酒精发酵过程中，酵母菌除产生乙醇之外，还能产生其他一系列能抑制其自身或其他物种活动的物质，如脂肪酸、酵母杀手毒素等。此外，还可以通过对营养物质和其他化合物的竞争调节物种和菌株种群。

酒精发酵是一个放热过程，在一定范围内，温度越高，发酵速度越快，产酒效率越低。但当温度进入危险温区（32～35℃）后，则能引起酵母菌的死亡，发酵中止。一般情况下，浸渍发酵的最佳温区为 26～30℃，纯汁发酵的最佳温区为 18～20℃。

在酒精发酵过程中，装罐时添加二甲基聚硅氧烷或油酸二甘油酯和油酸单甘油酯的混合物（最高 10 mg/L），可有效地防止泡沫的产生，从而防止溢罐。

多种因素可以引起酒精发酵的中止。发酵中止后，即使是最好的再发酵，也会严重影响葡萄酒的质量。所以，必须采取适当的措施，预防酒精发酵的中止。在发酵中止时，必须立即对葡萄酒进行封闭式分离，同时进行 SO_2 处理（30～50 mg/L），添满、密封。然后接入抗酒精能力强的酒母，在 20～25℃进行再发酵。对发酵中止葡萄汁的瞬间巴氏杀菌，可有效地改善其可发酵性。此外，在再发酵过程中，加入 0.5 mg/L 泛酸，既可防止挥发酸的升高，又能使已经过高的挥发酸消失。

乳酸菌可以通过分解糖和其他葡萄酒成分，引起生物性病害；当葡萄酒中不再含有糖和苹果酸时（而且仅仅在这个时期），葡萄酒才具有生物稳定性，必须立即除去所有的微生物。而对于所有含糖量高于 4 g/L 的葡萄酒及大多数桃红和白葡萄酒，则应严格避免苹果酸-乳酸发酵。

如果需要对葡萄酒进行苹果酸-乳酸发酵，就必须做到以下几点。

（1）对原料的 SO_2 处理不能高于 60 mg/L。

（2）用优选酵母进行发酵，防止酒精发酵中产生 SO_2。

（3）酒精发酵必须完全（含糖量小于 2 g/L）。

（4）当酒精发酵结束时，不能对葡萄酒进行 SO_2 处理。

（5）将葡萄酒的 pH 调整至 3.2。

（6）接种乳酸菌（大于 10^6 cfu/mL）。

（7）在 18～20℃的条件下，添满、密封发酵。

（8）分析观察有机酸，特别是苹果酸的变化，或用酶分析法测定 D-乳酸的变化，并根据分析结果对苹果酸-乳酸发酵进行控制。

（9）在苹果酸-乳酸发酵结束时，立即分离转罐，同时进行 SO_2（50～80 mg/L）处理。

如果已经有正在进行苹果酸-乳酸发酵的葡萄酒，可用“串罐”的方式使需要的葡萄酒进行该发酵。如果要在发酵前加入乳酸菌，应选用植物乳杆菌的菌系；而在酒精发酵结束后添加乳酸菌，则应选用酒酒球菌的菌系。在使用商品活性干乳酸菌时，应按说明书的要求操作。

对于不需要进行苹果酸-乳酸发酵的葡萄酒，应采取相应措施，防止微生物的活动，使葡萄酒获得生物稳定性。

第 5 章　葡萄酒酿造的共同工艺

通常可根据颜色的不同，将葡萄酒分为白葡萄酒、桃红葡萄酒和红葡萄酒三大类。此外，这三大类葡萄酒还存在着单宁结构的差异。引起这些差异的主要原因除品种以外，就是葡萄汁对葡萄固体部分（包括果皮、种子、果梗等）有无浸渍作用和浸渍时间的长短。可用图 5-1 简单表示这三大类葡萄酒工艺条件的差异（李华和王华，2017）。

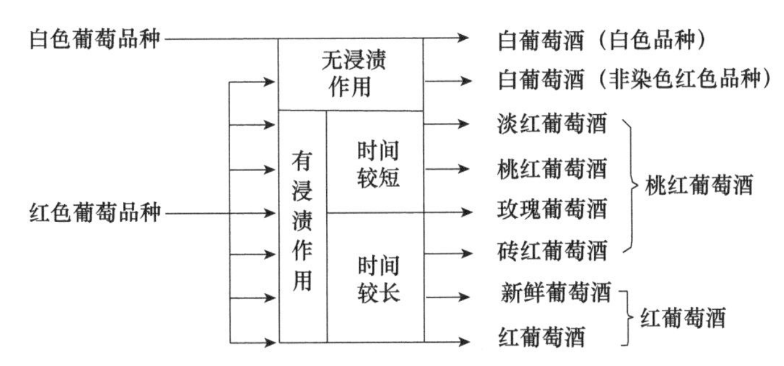

图 5-1　各类葡萄酒工艺条件的主要差异

在红色品种中，果肉为红色的为染色品种，果肉无色的为非染色品种

在葡萄酒的酿造过程中，由于葡萄酒类型的不同，其工艺流程也有所差异。但各类型葡萄酒的酿造工艺中，仍存在着一些共同的环节，它们包括：原料的机械处理、酶处理、二氧化硫处理、酵母的添加及酒精发酵的管理和控制等（OIV，2022a，c；李华等，2007）。

5.1　原料的机械处理

5.1.1　原料的接收

原料的接收，就是从原料进入葡萄酒车间（厂）到对原料进行其他机械处理前的一系列处理。根据企业的不同，原料接收方式也有很大的差异。可以认为，原料的接收是葡萄从"农业阶段"转入"工业阶段"的起点，因此，势必要对原料进行过磅、质量检验、分级等，而质量检验和分级的标准和依据，则包括品种、成熟度、卫生状况等。在多数情况下，是葡萄果农向葡萄酒厂出售葡萄，因此在原料的接收阶段，过磅、分级等，不仅决定了葡萄果农的收益，而且对原料的下一步处理及葡萄酒酿造工艺的使用都有很大的影响。

需要强调的是，原料的接收，只是接收原料，而不是转变原料。因此，与在采收和运输过程中一样，尽量防止葡萄之间的摩擦、挤压，保证葡萄完好无损。因为对葡萄的摩擦和挤压，不仅会带来质量问题，也会提高葡萄酒生产的成本。例如，从质量上讲，在葡萄被摩擦压破后，不仅会释放出葡萄汁，有利于氧化和杂菌的繁殖，同时还会释放出一些脂肪酸，它们在空气中被氧化酶氧化为顺式 3-己烯醛等使葡萄酒带生青味的 C_6 化合物（Flanzy，1998）。

从成本上讲，对葡萄的摩擦、挤压，不仅会直接导致葡萄汁的流失，还会提高葡萄汁中悬浮物的含量，增加沉淀物和酒泥的体积，降低容器的使用率和出酒率。

此外，原料的接收能力应足够大，尽量防止原料的积压，防止原料的污染和混杂，尽量缩短原料到厂后等待的时间（李华等，2007）。

5.1.2 原料的分选

逐粒分选视频

原料分选的任务是，尽量除去原料中包括枝、叶、僵果、生青果、霉烂果和其他的杂物，使葡萄完好无损，以保证葡萄的潜在质量。此外，有的杂物，还可能损坏原料泵、破碎-除梗机、压榨机等设备。因此，在葡萄酒厂，必须在对原料进行其他机械处理前，通过分选尽可能除去所有的杂物。

在葡萄酒厂，分选是在分选传送带上完成的。传送带的长度一般不超过 5 m。由于在采收、运输和接收过程中，不可避免地会压破一些葡萄，所以在分选带的下面，应有葡萄汁接收容器。这部分葡萄汁，需立即加入 SO_2，泵送至发酵罐或澄清罐中。

对于泥沙含量多的葡萄原料，由于葡萄汁酸度的改变，会加重酒精发酵中止的危险，应在分选前对原料进行冲洗，在分选时将原料沥干。

当然，在条件允许的情况下，如葡萄酒厂自己的葡萄园，分选最好在葡萄园采收时进行（李华等，2007）。

5.1.3 葡萄醪、葡萄汁或葡萄酒体积的预测

葡萄酒酿造的每一阶段，任何加工助剂、添加剂的加入量，都离不开葡萄醪、葡萄汁或葡萄酒体积的预测。每批次的葡萄能酿造出葡萄酒的量，取决于葡萄品种、葡萄园的管理、采收方式（人工和采收机）和酿造工艺。

一般情况下，1000 kg 白葡萄原料可得到 450～650 L 自流汁和 100～150 L 压榨汁；如果将自流汁和压榨汁混合，沉淀物约占 14%（体积分数）；1000 kg 红葡萄原料可得到 900～1000 L 葡萄醪，压榨后的葡萄酒在 650～750 L。压榨酒和自流酒的比例取决于所酿造的葡萄酒的类型。

无论是红葡萄酒还是白葡萄酒，发酵后的酒泥可占 4%～7%（体积分数）；如果白葡萄酒在发酵过程中进行了膨润土处理，其酒泥的比例趋于上限。

在葡萄酒的酿造过程中，也可能出现其他的体积损耗，如澄清、过滤处理后。在加入水溶液后，也可能增加体积，但这种增加是微乎其微的。

总之，一般情况下，葡萄的出汁率（出酒率）为 70%（李华和王华，2017）。

5.1.4 破碎

破碎是将葡萄浆果压破，以利于果汁的流出。在破碎过程中，应尽量避免撕碎果皮、压破种子和碾碎果梗，降低杂质（葡萄汁中的悬浮物）的含量；在酿造白葡萄酒时，还应避免果汁与皮渣接触时间过长（李华和王华，2017）。

1. 破碎的优点

（1）有利于果汁流出。

（2）使原料的泵送成为可能。

（3）有利于发酵过程中“皮渣帽”的形成。

（4）使果皮和设备上的酵母菌进入发酵基质。

（5）使基质通气以利于酵母菌的活动。

（6）使浆果蜡质层的发酵促进物质进入发酵基质，有利于酒精发酵的顺利触发。

（7）使果汁与浆果固体部分充分接触，便于色素、单宁和芳香物质的溶解。

（8）便于正确使用SO_2。

（9）缩短发酵时间，便于发酵结束。

（10）压榨酒不像整粒发酵的那样具甜味。

2. 破碎的缺点

（1）对于（部分）霉变的原料，破碎和通气会引起氧化破败病而影响葡萄酒的质量。

（2）在高温地区，会使开始发酵过于迅速。

（3）对单宁含量过高的原料，加强浸渍作用，影响葡萄酒质量。

（4）提高苦涩物质的溶解量，且单宁的溶解量比色素的溶解量随破碎强度而增加的速度更快。

（5）破碎提高杂质和酒渣的含量。

目前的趋势是，在生产优质葡萄酒时，只将原料进行轻微的破碎。如果需加强浸渍作用，最好是延长浸渍时间，而不是提高破碎强度（李华，2000）。

破碎可用破碎机单独进行，也可用除梗-破碎机与除梗同时进行。

5.1.5　除梗

除梗视频

除梗是将葡萄浆果与果梗分开并将后者除去。

1. 除梗的优点

（1）减少发酵体积（果梗占总重的3%～6%，但占总体积的30%）、发酵容器和皮渣量。

（2）改良葡萄酒的味感（果梗的溶解物具草味、苦涩味），使葡萄酒更为柔和。

（3）提高葡萄酒的酒度（0.5%）（果梗含水而几乎不含糖，果梗可吸收酒精）。

（4）提高葡萄酒的色素含量（果梗可固定色素）。

2. 除梗的缺点

（1）增大发酵的困难：果梗可吸收发酵热，限制发酵温度并提高氧的含量，有果梗时发酵更为迅速、更为彻底。

（2）增大皮渣压榨的困难。

（3）提高葡萄酒的酸度：果梗含酸量低，含钾量高，除梗和不除梗葡萄酒酸度的差异可达0.5%。

（4）加重氧化破败病。

总之，在葡萄酒酿造中，应该进行除梗，可以部分除梗，也可以全部除梗。如果生产优质、柔和的葡萄酒，应全部除梗（李华和王华，2017）。

5.1.6　压榨

框压式压榨视频

压榨就是将存在于皮渣中的果汁或葡萄酒通过机械压力压出来，使皮渣部分变干。在生产红葡萄酒时，压榨是对发酵后的皮渣而言。在生产白葡萄酒时，压榨是对新鲜葡萄或轻微沥干的新鲜葡萄而言。

在对原料进行预处理后，应尽快压榨。在压榨过程中，应尽量避免产生过多的悬浮物、压出果梗和种子本身的构成物质。压榨过程应较为缓慢，压力逐渐增大。为了增加出汁率，在压榨时一般采用多次压榨，即当第一次压榨后，将残渣疏松，再进行第二次压榨。

从压榨机出来的葡萄汁或葡萄酒可分为三个部分：未经压榨所出的汁为自流汁；第一次和第二次压榨所出的汁为压榨汁。

对于红葡萄酒，压榨酒占15%左右。压榨酒与自流酒比较，除酒精含量较低外，其他物质的含量均较高（表5-1）（李华等，2007）。

表5-1 自流酒与压榨酒的成分比较（红葡萄酒）

成分	自流酒	压榨酒	成分	自流酒	压榨酒
酒度（体积分数）/%	12.0	11.6	总氮/（mg/L）	285	370
还原糖/（g/L）	1.9	2.6	花青素/（mg/L）	330	400
总酸/（g H_2SO_4/L）	3.23	3.57	单宁/（g/L）	1.75	3.20
挥发酸/（g H_2SO_4/L）	0.35	0.45			

对于红葡萄酒，最后的压榨酒应控制在2%左右，这部分压榨酒质量很差，不应与其他葡萄酒混合。

对于白葡萄酒，压榨汁占30%左右，压榨汁和自流汁各成分的含量列入表5-2。用自流汁酿得的葡萄酒清淡爽口，酒体柔和圆润；一次压榨汁酿得的酒虽有爽口感，但酒体较厚实；二次压榨汁酿得的酒则较浓厚发涩，酒体粗糙，不符合白葡萄酒的要求（李华等，2007）。

表5-2 不同白色葡萄品种压榨汁的成分比较*

品种	自流汁与压榨汁	出汁率/%	干浸出物/（g/L）	总糖/（g/L）	总酸/（g/L）	总氮/（g/L）	灰分/（g/L）
西万尼	自流汁	47	249	219	6.5	0.62	2.80
	一次压榨汁	20	246	220	7.2	0.69	3.00
	二次压榨汁	4	249	221	7.8	0.80	4.50
雷司令	自流汁	43	207	183	7.5	0.59	2.44
	一次压榨汁	22	210	186	7.4	0.58	2.56
	二次压榨汁	6	209	182	7.4	0.69	3.08
琼瑶浆	自流汁	43	231	214	5.9	0.79	2.76
	一次压榨汁	22	233	210	5.3	0.80	3.38
	二次压榨汁	6	233	208	5.2	0.94	4.14

* 3个品种的总出汁率均为71%

5.2 酶 处 理

在理想状态下，健康、适时采收的有机葡萄原料通过合理的各类机械处理后，会释放出葡萄酒酿造所需的酶（丁银霆等，2021）。但多数情况下，由于受葡萄汁pH或酶活性等因素的影响，加上发酵前处理的时间很短，葡萄浆果各种水解酶引起的有利反应的作用是有限的。一些主要用霉菌（*Aspergillus*、*Rhisopus* 和 *Trichoderma*）工业化生产的酶，可以用于对原料和酒的处理，以达到提高出汁率、澄清葡萄汁、提高品种香气和加深并稳定红葡萄酒的颜色等目的（李华等，2007；李华和王华，2017；OIV，2022a，c）。

5.2.1　提高出汁率

葡萄皮细胞壁中含有果胶和纤维素等物质，致使细胞壁彻底破碎困难。在破碎葡萄原料中加入果胶酶，有利于葡萄的出汁，特别是对于如‘玫瑰香’（‘Muscats’）系列和‘西万尼’（‘Sylvaner’）等果胶质含量高的品种，可以选择不同果胶酶搭配使用效果更加。果胶酶、纤维素酶、β-葡聚糖酶复合可将果胶类、纤维素类等物质充分降解，较单一酶处理，更有利于细胞壁破碎，提高出汁率，也有利于花色素苷、原花青素等多酚类有效成分溶出（王瑾等，2019）。商业化的果胶酶包括分解果胶质的各种酶（图 5-2），可在低 pH 条件下活动。在原料中加入 20～40 mg/L 果胶酶，处理 4～15 h，可提高出汁率 15%（李华等，2007）。即使处理 1～2 h，也能显著提高自流汁的比例（表 5-3）。

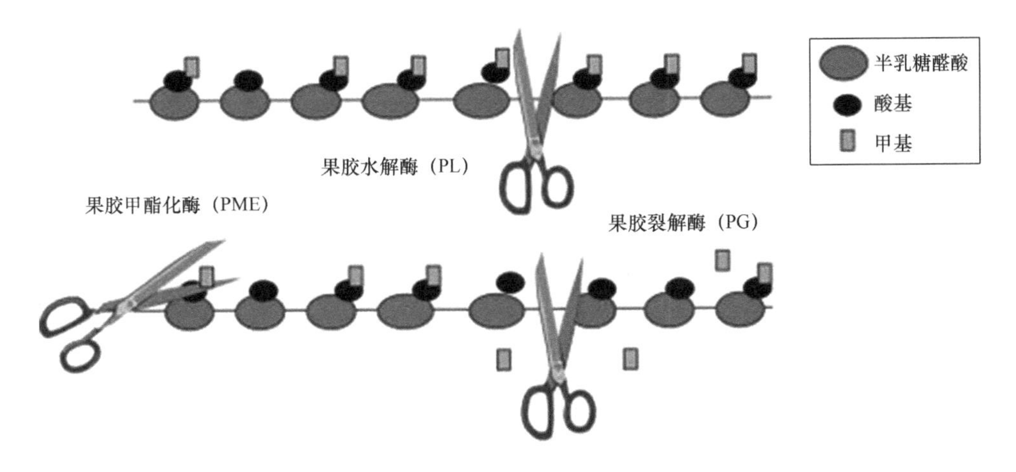

图 5-2　主要果胶酶的作用模式

表 5-3　破碎葡萄果胶酶（Vinozym 20 mg/L）处理对自流汁和压榨汁比例的影响

品种：Kadarka	自流汁	压榨汁	品种：Kadarka	自流汁	压榨汁
对照	66%	34%	处理	93%	7%

Revilla 和 Gonzilez-SanJose（1989）用 4 种商业化果胶酶对红葡萄品种‘Tinto Fino’的处理结果表明，与对照比较，所有酶处理都会轻微提高葡萄酒中甲醇的含量，但只有 R.5 处理的葡萄酒中甲醇的含量显著高于对照（表 5-4）。此外，戴铭成（2018）研究发现，果胶酶处理在降低果胶含量的同时，还可影响葡萄酒的基本理化指标，如透光率、可溶性固形物和 pH 比对照上升，吸光度下降。

表 5-4　果胶酶处理对葡萄酒中甲醇含量的影响（mg/L）

酿造结束后	对照		Z.3		R.5		P.1		R.ex.5	
	平均	σ	平均	σ	平均	σ	平均	σ	平均	σ
9 d	55.7a	3.35	70.7a	4.40	89.1a	3.98	68.6a	5.88	84.1a	9.02
30 d	55.7a	5.27	72.9a	7.51	98.3b	6.34	76.5a	7.93	92.6a	5.16

注：表中数据后不同小写字母表示有统计学差异，反之没有；σ 为标准差

需要注意的是，商业化果胶酶通常含有各种糖苷酶和蛋白酶，它们会引起次级反应。所以，在选用果胶酶时，应注意其纯度。

5.2.2 葡萄汁澄清

果胶酶处理可加速葡萄汁中悬浮物的沉淀（图 5-3）。在加入果胶酶 1 h 后，葡萄汁中胶体平衡被破坏（图 5-4），从而引起悬浮物的迅速沉淀，使葡萄汁获得更好的澄清度。但是，与对照比较，沉淀物的紧实度没有显著差异。此外，果胶酶处理可能会导致葡萄汁澄清过度。果胶酶处理还使葡萄汁和所获得的葡萄酒在以后更容易过滤。在红葡萄酒的酿造过程中，果胶酶处理，主要用于压榨酒或热浸渍发酵。在热浸渍以后，葡萄汁中果胶的含量很高，而且几乎所有的葡萄果胶酶都被热处理破坏。所以在进行酒精发酵前，需要进行果胶酶处理。当然，也可在传统的浸渍结束后，在分离时进行果胶酶处理。

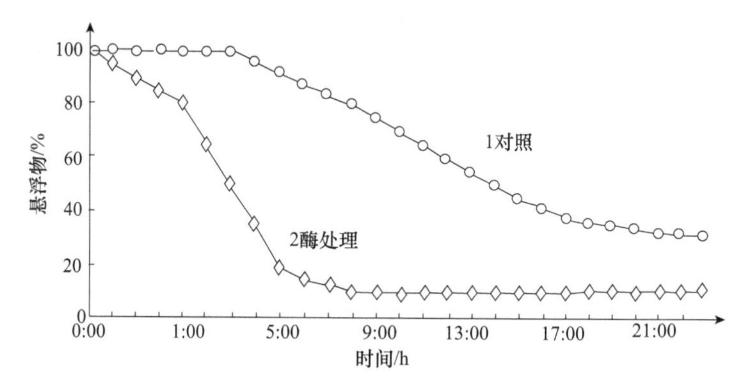

图 5-3　果胶酶处理对白葡萄汁沉淀速度的影响

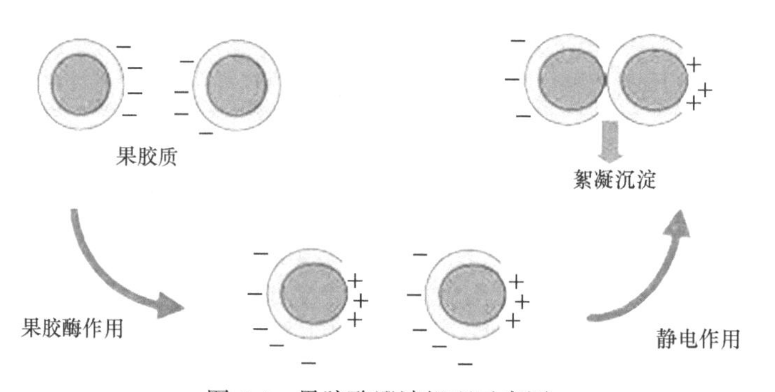

图 5-4　果胶酶澄清机理示意图

对于霉变原料，大部分果胶都被分解，而被由霉菌分泌的葡聚糖所取代。对于这类原料，在发酵结束后，可用葡聚糖酶进行处理，用量为 10～30 mg/L，处理时间为 7～10 d，而且葡萄酒的温度最低不能低于 10℃。在对葡萄酒进行葡聚糖酶处理时，红葡萄酒中的酚类物质对该酶有抑制作用，所以红葡萄酒的酶用量应大一些（李华和王华，2017）。

5.2.3 提取和稳定颜色

红葡萄酒的颜色，取决于在酒精发酵过程中液体对固体（果皮、种子、有时还包括果

梗）的浸渍作用。对多酚物质的提取，受品种、果实成熟度、浸渍时间、倒罐次数、浸渍温度等多种因素的影响。在浸渍开始时加入果胶酶，有利于对多酚物质的提取，这样获得的葡萄酒，单宁、色素含量和色度更高，颜色更红（Munoz et al.，2004）。

果胶酶处理还能改善葡萄酒的感官质量，特别是葡萄酒的结构。但是，Pardo 等（1999）的研究结果表明，虽然果胶酶有利于在浸渍过程中对多酚的提取，但在陈酿过程中，果胶酶处理的葡萄酒的多酚物质的变化与对照并没有差异。因此，果胶酶处理的这些有利变化是否能在葡萄酒的陈酿过程中保持稳定，特别是在确定什么类型的葡萄酒需要该处理等方面，还需要进一步的研究（李华和王华，2017）。

5.2.4　芳香物质的提取

在商业化的果胶酶中，通常含有糖苷酶。糖苷酶可以水解以糖苷形式存在的结合态芳香物质，释放出游离态的芳香物质，从而提高葡萄酒的香气（Vázquez et al.，2002；Cabaroglu et al.，2003）。Palomo 等（2005）用糖苷酶（AR-2000，Gist Brocades）在酒精发酵前对西班牙的 4 个主要品种‘阿依仑’（‘Airén’）、‘马卡波’（‘Macabeo’）、‘阿比洛’（‘Albillo’）和‘霞多丽’（‘Chardonnay’）进行了处理，结果表明，部分处理的葡萄酒中的芳香物质略高于对照（表 5-5），但品种对香气的影响大于酶处理；感官分析结果表明，与对照比较，酶处理的葡萄酒在香气上存在差异，主要是更具花香和果香。

表 5-5　酶处理对不同品种葡萄酒中挥发性成分含量的影响（μg/L）

成分	Albillo 酒（对照）		酶处理的 Albillo 酒		Airén 酒（对照）		酶处理的 Airén 酒		Macabeo 酒（对照）		酶处理的 Macabeo 酒		Chardonnay 酒（对照）		酶处理的 Chardonnay 酒	
	平均（n=3）	RSD/%	平均（n=3）	RSD/%	平均（n=2）	RSD/%	平均（n=2）	RSD/%	平均（n=3）	RSD/%	平均（n=3）	RSD/%	平均（n=3）	RSD/%	平均（n=3）	RSD/%
1-己醇	881.4	7.7	848.4	4.1	451.2	2.4	473.6	6.2	499.1	6.5	580.4	9.7	502.3	0.8	608.2	2.6
反-3-己烯-1-醇	44.9	3.7	43.9	3.7	119.7[b]	3.5	92.4	0.4	47.6	9.4	53.2	6.5	56.8	5.7	55.9	2.3
顺-3-己烯-1-醇	87.5	8.9	81.1	5.6	1110.3[b]	3.5	945.8	3.6	479.3	5.8	513.6	1.0	108.4	15.8	103.0	10.5
苯甲醛	Tr	—	Tr	—	Tr	—	Tr	—	Tr	—	Tr	—	Tr	—	Tr	—
苯甲醇	141.1[b]	3.0	247.6	1.3	156.7[b]	3.4	315.6	7.2	108.5[b]	11.8	361.7	12.7	218.0[b]	4.9	298.6	16.9
苯乙醇[a]	20.0	2.6	19.7	4.5	11.8[b]	2.0	16.9	2.1	8.4	4.0	8.8	6.5	9.8[b]	2.4	9.3	1.6
香叶醇	ND	—	11.0	7.0	ND	—	ND	—	7.9[b]	4.7	9.1	7.7	7.0[b]	—	8.7	5.9
4-乙烯基愈创木酚	529.8[b]	8.4	310.8	8.4	260.4[b]	0.2	424.3	1.7	178.6	5.7	335.9	1.9	555.7	4.4	619.8	7.5

注：n 为取样数；RSD 为相对标准偏差；ND 为未检测到；Tr 为浓度＜0.05 μg/L；a 为浓度（mg/L）；b 为根据 t 测验对照和酶处理的成分有差异；—表示无该物质，或因该物质浓度太小而无法检测到

此外，Gueguen 等（1997）利用固定化糖苷酶对‘玫瑰香’葡萄汁进行处理，也获得良好的效果（表 5-6）。

表 5-6 固定化糖苷酶处理对‘玫瑰香’葡萄酒香气成分的影响

酒中香气成分 /（μg /mL）	水解时间				
	对照[a]	11 h 40 min	16 h 40 min	35 h	140 h
橙花醇	0.05	0.15	0.30	0.29	0.27
香叶醇	0.02	0.17	0.24	0.23	0.21
苯甲醇	0.04	0.32	0.63	0.65	0.61
苯乙醇	0.05	0.16	0.27	0.28	0.27
γ-萜品烯	ND	0.03	0.07	0.10	0.10
沉香醇	39	42	45	46	45

注：ND 表示未检测到；a 表示没有进行酶处理

尽管在葡萄酒酿造过程中糖苷酶处理可以改善出汁率、颜色、澄清度和葡萄酒风味，但是并不是所有处理都是正向的。例如，从杏仁中提取的 β-D-葡萄糖苷酶制剂，或者从黑曲霉（*A. niger*）中分离的 AR2000 酶制剂，不仅有 D-葡萄糖苷酶活性，还包含有其他糖苷酶活性，如肉桂酸酯酶的活性，使葡萄酒产生挥发性酚所带来的异味。同时，还有可能造成花色素苷的水解，使葡萄酒的颜色受到损失（朱晓琳，2017）。所以，在选择酶时，一定要注意其中不含肉桂酸脱羧酶，因为该酶可以导致乙基酚的出现，而乙基酚具有很难闻的动物气味（李华和王华，2017）。

5.3 二氧化硫处理

二氧化硫（SO_2）处理就是在发酵基质中或葡萄酒中加入二氧化硫，以便发酵能顺利进行或有利于葡萄酒的储藏。

5.3.1 二氧化硫的作用

在发酵基质中，SO_2 有选择、澄清、抗氧化和抗氧、增酸、溶解等作用（李华和王华，2017）。

1. 选择作用 SO_2 是一种杀菌剂，它能控制各种发酵微生物的活动（繁殖、呼吸、发酵）。如果 SO_2 浓度足够高，则可杀死各种微生物。

发酵微生物的种类不同，其抵抗 SO_2 的能力也不一样。细菌最为敏感，在加入 SO_2 后，它们首先被杀死；其次是柠檬形克勒克酵母（*Kloeckera apiculata*）；酿酒酵母抗 SO_2 能力则较强。所以，可以通过 SO_2 的加入量来选择不同的发酵微生物（图 5-5）。因此，在适量使用时，SO_2 可推迟发酵触发，但以后则加速酵母菌的繁殖和发酵作用（图 5-6）。

2. 澄清作用 SO_2 抑制发酵微生物的活动，推迟发酵开始的时间，从而有利于发酵基质中悬浮物的沉淀，这一作用可用于白葡萄酒酿造过程中葡萄汁的澄清。

3. 抗氧化和抗氧作用 破损葡萄原料和霉变葡萄原料的氧化，分别是由酪氨酸酶和漆酶催化的。原料的氧化将严重影响葡萄酒的质量。而 SO_2 可以抑制氧化酶的作用，从而防止原料的氧化，这就是 SO_2 的抗氧化作用。因此，应在葡萄采收以后到酒精发酵开始以前，

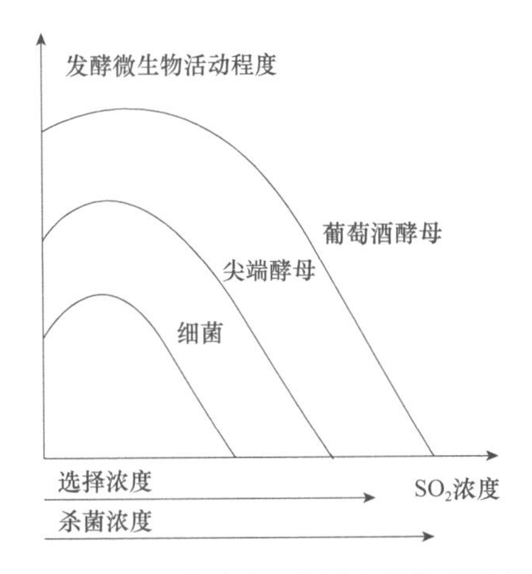

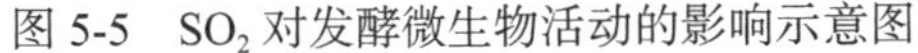

图 5-5 SO_2 对发酵微生物活动的影响示意图

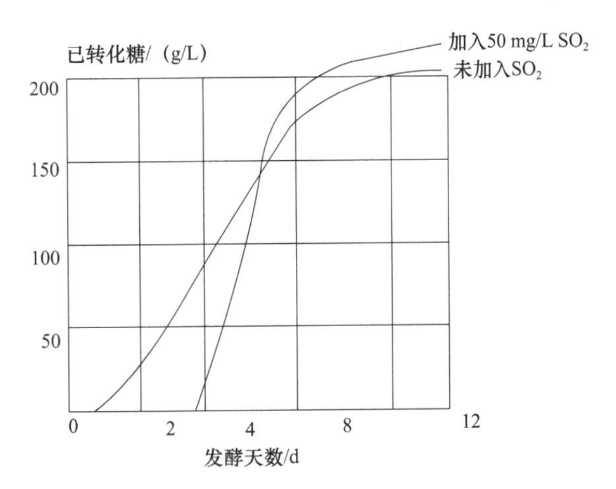

图 5-6 SO_2 处理（50 mg/L）对发酵进程的影响

正确使用 SO_2，防止原料的氧化。

发酵结束以后，葡萄酒不再受 SO_2 的保护，而易被氧化。如果对葡萄发酵基质进行 SO_2 处理，它所形成的亚硫酸盐比基质中的其他物质，更容易（因此，也最先）与基质中的氧发生反应而被氧化为硫酸和硫酸盐，从而抑制或推迟葡萄酒各构成成分的氧化作用，这就是 SO_2 的抗氧作用。因此，SO_2 可以防止：①白葡萄酒的氧化、变色；②氧化破败病；③由乙醛引起的氧化味（走味）；④葡萄酒病害的发生和发展。

4. 增酸作用 加入 SO_2 可以提高发酵基质的酸度。一方面，在基质中 SO_2 转化为亚硫酸，并且可杀死植物细胞，促进细胞中酸性可溶物质，特别是有机酸盐的溶解。另一方面，SO_2 可以抑制以有机酸为发酵基质的细菌的活动，特别是乳酸菌的活动，从而抑制苹果酸-乳酸发酵。

5. 溶解作用 在使用浓度较高的情况下，SO_2 可促进浸渍作用，提高色素和酚类物质的溶解量。但在正常使用浓度下，SO_2 的这一作用并不显著。

5.3.2 二氧化硫对葡萄酒成分和质量的影响

在合理使用的前提下，SO_2 处理对葡萄酒的有利影响包括：净化发酵基质，提高葡萄酒酒度；提高有机酸含量；降低挥发酸含量；增加色度；改善葡萄酒的味感质量，如缓和霉味、泥土味和醋味及氧化味等，保持果香味。

但是，SO_2 处理也可能对葡萄酒带来下列不利影响。

（1）使用不当或用量过高，可使葡萄酒具怪味且对人产生毒害，在还原条件下，可形成具臭鸡蛋味的 H_2S，其可与乙醇化合产生硫醇（C_2H_5SH）。

（2）由于控制降酸微生物的活动和抗氧作用，推迟葡萄酒的成熟。

总之，由于 SO_2 的特殊作用和效应，它在葡萄酒的生产和贮藏中占有重要的地位。因此，正确使用 SO_2，能够使葡萄酒的酿造和贮藏顺利进行，提高葡萄酒的质量。但是，随着自然葡萄酒的发展，SO_2 在葡萄酒酿造中的地位越来越受到挑战（Wei et al.，2022）。

5.3.3 发酵基质和葡萄酒中二氧化硫存在的形式

在葡萄发酵基质和葡萄酒中加入的 SO_2，以游离 SO_2 和结合 SO_2 两种形式存在。

1. 游离 SO_2 由于在葡萄酒的 pH 范围内，亚硫酸的第二个氢不会离解（pK=6.91），所以溶于发酵基质中的 SO_2 有以下平衡：

$$H_2O+SO_2 \rightleftharpoons H_2SO_3 \rightleftharpoons H^+ + HSO_3^-$$

在以上平衡中，只有 H_2SO_3（溶解态 SO_2）和分子态 SO_2 才具有挥发性和气味，且具有杀菌作用。而以 HSO_3^-形态存在的 SO_2 没有气味，且没有杀菌作用（李华等，2005）。

2. 结合 SO_2 在葡萄醪和葡萄酒中，HSO_3^-可以与含羰基的化合物结合，生成亚硫酸加成物，称为结合 SO_2：

$$R'—\overset{\displaystyle R\atop|}{C}=O+HSO_3H \rightleftharpoons R'—\overset{\displaystyle R\atop|}{\underset{|\atop OH}{C}}—SO_3+H^+$$

（1）SO_2 与羰基化合物的结合。在发酵基质中，SO_2 可与羰基化合物（用 C 表示）形成不稳定化合物：

$$SO_2+C \rightleftharpoons SO_2C$$

（2）SO_2 与乙醛的结合。SO_2 与乙醛生成相对稳定的乙醛亚硫酸加成物，可以除去由过多乙醛产生的过氧化味，而且与乙醛的反应速度比与糖的反应速度快得多：

$$CH_3—CHO+HSO_3H \longrightarrow CH_3—COHHSO_3H$$

（3）SO_2 与花色素的结合。生成无色的不稳定的亚硫酸色素化合物：

$$\text{花色素苷（红色）}+HSO_3H \rightleftharpoons \text{亚硫酸氢盐加成物（无色）}$$

当有乙醛存在时，该不稳定化合物分解，重新释放出 SO_2。

总之，在加入的 SO_2 总量中，只有游离 SO_2 具有活性，而游离 SO_2 中，分子态 SO_2 活性最强。但这部分 SO_2 很少，而且根据基质的 pH 而有所变化。当 pH=3.8 时，分子态 SO_2 只占游离 SO_2 的 1.01%；而当 pH=2.8 时，其含量可增加 9 倍多，即占游离 SO_2 的 9.28%(表 5-7)。因此，在游离 SO_2 浓度一定时，发酵基质或葡萄酒的 pH 越低，SO_2 的气味（不良气味）越浓，杀菌力越强。

表 5-7 分子态 SO_2 占游离 SO_2 的百分比（李华等，2005）

pH	分子态 SO_2/%	pH	分子态 SO_2/%
2.8	9.28	3.8	1.01
3.0	6.06	4.0	0.64
3.2	3.91	4.2	0.41
3.4	2.51	4.4	0.26
3.6	1.60		

SO_2 总量为游离 SO_2 和结合 SO_2 含量之和。

5.3.4 二氧化硫的用量

二氧化硫的用量取决于很多因素。

（1）发酵基质含糖量。含糖量越高，结合 SO_2 的含量越高，从而降低活性 SO_2 的含量。

（2）含酸量。含酸量越高，pH越低，活性SO_2含量越高。

（3）温度。温度越高，SO_2越易与糖化合，而降低活性SO_2的含量。

（4）微生物的含量和活性。破碎和霉变的葡萄原料中，各种微生物的含量高且活性强。

（5）所生产的葡萄酒类型。

因此，温度越高，原料含酸量越低，含糖量越高，破碎、霉变越严重，在发酵基质中所加入的SO_2量也应越高。常用的SO_2浓度见表5-8（李华，2000）。

表5-8 葡萄酒原料常用的SO_2浓度

原料状况	红葡萄酒/（mg/L）*	白葡萄酒/（mg/L）**
无破损、霉变、成熟度中，含酸量高	30～50	40～60
无破损、霉变、成熟度中，含酸量低	50～80	60～80
破损、霉变	80～100	80～100

* 按将生产出的葡萄酒计算

** 按葡萄汁的量计算

如果生产的葡萄酒将用于蒸馏白兰地，则不对原料进行SO_2处理。此外，如果葡萄酒要进行苹果酸-乳酸发酵，对原料的SO_2处理不能高于60 mg/L。

5.3.5 二氧化硫的来源

常用的SO_2添加剂有固体、液体和气体三种形式。

1. 固体 最常用的为偏重亚硫酸钾（$K_2S_2O_5$），其理论SO_2含量为57%，但在实际使用中，其计算用量为50%（即1 kg $K_2S_2O_5$含有0.5 kg SO_2）。

使用时，先将$K_2S_2O_5$用水溶解，以获得12%的溶液，其SO_2含量为6%。

2. 液体 气体SO_2在一定的加压（30 MPa，常温）或冷冻（－15℃，常压）下，可以成为液体。液体SO_2一般贮藏在高压钢桶（罐）中。其使用最为方便，可有两种方式。

1）直接使用 将需要的SO_2量直接加入发酵容器中。但这种方法容易使SO_2挥发、损耗，而且加入的SO_2较难与发酵基质混合均匀。

2）间接使用 将SO_2溶解为亚硫酸后再使用。SO_2的水溶液浓度最好为6%，可用以下两种方法获得。

（1）称重法：在一定体积的水中加入所需的SO_2量。

（2）比重法：5%的SO_2水溶液的比重为1.0275（表5-9）。

此外，也可使用一定浓度的瓶装亚硫酸溶液。但在使用前，应用比重法（表5-9）检验其SO_2的浓度（李华，1990）。

表5-9 SO_2水溶液的比重（15℃）

SO_2含量/%	比重	SO_2含量/%	比重
2.5	1.0135	4.5	1.0248
3.0	1.0168	5.0	1.0275
3.5	1.0194	5.5	1.0301
4.0	1.0221	6.0	1.0328

续表

SO_2 含量 /%	比重	SO_2 含量 /%	比重
6.5	1.0352	8.5	1.0450
7.0	1.0377	9.0	1.0474
7.5	1.0401	9.5	1.0497
8.0	1.0426	10.0	1.0520

3. 气体 在燃烧硫黄时，生成无色令人窒息的气体，即 SO_2，这种方法一般只用于发酵桶的熏硫处理。

在熏硫时，从理论上讲，1 g 硫在燃烧后会形成 2 g SO_2：

$$S + O_2 \longrightarrow SO_2$$
$$32 + 32 = 64$$

但实际上，在 225 L 的酒桶中燃烧 10 g 硫，只能产生 13～14 g 的 SO_2，只有其理论值的 70%（Ribéreau-Gayon et al.，1998a）。

5.3.6 二氧化硫处理的时间

1. 发酵以前 SO_2 处理应在发酵触发以前进行。但对于酿造红葡萄酒的原料，应在葡萄破碎、除梗后泵入发酵罐时立即进行，并且一边装罐一边加入 SO_2，装罐完毕后进行一次倒罐，以使所加的 SO_2 与发酵基质混合均匀。切忌在破碎前或破碎除梗过程中对葡萄原料进行 SO_2 处理，因为：

（1）SO_2 不能与原料混合均匀；

（2）由于挥发和被原料固体部分的吸附而损耗部分 SO_2，达不到保护发酵基质的目的；

（3）在破碎、除梗时，SO_2 气体可腐蚀金属设备。

对于酿造白葡萄酒的原料，SO_2 处理应在取汁以后立即进行，以保护葡萄汁在发酵以前不被氧化。严格避免在破碎-除梗后、葡萄汁与皮渣分离以前进行 SO_2 处理，因为：

（1）部分 SO_2 被皮渣固定，从而降低其保护葡萄汁的效应；

（2）SO_2 的溶解作用可加重皮渣浸渍现象，影响葡萄酒的质量。

2. 在葡萄酒陈酿和贮藏时 在葡萄酒陈酿和贮藏过程中，必须防止氧化作用和微生物的活动，以保护葡萄酒，防止其变质。因此，必须使葡萄酒中的游离 SO_2 含量保持在一定水平上（表 5-10）。

表 5-10 不同情况下葡萄酒中游离 SO_2 需保持的浓度

SO_2 浓度类型	葡萄酒类型	游离 SO_2/（mg/L）
储藏浓度	红葡萄酒	20～30
	干白葡萄酒	30～40
	甜白葡萄酒	40～80
消费浓度（装瓶浓度）	红葡萄酒	10～30
	干白葡萄酒	20～30
	甜白葡萄酒	30～50

续表

SO_2 浓度类型	葡萄酒类型	游离 SO_2/（mg/L）
原酒运输浓度（桶装或集装箱）	红葡萄酒	25～35
	干白葡萄酒	35～45
	甜白葡萄酒	80～100*

＊这类葡萄酒不宜进行原酒运输，最好在生产厂装瓶

在储藏过程中，葡萄酒中游离 SO_2 的含量不断地变化。因此，必须定期测定，调整葡萄酒中游离 SO_2 的浓度。在进行调整前，应取部分葡萄酒在室内观察其抗氧化能力。在加入 SO_2 时，应考虑部分加入的 SO_2，将以结合态的形式存在于葡萄酒中。可用以下方式粗略计算 SO_2 的加入量：所加入的 SO_2，有 2/3 将以游离状态存在，而 1/3 将以结合状态存在。

例如，设葡萄酒中需保持的游离 SO_2 量为 40 mg/L（a），葡萄酒中现有的游离 SO_2 量为 16 mg/L（b），所以需加入的游离 SO_2 量（c）为

$$c=a-b=24\ (\text{mg/L})$$

则需加入的 SO_2 总量（d）为

$$d=3/2\times c=3/2\times 24=36\ (\text{mg/L})$$

5.3.7　降低二氧化硫的含量

虽然 SO_2 在葡萄酒中具有多种功能，而且使用经济、方便，长期以来在葡萄酒酿造中具有重要地位。但随着研究的深入，SO_2 的副作用愈来愈引起人们的关注，特别是 SO_2 对人体健康的影响，有研究报告称部分人群对 SO_2 添加剂有不耐受或高敏感性，并产生不良反应，如过敏反应与哮喘发作的风险增加、呼吸困难、皮疹和胃痛等（胡名志，2016a）。世界卫生组织（WHO）一直要求降低食品中 SO_2 的浓度，国际葡萄与葡萄酒组织（OIV，2022a）也对葡萄酒中 SO_2 含量进行了限制（表 5-11）；我国规定干葡萄酒和其他类型葡萄酒中总 SO_2 的最高限量分别为 250 mg/L 和 300 mg/L。欧盟规定红葡萄酒中 SO_2 的最高含量为 160 mg/L，白葡萄酒和桃红葡萄酒为 210 mg/L；澳大利亚为 250～300 mg/L；新西兰为 250～400 mg/L；美国为 350 mg/L（胡名志，2016b）。因此，在葡萄酒酿造过程中，应尽量减少 SO_2 的用量，特别是对于那些游离 SO_2 需求量高的葡萄酒。此外，一些自然葡萄酒的国际组织禁止在葡萄醪和葡萄酒中添加 SO_2（Wei et al.，2022）。

在实践中，可以通过正确使用 SO_2、降低结合 SO_2 的比例、降低对游离 SO_2 的需求和使用 SO_2 的替代品等方式，降低葡萄酒中 SO_2 的含量（李华和王华，2017）。

表 5-11　OIV 对零售葡萄酒中 SO_2 含量高限的规定

葡萄酒类型	总 SO_2 的高限 /（mg/L）	葡萄酒类型	总 SO_2 的高限 /（mg/L）
还原糖≤4 g/L 的红葡萄酒	150	还原糖＞4 g/L 的葡萄酒	300
还原糖≤4 g/L 的白葡萄酒和桃红葡萄酒	200	一些特殊的甜白葡萄酒	400

1．使用方法　在进行 SO_2 处理时，必须尽量保证 SO_2 的有效性，防止 SO_2 的无效损耗，使 SO_2 与葡萄醪、葡萄汁或葡萄酒混合均匀。

例如，在发酵前，对于白葡萄酒，应在压榨出汁和装入澄清罐或发酵罐的过程中加入

SO_2；在酿造红葡萄酒时，同样应在装罐过程中加入 SO_2。在每次 SO_2 处理结束后，应进行均质倒罐。

在酒精发酵或苹果酸-乳酸发酵结束时，应尽早进行 SO_2 处理（表 5-12），分以下两种情况。

（1）如果葡萄酒不需要进行苹果酸-乳酸发酵，在酒精发酵结束时，就应立即利用分离的机会，进行 SO_2 处理。但是，分离时如果葡萄酒的温度过高（>18℃），则应将葡萄酒分离至温度较低的贮酒罐，待葡萄酒降温后，再进行 SO_2 处理。

（2）如果葡萄酒需要进行苹果酸-乳酸发酵，则在苹果酸-乳酸发酵结束后立即利用分离的机会进行 SO_2 处理。

在以上两种情况下，处理后 10～15 d，必须进行一次分离换罐，以除去含有酵母和细菌的酒泥。当然，需要在酒泥上陈酿的葡萄酒除外。

表 5-12 发酵结束时 SO_2 处理的用量

葡萄酒类型	用量 /（mg/L）	葡萄酒类型	用量 /（mg/L）
干红葡萄酒	40～50	含糖葡萄酒	150～200
干白葡萄酒	60～80		

此外，在需要进行 SO_2 处理时，应一次性加够所需要的量，防止少量、多次加入。

2. 降低结合 SO_2 的量　结合 SO_2 对葡萄酒不仅没有保护作用，有时还会降低葡萄酒的感官质量。因此，应尽量降低结合 SO_2 的比例，同时还能达到降低总 SO_2 含量的目的。所有能够限制产生与 SO_2 结合的物质的措施，都有利于降低结合态 SO_2 的比例。

（1）提高葡萄原料的卫生状况。霉变葡萄原料可产生大量与 SO_2 结合的物质，所以必须加强葡萄园病虫害的合理防治。

（2）保证发酵的纯正。一些酵母和细菌株系可产生与 SO_2 结合的发酵副产物，一些酵母本身在发酵过程中也会产生 SO_2。因此，在酒精发酵时，应尽量选用发酵纯正的优选酵母。

在酒精发酵开始时加入 0.5 mg/L 硫胺素（thiamine），可以降低乙醛和丙酮的产量，而乙醛和丙酮可非常强烈地与 SO_2 结合。该处理方法，对于降低含糖葡萄酒和起泡葡萄酒基酒中的 SO_2 含量特别有效。

在发酵开始时的开放式倒罐，可促进酵母的生存素的形成，从而有利于发酵的完成，可有效地降低结合 SO_2 的比例。

（3）防止氧化。在发酵前对原料的保护，以及在陈酿中对葡萄酒添满、密封或加入惰性气体等，都可有效降低结合 SO_2 的比例。

（4）及时澄清。葡萄汁和葡萄酒中的悬浮物都能与 SO_2 结合，对悬浮物进行及时分离、粗滤等，都能提高 SO_2 的有效性。

3. 降低对游离 SO_2 的需求　上述措施能通过防止氧化而降低对游离 SO_2 的需求。此外，通过澄清处理、无菌过滤、酒厂和人员良好的卫生条件等，降低葡萄酒再发酵或病害微生物的群体；尽量使酒精发酵彻底（残糖不高于 2 g/L）等，都能降低对游离 SO_2 的需求。

4. SO_2 的替代品

1）山梨酸　山梨酸（$CH_3-CH=CH-CH=CH-COOH$）为白色或无色粉末，在空气中不稳定，是世界上应用最广泛的防腐剂，易溶于水和乙醇，对酵母有抑制作用，但无抗

氧化和抗菌作用，所以必须与 SO_2 结合使用。

由于山梨酸可被细菌转化而使葡萄酒带有老鹳草气味，所以只能用于未经苹果酸-乳酸发酵的含糖的葡萄酒，而且只能装瓶时使用，以防止瓶内再发酵。在这种情况下，50 mg/L 游离 SO_2＋150 mg/L 山梨酸可以达到 80～100 mg/L 游离 SO_2 的保护效果。

市售山梨酸通常为山梨酸钾。OIV（2022a）规定，山梨酸只能在装瓶时使用，其最大用量为 200 mg/L。

2）维生素 C　　维生素 C 具有强烈的抗氧作用，但无抗菌作用。但是，如果维生素 C 本身被强烈氧化，它会反过来氧化葡萄酒。因此，维生素 C 只能在装瓶时使用，其最大用量为 250 mg/L（OIV，2022a）。在实践中，对维生素 C 的使用建议如下。

（1）对于芳香型白葡萄酒，20～30 mg/L 的用量，有利于保护香气。

（2）对于新鲜型红葡萄酒，20 mg/L 的用量，可防止“瓶内病”。

（3）对于起泡葡萄酒，在调味糖浆中加入 20～30 mg/L SO_2＋30～50 mg/L 维生素 C，可提高葡萄酒的感官质量。

维生素 C 必须与 SO_2 结合使用。

3）溶菌酶　　溶菌酶是从蛋清中提取出的一种蛋白质，该酶可以水解细菌细胞壁肽聚糖的 β-1,4-糖苷键，导致细菌自溶死亡，而且即使是已经变性的溶菌酶也有杀菌效果，这是由于它是碱性蛋白的缘故。溶菌酶没有抗氧作用，所以必须与 SO_2 结合使用。其在原料和葡萄酒中的总用量不能超过 500 mg/L（OIV，2022a）。

4）二碳酸二甲酯（DMDC）　　DMDC 具有较强的抗菌作用，在葡萄酒装瓶前使用，可降低 SO_2 的用量。其最大用量不能超过 200 mg/L（OIV，2022a）。

5）抑菌剂　　西北农林科技大学葡萄酒学院通过对酿酒酵母自我抑制现象的研究，获得并鉴定出一系列由酵母代谢产生的、能抑制酵母活动并具有特殊香气的物质，将其中符合国家食品添加剂标准的物质按一定比例配制成新型酵母和细菌抑制剂，并获得了国家专利（李华等，2002）（专利号：ZL9511740.3）。

6）苯甲酸钠　　白色颗粒或晶体，易溶于水和乙醇，是最常见的食品添加剂，适用于酸性环境，pH 越低效果越好，可以抑制细菌、霉菌，但也抑制酵母，在 pH 3.5 时，浓度 0.05% 就可以完全抑制酵母，其最大用量为 50 mg/L（OIV，2022a）。

此外，一些酚类化合物、壳聚糖、β-葡聚糖酶及银纳米材料、羟基酪氨酸和饱和短链脂肪酸都表现出了潜在的代替 SO_2 添加剂的功效（Santos et al.，2012）。

5.4　酵母的添加

如果对葡萄发酵基质进行适量（不达到杀菌浓度）的 SO_2 处理，即使不添加酵母，酒精发酵也会或快或慢地自然触发，但可通过添加酵母的方式，使酒精发酵提早触发。

此外，在葡萄酒酿造过程中，由于温度过高，或酒精含量提高而温度过低，影响酵母的活动，酒精发酵速度可能减慢甚至停止。

5.4.1　添加酵母的目的

添加酵母就是将人工选择的活性强的酵母菌系加入发酵基质中，使其在基质中繁殖，引起酒精发酵（OIV，2022a）。

SO_2 处理会使与葡萄原料同时进入发酵容器中的酵母的活动暂时停止，并使这些酵母的生命活动速度减慢而呈休眠状态。添加活性强的酵母可以迅速触发酒精发酵，并使其正常进行和结束。这样获得的葡萄酒由于发酵完全，无残糖或其含量较低，酒度稍高，易于贮藏。

对于变质葡萄原料的酒精发酵和残糖含量过高葡萄酒的再发酵，添加酵母就更为重要了。

总之，添加优选酵母，可以达到以下目的。

（1）由于优选酵母的加入量为 10^6 cfu/mL，可提早酒精发酵的触发，防止在酒精发酵前葡萄原料的各种有害变化，包括氧化、有害微生物的生长等。

（2）由于优选酵母所产生的泡沫较少，可以使发酵容积得到更有效的利用，减少发酵罐“冒罐”风险，降低酿造管理成本（郑海武等，2020）。

（3）使酒精发酵更为彻底。

（4）使酒精发酵更为纯正，产生的挥发酸、SO_2 和 H_2S、硫醇等硫化物更少。

（5）使葡萄酒的发酵香气更优雅、纯正（李华和王华，2017）。

5.4.2 酵母的选择

有多种商业化的酵母菌系可供选择。这些商业化的优选酵母都以活性干酵母（active dried wine yeast）的形式存在，包装在密封袋中，低温储藏（低于 15℃最佳）。

根据用途的不同，活性干酵母主要有以下 3 类。

1）*启动酵母*　启动酵母是抗酒精能力强、发酵彻底、产生挥发酸和劣质副产物少的活性干酵母，一些商业化的酿酒酵母菌系可满足这些要求。

2）*特殊酵母*　除启动酵母的特性外，特殊酵母还可以具有以下不同的特性。

（1）产香酵母（aromatic yeast）：在酒精发酵过程中，可产生优雅的发酵香气。

（2）降酸酵母：在酒精发酵过程中，可降解 20%～30% 的苹果酸。

（3）提高红葡萄酒的色度和结构感。

（4）加强葡萄酒风格（如需要在酒泥上陈酿的葡萄酒等）。

3）*再发酵酵母*（refermentation yeast）　一些酿酒酵母菌系，可以使含糖量高的葡萄酒进行再发酵，它们可用于酒精发酵和再发酵。这类酵母通常用于起泡葡萄酒的第二次发酵，以产生 CO_2。

5.4.3 酵母添加的时间

在葡萄汁中，还含有很多的野生酵母，因此有效的酵母添加，就必须保证主要由优选酵母来完成酒精发酵。

为此，首先应尽量降低葡萄原料中野生酵母的群体数量，这就需要做到：①保证原料及运输和酒厂的设备、设施、管道和发酵罐良好的卫生状况。②尽早进行 SO_2 处理。对于白葡萄酒，应在压榨出口进行；红葡萄酒则应在装罐时进行。③对于白葡萄酒，葡萄汁应有足够的澄清度（浊度为 50～200 NTU）。

其次应尽早添加酵母。对于白葡萄酒和桃红葡萄酒，应在分离澄清葡萄汁时立即添加酵母；而对于红葡萄酒，则应在 SO_2 处理 24 h 后添加酵母，以防产生还原味。

最后所加入的酵母群体数量应足够大，不得低于 10^6 cfu/mL。

5.4.4　添加酵母的方法

1. 活化后直接添加　这是在启动发酵时最常用的添加方法。在这种情况下，根据酵母菌系发酵能力的不同，活性干酵母的用量为100～200 mg/L。但是，如果原料及发酵设施的卫生状况很差，就必须提高活性干酵母的用量，以保证活性干酵母的优势地位。

将活性干酵母在20倍（质量比）含糖5%的温水（35～40℃）中分散均匀，活化20～30 min。如果葡萄汁温度过低，温度变化幅度过大，如由35℃降至16℃，会导致酵母细胞的大量死亡。因此，应用葡萄汁将酵母液的温度调整至20～25℃，静置30 min，再添加到发酵罐中，并通过倒罐混合均匀。

2. 添加24 h酵母母液　如果希望加快温度较低的葡萄汁酒精发酵的启动，或者葡萄汁存在发酵不彻底的危险，最好在24 h前制备母液。将活化后活性干酵母添加到100～200 L的葡萄汁中，并加强通气，在20℃左右的温度条件下，发酵24 h，然后添加到发酵罐中（图5-7）。对于含糖量高的葡萄汁（如冰葡萄酒的葡萄汁），在制备24 h酵母母液时，还应添加足量的氮源（李华等，2007）。

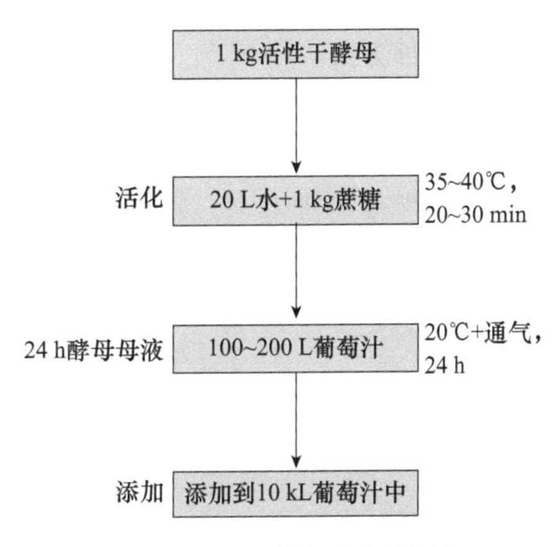

图5-7　24 h酵母母液的制备

3. 串罐　在使用优选酵母菌系时，一些葡萄酒厂往往用正在发酵的葡萄汁接种需要进行发酵的葡萄原料（通常用量为10%的发酵旺盛葡萄汁），即串罐。在这种条件下，只有第一个发酵罐是由已知特性的优选酵母接种的，而其他发酵罐则是由正在发酵的葡萄汁接种的。该方法优点是，一方面，可大量减少商品化的活性干酵母的用量，因而可大量降低成本；另一方面，正在发酵的葡萄汁中的酵母细胞比活性干酵母的细胞更适应葡萄汁的发酵条件。但是，在串罐的条件下，如果使用期限为一个月，则初始酵母的繁殖代数相当于在连续培养条件下的200多代。那么，在如此多代的无性繁殖过程中，酵母是否能保持其优良特性，其活性是否会渐渐下降，即串罐是否有效。为解决上述问题，我们在生产条件下，进行了在长期串罐过程中酵母的稳定性研究。结果表明，在近1个月的时间内（相当于酵母细胞无性繁殖了200代），串罐过程中的酵母细胞不仅能保持初始酵母的发酵活性和优良特性的稳定性，而且由于葡萄汁的选择作用，串罐用的酵母细胞的发酵活性比初始酵母的活性更强，因而其酒精发酵的启动和速度都更快（李华等，2002）。

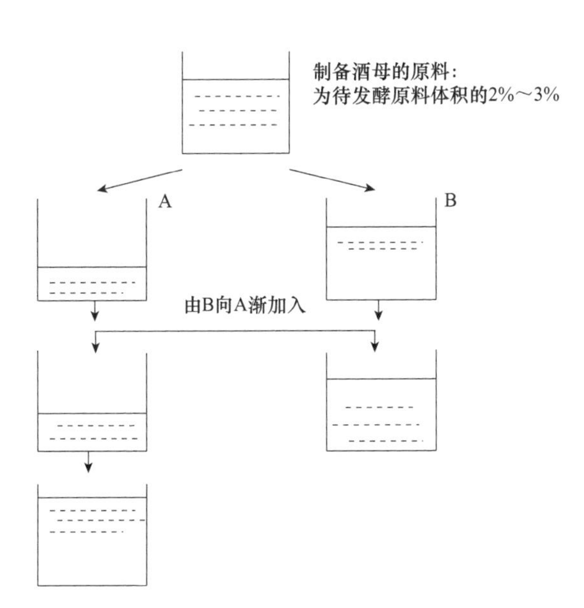

图5-8　利用自然酵母制备葡萄酒酒母的过程

4. 利用自然酵母制备葡萄酒酒母　如图5-8所示，在葡萄采收前几天，选取清洁、无病的葡萄果实（约为待发酵体积的2.5%），经破碎除梗后，分装在 A 和 B 两个容器中（注意，这部分葡萄果实不能压榨，因为酵母存在于果皮上）。

在容器 A 中装入 10% 的葡萄原料，使之自然发酵或略微加热以便更快地触发酒精发酵。其余的葡萄原料（90%）装入容器 B 中，并对之进行高浓度的 SO_2 处理（300 mg/L）。

当容器 A 发酵旺盛时，加入少量 B 容器中的葡萄原料，原则是所加入的量不影响容器 A 的正常发酵，直到所有葡萄原料都在进行旺盛发酵时，就可作为酵母母液投入生产。

5. 混合发酵接种酵母 酿酒酵母与非酿酒酵母混合接种发酵，一般有同时接种和顺序接种两种方案。

（1）同时接种方案：非酿酒酵母与酿酒酵母按照不同的比例同时接种，一般酿酒酵母的接种量不少于 10^6 cfu/mL。

（2）顺序接种方案：先接种非酿酒酵母，在非酿酒酵母接种后一定时间（如 24 h、48 h 或 96 h）后再接种酿酒酵母（王星晨，2018）。

5.5 酒精发酵的管理和控制

5.5.1 酒精发酵控制的意义

酒精发酵是葡萄酒酿造的最主要的阶段。葡萄酒的所有潜在质量都存在于原料之中，它们会在葡萄酒的酿造过程中逐渐地表现出来；或者相反，会逐渐消失。

在酒精发酵过程中，酵母菌将发酵性糖转化为酒精，同时形成很多主要构成葡萄酒二类香气的副产物（挥发酸、高级醇、脂肪酸、酯类等）。根据不同的情况，这些副产物可提高或降低葡萄酒的感官质量；而各种副产物在葡萄酒中的含量主要取决于酒精发酵的条件。保证这些物质在葡萄酒中处于相对平衡协调状态的最重要的条件是使酒精发酵纯正，发酵速度稳定。

如果发酵速度过慢，一些细菌和“劣质酵母菌”的活动可形成感官质量不良的或具有怪味的副产物，同时提高葡萄酒的挥发酸含量。

如果发酵速度过快，温度升高的速度和幅度都过大，不仅强烈的 CO_2 释放会带走部分香气，而且所形成的发酵香气也较粗糙，降低葡萄酒的质量。

此外，在葡萄原料装罐以后，必须尽快地触发酒精发酵，以缩短“预发酵”时间。因为在对葡萄浆果进行机械处理后到发酵触发这一预发酵阶段，葡萄原料不仅很易氧化，而且易受多种微生物的侵染。

在酿造白葡萄酒时，必须对葡萄汁进行澄清处理。因此，应在压榨取汁的同时，在葡萄汁中加入足够量的 SO_2 或将其温度降至 10℃以下，以保护葡萄汁在澄清过程中不受氧化和微生物的侵染。

在葡萄酒的酿造过程中，对酒精发酵的管理和控制，主要是基于发酵过程中发酵基质温度的升高和比重的降低两个主要现象来实现的。酒精发酵顺利进行的表现，是比重有规律地降低，最后接近水的比重。但是，如果发酵温度过低或过高，酒精发酵的速度就会降低甚至停止，其表现就是比重降低放缓甚至停止（图 5-9）。所以，要保证酒精发酵的顺利进行，就必须将发酵温度控制在一定的范围内（表 5-13）（李华和王华，2017）。

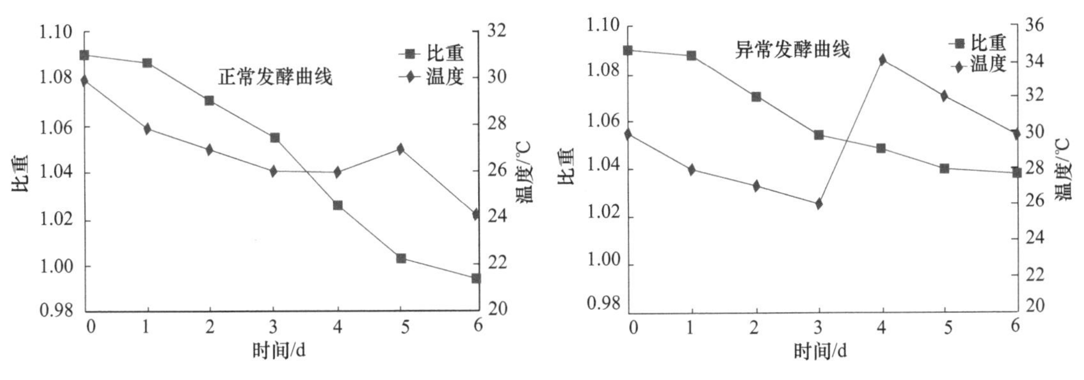

图 5-9　发酵曲线

表 5-13　葡萄酒发酵的温度范围（℃）

葡萄酒种类	最低	最佳	最高
红葡萄酒	25	26～30	32
白葡萄酒	16	18～20	22
桃红葡萄酒	16	18～20	22
甜型葡萄酒（加强葡萄酒）	18	20～22	25

5.5.2　温度的测定

温度是影响酒精发酵进程的最重要的因素，因为不同的温度条件会影响酵母菌的活性、发酵速度、副产物的形成，以及与红葡萄酒酒精发酵同时进行的浸渍作用等（表 5-14）。因此，应将酒精发酵的温度控制在各种葡萄酒所要求的温度范围内（表 5-13）。

表 5-14　温度对葡萄酒酒精发酵的影响

温度范围	白葡萄酒、桃红葡萄酒	红葡萄酒
＜15℃	发酵触发困难；加重氧化 ▲升温并添加活性酵母	浸渍度不够；压榨困难 ▲升温并添加活性酵母
15～20℃	发酵香气形成和保留一类香气的最佳温度。发酵速度较慢，产酒效率高	浸渍度不够 ▲升温并添加活性酵母
20～25℃	发酵速度快，丧失部分香气，葡萄酒优雅度较差	浸渍度一般，色素浸出良好，但单宁少。新鲜葡萄酒的良好温度范围
25～30℃	发酵速度过快，香气丧失，优雅度差	最佳温度范围，色素-单宁平衡度及葡萄酒的结构感良好
＞30℃	有发酵中止和出现怪味的危险 ▲将葡萄酒转于干净、温度较低的发酵罐内，在转罐的同时加入 SO_2 70～100 mg/L 并添加活性酵母；转罐应为封闭式转罐	葡萄酒的结构感很强，单宁含量很高，对于一些较难释放其色素的品种，如‘黑比诺’，在温度不超过 32℃的条件下进行浸渍发酵是有益的。但在分离后，就应使葡萄酒在 20℃左右的条件下结束发酵

酒精发酵是放热反应。一般情况下，在葡萄酒酒精发酵过程中，每生成 1%（体积分数）的酒精，温度升高约 1.3℃。例如，设潜在酒度为 11%（体积分数）的原料入罐时的温度为 15℃，则在发酵结束时，其温度可达到 29.3℃：

$$15℃+11\times1.3℃=29.3℃$$

当然，发酵容器的材料、容积及排列方式等因素都会影响升温的速度和幅度。

从工艺角度讲，防止温度升高比当它升得过高时再降温要容易得多。因此，必须观察在酒精发酵过程中温度的变化，并对之进行控制（表 5-15）。如果发酵温度有升得过高的趋势，应立即采取措施，防止其超过危险温度界限。相反，如果温度过低，特别是在酒精发酵触发以前温度过低（≤15℃），则应想法提高温度，以保证酒精发酵的顺利进行。

表 5-15　主要的温度控制措施

降温	发酵容器的选择	小容量导热性良好的材料，如金属材料
	发酵车间的设计	通气良好，处于地上，发酵容器相互分离，特别是在发酵季节温度高的地区
	在发酵过程中	1．对品温高的原料进行 SO_2 处理，推迟发酵；对白葡萄汁进行澄清处理 2．分次加入需要提高酒度的相应的糖量，以防止发酵速度过快 3．防止过量的自然酵母接种，经常清洗机械处理机具 4．装罐分几天进行
	降温措施	1．喷淋降温：在大多数地区，如在开始升温前进行，可使温度保持在 20～22℃ 2．降温设备；利用冷媒进行热交换 3．将葡萄酒在封闭条件下转入低温容器
升温	工艺处理	逐渐提高活性酵母的添加量
	加热措施	1．电阻加热或利用热媒进行交换 2．对发酵车间加热（暖气），极有利于苹果酸-乳酸发酵

在发酵过程中测定温度时，最好用固定在一长柄上的温度计，以测定“皮渣帽”基部的温度。应避免在取样量筒中测定温度。发酵容器上下部之间的温度可相差 4～5℃。

如果可能，最好每天早晨、中午和傍晚各测一次温度，以及时进行升温或降温（李华和王华，2017）。

5.5.3　比重的测定

在酒精发酵过程中，葡萄汁的比重不断下降；在发酵结束时，葡萄酒的比重通常在 0.990～0.996。如果酒精发酵在发酵结束以前中止，则比重会稳定在较高的水平上（图 5-9）。因此，通过比重的测定，而且只有通过比重的测定，才能准确而及时地观察到酒精发酵是否中止，并及时采取补救措施。因为在酒精发酵中止后，仍有大量 CO_2 气体释出，用肉眼观察会感觉发酵仍在继续进行，如果等到葡萄酒静止（不再冒泡）后再进行补救，则已为时过晚（李华和王华，2017）。

可用普通比重计在取样量筒中进行测定。测定比重时，应利用同时测得的温度进行校正。

5.5.4　发酵记录

发酵过程中测得的温度和比重应记录在记录表上，以观察其变化。数据可采用表格法或曲线（发酵曲线）法（图 5-9）（李华和王华，2017）。

发酵记录应包括以下内容。

（1）原料：品种、体积、卫生状况、比重、总酸、品温。

（2）发酵：特别是温度和比重的变化，测定结果最好绘成发酵曲线。

（3）在发酵过程中的各种处理，包括：①装罐（开始和结束的时间）；② SO_2 处理（浓度、用量和时间）；③加糖（用量、时间）；④倒罐（次数、持续的时间、性质）；⑤温度控制（升温或降温）；⑥出罐（时间、自流酒和压榨酒的体积、比重、温度、去向）。

可使用葡萄酒酿造记录表（表 5-16）进行记录。

表 5-16　葡萄酒酿造记录表

厂区：________酒种：________品种（产地）：________

20__年__月__日　共__页第__页

记录人签名	日期	时间	温度	酒度比重	总糖 /（g/L）	总酸 /（g/L）	实施的处理方法摘要	倒罐前罐号	倒罐后罐号

5.5.5　倒罐

倒罐就是将发酵罐底部的葡萄汁泵送至发酵罐上部。倒罐的作用有：①使发酵基质混合均匀；②压帽，防止皮渣干燥，促进液相和固相之间的物质交换；③使发酵基质通气，提供氧，有利于酵母菌的活动，并可避免 SO_2 还原为 H_2S。

根据倒罐的目的不同，倒罐可以是封闭式的，也可以是开放式的。

封闭式倒罐的目的主要是使基质混合均匀，在倒罐过程中不使空气进入发酵罐，其装置如图 5-10 所示；而开放式倒罐则首先将葡萄汁从罐底的出酒口放入中间容器中，然后再泵送至罐顶（图 5-11）。

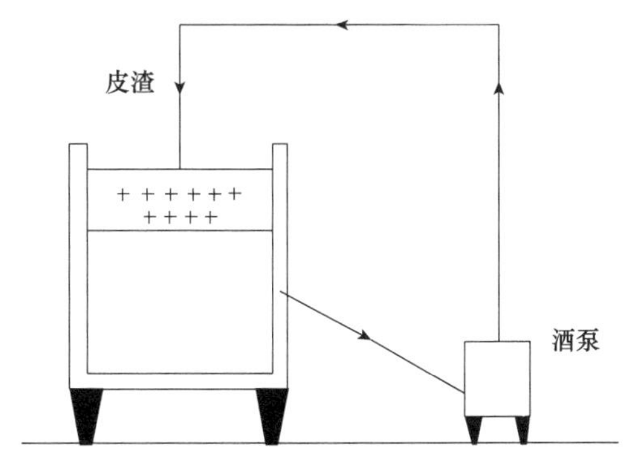

图 5-10　封闭式倒罐示意图

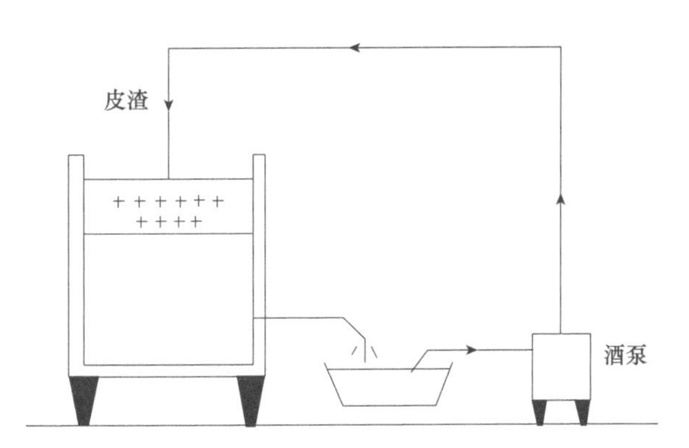

图 5-11　开放式倒罐示意图

一般情况下，在发酵过程中进行3或4次倒罐就行了。第一次为封闭式倒罐，在SO_2处理后马上进行，倒罐量可为1/5，以便发酵基质充分混合。第二次为开放式倒罐，在添加酵母时进行，倒罐量可为1/20。在发酵顺利触发以后，再进行一次开放式倒罐，倒罐量可为1/5，以使酵母菌均匀地分布在整个发酵罐内。最后，可根据发酵的进展情况，进行一次倒罐。例如，如果发酵进行缓慢，可进行一次开放式倒罐，以加速发酵（李华和王华，2017）。

5.5.6 酒精发酵结束的控制

在酒精发酵彻底的条件下，葡萄酒的还原糖量通常低于2 g/L，这样获得的是干型葡萄酒。因此，只有通过还原糖的测定，才能确定酒精发酵是否完全。

当然，在酒精发酵结束以前，我们可以根据需要，人为地中止发酵。如果为了获得甜型葡萄酒，可通过物理方法（热处理、冷处理、无菌过滤等）或加入足够量的SO_2中止发酵；如所需酿造的为加强型葡萄酒，则可加入中性酒精中止发酵。可通过控制中止发酵的时间来控制酒精发酵的程度，从而获得不同酒-糖平衡度的葡萄酒（李华和王华，2017）。

在酒精发酵结束以后，可有两种不同的处理。

（1）不需要苹果-乳酸发酵，在发酵完成后立即分离转罐、添加SO_2（50～80 mg/L），添满、密封并降温。10～14 d后再次分离，进入陈酿阶段。

（2）需要苹果酸-乳酸发酵，就应避免对葡萄酒进行处理，并将其温度保持在18～20℃，以利于乳酸菌的活动。

5.6 苹果酸-乳酸发酵的控制

苹果酸-乳酸发酵是乳酸菌活动的结果。这些细菌分别属于明串珠菌属（*Leuconostoc*）和乳杆菌属（*Lactobacillus*）的不同种，根据基质的条件，特别是pH和温度的不同，它们的作用和活动方式也有所差异。我们的研究结果表明，在我国优质葡萄酒乳酸菌主要是酒酒球菌（Liu et al.，2017）。

当基质条件有利于苹果酸-乳酸发酵进行时，乳酸菌可将苹果酸分解为乳酸和CO_2。由于苹果酸含有两个酸根，而乳酸只含有一个酸根，所以这一发酵是名副其实的生物降酸作用。此外，由于苹果酸的感官刺激性明显比乳酸强，苹果酸-乳酸发酵对葡萄酒口味的影响相对更大；经过这一发酵后，葡萄酒变得柔和、肥硕，香气加浓。因此，苹果酸-乳酸发酵是加速酸度过高的红葡萄酒成熟、提高其感官质量和稳定性的必需过程，但对于果香味浓和清爽感良好的干白葡萄酒，以及用SO_2中止发酵获得的半干或甜型葡萄酒，则应避免苹果酸-乳酸发酵。

当然，苹果酸并不是乳酸菌唯一可分解的葡萄酒成分，它们还可以分解生葡萄酒中的柠檬酸和残糖，产生挥发酸。因此，苹果酸-乳酸发酵不可避免地会提高挥发酸的含量。如果这一发酵比较正常、纯正，如在pH比较低的葡萄酒中，挥发酸含量可增加0.10～0.20 g H_2SO_4/L。实际上，当pH低于3.2时，不仅乳酸菌的活动很困难，而且具有活性的菌种不能分解糖，这样获得的葡萄酒口味纯正，挥发酸含量低；但在这种条件下，苹果酸-乳酸发酵很难正常进行。相反，在pH比较高（>3.4）的葡萄酒中，苹果酸-乳酸发酵很易触发，但是乳酸菌不仅可分解苹果酸，而且能分解糖，引起挥发酸含量明显升高，其升高的幅度与温度（>22℃）成正比（李华和王华，2017）。

5.6.1 苹果酸-乳酸发酵对葡萄酒质量的影响

苹果酸-乳酸发酵对葡萄酒质量的影响受乳酸菌发酵特性、生态条件、葡萄品种、葡萄酒类型及工艺条件等多种因素的制约。如果苹果酸-乳酸发酵进行得纯正，对提高酒质有重要意义，但乳酸菌也可能引起葡萄酒病害，使之败坏（李华和王华，2017）。

苹果酸-乳酸发酵对葡萄酒质量的影响（详见4.3.3章节）主要表现在以下几方面。

1）降酸作用　苹果酸-乳酸发酵是乳酸细菌将L-苹果酸转变成L-乳酸和CO_2的过程。二元酸向一元酸的转化使葡萄酒总酸下降，酸涩感降低。通常，苹果酸-乳酸发酵可使总酸下降1～3 g酒石酸/L。

2）增加细菌学稳定性　苹果酸为生理代谢活跃物质，易被微生物分解利用，而葡萄酒进行苹果酸-乳酸发酵可使苹果酸分解，发酵完成后，经过抑菌、除菌处理，使葡萄酒细菌学稳定性增加。

3）风味修饰　苹果酸-乳酸发酵改变了葡萄酒中醛类、酯类、氨基酸、其他有机酸和维生素等微量成分的浓度及呈香物质的含量，生成乙酸、双乙酰、乙偶姻及其他C_4化合物，对酒的风味有修饰作用，尤其是双乙酰，当其含量小于5 mg/L时对风味有修饰作用，而高浓度的双乙酰则表现出明显的奶油味。

4）乳酸细菌可能引起的病害　苹果酸-乳酸发酵完成后如果没有立即采取终止措施，几乎所有的乳酸细菌都可变为病原菌，从而引起葡萄酒病害。主要包括酒石酸发酵病（或泛浑病）、甘油发酵病（或苦味病）、葡萄酒中糖的乳酸发酵（或乳酸性酸败）等。

总之，苹果酸-乳酸发酵的主要目的是降低葡萄酒的酸度，对于酸度过高的葡萄酒，特别是红葡萄酒，它可以把苹果酸转化为乳酸和CO_2，使新酒的酸涩、粗糙等消失，变得柔软肥硕，酸度降低，果香、醇香加浓，提高酒的质量。但苹果酸-乳酸发酵只是降低葡萄酒酸度的一种手段，并不是葡萄酒酿造的必需过程。只有在葡萄酒总酸含量过高时，它才是降低酸度、提高质量的最佳手段。

5.6.2 苹果酸-乳酸发酵的主要控制措施

在酒精发酵结束后，应将葡萄酒开放式分离至一干净的酒罐中，并将温度保持在20℃左右。在这种情况下，几周以后，或在第二年春天，苹果酸-乳酸发酵可能自然触发。但是，为了使葡萄酒的苹果酸-乳酸发酵能在酒精发酵结束后立即触发，则应满足相应的工艺条件（李华和王华，2017）。

苹果酸-乳酸发酵的控制（详见4.3.5章节）主要表现在以下几方面。

（1）工艺条件的控制，主要是影响葡萄酒苹果酸-乳酸发酵触发和顺利进行的决定性因素，包括温度、pH和SO_2。

（2）乳酸菌的接种，可使葡萄酒的苹果酸-乳酸发酵顺利触发和进行。

（3）苹果酸-乳酸发酵结束的控制。乳酸菌的活动可作用于残糖、柠檬酸、酒石酸、甘油等葡萄酒成分，引起多种病害和挥发酸含量的升高。因此，苹果酸-乳酸发酵结束后应立即分离出葡萄酒，并在分离的同时加入SO_2（50～80 mg/L）以杀死乳酸菌。

（4）苹果酸-乳酸发酵的避免。对于那些不适合进行苹果酸-乳酸发酵的葡萄酒，应在酒精发酵结束后防止微生物的活动。

需要强调的是，苹果酸-乳酸发酵只是降低葡萄酒酸度的一种手段，并不是葡萄酒酿造

的必需过程，只有在需要时进行，它才能提高葡萄酒的质量。

5.7 小　　结

本章所述的共同工艺，是各类葡萄酒都可能用到的工艺。

在葡萄酒酿造的每一阶段，任何加工助剂、添加剂的加入量，都离不开葡萄醪、葡萄汁或葡萄酒体积的预测。虽然葡萄的出汁（酒）率受多种因素的影响，但一般为70%。

葡萄的机械处理包括原料的接收、分选、破碎、除梗和压榨等过程。在此阶段，应尽量保证机械处理的速度足够快、强度较小，防止原料的生物转化，同时对原料进行分析，以确定所要酿造葡萄酒的种类和质量。通常情况下，目前的趋势是，对于红色品种分别保证除梗率（≥70%）和破碎率（≤30%），在浸渍发酵结束后，通过对压榨酒的分析结果，决定是否与自流酒混合；而对于白色品种，则采用直接压榨（气囊式），用澄清汁进行酒精发酵。

酶处理、二氧化硫处理和添加酵母都不是葡萄酒酿造的必需过程，只有在必需和合理使用的条件下，才能保证葡萄酒的质量。

酒精发酵是葡萄酒酿造的必需过程。只有根据发酵记录，采取必要的措施，保证各类葡萄酒的最佳发酵条件，并适时控制发酵的结束，才能保证葡萄酒的质量和风格。而合理倒罐，则是控制发酵良好的手段之一。在可能的条件下，利用葡萄的天然酵母可以彰显葡萄酒的产地风格（风土）。

苹果酸-乳酸发酵只是降低葡萄酒酸度的一种手段，并不是葡萄酒酿造的必需过程，只有在需要时进行，它才能提高葡萄酒的质量。

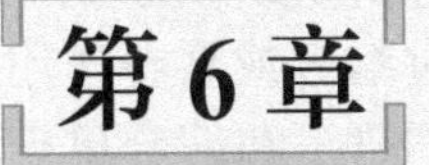

第 6 章 红葡萄酒的酿造

红葡萄酒与白葡萄酒生产工艺的主要区别在于，白葡萄酒是用澄清葡萄汁发酵的，而红葡萄酒则是用皮渣与葡萄汁混合发酵的。所以，在红葡萄酒的发酵过程中，酒精发酵作用和对固体物质的浸渍作用同时存在，前者将糖转化为酒精，后者将固体物质中的单宁、色素等酚类物质溶解在葡萄酒中。因此，红葡萄酒的颜色、气味、口感等与酚类物质密切相关（李华和王华，2017）。

6.1 葡萄酒的酚类物质

葡萄酒中的酚类物质复杂多样，主要包括类黄酮类物质（flavonoid compounds）和非类黄酮类物质（non-flavonoid compounds）。类黄酮类物质包括花色素苷及其衍生物、黄烷醇类和黄酮醇类。非类黄酮类物质包括羟基苯甲酸、羟基肉桂酸和芪类物质（张欣珂等，2019）。

在葡萄酒酿造学中，我们把酚类物质分为色素和无色多酚两大类，色素包括花色素和黄酮两大类；无色多酚包括酚酸及其衍生物、单宁的单体、芪类化合物和聚合多酚（包括缩合单宁、色素的隐色化合物等）（李华等，2007）。

6.1.1 葡萄酒酚类物质的分类

在红葡萄酒的酿造中，酚类物质主要包括色素和单宁，是构成葡萄酒个性的重要成分。它们参与形成红葡萄酒的味道、骨架、结构和颜色（李华和王华，2017）。

红葡萄酒中的色素包括花色素和黄酮两大类，都属于类黄酮类化合物，其分子结构中都含有“黄烷构架”，即由一个有 3 个碳和 1 个氧构成的杂环连接 A、B 两个芳香环（图 6-1）。

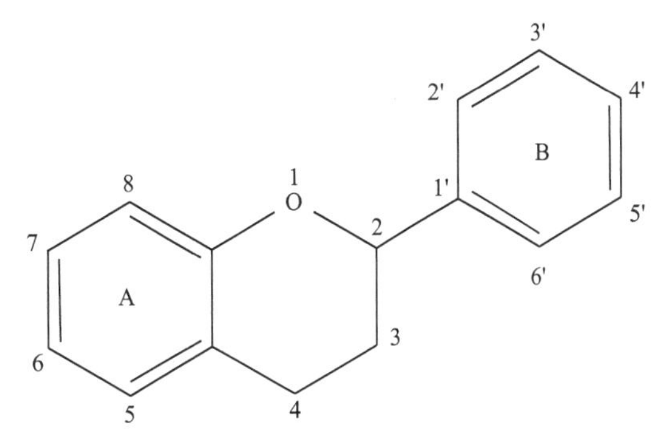

图 6-1 黄烷的基本构架

黄酮存在于所有葡萄品种的浆果当中，但在葡萄酒中含量很少，所以对它们的认识也不多。黄酮对白葡萄酒颜色的作用似乎并不大，但在红葡萄酒中则主要发现了它们的糖苷配基。

在葡萄酒中，花色素（详见 2.1.2 章节）多以糖苷（称花色素苷）的形式存在，构成五彩缤纷的色彩。所有的花色素和花色素苷都是 2-苯基-苯并吡喃阳离子（又叫黄烊盐）结构的衍生物。花色素成苷时，如只与 1 分子糖成苷，糖分子结合在 3 号碳的羟基位置上，如与 2 分子糖成苷时，糖分子通常结合在 3，5 号碳或 3，7 号碳的羟基上。糖增加了花色素的化学稳定性和水溶性。花色素苷的糖分子上可通过酯键酰化有机酸分子形成较为稳定的酰化花色素苷。酰化反应改变了花色素苷的分子大小、极性、水溶性和光谱学特性（陈欣然，2019）。根据 pH 的不同、有无亚硫酸及其他因素，花色素苷具有几种相互平衡、颜色各异的形态。

此外，花色素苷分子相对不稳定，可通过不同的机制被不可逆地转化（李华等，2005）。

单宁是一类特殊的酚类化合物，是由一些非常活跃的基本分子通过缩合或聚合作用形成的。根据其化学结构的不同可分为水解单宁（hydrolyzable tannin，HT）和缩合单宁（condensed tannin，CT）。由非类黄酮聚合成的水解单宁在酸性条件下易水解。由类黄酮聚合成的缩合单宁以共价键结合在一起，在同等条件下较水解单宁相对稳定。单宁在食品中可引起涩感，且都具有鞣革能力。

单宁的结构复杂，它们是由活性很强的黄烷-3-醇经过缩合、聚合反应而形成的。通过氧化作用，可聚合为低缩合单宁（less condensed tannins，LCT），这种单宁为浅黄色，收敛性最强；通过非氧化性聚合，可形成缩合单宁（CT），其颜色为红黄色，收敛性较弱；如果聚合程度更高，则形成高缩合单宁（highly condensed tannins，HCT），颜色为棕黄色；如分子质量足够大时，则形成单宁沉淀。除单宁单体以外的其他分子也可以参与这些缩合反应。

单宁与多糖、肽缩合，形成单宁-多糖（肽）[tannin-polysaccharide（peptide），T-P]复合物，与盐缩合，形成单宁-盐（tannin-salt，T-S）复合物，可使单宁不表现出其收敛性，从而使葡萄酒更为柔和。

单宁的另一种缩合反应需花色素苷（A）参加，从而形成单宁-花色素苷（tannin-anthocyanin，T-A）复合物。T-A 复合物的颜色取决于花色素苷的状态，但其颜色比游离花色素苷的颜色更为稳定。因此，这一缩合反应使葡萄酒在成熟过程中的颜色趋于稳定。

红葡萄酒的酚类物质除源于葡萄的单宁和花色素外，还包括它们之间及它们与多糖、肽的缩合和聚合物。在陈酿过程中，红葡萄酒的上述酚类物质还会不停地发生变化。新葡萄酒的酚类物质，一方面取决于原料的质量，另一方面取决于酿造方式（李华等，2007）。

葡萄酒成熟过程中酚类物质的变化，取决于陈酿方式，但首先取决于酚类物质的成分。在这一影响葡萄酒质量的最重要的阶段之中，酚类物质主要产生下列三方面的转化。

（1）单宁的聚合：小分子单宁比例逐渐下降，聚合物的比例逐渐上升。

（2）单宁与其他大分子的缩合，T-P、T-S 的比例逐渐上升。

（3）游离花色素苷逐渐消失，其中一部分逐渐与单宁结合。

Castillo-Sanchez 等（2006）的研究结果也表明，无论是用什么酿造方法[包括传统浸渍发酵（PO）、CO_2 浸渍发酵（CM）和旋转浸渍发酵（RV）]，用品种‘维毫’（‘Vinhao’）酿造的红葡萄酒，在陈酿过程中，其游离花色素苷的含量不断下降（图 6-2）。

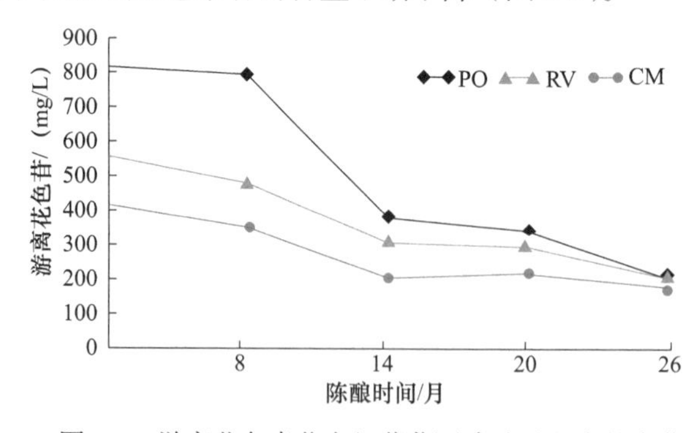

图 6-2　游离花色素苷在红葡萄酒陈酿过程中的变化

6.1.2　酚类物质对红葡萄酒颜色和感官特征的影响

1. 酚类物质对颜色的影响　红葡萄酒的颜色取决于不同形态花色素苷的比例，即游离花

色素苷与单宁-花色素苷复合物的比例。游离花色素苷使红葡萄酒的颜色成为橙黄色或紫色。

花色素苷的颜色与其结构有关，随 B 环结构中羟基数目的增多，颜色向紫蓝色增强的方向变动；如果 B 环中甲氧基数目增多，颜色向红色增强的方向变动（康晓鸥，2015）。

辅色作用（copigmentation）是由于花色素苷可极化的平面核与辅因子之间相互作用形成的花色素苷复合物，其结构比较稳定，比单独的花色素苷表现出更强、更稳定的颜色。辅色作用主要形式有分子间辅色作用、分子内辅色作用、自聚作用及金属络合等（李宁宁，2019）。

红葡萄酒的颜色可以用分光光度计在 520 nm 的光谱下测定。各种酚类物质对红葡萄酒的颜色的作用是不相同的。

（1）游离花色素苷对葡萄酒颜色的作用较小，而且随着酒龄的增加而逐渐下降。

（2）单宁-花色素苷复合物是决定红葡萄酒颜色的主体部分（50% 左右），而且其作用不随酒龄的变化而变化。

（3）在葡萄酒的成熟过程中，随着游离花色素苷的作用下降，聚合单宁（CT＋HCT）对葡萄酒颜色的作用则不断增加。

总之，新红葡萄酒的颜色主要取决于 T-A 复合物和游离花色素苷；而成年葡萄酒的颜色则取决于 T-A 复合物和聚合单宁。

所以，如果需要获得颜色较深的新酒，而且需要颜色在陈酿过程中缓慢地变化，则需保证：①在酿造过程中浸出足够的单宁和花色素苷；②在陈酿过程中提供有利于这两类物质结合的条件。

如果葡萄酒没有足够量的单宁-花色素苷复合物，则其颜色将由于花色素苷的分解很快变成瓦红色（李华等，2007）。

2. 酚类物质对葡萄酒感官特性的影响　在葡萄酒中，多聚体的缩合单宁是引起葡萄酒涩感最主要的物质。涩感强度与葡萄酒中单宁的含量与种类联系紧密，同时与缩合单宁的浓度、聚合度、没食子酸酰化、B-环三羟基化、单宁的立体化学结构及聚合位点也都有关系。一般来说，涩感强度会随着单宁含量的升高而升高。人们普遍认为涩感的产生机理主要是由于唾液蛋白以非共价键形式与缩合单宁结合并形成不可溶的单宁-蛋白质沉淀，从而使口腔中的摩擦力增强，产生口腔触觉。不仅单宁-蛋白质沉淀可以引起涩感，单宁-蛋白质间的相互结合、单宁和口腔膜间的作用也与涩感有关（马雯，2016；Ma et al.，2014）。

通常涩感的产生总是伴有苦味。在含有大量多酚的葡萄酒中，苦味主要是由源于葡萄的黄烷-3-醇及它的多聚体缩合单宁所刺激产生。此外，黄酮醇及酚酸对于葡萄酒苦味的贡献也有发现。同涩感相似，缩合单宁的化学结构对其苦味有决定性影响。首先，苦味的强度与缩合单宁聚合度有较强的相关性，聚合度较小的缩合单宁分子苦味较强（马雯，2016；Ma et al.，2014）。其次，酰化没食子酸的比例会增加单宁的苦味，这就是为什么葡萄籽单宁的苦味远强于果皮单宁的道理（Narukawa et al.，2011）。

此外，酒中的酸、残糖、乙醇、甘油和多肽等也会综合影响葡萄酒的涩感；而乙醇会强化单宁的苦味，减弱单宁的涩感；残糖、甘油和多肽等甜味物质也会掩盖单宁的苦涩（谭立杭，2019）。

研究酚类物质对葡萄酒口感特性影响的分析指标之一是“明胶指数”。该指数表示单宁分子与蛋白质结合的能力，因而可反映葡萄酒的涩感（收敛性）强度（李华，2000）。

利用从葡萄种子中提取的单宁和合成单宁的纯溶液与明胶反应，得到的结果表明，聚合单宁的反应强度比小分子单宁大；但随着单宁分子质量的继续变大，则其反应强度逐渐下降。这可以部分地解释新葡萄酒聚合单宁的含量基本上与其明胶指数正相关，但成年葡萄酒虽然聚合单宁含量很高，其明胶指数却往往很低。成年葡萄酒中的这一现象可能是由于如下原因造成的：①聚合单宁的分子变得过大；②单宁与其他成分结合；③在聚合反应中单宁的分子结构发生变化。

此外，单宁-多糖（肽）（T-P）复合物则是构成红葡萄酒“圆润”“肥硕”等质量特征的要素。

6.2 红葡萄酒酿造中浸渍的管理

源于葡萄固体部分的化学成分使红葡萄酒具有区别于白葡萄酒的颜色、口感和香气。这些化学成分是由于葡萄汁对果皮、种子、果梗的浸渍作用而被浸提出来的。果皮、种子、果梗等组织中含有构成红葡萄酒质量特征的物质，同时也含有构成生青味、植物味及苦味的物质；但在浸渍过程中，正是那些具有良好的香气和口感的物质最先被浸出。优质红葡萄酒原料的特征就是富含红葡萄酒的有用成分，特别是富含优质单宁。这些优质单宁使红葡萄酒具有结构，利于陈酿，而无过强的苦涩感和生青味。但只有优良品种在成熟良好的年份才具有这类优质单宁（李华，2002）。

正因为如此，要生产优质红葡萄酒就必须具有优质的品种并且要保证其良好的成熟度，同时必须加强浸渍作用，使其优质单宁充分进入葡萄酒。而对于一般的葡萄原料则应缩短浸渍时间，防止劣质单宁进入葡萄酒。如果必须提高葡萄酒的酒度，则应在发酵开始（发酵刚刚启动）后，尽早将所需的糖加入发酵醪中（李华等，2001）。

在传统的红葡萄酒酿造过程中，浸渍和发酵同时进行，决定浸渍强度的因素不仅包括浸渍时间，还有酒度和温度的升高（李华等，2007）。

6.2.1 浸渍时间

浸渍时间视频

我们以‘赤霞珠’（‘Cabernet Sauvignon’）和‘品丽珠’（‘Cabernet Franc’）为例（2000年，昌黎，浸渍温度25～30℃），研究了浸渍时间对葡萄酒单宁含量和色度的影响。结果表明，在浸渍过程中，随着葡萄汁与皮渣接触时间的增加，葡萄汁中单宁含量也不断升高，其升高速度由快转慢，而且其颜色在开始5 d中不断加深，以后则变浅（图6-3）（李华等，2001）。这一现象可作为决定浸渍时间长短的依据。

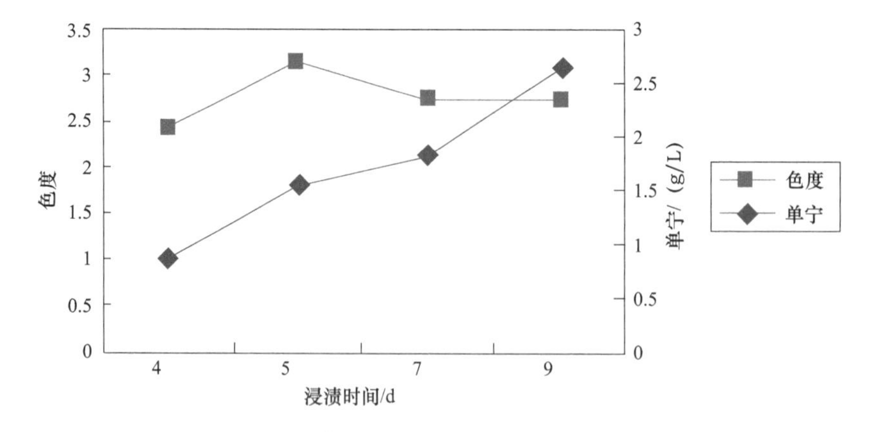

图6-3 浸渍时间对葡萄酒单宁与色度的影响

为了获得在短期内消费的、色深、果香浓、低单宁的葡萄酒（新鲜葡萄酒），就必须缩短浸渍时间；相反，为了获得需长期陈酿的葡萄酒，就应使之富含单宁，因而应延长浸渍时间。这样，虽然其新酒的颜色较浅，但在陈酿过程中其颜色会逐渐变深，因为单宁是决定陈年葡萄酒颜色的主要成分。

显然，要延长浸渍时间，就必须具有品种优良、成熟度和卫生度良好的原料。因为普通品种不能承受长时间的浸渍，所以对于普通品种的原料，应缩短浸渍时间，而对于成熟度低和霉变原料，最好用作酿造桃红葡萄酒。

此外，如果我们需要酿造以果香和清爽感为特征的新鲜红葡萄酒（在酿造当年或次年可被饮用的红葡萄酒），则应缩短浸渍时间，降低单宁含量，保留足够的酸度；相反，如果我们需要酿造需长期在橡木桶中成熟，然后在瓶内成熟的陈酿红葡萄酒，则应加强浸渍作用，提高单宁含量。因为优良葡萄品种的单宁，是红葡萄酒陈酿特性的保障；而降低酸度，则可以保证味感的平衡（李华，2006；李华等，2022）。

6.2.2 SO_2处理

SO_2可以破坏葡萄浆果果皮细胞，从而有利于浸提果皮中的色素，但SO_2处理的这一作用取决于游离SO_2的含量。SO_2的这一特性被用于葡萄色素的提取。在红葡萄酒的酿造过程中，SO_2用量太小，达不到明显提取色素的目的；但在桃红葡萄酒的酿造过程中，SO_2的这一作用则较为明显。对于霉变原料，SO_2处理可以改善葡萄酒的颜色，但这主要是由于SO_2可以破坏氧化酶或抑制其活性，使色素不被其氧化分解，而不是由于SO_2的溶解作用。但在酿造自然葡萄酒时，多数情况下应避免SO_2处理（Wei et al.，2022）。

如果选择进行SO_2处理，应在入罐过程中根据葡萄醪的流速陆续加入，并在入罐结束后立即倒罐（100%），以使SO_2与葡萄醪混合均匀（李华和王华，2017）。

6.2.3 倒罐

开放式倒罐视频

在浸渍过程中，与皮渣接触的液体部分很快被浸出物——单宁、色素所饱和，如果不破坏这层饱和液，皮渣与葡萄汁之间的物质交换速度就会很快减慢。而倒罐则可以破坏该饱和层，达到加强浸渍的作用。但是，要使倒罐获得满意的效果，就必须在倒罐过程中，使葡萄汁淋洗整个皮渣表面，否则就可能形成对流，达不到倒罐的目的。

倒罐的次数取决于很多因素，如葡萄酒的种类、原料质量及浸渍时间等。目前的趋势是，每天倒罐一次，每次倒1/3罐。

在倒罐过程中，由淋洗作用浸出的单宁比压榨酒的单宁质量要高；压榨酒的单宁更苦、更涩。

在浸渍过程中，影响固体与液体两部分之间物质交换的因素还包括浸渍容器的体积、固体/液体接触面的比例。水泥发酵池的缺点是固体/液体的接触面太大，很难在倒罐浸渍过程中淋洗整个皮渣表面，如果发酵池的顶部出口不在中间，更会增加倒罐的困难。而金属容器的缺陷则正好相反，与其表面相比，其高度则太高。

为了加强提取效果，有的研究人员提出，在浸渍过程中加强搅拌。但实践证明，这些措施所浸出的具植物味的物质远远高于优质单宁。同样，加强破碎强度，虽然有利于浸渍作用，但同时也增加了最苦、最涩的单宁的浸出量（李华，1990）。

总之，对果皮和种子中物质的合理浸提，应保证其组织的完整性，因此应通过液体对皮渣的淋洗来完成（李华等，2007）。

6.2.4 温度

温度是影响浸渍的重要因素之一。例如，在30℃条件下浸渍酿造的葡萄酒与在20℃条件下比较，其单宁含量要高25%～50%。

但如前所述，在红葡萄酒的酿造过程中，浸渍与发酵是同时进行的。因此，在这一过程中对温度的控制必须保证两个相反方面的需要，即温度不能过高，以免影响酵母菌的活动，导致发酵中止，引起细菌性病害和挥发酸含量的升高；同时温度又不能过低，以保证良好的浸渍效果。25～30℃可保证以上两方面的要求。在这一温度范围内，28～30℃有利于酿造单宁含量高、需较长时间陈酿的葡萄酒，而25～27℃则适于酿造果香味浓、单宁含量相对较低的新鲜葡萄酒。

由于浸渍温度可选择性浸出不同的花色素，因而可影响葡萄酒颜色深浅（Budic-Leto et al.，2006）。此外，温度还影响颜色的稳定性，因为温度越高，色素和单宁的浸出率越大，而且稳定性色素，即单宁-花色素苷（T-A）复合物越容易形成。为了利用高温的这一作用，Ribéreau-Gayon等（2006）提出了“发酵后热浸”工艺。根据这一工艺，在酿造过程中，首先按传统工艺进行浸渍和倒罐；然后在酒精发酵结束后，将葡萄酒加热到60℃并倒回发酵罐，以使整个罐内容物的温度升至40～45℃，浸渍25～46 h后，再分离。这样获得的葡萄酒，颜色更深，单宁含量更高，结构感强。但是，过高的浸渍温度，也会使葡萄酒更为粗糙。除此之外，使用发酵后热浸工艺未解决的问题是，热浸与微生物的相互作用问题。现有的实验结果表明，在一些条件下，加热可促进乳酸菌的活动，从而促进苹果酸-乳酸发酵，这是有利的；而在另一些条件下，加热则可杀死细菌，从而抑制苹果酸-乳酸发酵（李华和王华，2017）。

6.3 出罐和压榨

通过一定时间的浸渍后，应将液体即自流酒放出，使之与皮渣分离。由于皮渣中还含有相当一部分葡萄酒，皮渣将送往压榨机进行压榨，以获得压榨酒。

6.3.1 自流酒的分离

如果生产的葡萄酒为优质葡萄酒，浸渍时间较长，发酵季节温度较低，自流酒的分离应在比重降至1.000或低于1.000时进行。在决定出罐以前，最好先测定葡萄酒的含糖量，如果低于2 g/L就可出罐。

如果生产的葡萄酒为普通葡萄酒，发酵季节的温度又较高，则应在比重为1.010～1.015时分离出自流酒，以避免高温的不良影响。而且，如果浸渍时间过长，葡萄酒的柔和性则降低。在分离后，为了保证酒精发酵的顺利进行，应将自流酒的发酵温度控制在18～20℃。

为了促进苹果酸-乳酸发酵的进行，在分离时应避免葡萄酒降温，将自流酒直接泵送（封闭式）进干净的贮藏罐中（李华和王华，2017）。

6.3.2 皮渣的压榨

在自流酒分离完毕以后，应将发酵容器中的皮渣取出。由于发酵容器中存在着大量

CO_2，所以应等待 2～3 h，当发酵容器中不再有 CO_2 后再进行除渣。为了加速 CO_2 的逸出，可用风扇对发酵容器进行通气。

从发酵容器中取出的皮渣经压榨后获得压榨酒，与自流酒比较，其中的干物质、单宁及挥发酸含量都要高些。对压榨酒的处理，可以有各种可能性。

（1）直接与自流酒混合，这样有利于苹果酸-乳酸发酵的触发。

（2）在通过下胶、过滤等净化处理后与自流酒混合。

（3）单独贮藏并作其他用途，如蒸馏。

（4）如果压榨酒中果胶含量较高，最好在葡萄酒温度较高时进行果胶酶处理，以便于澄清（李华和王华，2017）。

6.3.3　苹果酸-乳酸发酵

苹果酸-乳酸发酵是降低葡萄酒酸度的有效途径。如果在酒精发酵后葡萄酒的酸度过高，则应在酒精发酵结束出罐后立即进行苹果酸-乳酸发酵降酸；在该发酵结束时，立即进行恰当的微生物稳定处理，以提高葡萄酒的质量和生物稳定性。应该注意的是，苹果酸-乳酸发酵有时在浸渍过程中就已经开始，在这种情况下，应尽量避免在出酒时使之中断。

我们可用图 6-4 对红葡萄酒的工艺流程做一小结。

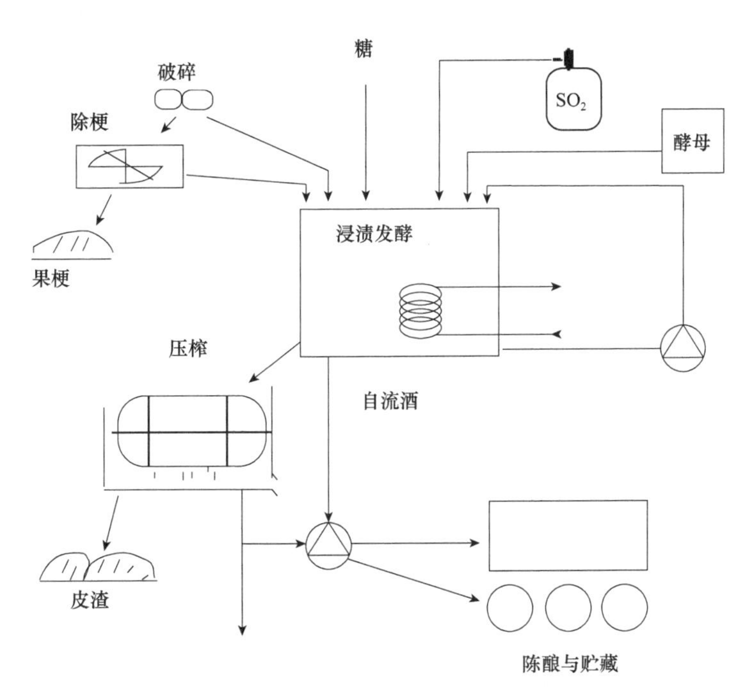

图 6-4　红葡萄酒酿造工艺流程

6.4　热浸渍酿造法

红葡萄酒的传统酿造方法是在酒精发酵的同时，对皮渣进行浸渍，使其构成物质进入葡萄酒，从而获得红葡萄酒的典型特征。与之比较，热浸渍与二氧化碳浸渍酿造法的共同特点是只用葡萄汁进行酒精发酵，而在酒精发酵前的处理技术，可使果皮中的成分进入葡萄汁，并使新葡萄酒获得特殊的香气。

6.4.1 热浸渍方法

热浸渍酿造法是在酒精发酵前将红葡萄原料加热（通常超过70℃）浸渍，根据所要达到的目的不同，所使用的方法和设备也不相同，常用的方法有下列几种。

（1）将葡萄原料破碎除梗后加热，然后浸渍，根据需要确定浸渍时间。

（2）将整穗原料入罐后用热葡萄汁进行加热浸渍。

（3）将经破碎的原料进行部分分离，皮渣入罐后用热葡萄汁进行加热浸渍。

（4）将经破碎分离后的皮渣加热后导入冷葡萄汁中。

（5）将经破碎的葡萄原料入罐后，用热葡萄酒进行加热浸渍。

使用以上方法，都可以在浸渍结束后，经过分离、压榨，用纯葡萄汁进行酒精发酵。但是，近年研究的一种热浸渍方法，则是将整穗葡萄用蒸汽加热数分钟后，立即冷却，然后在有皮渣的条件下进行酒精发酵（李华和王华，2017）。

6.4.2 热浸渍酿造法的特点

对葡萄原料进行热处理的第一个优点是，热处理能破坏氧化酶。因为在氧化酶的作用下，一些葡萄酒与空气接触就会浑浊、变褐，色素则逐渐沉淀，并形成褐色的沉淀物；葡萄酒的颜色变浅，并带瓦红色，具氧化味。特别是用灰霉病危害严重的葡萄原料酿成的葡萄酒，更易发生这类病变。这是由于灰霉菌分泌的漆酶，即使在高浓度的SO_2处理后，也能保持其活性，并残留在葡萄酒中。只有热处理，才能完全破坏氧化酶的活性，并减少SO_2的用量。

对葡萄原料进行热处理的第二个优点是，热处理为更好地控制酒精发酵的温度提供了可能。很显然，由于在酒精发酵过程中只有葡萄汁，不可能形成皮渣的帽，这更有利于发酵热能的释放，同时使降温过程更为简单。

但是，对色素提取仍然是热处理的主要目标。如果我们取一粒非染色品种的葡萄浆果从中切开，并做成切片观察，就会发现只有果皮有颜色，而且色素存在于“小结节”中。如果将新鲜葡萄压破，流出的果汁颜色很浅，果皮中的物质则被活细胞所保留。在用传统工艺酿造红葡萄酒的过程中，发酵葡萄汁对皮渣的浸渍可使果皮中的物质进入葡萄酒。但如果要在发酵过程以外获得同样的效果，对葡萄原料的热处理就成为最有效的方式。实际上，当我们观察在70℃条件下加热足够时间后的浆果切片，就会发现色素已经进入果肉而不在果皮细胞的液泡中了。如果将热处理后的浆果压破，就会得到色深的果汁。

热浸渍提取出的花色素苷与传统浸渍提取出的花色素苷无很大的差异，因而用这两种方法酿造的葡萄酒的颜色在陈酿过程中的变化可能是一致的。

热浸渍后的葡萄汁的酒精发酵速度更快，因为较高的总氮含量和初发酵温度有利于酵母菌的繁殖（张莉等，2006）。而对于苹果酸-乳酸发酵细菌，其繁殖所需等待的时间，传统酿造法与热浸渍酿造法没有明显的差异。但是对经SO_2处理的原料进行热浸渍，在酒精发酵结束后，苹果酸-乳酸发酵的启动则被推迟。

比较品尝传统方法与热浸渍法酿成的葡萄酒，在新酒中，后者表现出一种以发酵气味为主的人为味感，从而很容易与前者分开。但是，在成熟过程中，这种气味很快消失，两种酒的香气差异也很快消失（李华和王华，2017）。

在采用热浸渍酿造法时，一是浸渍时间应足够长（30～60 min），二是应该使原料处理链尽可能自动化。在这种情况下，热浸渍的主要优点是操作简便，能减少发酵容积。总之，热浸渍不能提高葡萄酒的质量，而且如果热浸渍的时间过短，还会降低质量。热浸渍酿造法带来的另一个问题是，用该方法酿成的新酒的澄清较为困难。这可能主要有两方面的原因：一方面是在热处理过程中引起原料中的蛋白质凝结，用膨润土处理新酒能获得良好的澄清效果可以解释这一点；另一方面是高温破坏了自然果胶酶，但在新酒中添加活性果胶酶的效果却很不理想，但是这一缺点在葡萄酒贮藏两年以后就会自然消失。因为在这种情况下，只需一次简单的下胶，就可获得良好的澄清效果（李华等，2007）。

6.5　二氧化碳浸渍酿造法

如果将完好无损的葡萄浆果放在 CO_2 气体中，即使没有酵母菌的作用，葡萄浆果本身也可将少部分的糖转化为酒精，并形成特殊的香气。CO_2 浸渍酿造法（carbonic maceration）就是首先将整粒葡萄在充满 CO_2 的密闭发酵容器中浸渍 8～15 d。这样，在发酵容器中，葡萄浆果以三种形式存在：①基部的破碎浆果释放出的果汁；②浸在果汁中的整粒葡萄浆果；③存在于 CO_2 气体中的整粒葡萄浆果。

在 CO_2 浸渍过程中存在着三种转化方式：①由酵母菌引起的果汁的酒精发酵；②果汁对浸泡于其中的整粒浆果的浸渍；③存在于 CO_2 气体中的整粒浆果的无氧代谢，即由酶引起的细胞内发酵。

这些转化可带来以下结果。

（1）形成 0.44%～2.50%（体积分数）的酒精。

（2）在不形成乳酸的条件下分解 15%～57% 的苹果酸，而且浸渍温度越高，这一过程越快。

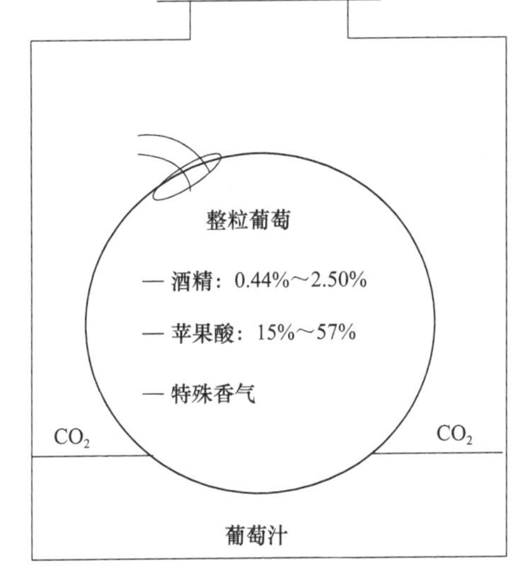

图 6-5　CO_2 浸渍及在浸渍过程的物质转化

（3）提高 pH。

（4）果皮中的色素、单宁、无机盐及酵母菌所需的物质向果肉转移。

（5）形成特殊的芳香物质（图 6-5）。

为了获得良好的 CO_2 浸渍效果，在葡萄的采收和运输过程中，应尽量防止果实的破损和挤压，以最大限度地保证果穗和果粒的完整性；在葡萄酒厂的接收原料场地，应采用皮带输送而不能采用螺旋输送。此外，在装罐时，应尽量避免从高处往下倒。总之，尽量降低浆果的破损率是保证 CO_2 浸渍质量的首要条件。

在装满原料以后，从浸渍罐的下部通入 CO_2 的量，应为浸渍罐体积的 3～4 倍，然后将通入的 CO_2 流量调小，以抵消被浆果吸收的 CO_2 量。

在装罐以前，也可先加入占浸渍罐容量 10% 的正在发酵的葡萄汁，以对原料进行酵母菌接种，并且通过酵母菌的活动，保证不断地在罐内产生 CO_2 气体。有的酒厂，装罐时也装入部分破碎原料。其方法是将破碎原料和整粒原料一层一层地相间加入，效果良好。但要使葡萄酒具有明显的“CO_2 浸渍”特点，破碎原料的比例应低于 15%。

为了抑制细菌的活动，装罐时对原料进行 SO_2 处理具有良好的效果。SO_2 的使用浓度一般为 30～80 mg/L，有时也可达 100 mg/L。处理时应一边装罐，一边加入亚硫酸。

CO_2 浸渍的最佳浸渍温度为 30～35℃。浸渍的时间长短，也主要取决于浸渍温度。浸渍温度为 20℃时，浸渍时间较长，需 15 d 左右；如果温度为 30℃，则浸渍时间较短，需 8 d 左右。如果酿造红葡萄酒，则 CO_2 浸渍时间一般不能少于 8 d，有时甚至可达 18～21 d。

在 CO_2 浸渍过程中，除每天应测定浸渍温度和罐基部的发酵汁的比重外，还应测定总酸、苹果酸含量的变化，以及观察颜色、香气和口味的变化，便于及时进行控制，并决定出罐时间。

一般当浸渍罐基部的葡萄汁的比重降到 1.000～1.020 时出罐。在出罐时，一部分为葡萄汁，一部分为整粒葡萄。与传统酿造方法不同的是，在 CO_2 浸渍酿造中，由整粒葡萄经压榨获得的压榨汁的质量优于自流汁。因此，在 CO_2 浸渍过程中，应尽量提高整粒葡萄的比例。

在 CO_2 浸渍结束以后，自流汁与压榨汁混合后进行酒精发酵和（在需要时）苹果酸-乳酸发酵。

压榨和分离过程应尽快进行，防止氧化。

根据需要确定是否加糖，以及加糖的比例。如果需要加糖，应在压榨后立即进行。因为这时葡萄汁中还含有一定的残糖，酵母菌的活动较为旺盛。所加入的糖必须尽快地转化为酒精，以防止被细菌分解。

在 CO_2 浸渍过程中，所需温度高。但在酒精发酵阶段中，应将发酵温度控制在较低的水平上（18～20℃），这样能够防止香味的损失。在分离和压榨过程中，一般会降低葡萄酒的温度，但如果降低幅度不够，应使用降温设备进行降温。

在苹果酸-乳酸发酵结束以后，在转罐的同时加入 SO_2。

其他的管理与传统的酿造方法相似。

CO_2 浸渍酿造法酿成的葡萄酒具有特殊的 CO_2 浸渍香气。很多观察证实，在 CO_2 浸渍酿造中，葡萄酒的香气主要取决于 CO_2 浸渍过程。经 CO_2 浸渍酿造的葡萄酒的香气主要为樱桃味、樱桃酒味、李味；而经传统方法酿造的葡萄酒的香气主要为木味、树脂味、甘草味。前者主要是植物味和乳味，而后者主要为酒味和酚味（刘晶等，2012a）。

此外，经 CO_2 浸渍酿造的葡萄酒口味更为柔和，这主要是由于这类葡萄酒的总酸量和多酚类物质的总量都较低。因此，在酒度相同的情况下，其口味就更为丰满、流畅、圆润（刘晶等，2011）。此外，在葡萄酒的陈酿过程中，与传统方法酿造的葡萄酒比较，用 CO_2 浸渍酿造法酿造的葡萄酒中儿茶素和原花色素更为稳定，因此葡萄酒的颜色也更为稳定。

最后需要说明的是，经 CO_2 浸渍酿造的葡萄酒一般会掩盖品种特性。因此，有些葡萄品种会因此而变得香味更浓，果香味更为明显，而另一些优良葡萄品种则会丧失其良好的风味和风格。此外，如果贮藏时间过长，不仅 CO_2 浸渍特征逐渐消失，而且葡萄酒会表现出其他方面的缺陷（刘晶等，2012b；李华和王华，2017）。

博若莱（Beaujolais）葡萄酒是法国产地命名葡萄酒，位于勃艮第地区。大部分 Beaujolais 葡萄酒为“新鲜葡萄酒”，因而在酿造的次年中消费，其感官特征为柔和、清爽，果香浓郁。Beaujolais 酿造法可以简单地定义为整粒红葡萄浆果（红皮白汁）浸渍 3～7 d。它综合了传统酿造法和二氧化碳浸渍酿造法的特点，因而有人称之为半二氧化碳浸渍酿造法（李华等，2007）。

6.6　闪蒸工艺

闪蒸工艺（flash détente，flash evaporation process）就是在最短的时间内，将经除梗、沥干的葡萄原料的温度提高到 70～90℃，然后在低压下瞬间降低到适合发酵的温度（低于30℃）。该方法是基于部分葡萄醪在低压系统中的蒸发和冷凝器对蒸汽的冷凝而建立的。葡萄浆果进入液 / 汽分离室（也称低压室）后经泵抽入系统外的压榨机，经压榨后，进入发酵罐中。剩余的葡萄醪可能与部分或全部的浓缩液混合以便控制葡萄汁的浓缩。处于冷凝器下游的真空泵的作用是排空系统内的空气。因此，闪蒸工艺将对原料的加热和在低压条件下的瞬间蒸发结合在一起，正是由于进入分离室内的葡萄醪压强突降，原料细胞内水分瞬间蒸发，导致特别是果皮细胞的破裂，使固体中的物质更容易被浸提出来。进入分离室的料液的液相沸腾要足够剧烈，以使葡萄醪中的果皮组织解体（Sebastian et al.，2002）。闪蒸同时使原料的温度降低。这就是闪蒸工艺与热浸的根本区别。

由于闪蒸工艺破坏了葡萄固体部分的细胞结构，能尽量提取其中的色素、多酚和芳香物质，所以在原料质量优良的条件下，能提高红葡萄酒的质量（曹芳玲等，2017）。用闪蒸工艺酿造的葡萄酒，无论是总酚含量，还是色度都显著高于传统浸渍酿造的葡萄酒（图 6-6）（Vuchot et al.，2002）。此外，与热浸工艺一样，由于是用纯汁发酵，可以节约发酵容积。

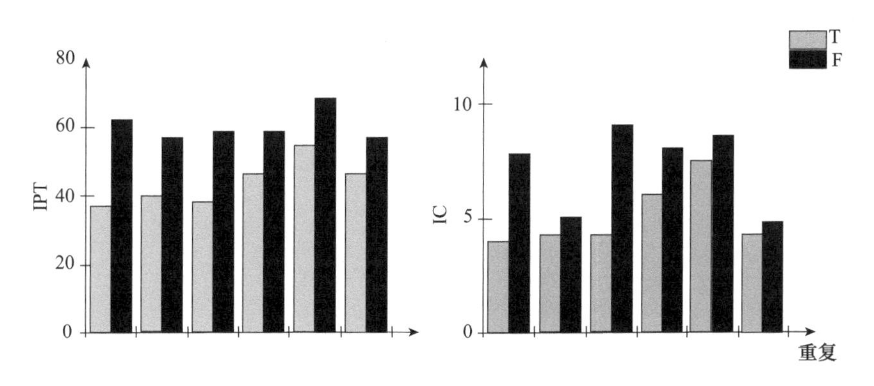

图 6-6　闪蒸（F）与对照（T）葡萄酒总酚指数（IPT）和色度（IC）的比较

如上所述，闪蒸工艺的目的主要是破坏葡萄果皮的细胞结构，以便更容易浸提出其内容物。但是，该浸提并不是选择性的，即在浸渍出“优质成分”的同时，也会浸渍出“劣质成分”。因此，如果葡萄的成熟度不好、除梗不够或原料卫生状况较差、原料分选不良，闪蒸工艺也会加强葡萄酒的缺陷，降低葡萄酒的质量。

6.7　小　　结

红葡萄酒酿造工艺的主要环节是，选择提取存在于葡萄固体部分中有利于提高葡萄酒质量的物质，即“优质成分”，避免“劣质成分”，因此浸渍就成为酿造红葡萄酒的关键。任何过强的机械处理都会提高浸渍强度，但同时也会提高劣质单宁的含量，降低葡萄酒的感官质量。所以，浸渍的最佳方式是在不破坏葡萄固体组织的前提条件下，采取倒罐的方式，获得优质单宁。

如果要酿造优质红葡萄酒，就必须首先选择优良的葡萄品种，保证其良好的卫生状况和成熟度。同时，在酿造过程中应延长浸渍时间。如果不具备优良葡萄品种成熟良好的原料，则应该缩短浸渍时间，这是因为只有成熟度良好的优良品种原料才具有强的抗浸渍能力。

在浸渍过程中，应该将浸渍温度严格控制在 25～27℃或 28～30℃，前者适用于酿造新鲜葡萄酒，后者适用于酿造陈酿葡萄酒。在浸渍过程中，每天进行一次倒罐（1/3），以淋洗整个皮渣表面。

如果需要对原料进行改良以提高酒度，最好在皮渣帽形成时一次性添加糖。

在分离时，可借此机会调整葡萄酒的 pH，并且将纯汁发酵温度严格控制在 18～20℃，促进酒精发酵的结束和（或）苹果酸-乳酸发酵。在整个发酵结束后，应立即分离，并同时添加 50 mg/L SO_2，添满，密闭，在 7～14 d 以后，再进行一次分离转罐。

热浸渍酿造法主要适用于卫生状况差的原料，CO_2 浸渍酿造法主要用于改变原料香气的结构和柔化口感，而闪蒸工艺则只能用于质量优良的原料。

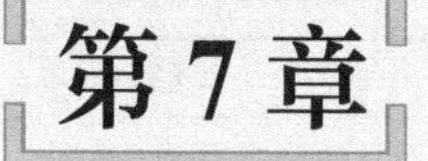

第 7 章　白葡萄酒的酿造

白葡萄酒是用白葡萄汁经过酒精发酵后获得的酒精饮料，在发酵过程中不存在葡萄汁对葡萄固体部分的浸渍现象。此外，干白葡萄酒的质量，主要由源于葡萄品种的一类香气和源于酒精发酵的二类香气及酚类物质的含量所决定（李华，2006；李华等，2022）。所以，在葡萄品种一定的条件下，葡萄汁的取汁速度及其质量、影响二类香气形成的因素和葡萄汁及葡萄酒的氧化现象，即成为影响干白葡萄酒质量的重要工艺条件（李华，1991，2000）。

7.1　葡萄汁及葡萄酒的氧化现象

在酒精发酵开始前和酒精发酵结束后，葡萄汁或葡萄酒的氧化都会严重影响葡萄酒的质量。这一氧化现象的机理可简单地用下式表示：

$$\text{氧化底物}+\text{氧}\xrightarrow{\text{氧化酶}}\text{氧化产物}$$

因此，对氧化酶及其特性的研究对葡萄酒，特别是对干白葡萄酒的酿造，具有重要的指导意义。

7.1.1　多酚氧化酶

1. 多酚氧化酶的种类　多酚氧化酶（polyphenol oxidase，PPO）是动植物和微生物中普遍存在的一类含铜离子蛋白酶，是酶促褐变中的关键酶（Sioumis et al.，2005）。多酚氧化酶在氧参与的情况下能够把邻苯二酚氧化成对应的邻苯醌，邻苯醌会进一步发生反应形成黑褐色物质（王卫国和胡晓伟，2017）。在这一氧化过程中存在着两种不同的酶，即酪氨酸酶和漆酶。

酪氨酸酶（tyrosinase）又叫儿茶酚酶（catecholase）或儿茶酚氧化酶（catecholoxydase）。它是葡萄浆果的正常酶类，但不以溶解状态存在于细胞质中，而与叶绿体等细胞器结合在一起。在取汁过程中，它们一部分溶解在葡萄汁中，另一部分则附着在悬浮物上。因此，对葡萄原料进行破碎、压榨、澄清等处理，必然会影响酪氨酸酶在葡萄汁中的含量，从而影响葡萄汁的氧化可能性。此外，酪氨酸酶的含量还取决于原料品种及其成熟度。

漆酶（laccase）不是葡萄浆果的正常酶类，它存在于受灰霉菌（*Botrytis cinerea*）危害的葡萄浆果上，是灰霉菌分泌的酶类，可完全溶解在葡萄汁中。由于漆酶的氧化活性比酪氨酸酶的大得多（表 7-1），故与正常葡萄原料比较，受灰霉菌危害的葡萄浆果的葡萄汁或葡萄酒的氧化现象要严重得多（李华等，2007）。

表 7-1　酪氨酸酶和漆酶对酚类底物的相对活性（25℃，pH 4.75）

底物种类	酪氨酸酶	漆酶	底物种类	酪氨酸酶	漆酶
4-甲基邻苯二酚	100	100	香豆酸	0	90
邻苯二酚	25	104	咖啡酸	27.5	132
对羟基苯甲酸	0	1	绿原酸	106	104

续表

底物种类	酪氨酸酶	漆酶	底物种类	酪氨酸酶	漆酶
原儿茶酸	12	119	儿茶酸	49	100
五倍子酸	8	109	单宁	3	84
香草酸	0	33	花色素苷	3	97

2. 多酚氧化酶的有关特性　葡萄中 PPO 最适宜 pH 在 4～7，超出其范围酶活性迅速下降。在 pH＜2 的酸性环境中，酶中的铜被解离出来，并且蛋白质也容易变形，从而使酶失活；而在 pH＞9 的碱性条件下铜会解离成氢氧化铜，使酶活性显著降低。当 pH 为 3～5 时，酪氨酸酶和漆酶的活性都最强，但漆酶在该 pH 范围内较稳定，而酪氨酸酶只有当 pH 为 7 左右时才最为稳定，所以漆酶在葡萄汁和葡萄酒中更具有危险性。

酪氨酸酶在 30℃时活性最强，而漆酶的活性在 40～45℃时才达到最大，但在该温度条件下漆酶的稳定性明显比酪氨酸酶差。在 45℃时，只需几分钟，漆酶就会失去活性，而酪氨酸酶要在 55℃保持 30 min 才会失去活性。所以，对葡萄汁的热处理是防止氧化的良好工艺。但在加热时，必须在几秒钟内通过 30～50℃，因为在这一温度范围内酶的活性最强（李华等，2007）。

对葡萄或葡萄酒进行 SO_2 处理，不仅可以逐渐破坏这两种氧化酶，而且游离 SO_2 还能抑制其活性。主要是在 HSO_3^-作用下，PPO 活性中心的 Cu^{2+}被还原成更易失去电子的 Cu^+形式，使酶受到不可逆的抑制（Comuzzo et al.，2013）。但是，对霉变葡萄原料的 SO_2 处理，不能完全防止葡萄汁和葡萄酒的氧化，因为漆酶对 SO_2 具有较强的抗性，在完全破坏漆酶以前，SO_2 就已全部处于结合状态。所以，这样酿成的新葡萄酒必须再次用 SO_2 处理。

在氧化酶所催化的氧化过程中，氧化酶本身也会逐渐被破坏，但漆酶的这一被破坏的过程要缓慢得多。因此，如果原料的卫生状况良好，采用传统的白葡萄酒的酿造方法，由于葡萄汁的轻微氧化和 SO_2 的作用，可以获得不含酪氨酸酶，从而对氧稳定的葡萄酒；相反，如果在完全隔氧条件下酿造，并且不进行 SO_2 处理，则不能获得同样的保护效果（李华等，2005）。

7.1.2　葡萄汁的耗氧

葡萄汁的耗氧速度（即葡萄汁的可氧化性）变化很大，在 0.5～4.6 mg O_2/（L・min）（每分钟每升葡萄汁消耗氧的毫克数），其平均速度为 2.0 mg/（L・min）。在 25℃时，葡萄汁氧饱和状态的含氧量为 8 mg/L。如果按平均耗氧速度计算，这 8 mg/L 氧在 4 min 内就可被消耗掉。

此外，葡萄汁的耗氧几乎完全是酶的作用，因为正常葡萄汁的耗氧速度为 2.95 mg/（L・min），而将同一葡萄汁加热杀死酶以后的耗氧速度则降低到 0.018 mg/（L・min）。

正常葡萄汁与受灰霉菌危害的葡萄汁的对比研究结果表明，它们最初的耗氧速度差异不大（表 7-2）。这似乎说明在受灰霉菌危害的葡萄浆果中，由于漆酶的出现，降低了葡萄本身酪氨酸酶的含量。

表 7-2　‘赛美蓉’三种葡萄汁在氧化过程中耗氧速度的变化

空气饱和次数	正常葡萄汁 /[mg O_2/（L・min）]	霉变葡萄汁 1 号 /[mg O_2/（L・min）]	霉变葡萄汁 2 号 /[mg O_2/（L・min）]
1	1.6	1.2	1.0
2	1.0	1.2	1.0

续表

空气饱和次数	正常葡萄汁 / [mg O_2/（L·min）]	霉变葡萄汁1号 / [mg O_2/（L·min）]	霉变葡萄汁2号 / [mg O_2/（L·min）]
3	0.5	0.85	0.9
4	—	0.5	0.8
5	—	—	0.5

注："—"表示已不再耗氧

但是，随着氧化的进行，霉变葡萄汁耗氧速度的降低要比正常葡萄汁的慢（表7-2）。因为漆酶比酪氨酸酶对葡萄汁或葡萄酒成分的氧化活性更强、更为稳定，在氧化过程中其消失的速度要比酪氨酸酶慢。所以，漆酶比酪氨酸酶更为危险（李华等，2007）。

在葡萄汁的耗氧过程中，SO_2具有强烈的抑制作用。正常情况下，当葡萄汁被氧饱和后（8 mg/L），葡萄汁中氧的含量在3～4 min迅速降到零，但如果在这一过程中加入SO_2，则在一定时间后，葡萄汁的耗氧停止，处于氧稳定状态。在SO_2处理后，残留于葡萄汁中的部分溶解氧有利于酵母的繁殖。这可以解释为什么适量的SO_2处理可促进酒精发酵。

最后，在30℃时，葡萄汁的耗氧速度比10℃时要快3倍左右。因此，取汁处理时的温度条件对葡萄汁的氧化现象起着重要作用。

7.1.3 白葡萄酒酿造过程中的防止氧化

1. SO_2处理 由于SO_2处理可使葡萄汁的耗氧停止，所以它是防止葡萄汁氧化的有效方法。其用量为60～120 mg/L，由原料的成熟度、卫生状况及pH和温度等因素所决定。为了获得良好的效果，SO_2应在取汁过程中立即加入葡萄汁中，并迅速与葡萄汁混合均匀。

抗坏血酸是一种抗氧剂和护色剂，它能与溶解氧迅速反应，消耗葡萄酒中的溶解氧，一般对于果香型白葡萄酒，可在装瓶前一次性添加50 mg/L抗坏血酸，配合使用20～30 mg/L的游离SO_2，既可保持果香持久、改善香气与色泽，又可防止装瓶后发生氧化（于清琴等，2017）。其他的添加剂虽然有一定的效果，但并不能完全代替SO_2的作用，尤其是其抑菌和对PPO的抑制作用（李华等，2007；董喆等，2016）。

2. 澄清处理 灰霉菌分泌的漆酶可全部溶于葡萄汁中，酪氨酸酶则可部分地与悬浮物结合在一起。因此，澄清处理可通过除去悬浮物而除去部分氧化酶，从而使耗氧速率降低40%左右。而膨润土由于能与蛋白质产生絮凝沉淀，所以能除掉部分溶解在葡萄汁中的氧化酶，部分地防止氧化（李华等，2007）。

3. 在隔氧条件下处理原料 考虑到葡萄汁的耗氧速度，有的研究者试图在对原料的处理过程中防止其与空气接触，他们从破碎开始，就在充满CO_2的条件下对原料进行处理。这一技术不仅存在着很多问题需要解决，而且利用该技术酿造出来的葡萄酒虽然不含氧，但一旦与氧接触，就会很快氧化，比利用传统方法酿造的葡萄酒对氧敏感得多。总之，在隔氧条件下进行酿造，虽然能防止氧化，但葡萄酒本身的氧稳定性很差。实际上，由于氧化酶在催化氧化反应的同时，本身也逐渐被破坏，所以，在葡萄酒酿造过程中有限的氧化，如对正常原料进行传统工艺处理过程中的氧化，不仅不会降低葡萄酒的质量，相反会改善葡萄酒的氧稳定性（李华等，2007）。

4. 葡萄汁的冷处理 氧化酶的氧化活性最强的温度为30～45℃，而在30℃比在

12℃时强 3 倍，因此迅速降低葡萄汁的温度能防止氧化，降低 SO_2 的使用量。冷处理虽能抑制氧化酶的活动，但不能除去氧化酶，所以，它与隔氧处理葡萄原料一样，不能使葡萄酒获得氧稳定性（李华等，2007）。

5. 葡萄汁的热处理 当温度超过 30℃时，氧化酶的活性下降；在 65℃时，其活性被完全抑制。由于热处理能有效地破坏氧化酶（包括酪氨酸酶和漆酶），获得完全氧稳定的葡萄酒，所以这一技术比隔氧处理葡萄原料更有应用价值。也正因为如此，该技术在一些国家被迅速推广（李华等，2007）。

7.2 酚 类 物 质

7.2.1 酚类物质的有关特性

酚类物质的种类、结构及含量与葡萄汁和葡萄酒的颜色、口感及香气和稳定性密切相关，它们是葡萄酒质量的决定因素之一。在葡萄和葡萄酒的酚类物质中，儿茶素（catechin）和其他黄烷-3-醇单体对葡萄酒的感官质量具有特殊的重要性，它们的化学活性和酶活性非常强，能相互聚合而形成寡聚物（oligomer）和多聚物（polymer），这些聚合物与其单体（monomer）相反，具单宁特性。儿茶素也是很多氧化反应的底物。此外，它还参加其他反应，主要有如下几种。

（1）醌化反应，形成有色化合物。

（2）缩合反应，形成具有单宁特性的多聚体。

（3）胺-醌反应，形成挥发性物质。

（4）分解反应，形成酚酸。

如果白葡萄酒中酚类物质含量过多，上述反应和氧化反应就可能同时或顺序地进行，通过影响葡萄酒的颜色、香气、抗氧能力及葡萄酒的稳定性，而最终影响葡萄酒的感官质量。所以，任何提高葡萄汁和葡萄酒中酚类物质含量的工艺措施，都会影响干白葡萄酒的质量及其稳定性（李华等，2007）。

7.2.2 酵母菌的影响

在葡萄酒的发酵过程中，酵母菌会影响葡萄酒中酚类物质的含量。研究结果表明，葡萄酒和葡萄中酚类物质含量的差异，几乎完全是酵母菌及其对类黄酮色素吸附的结果。因此，利用不仅具有优良特性，而且具有较强色素吸附能力的优选酵母菌系，不失为获得色浅而稳定的干白葡萄酒的有效方法（李华等，2007）。

7.2.3 工艺的影响

有关工艺对白葡萄酒中酚类物质影响的研究，主要集中在以下方面。

（1）原料机械处理设备的影响。

（2）静置澄清葡萄汁和利用澄清葡萄汁的有效性。

（3）常温浸渍和加 SO_2 浸渍的不利影响等。

下面举例说明这些工艺技术对白葡萄酒的酚类物质含量和葡萄酒质量的影响。

1. 压榨等机械处理的影响 表 7-3 中的数据表示‘雷司令’（‘Riesling’）葡萄汁中酚

类物质的含量。直接压榨获得的葡萄汁中酚类物质的含量明显低于先破碎后压榨所获葡萄汁中的含量。此外，随着压榨次数的增加，葡萄汁中酚类物质的含量亦增加，这进一步证明在干白葡萄酒酿造过程中分次压榨、取汁的重要性和必要性（李华等，2007）。

表 7-3　压榨方式和分次压榨对葡萄汁中酚类物质含量的影响（mg/L）

压榨汁	1次汁	2次汁	3次汁
直接压榨	143	185	232
破碎后压榨	259	320	431

表 7-4 中的数据说明，连续压榨机和机械水平压榨机虽然对葡萄汁的含糖量影响不大，但连续压榨机却明显提高葡萄汁中酚类物质的含量。

表 7-4　压榨机种类对压榨汁中酚类物质含量的影响

年份	酚类物质	连续压榨机	水平机械压榨机
1969	糖 /（g/L）	172	172
	儿茶素 /（mg/L）	800	50
	无色花青素 /（mg/L）	170	35
	总酚 /（mg/L）	810	442
1970	糖 /（g/L）	168	167
	儿茶素 /（mg/L）	100	95
	无色花青素 /（mg/L）	51	33
	总酚 /（mg/L）	312	293

2. 澄清剂的影响　一些澄清剂可以降低葡萄汁（酒）中多酚物质的含量，从而提高葡萄酒的质量和稳定性。表 7-5 的结果表明，明胶对葡萄汁中酚类物质含量的影响较小，而 PVPP（聚乙烯吡咯烷酮）虽然在葡萄酒中效果良好，但在葡萄汁中，如果不与膨润土结合使用，则其效果较差。

表 7-5　各种澄清处理对葡萄汁中酚类物质含量的影响（mg/L）

处理方法	儿茶素	无色花青素	总酚
对照	100	103	354
明胶＋膨润土	101	97	320
活性炭＋膨润土	87	79	274
明胶＋活性炭＋膨润土	85	56	266
PVPP	80	92	346
PVPP＋膨润土	84	52	264

注：明胶用量为 150～200 mg/L；活性炭用量为 300～500 mg/L；PVPP 用量为 500～1000 mg/L；膨润土用量为 1000～1500 mg/L

对葡萄汁进行适量的硅胶处理，也可获得良好的效果。与加 SO_2 后静置澄清，或与冷处理澄清比较，硅胶处理可以在更短的时间内获得更好的澄清效果。这一方面可降低 SO_2 用量，另一方面在酒精发酵过程中可避免降低葡萄酒质量的各种反应。如果利用硅胶处理后的澄清葡萄汁，在控制条件（优选酵母、温度控制）下并加入适量膨润土、活性炭和酪蛋白进行发酵，所获得的葡萄酒比用传统工艺酿造的葡萄酒其酚类物质含量少，颜色更浅且更为稳定，质量更好（李华等，2007）。

此外，在葡萄酒酿造和存储过程中，一些工艺操作（如离子交换、过滤、离心和冷稳定处理、葡萄原料的碰撞、挤压程度等）会引起酚类化合物含量的变化，进而影响葡萄酒的颜色和感官特性（孙海燕，2019）。

7.3 影响白葡萄酒二类香气的因素

品质优良的白葡萄酒，不仅应具有优雅的一类香气，同时应具备与一类香气相协调的、优雅的二类香气。一类香气直接源于葡萄果实，决定了葡萄酒的品种典型性和产地风格。二类香气是由酿酒葡萄在酒精发酵过程中产生，主要包括高级醇、酯和酸等，能赋予葡萄酒干面包、酵母或发酵气味，部分二类香气在陈酿和贮存过程中会下降和消失，通常新酿的葡萄酒具有该特征（胡博然等，2005；李华等，2022）。因此，在品种一定的情况下，二类香气的构成及其优雅度就成为白葡萄酒质量的重要标志之一。

一类香气成分的种类、含量和组成比例受葡萄品种、生态环境、栽培模式和果实成熟度等因素的影响（胡博然等，2005；李华等，2004；李华等，2005；南立军等，2014；Li et al.，2008）。在二类香气的构成成分中，六碳、八碳和十碳脂肪酸及其乙酯是良好的二类香气的保证（李华，1990）。所以，除感官品尝外，利用气相色谱分析这些物质的含量，也能客观地评价各种因素对二类香气的影响。

7.3.1 原料成熟度的影响

对同一‘赛美蓉’（‘Semillon’）葡萄品种分三期进行采收（表 7-6），按同一工艺进行酿造，并保证三期采收的原料的酿造条件完全一致。对酿造出的葡萄酒的品尝结果表明，最后一期采收酿造出的葡萄酒香气最为优雅，而最早采收获得的葡萄酒香气淡而粗糙。

对葡萄酒的分析结果表明（表 7-6），原料成熟度越好（推迟采收），葡萄酒中的三碳、四碳和五碳脂肪酸含量越低，六碳、八碳和十碳脂肪酸及其乙酯含量越高。由于前者的气味让人难受而后者的气味使人愉快，所以提高原料成熟度可提高葡萄酒的质量（李华等，2007）。

表 7-6 不同采收期对‘赛美蓉’干白葡萄酒挥发物质的影响

采收期	（一次样）10 月 1～8 日	（二次样）10 月 15～20 日	（三次样）11 月 2～6 日
总酸（H_2SO_4）/（g/L）	4.38	4.17	3.56
高级醇 /（mg/L）	272	214	186
高级醇乙酯 /（mg/L）	5.43	7.73	6.51
脂肪酸乙酯（$C_6+C_8+C_{10}$）/（mg/L）	3.96	3.79	4.32
脂肪酸（$C_3+C_4+C_5$）/（mg/L）	2.62	2.30	1.75
脂肪酸（$C_6+C_8+C_{10}$）/（mg/L）	20.36	19.55	21.98

7.3.2　葡萄汁澄清处理的影响

在酒精发酵前对葡萄汁的澄清处理可降低葡萄酒中高级醇的含量，提高酯类物质的含量，特别是六碳、八碳和十碳脂肪酸乙酯的含量（表 7-7），从而提高葡萄酒的质量。

表 7-7　葡萄汁澄清处理对干白葡萄酒挥发物质的影响

挥发物质	高级醇 /（mg/L）	己醇 /（mg/L）	高级醇乙酯 /（mg/L）	脂肪酸乙酯（$C_6+C_8+C_{10}$）/（mg/L）
对照	360	1.42	1.69	1.56
澄清	209	0.73	4.39	2.80

7.3.3　酵母菌的影响

酿酒酵母（*Saccharomyces cerevisiae*）是葡萄酒酒精发酵的主要完成者，具有良好的抗酒精能力、酒精转化率、发酵纯正等酿酒特性（张春芝等，2013）。酵母菌不仅对葡萄酒中一类香气的变化具有非常重要的影响，而且直接影响葡萄酒中二类香气（Schuller et al.，2005）。

在众多的酵母菌种中，只有酿酒酵母和贝酵母（*S. bayanus*）才能合成足够量的高级酯以构成葡萄酒的二类香气，而且也正是它们的活动才构成了葡萄酒酒精发酵的主体部分。但是，通常情况下，葡萄酒酒精发酵是由尖端酵母，即柠檬形克勒克酵母（*Kloeckera apiculata*）及其有性世代葡萄汁有孢汉逊酵母（*Hanseniaspora uvarum*）触发的，以形成最开始的 4%～5%（体积分数）酒精，但它们在发酵过程中所形成的副产物很少，而形成大量的乙酸乙酯。这进一步证实了对葡萄汁进行 SO_2 处理和使用优选酵母，对提高葡萄酒质量有很重要的作用（李华等，2007）。

在种植葡萄历史较长的地区或传统的葡萄酒产区，酵母菌在长期的自然驯化和选择进程中，渐渐适应了本地区的气候条件、土壤状况和葡萄品种，形成了适应性强的不同类型酿酒酵母菌群。因此在这些产区，采用自然发酵可以酿造出具有本地区特色的葡萄酒产品（Guimaraes et al.，2006；Wei et al.，2022）。

7.3.4　发酵条件的影响

1. 通气的影响　如果酒精发酵在有空气的条件下进行，则酵母合成的副产物，特别是酯类物质的量较少。但是，在葡萄酒大容器发酵条件下，可以认为酒精发酵是在严格的厌氧条件下进行的。

2. 温度的影响　为了获得优良的香气，干白葡萄酒的酒精发酵必须在较低温度下进行。实验表明，在低温条件下（13℃），酒精发酵会形成更多的副产物；但是，过低的温度（7℃）却没有任何好处（表 7-8）。

表 7-8　发酵温度对干白葡萄酒挥发物质的影响

挥发性物质	高级醇 /（mg/L）	高级醇乙酯 /（mg/L）	脂肪酸乙酯（$C_6+C_8+C_{10}$）/（mg/L）
7℃	385	17.35	4.02
13℃	394	18.07	5.22
30℃	208	2.60	1.69

Flanzy（1998）在总结前人研究的基础上认为，将干白葡萄酒的发酵温度控制在15～20℃时，酵母菌才会生成少量的降低二类香气质量的高级醇，同时生成较多的具花香和果香的高级醇乙酯和脂肪酸乙酯，从而提高二类香气的优雅度。

3．酸度的影响 葡萄汁的酸度过高（如pH 2.9）会影响发酵副产物的形成，温度越高，这一现象越明显（表7-9）。因此，如果必须降酸，则应在酒精发酵开始前进行，以获得良好的二类香气（李华等，2007）。

表7-9 基质pH和发酵温度对干白葡萄酒挥发物质的影响

发酵温度/℃	基质pH	高级醇/（mg/L）	高级醇乙酯/（mg/L）	脂肪酸乙酯（$C_6+C_8+C_{10}$）/（mg/L）
20	3.4	201	5.11	5.68
	2.9	180	4.94	4.94
30	3.4	188	3.81	4.31
	2.9	148	2.24	3.13

7.4 白葡萄酒的酿造工艺

根据上述研究结果和分析，我们基本上能提出优质干白葡萄酒的优化工艺条件和工艺措施（图7-1）（李华和王华，2017）。

7.4.1 原料

香气是干白葡萄酒感官质量的重要指标之一。二类香气虽然是葡萄酒香气的重要构成部分，但干白葡萄酒更需要源于葡萄浆果的优雅的一类香气。因此，各产区应该选择发展那些适应本地生态条件的芳香型品种。

过去人们认为白色葡萄品种的香气在葡萄完全成熟以前最浓，从而导致过早采收。但新的研究结果表明，原料的成熟度好，其葡萄酒的香气则复杂、浓郁，而且更为优雅，感官质量当然更好。所以，在生态条件（特别是气候条件）允许的情况下，为提高干白葡萄酒的质量，应尽量保证原料品种的成熟度。

提高原料成熟度，还能防止酸度过高的问题。近年来，消费者越来越趋向于追求酸度较低的干白葡萄酒，而化学降酸如果超过2 g H_2SO_4/L，则会严重降低产品的质量；对干白葡萄酒的苹果酸-乳酸发酵所做的研究虽然取得一定进展，但更多的结果表明，对于大多数干白葡萄酒，该发酵只能影响其感官质量。

7.4.2 葡萄汁的选择

在压榨过程中，随着压力的增大，葡萄汁质量下降（表7-3），最后一次压榨汁根本不适于酿造优质干白葡萄酒。所以，必须进行葡萄汁的选择。此外，在澄清处理后留下的含有大量沉淀物的葡萄汁，也不能用于酿造优质干白葡萄酒。除其他因素外，优质葡萄汁的比例取决于设备条件，最好的工艺措施是直接压榨，它可使优质葡萄汁的比例高达83%～90%，同时也能最大限度地限制浸渍、氧化和悬浮物的比例。而最差的工艺措施则是在通过螺旋输送后强烈破碎、机械分离、连续压榨，这一方式只能获得50%，甚至更少的优质葡萄汁。

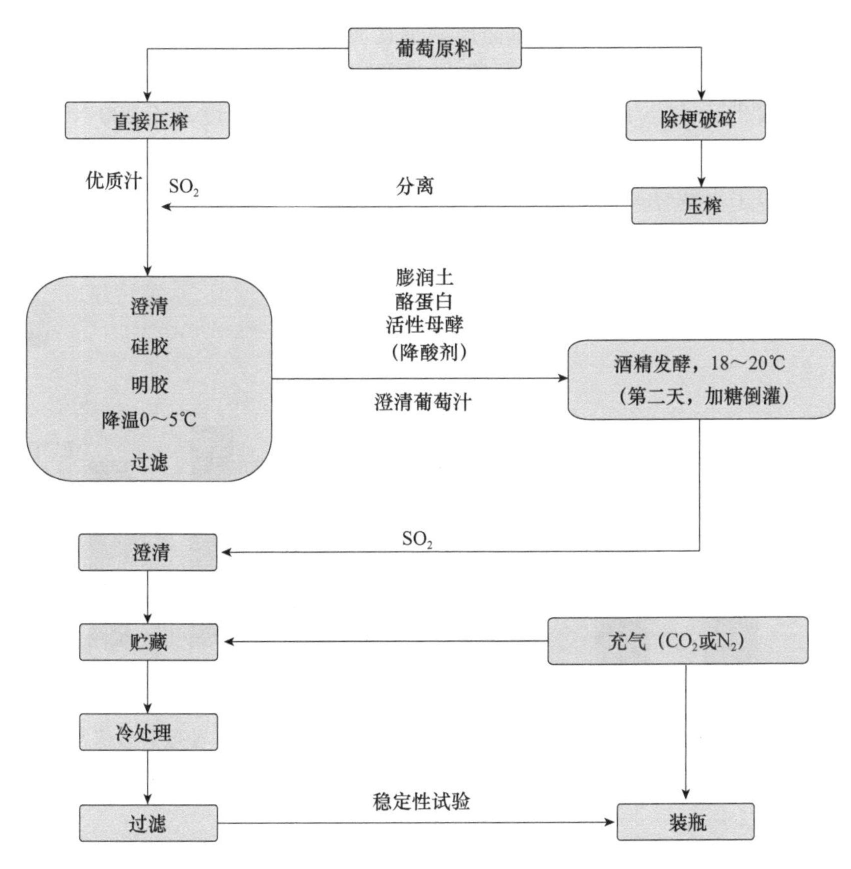

图 7-1　干白葡萄酒工艺流程

7.4.3　葡萄汁悬浮物

在发酵葡萄汁中，如果含有由果皮、种子和果梗残屑构成的悬浮物，会使干白葡萄酒香气粗糙。这一方面是由于浸渍作用使其中具植物和生青气味的物质溶解在葡萄酒中，另一方面它们还会改变发酵过程，影响二类香气物质的构成（表 7-7）。

所以，在酒精发酵开始前，应通过澄清处理将这些物质除去，但更重要的是在取汁过程中防止产生过多的悬浮物质。悬浮物质的量取决于葡萄品种、原料成熟度及其卫生状况，但主要取决于取汁条件，因此悬浮物含量的多少，可以作为衡量取汁工艺条件（设备）和工艺措施好坏的标准。

任何对原料过于强烈的机械处理都会提高葡萄汁中悬浮物的比例，所以原料的机械采收、原料的泵送和螺旋输送，以及过长的输送距离，离心式破碎除梗机等，都会由于提高悬浮物比例而降低白葡萄酒质量。同样，为了保证取汁的质量，所有带有输送或分离螺旋的设备都必须低速运转。如果要提高运输量，则应加大螺旋的直径。此外，取汁设备的能力最好能明显高于实际工作能力，以保证设备能在低速运转下完成正常的工艺处理。

最后，在澄清处理结束时，要将沉淀物全部除去，以防止已沉淀的悬浮物重新进入澄清葡萄汁，影响澄清效果。

虽然对葡萄汁的澄清处理是保证白葡萄酒感官质量所必需的，但如果葡萄汁澄清过度，就会影响酒精发酵的正常进行，使酒精发酵的时间延长，甚至导致酒精发酵的中止（图 7-2）。如果葡萄汁的浊度低于 60 NTU，酒精发酵就会比较困难，但浊度高于 200 NTU，则会降低葡萄酒的感官质量。

对于需要进行苹果酸-乳酸发酵的白葡萄酒，与未澄清的葡萄汁比较，由于澄清葡萄汁酒精发酵结束时乳酸菌的群体数量更大，会使苹果酸-乳酸发酵启动更快，时间缩短（图 7-3）。

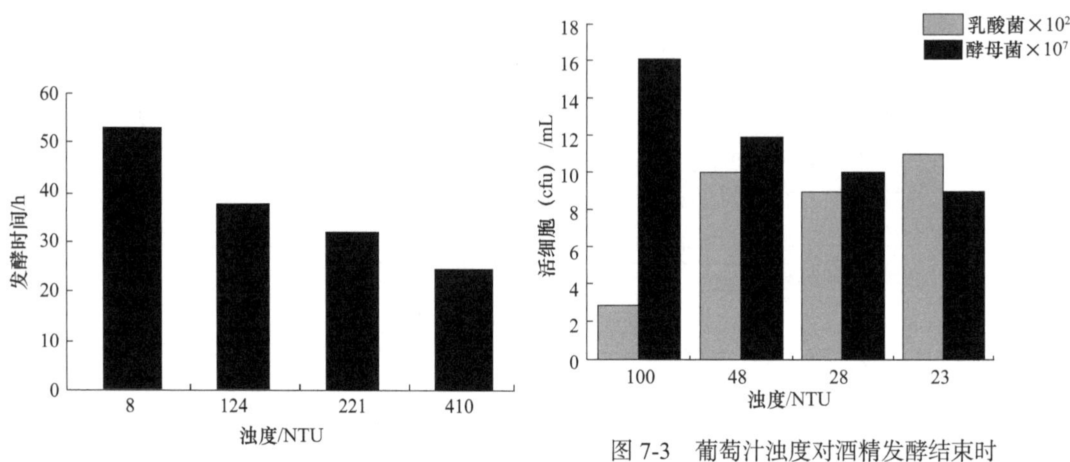

图 7-2　发酵时间与葡萄汁浊度的关系

图 7-3　葡萄汁浊度对酒精发酵结束时微生物群体数量的影响

在将澄清葡萄汁与沉淀物（葡萄泥）分离后，葡萄泥中还含有部分葡萄汁，可用滚筒式过滤机或压滤机对葡萄泥进行过滤，过滤出的葡萄汁的浊度一般低于 20 NTU，可与澄清葡萄汁混合后发酵。

7.4.4　酒精发酵

白葡萄酒酒精发酵视频

为了获得优质的干白葡萄酒，必须利用澄清葡萄汁在较低温度条件（15～20℃）下进行酒精发酵，这就给酒精发酵的顺利进行带来了一定的困难。下列技术措施可以解决这一问题，防止酒精发酵中止。

（1）首先应防止酿造酒度过高的干白葡萄酒，因为如果酒度高于 11.5%～12.0%（体积分数），则酒精发酵困难程度就会显著提高。

（2）添加优选酵母，且其添加量应达 10^6 cfu/mL，这一处理应在分离澄清葡萄汁装入发酵罐后立即进行。

（3）在发酵开始后第二天结合加糖或添加膨润土进行一次开放式倒罐。

（4）如果葡萄汁中的铵态氮低于 25 mg/L 或可吸收氮低于 160 mg/L，则应在加入酵母的同时，加入硫酸铵（≤300 mg/L）。

此外，在澄清条件一致的情况下，直接压榨获得的葡萄汁比先破碎后压榨获得的葡萄汁发酵更好。

在酒精发酵结束时，应立即对葡萄酒进行分离。如果葡萄酒不需要进行苹果酸-乳酸发酵，则应在分离的同时进行 SO_2 处理。

在发酵结束后，一方面应尽量防止葡萄酒的氧化，另一方面应防止葡萄汁的贮藏温度

过高。因此，应将葡萄酒的游离 SO_2 保持在 20～30 mg/L，在 10～12℃的温度条件下密闭贮藏，或充入惰性气体（N_2+CO_2）储藏。

7.5　单品种白葡萄酒的酿造

近年来，单品种白葡萄酒越来越受到消费者的欢迎。在这种情况下，与传统干白葡萄酒工艺比较，不仅需要尽量将存在于葡萄果皮中香气在葡萄酒中表现出来，同时还要将芳香物质的前体浸提出来（李华和王华，2017）。

7.5.1　冷浸工艺

为了将存在于果皮中的芳香物质（包括游离态和结合态）浸提出来，就必须在控制条件下，对葡萄果皮进行浸渍，同时防止产生影响葡萄酒感官质量的其他不良反应。对除梗并轻微破碎后的葡萄原料的冷浸工艺可以提高葡萄酒的质量，特别是使一些白葡萄酒更具有品种独特的风格。其方法是，尽快地将破碎后的原料温度降到 10℃以下，以防止氧化酶的活动，然后在 5～10℃浸渍 10～20 h。浸渍时间的长短，根据原料不同而进行选择。在这种条件下，果皮中的芳香物质进入葡萄酒，但酚类物质的溶解则受到限制。浸渍结束后，分离自流汁；SO_2 处理，升温到 15℃左右，澄清，添加优选酵母进行发酵（图 7-4）。

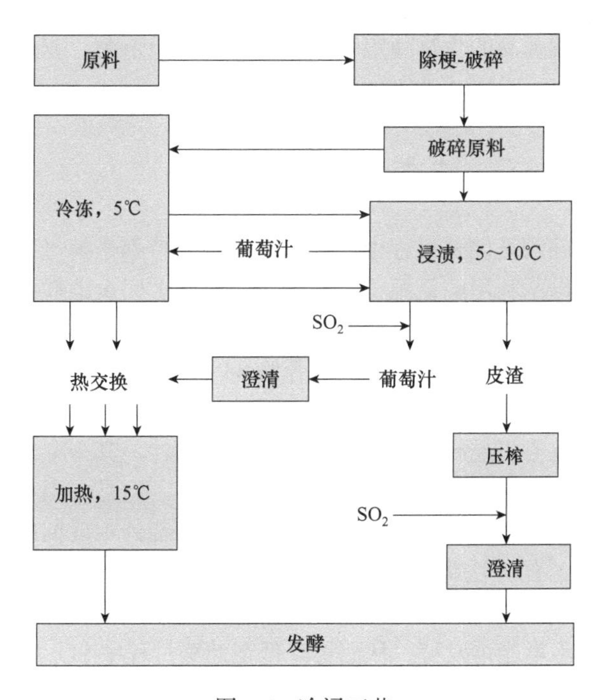

图 7-4　冷浸工艺

7.5.2　超提工艺

所谓超提（supra-extraction），就是先将完整葡萄原料冷冻，然后用解冻后的原料酿造葡萄酒。在葡萄冷冻 / 解冻的过程中，其细胞和组织被破坏，从而提取出果皮中的芳香物质

（姚路畅和李华，2008）。与传统工艺比较，超提工艺所酿造的白葡萄酒的香气和口感都要浓郁得多，其酸度降低，但酚类物质含量提高，从而使葡萄酒的颜色变深。显然，对果皮细胞的破坏会使果皮中的酚类物质更容易进入葡萄汁中。因此，对解冻以后的葡萄原料的压榨应迅速，压力不能太大，然后要进行足够量 SO_2 处理和适宜的澄清处理（李华和王华，2017）。

此外，利用糖苷酶处理和一些特殊的酿酒酵母株系，还能使果皮中结合态的芳香物质释放出挥发性的游离态芳香物质，从而提高葡萄酒的品种香气。

7.6 白葡萄酒酿造的特殊工艺

在这一节中，我们主要讨论酿造含有残糖且微生物稳定的白葡萄酒技术。

由于国际标准禁止在葡萄酒中添加糖，所以有时为了生产半干、半甜或甜型葡萄酒，则可首先酿造优质的干白葡萄酒，然后在销售前将之与用 SO_2 稳定的葡萄汁或浓缩葡萄汁混合。由于参与混合的原料都具有微生物稳定性，因此很容易使混合后的产品获得良好的稳定性。

另一种方法是分别酿造干白葡萄酒和部分发酵葡萄汁。部分发酵葡萄汁是当其酒度达到2%～2.5%（体积分数），含糖量为150～200 g/L时，先用100 mg/L SO_2 处理，再在低温下进行除菌过滤，或者将 SO_2 处理后的葡萄汁在密闭罐中充入15 g/L CO_2 进行低温贮藏（5～8℃），以抑制细菌的活动。然后在装瓶前将干白葡萄酒和部分发酵葡萄汁进行混合，在无菌条件下装瓶。

为了保证所酿造的葡萄酒的生物稳定性，必须进行巴氏杀菌，或除菌过滤或进行热装瓶（李华和王华，2017）。

7.7 缺氮发酵法

甜型葡萄酒最大的问题是储藏过程中的生物稳定性，特别是酵母菌的再发酵。如果将葡萄汁和葡萄酒中可供酵母菌利用的氮源（包括铵态氮和肽）完全消耗掉，则酵母菌就不能活动或活动很困难，这就是缺氮发酵法的原理。

缺氮发酵法的具体操作如下：在酒精发酵开始24 h后，当酵母菌正旺盛活动、消耗葡萄汁中的氮源最多时，进行过滤或离心处理，使酵母菌与葡萄汁分开。由于葡萄汁很容易将过滤面堵塞，所以最好用离心机进行处理。这样获得的葡萄汁，其一半左右的糖已被发酵，而且与原汁比较，含氮量要少得多，因而可发酵性也差得多。但是，由于残留的酵母菌逐渐重新活动，发酵也缓慢地重新触发，所以酵母菌继续利用葡萄汁中残留的氮源。待发酵进行数天后，再次用过滤或离心的方法将酵母菌与葡萄汁分开。如果需要，也可进行第三次分离。通常情况下，第二次分离所获得的葡萄酒中，可供酵母菌利用的氮和其他必需物质已被彻底消耗，因而葡萄酒几乎不可能再发酵，从而可降低在储藏过程中 SO_2 的使用浓度。

在酒精发酵过程中，从发酵罐顶部进行下胶处理，然后从下部分离，也能部分地达到同样目的。

意大利的阿斯蒂起泡葡萄酒（Asti）就是用缺氮发酵法酿造的，该酒以含糖量很高的‘玫瑰香’（‘Muscats’）型品种为原料，酒度8%（体积分数）左右，含糖80 g/L左右。此外，在法国、阿根廷的一些地区也采用该方法发酵酿造含糖量高的葡萄酒（李华和王华，2017）。

7.8　小　结

合理的干白葡萄酒工艺应能保证以下几点。

（1）降低葡萄汁中悬浮物和酚类物质的含量。

（2）防止葡萄汁的氧化。

（3）利用澄清等方式除去葡萄汁的悬浮物、蛋白质（包括酶）和酚类物质。

（4）酒精发酵在 18～20℃条件下顺利完成。

（5）防止葡萄酒在储藏和装瓶过程中氧化。

（6）葡萄酒澄清稳定。

图 7-1 能充分保证上述要求，从而成为优质白葡萄酒的合理工艺。对破碎后的葡萄原料的冷浸工艺可以提高葡萄酒的质量，特别是使一些白葡萄酒更具有自己独特的风格，其方法是，尽快将破碎后的原料温度降到 10℃以下，以防止氧化酶的活动，然后在 5～10℃浸渍 10～20 h。浸渍时间的长短，根据原料不同而进行选择。在这种条件下，果皮中的芳香物质进入葡萄酒，但酚类物质的溶解则受到限制。浸渍结束后，分离自流汁，SO_2 处理，升温到 15℃左右，澄清，添加优选酵母进行发酵（图 7-4）。超提工艺也能达到冷浸工艺的效果。此外，利用糖苷酶处理和一些特殊的酿酒酵母株系，还能使果皮中结合态的芳香物质释放出挥发性的游离态芳香物质，从而提高葡萄酒的品种香气。

此外，还可以用干白葡萄酒与葡萄汁混合的方式获得含有残糖的葡萄酒，但必须保证混合体的生物稳定性。缺氮发酵法能完全消耗掉发酵汁中酵母菌可利用的氮，因而保证低酒度高糖葡萄酒的生物稳定性，减少 SO_2 的用量。

第 8 章　桃红葡萄酒的酿造

桃红葡萄酒为含有少量红色素略带红色色调的葡萄酒。桃红葡萄酒的颜色因葡萄品种、酿造方法和陈酿方式不同而有很大的差别，介于黄色和浅红色之间，最常见的有黄玫瑰红、橙玫瑰红、玫瑰红、橙红、洋葱皮红、紫玫瑰红等。

粉红葡萄酒为略带红色的葡萄酒，主要为用红色品种经压榨后用纯汁发酵酿成的桃红葡萄酒，其花色素苷含量为 10～50 mg/L。用短期浸渍方法酿造的桃红葡萄酒（如“一夜葡萄酒”“24 h 葡萄酒”等），含有 80 mg/L 以上的花色素苷。如果花色素苷含量大于 100 mg/L，则颜色就接近于红葡萄酒的颜色了（李华和王华，2017）。

8.1　桃红葡萄酒的特点

虽然桃红葡萄酒的颜色介于白葡萄酒与红葡萄酒之间，但是与红葡萄酒和白葡萄酒一样，优质桃红葡萄酒也必须具有自己独特的风格和个性，而且其感官特性更接近于白葡萄酒。优质桃红葡萄酒必须具有：①果香，即类似新鲜水果的香气；②清爽，因而应具备足够高的酸度；③柔和，所以其酒度应与其他成分相平衡。

除以上三方面的平衡外，桃红葡萄酒还必须用红葡萄酒的原料品种，以获得所需的单宁和颜色。另外，在品尝过程中，桃红葡萄酒的外观比红葡萄酒和白葡萄酒的外观所起的作用更为重要。因此，有两大类桃红葡萄酒。一大类色浅、雅致而味短，类似白葡萄酒；另一大类色较深、果香浓、味厚到肥硕，类似红葡萄酒。但无论是哪一类桃红葡萄酒，一般都需要在它年轻时饮用，不宜陈酿。因为当桃红葡萄酒达到一定的年龄以后，由于在陈酿过程中颜色和香气的变化，就很难鉴定其纯正的外观和香气质量了。

8.2　桃红葡萄酒的香气特征及其影响因素

关于桃红葡萄酒的香气特征物质，Murat（2005）对波尔多（Bordeaux）桃红葡萄酒（主要品种为‘梅尔诺’‘赤霞珠’和‘品丽珠’）和普鲁旺斯（Provence）桃红葡萄酒（主要品种为‘西哈’‘歌海娜’‘神索’和‘穆尔韦德’）进行了比较研究。在这些葡萄酒中，她分离出了 3-巯基-1-己醇（3-MH）等 7 种物质（表 8-1 和表 8-2）。

表 8-1　波尔多和普鲁旺斯桃红葡萄酒相关物质的感官特征（Murat，2005）

物质	香气特征	感觉阈值
3-巯基-1-己醇	柚子	60 ng/L
3-巯基己基乙酸酯	黄杨	4.2 ng/L
乙酸异戊酯	香蕉	0.2 mg/L
乙酸苯乙酯	玫瑰	0.3 mg/L

续表

物质	香气特征	感觉阈值
苯乙醇	玫瑰	0.5 mg/L
β-大马酮	糖水苹果	45 ng/L
β-紫罗兰酮	堇菜	600 ng/L

表 8-2　波尔多和普鲁旺斯桃红葡萄酒相关芳香物质的含量（Murat，2005）

芳香物质	波尔多 n=30；1998；1999 年 1 月分析			普鲁旺斯 n=10；2003；2004 年 5 月分析		
	最低	平均	最高	最低	平均	最高
3-巯基-1-己醇 /（ng/L）	68	639	2256	205	675	1201
3-巯基己基乙酸酯 /（ng/L）	0	5.41	40	15	161	396
乙酸异戊酯 /（mg/L）	1.3	2.43	5.1		未分析	
乙酸苯乙酯 /（mg/L）	0.16	0.3	0.96		未分析	
苯乙醇 /（mg/L）	6.3	25	64		未分析	
β-大马酮 /（ng/L）	993	3034	6211		未分析	
β-紫罗兰酮 /（ng/L）	30	79	511		未分析	

在对波尔多桃红葡萄酒进行统计分析时发现，在以上 7 种物质中，虽然乙酸异戊酯、苯乙醇和 β-大马酮的含量均高于它们的感觉阈值，但这些物质的含量与感官分析的果香特征并没有相关关系，而 β-紫罗兰酮的含量远低于其感觉阈值，也没有发现其含量与桃红葡萄酒的果香特征有相关关系；只有 3-巯基-1-己醇（3-MH）、3-巯基己基乙酸酯（3-MHA）和乙酸苯乙酯的含量不仅远远高于其感觉阈值，而且它们的含量与桃红葡萄酒的果香特征呈显著正相关。由此 Murat 得出结论，认为 3-MH、3-MHA 两种挥发性硫醇类化合物和乙酸苯乙酯 3 种物质，是桃红葡萄酒香气的主要贡献者，它们的含量越高，桃红葡萄酒的果香就越浓。就桃红葡萄酒风格的特征而言，3-MHA 似乎比 3-MH 更重要，尽管在许多葡萄酒中发现 3-MH 具有更高的 OAV 值（Wang et al.，2016）。

但是，3-MH、3-MHA 两种挥发性硫醇类化合物在葡萄汁中并不存在，而是在酒精发酵过程中由其前体物质 3-巯基-己醇-L-半胱氨酸转化而来的（Dubourdieu et al.，2006），因此，Murat（2005）将 3-巯基-己醇-L-半胱氨酸命名为 P-3-MH。事实上，在'缩味浓'葡萄酒中，由 P-3-MH 经酒精发酵转化形成的挥发性硫醇化合物包括：4-巯基-4-甲基戊-2-酮（4-MMP）、4-巯基-4-甲基戊-2-醇（4-MMH）、3-MH 和 3-MHA（Dubourdieu et al.，2006）。

Howell 等（2005）以 4-MMP 为例，研究了其形成的途径。他们认为，4-MMP 是在酒精发酵过程中，由酵母菌的碳-硫裂解酶将半胱氨酸-4-MMP（P-4-MMP）裂解而形成。

事实上，挥发性硫醇化合物是很多品种葡萄酒重要的芳香物质，这些品种包括'缩味浓''施埃博'（'Scheurebe'）、'琼瑶浆''雷司令''鸽笼白'（'Colombard'）、'小芒森'（'Petit Manseng'）、'赛美蓉'（'Semillon'）及上述桃红葡萄酒品种等。由于这些物质在葡萄浆果中并不存在，可以认为，在葡萄浆果中，它们都与半胱氨酸结合在一起，而在发酵过程中由于酵母菌的碳-硫裂解酶的作用而释放出来（图 8-1）。因此，不同的酿酒酵母菌系释放

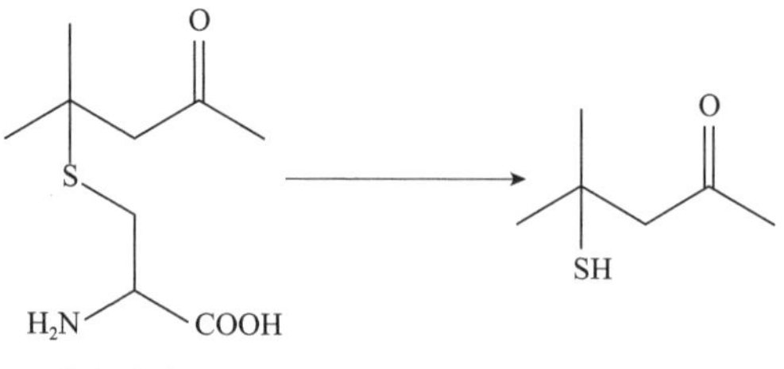

P-4-MMP → 4-MMP

图 8-1 酒精发酵过程中 4-MMP 的形成途径

挥发性硫醇化合物的能力也不相同（Murat et al.，2001；Dubourdieu et al.，2006）。

Murat（2005）以 3-MH 为例，研究了‘梅尔诺’‘赤霞珠’和‘品丽珠’葡萄汁 P-3-MH 含量与相应品种桃红葡萄酒中 3-MH 含量的关系。结果表明，两者之间存在着显著的相关性（R^2=0.7298），但是葡萄汁中只有最多不超过 10.2% 的 P-3-MH 转化为葡萄酒中的 3-MH。而葡萄汁和发酵结束时的葡萄酒中 P-3-MH 含量的比较研究表明，在发酵过程中 P-3-MH 的损失率为 56.0%～98.5%。这说明，在酒精发酵过程中，还有其他因素使 P-3-MH 分解而不形成挥发性硫醇化合物。

与其他芳香物质一样，与半胱氨酸结合的挥发性硫醇化合物主要存在于果皮中。因此，与花色素苷的含量一样，在发酵前的短期浸渍（24 h）过程中，随着浸渍时间的延长，葡萄汁中 P-3-MH 的含量增加；同样，与 10℃比较，20℃的浸渍温度可显著提高葡萄汁中 P-3-MH 和葡萄酒中 3-MH 的含量，但 25℃与 20℃的浸渍温度比较，葡萄汁中的 P-3-MH 和葡萄酒中 3-MH 的含量没有显著差异（Murat，2005）。

虽然 P-3-MH 可能对氧不敏感，但如果葡萄汁与氧的接触时间过长，由于酪氨酸酶的作用，葡萄汁的氧化可形成醌，后者可氧化刚释放出的挥发性硫醇。因此，应对葡萄汁进行防氧化处理，以提高桃红葡萄酒的果香（Murat，2005）。

Murat（2005）及其研究小组（Murat et al.，2003）的研究结果表明，挥发性硫醇化合物在桃红葡萄酒中很不稳定，而桃红葡萄酒中的花色素苷具有抗氧化和（或）螯合作用，可保持其稳定性。因此，在允许范围内，良好的浸渍，不仅可提高桃红葡萄酒中的花色素苷和挥发性硫醇化合物的含量，从而提高其果香，还能保持其果香的稳定性。

此外，Wang 等（2016）对 26 种澳大利亚市售桃红葡萄酒挥发性化合物进行了定量分析，发现酯类是主要的挥发物，包括 β-大马酮、乙酸异戊酯、己酸乙酯和 3-MHA 等芳香物质；其次是醇类物质。对桃红葡萄酒来说，有助于水果特征的芳香化合物包括乙酯、高级醇乙酸酯（特别是乙酸异戊酯和乙酸苯乙酯）、呋喃醇和多官能硫醇（3-MH 和 3-MHA）等。这些物质在其他桃红葡萄酒中也得到了证实（王华等，2014；Darici，2014）。

8.3 桃红葡萄酒的原料品种

从理论上讲，酿造红葡萄酒的所有原料品种都可以作为桃红葡萄酒的原料品种。但是，最常用的优良桃红葡萄酒的原料品种主要有：‘歌海娜’（‘Grenache’）、‘神索’（‘Cinsault’）、‘西哈’（‘Syrah’）、‘玛尔拜克’（‘Malbec’）、‘赤霞珠’（‘Cabernet Sauvignon’）、‘梅尔诺’（‘Merlot’）、‘佳利酿’（‘Carignan’）、‘品丽珠’（‘Cabernet Franc’）和‘媚丽’（‘Meili’）等。由这些品种酿成的桃红葡萄酒，‘神索’和‘品丽珠’的颜色较浅，‘佳利酿’和‘玛尔拜克’的颜色则较深。

在酿造桃红葡萄酒时，应该区别两大类作用不同的酚类物质。一大类是有利于桃红葡萄酒感官质量的花色素苷；另一大类是不利于质量的单宁。这两类酚类物质的含量及其相互之间的比例，随着葡萄品种的不同而变化很大（表 8-3）。而且，花色素苷与单宁的含量

和比例，在葡萄果穗各构成部分中的变化也很大（表8-4）。由此可以看出，“有利”成分主要存在于果皮中，而果梗和种子不仅“有利”成分含量低，而且含有不可忽视的“不利”成分。

表8-3 有关品种花色素苷和单宁的含量

品种	花色素苷/（mg/kg）	单宁/（mg/kg）	品种	花色素苷/（mg/kg）	单宁/（mg/kg）
歌海娜	1033.0	85.2	穆尔韦德	1316.0	123.6
神索	705.9	88.6	佳利酿	1496.0	141.5
西哈	2526.4	211.9			

表8-4 酚类物质在‘歌海娜’‘神索’‘穆尔韦德’‘佳利酿’果穗各部分的分布

部位	花色素苷/%	单宁/%	部位	花色素苷/%	单宁/%
果梗	1.3～1.4	9.4～18.8	果皮	94.2～98.7	35.4～50.3
种子	0	16.6～43.9	果肉	0～3.4	3.9～36.3

此外，要酿造优质桃红葡萄酒，必须防止在葡萄原料运输过程中的任何挤压和浸渍，使葡萄原料完好无损地进入葡萄酒厂（李华等，2007）。

各个葡萄品种既有其优点，又有一定的缺陷，而且由于各年份的气象条件的变化，各品种优良特性的表现也随之发生变化。因此，很难用单一的葡萄品种酿造出质量最好的桃红葡萄酒。这就需要各地根据自己的生态条件，选择相应的品种结构。表8-5是常用葡萄品种在酿造桃红葡萄酒时的优缺点（李华等，2007）。

表8-5 主要桃红葡萄酒原料品种的优缺点

品种	优点	缺陷
歌海娜	成熟度良好，酒度高，圆润，柔和	颜色易氧化，变为橙红色，香气一般，而且短，酒度易过高，酸低
神索	红色，色浅，但纯正，香气优雅，味厚而精美	颜色和口感易发生变化
西哈	色美，香气优雅，不易氧化	有的年份酸低，且易变得瘦弱
穆尔韦德	色美，香气优雅，不易氧化	新酒粗、硬
佳利酿	产量高	粗、硬，多数年份不易成熟
克莱尔特	香气优雅	易氧化
布尔布朗克	酸高，口感清爽	香气粗而短
媚丽	色浅、单宁柔和、果香、花香浓郁、优雅	颜色易氧化

8.4 桃红葡萄酒的酿造技术

由于多酚类物质（包括色素和单宁）对桃红葡萄酒质量的重要作用，桃红葡萄酒的酿造技术应能充分保证获得适量的酚类物质，保证新酒清爽，并且有略带紫色调的玫瑰红色（李华和王华，2017）。

8.4.1 直接压榨

如果原料的色素含量高，则可采用白葡萄酒的酿造方法酿造桃红葡萄酒，即原料接收—

破碎—SO_2 处理—分离—压榨—澄清—发酵—分离。

但用这种方法酿成的桃红葡萄酒往往颜色过浅。因此，使用这种方法必须满足两方面的条件：①色素含量高的葡萄品种；②能在破碎以后立即进行均匀的 SO_2 处理，以防止氧化。

在原料成熟良好的情况下，使用这种方法酿成的桃红葡萄酒，‘佳利酿’色最深，‘穆尔韦德’次之，‘歌海娜’最浅。但此种方法不适于表 8-3 中其他的原料品种。

8.4.2 短期浸渍分离

短期浸渍分离适用于具有红葡萄酒设备的葡萄酒厂。在葡萄原料装罐浸渍数小时后，在酒精发酵开始以前，分离出 20%～25% 的葡萄汁，然后用白葡萄酒的酿造方法酿造桃红葡萄酒。剩余的部分则用于酿造红葡萄酒，但要用新的原料添足被分离的部分。而且由于固体部分体积增加，应适当缩短浸渍时间，防止所酿成的红葡萄酒过于粗硬。这样，桃红葡萄酒的工艺流程则变为原料接收—破碎—SO_2 处理—装罐—浸渍 2～24 h—发酵开始。

短期浸渍分离法酿成的桃红葡萄酒，颜色纯正，香气浓郁，水果香气和花香突出，酚类物质含量少，口感清爽，苦味弱（Suriano et al.，2015；翟婉丽，2018；屈慧鸽等，2016；杨雪峰等，2019）。

需要指出的是，如果在酒精发酵开始后不久进行分离，所酿成的酒会失去传统桃红葡萄酒的芳香特征，而成为所谓的“咖啡葡萄酒”或“一夜葡萄酒”。

8.4.3 低温短期浸渍

低温短期浸渍是将原料装罐浸渍，在酒精发酵开始前分离自流汁；皮渣则经过压榨，取开始的压榨汁加入自流汁中，而除去后来的压榨汁。其工艺流程为原料接收—破碎—SO_2 处理—装罐浸渍 2～24 h—发酵开始前分离自流汁—皮渣压榨—发酵—分离。

在以上三种方法中（图 8-2），一些机械设备的使用也会影响桃红葡萄酒的质量：①机械

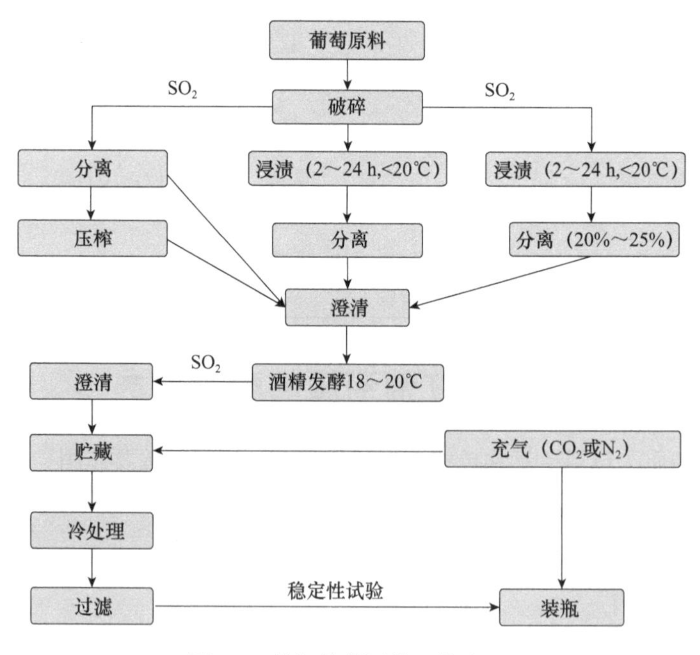

图 8-2 桃红葡萄酒的工艺流程

果汁分离机的使用，会降低桃红葡萄酒的质量；②压榨机种类虽然对颜色的影响较小，但是连续压榨机会显著提高单宁的含量，而葡萄酒工艺师则应在颜色允许的范围内，尽量提高花色素苷 / 单宁的比例；③机械自动除渣发酵罐能更好地提取芳香物质和色素，从而有利于提高桃红葡萄酒的质量。

除上述三种方法外，二氧化碳浸渍法也适用于酿造桃红葡萄酒。但无论采用哪种方法酿造桃红葡萄酒，都必须遵循以下原则（李华和王华，2017）。

（1）葡萄原料完好无损地到达酒厂。

（2）尽量减少对原料不必要的机械处理。

（3）对于‘佳利酿’和染色葡萄品种避免浸渍。

（4）如果需要浸渍，则浸渍温度最高不能超过 20℃。

（5）发酵温度严格控制在 18～20℃。

（6）防止葡萄汁和葡萄酒的氧化。

8.5　混 合 工 艺

在贮藏过程中，桃红葡萄酒对氧敏感，颜色不稳定，其色调由桃红向黄色转变，同时，香气质量和口感质量也下降，从而失去桃红葡萄酒的典型特征。由此可见，氧化现象是降低桃红葡萄酒质量的重要原因之一。

但是，葡萄汁或葡萄酒的氧化需要氧、氧化酶及酚类物质三个因素的共同作用。要防止氧化，就需要去除以上三个因素中的任一因素。

正是为了防止桃红葡萄酒的氧化，保证其颜色、清爽和香气的稳定性，可以用混合工艺（混酿法）。其工艺流程如下：首先用红皮白汁的葡萄原料酿造白葡萄酒，即对原料进行轻微破碎、压榨；对葡萄汁用膨润土、活性炭（如需要也可用酪蛋白）处理，以降低氧化酶和酚类物质（单宁、无色花青素、花色素苷、儿茶素等）的含量，然后进行酒精发酵。在出罐时，再加入相应比例（10% 左右）的同一品种酿造的红葡萄酒。Pallota 认为，所加入的红葡萄酒最好是用二氧化碳浸渍酿造法获得的。

用混合工艺酿造桃红葡萄酒，可以达到以下 4 个目的（李华和王华，2017）。

（1）花色素苷的比例更高，从而保证良好的色调。

（2）儿茶素和无色花青素的含量更低，因而红色 / 黄色色调更为稳定，实际上，较高的花色素苷含量和较低的无色花青素及儿茶素的含量可以减缓酚类物质的氧化性聚合反应，从而减缓桃红向橙红的转变。

（3）为获得所需的色调提供了可能性。

（4）自然地解决了酵母-酚类物质的互作问题。

8.6　小　　结

桃红葡萄酒是颜色介于白葡萄酒与红葡萄酒之间的葡萄酒。优质桃红葡萄酒必须具有以下特点。

（1）果香，即类似新鲜水果的香气。

（2）清爽，因而应具备足够高的酸度。

（3）柔和，其酒度应与其他成分相平衡。

近期的研究结果表明，由‘梅尔诺’‘赤霞珠’‘品丽珠’‘西哈’‘歌海娜’‘神索’‘穆尔韦德’等品种酿造的桃红葡萄酒的特征果香物质为挥发性硫醇化合物，这些化合物在葡萄浆果中，以与半胱氨酸结合的形态主要存在于果皮当中。在酒精发酵过程中，在酵母菌的碳-硫裂解酶的作用下，这类结合态的物质释放出游离态的挥发性硫醇化合物，从而产生特殊的果香。挥发性硫醇化合物在桃红葡萄酒中很不稳定，而桃红葡萄酒中的花色素苷具有抗氧化和（或）螯合作用，可保持其稳定性。因此，在允许范围内，良好的浸渍不仅可提高桃红葡萄酒中的花色素苷和挥发性硫醇化合物的含量，从而提高其果香，还能保持其果香的稳定性。此外，虽然挥发性硫醇化合物可能对氧不敏感，但如果葡萄汁与氧的接触时间过长，由于酪氨酸酶的作用，葡萄汁的氧化可形成醌，后者可氧化刚释放出的挥发性硫醇。因此，应对葡萄汁进行防氧化处理，以提高桃红葡萄酒的果香。

因此，桃红葡萄酒的合理工艺应能保证以下几点。

（1）通过合理的浸渍，获得所需的色调和果香，并且在此范围内尽量提高花色素苷 / 单宁的比值。

（2）降低单宁的含量。

（3）酒精发酵在 18～20℃条件下顺利完成。

（4）防止酒精发酵前葡萄汁及葡萄酒在储藏和装瓶过程中的氧化。

（5）葡萄酒澄清稳定。

可用图 8-2 对桃红葡萄酒的工艺进行总结。此外，还可根据需要，选用二氧化碳浸渍酿造法和混合法酿造桃红葡萄酒。

第9章 特种葡萄酒和蜜甜尔的酿造

根据 OIV（2022b）的规定，特种葡萄酒（special wines）是用新鲜葡萄或葡萄汁酿造而成，在酿造过程中或酿造结束后经特殊处理的葡萄酒，其特征不仅取决于葡萄，而且取决于其酿造工艺。特种葡萄酒包括产膜葡萄酒（flor or film wines）、利口葡萄酒（liqueur wine）、起泡葡萄酒（sparkling wines）、加气葡萄酒（carbonated wines）、自然甜型葡萄酒（Sweet wines with residual sugar derived from grapes）、冰葡萄酒（icewine）、脱醇葡萄酒（wine with an alcohol content modified by dealcoholisation）和浸渍白葡萄酒（white wine with maceration）等（表 9-1）。在特种葡萄酒中，起泡葡萄酒和加气葡萄酒将在第 10 章中详细讲述。

表 9-1 特种葡萄酒的种类（OIV，2022b）*

名称	定义
产膜葡萄酒	在葡萄汁酒精发酵完全后，将葡萄酒在产膜酵母形成的酵母膜下进行一定时间的与空气接触的生物陈酿，并可加入酒精，成品酒度不低于 15%（体积分数，下同）的葡萄酒
利口葡萄酒	由葡萄汁（包括部分发酵的葡萄汁）和（或）葡萄酒制成，酒度在 15%～22% 的特种葡萄酒。根据酿造方式不同，利口酒包括高度葡萄酒和浓甜葡萄酒两大类
高度葡萄酒（wine spirits）	在新鲜葡萄、葡萄汁或葡萄酒中加入酒精后获得的酒度在 22%～24% 的利口葡萄酒
浓甜葡萄酒（wine liquors）	在新鲜葡萄、葡萄汁或葡萄酒中加入酒精和浓缩葡萄汁，或葡萄汁糖浆，或新鲜过熟葡萄汁或蜜甜尔，或它们的混合物后获得的产品
自然甜型葡萄酒	完全由葡萄或葡萄汁部分酒精发酵获得的发酵残糖（葡萄糖加果糖）含量大于或等于 45 g/L 的葡萄酒，其糖分是自然获得的。葡萄酒的实际酒度不得低于 4.5%。发酵前葡萄汁的潜在酒度不得低于 15%
冰葡萄酒	利用在自然条件下结冰的葡萄在冷冻状态下压榨，发酵后获得的葡萄酒，同时必须满足以下条件：原料采收和压榨的温度不得高于－7℃；葡萄汁的自然潜在酒度不得低于 15%；冰葡萄酒的酒度不得低于 5.5%

*OIV 认为，还可有其他类型的特种葡萄酒

由此可见，除带气的葡萄酒、浸渍白葡萄酒和脱醇葡萄酒外，特种葡萄酒包括酒度高和（或）糖度高的一大类葡萄酒，因此习惯上将它们通称为利口葡萄酒。

由于几乎不含单宁，传统的白葡萄酒可以具有不同的酸度、糖度及与 CO_2 相配合（李华，2006；李华等，2022）。正因为如此，大多数含糖的葡萄酒都是白葡萄酒，只有少数特殊的红葡萄酒（如波尔图、自然甜型葡萄酒等）才是甜葡萄酒，而且它们是用中止酒精发酵获得的。

甜葡萄酒实际上是发酵不完全的葡萄汁，保留了葡萄本身的糖。根据含糖量的多少，可分为半干、半甜、甜和浓甜葡萄酒。而且其含糖量往往用潜在酒度表示，如 12%+2%，表示葡萄酒的酒度为 12%（体积分数），潜在酒度为 2%（体积分数），即含糖量为 34 g/L。

甜葡萄酒的酿造方法与干葡萄酒的相近，但它们需要原料有足够高的含糖量，且在酒精发酵结束前，用自然或人为的方式中止酒精发酵。

而浓甜葡萄酒的酿造方法则有很大的区别。由于自然成熟的葡萄不可能具有所需要的含糖量，这就需要用不同方式（各种浓缩）人为地提高原料的含糖量，同时要采用特殊的酿造方法。对葡萄汁浓缩的主要方法包括贵腐、干化、冷冻浓缩等。

将葡萄保留在植株上，通过自然低温进行冷冻浓缩的方式，主要用于生产优质的冰葡萄酒。其原理是利用冬季的低温（－8～－6℃），使保留在植株上的葡萄部分结冰，然后在低温下压榨，从而获得含糖量高的葡萄汁。而冷冻浓缩（cryoextraction）则是人为地将葡萄部分结冰后，再进行压榨。

总之，利口酒的酒度提高，可以通过冷冻浓缩、加入酒精、加入浓缩汁或酒精、浓缩汁混合物的方式获得。但所加入的酒精，必须是酒度不低于95%（体积分数）的葡萄精馏酒精或酒度为52%～80%（体积分数）的葡萄酒精（李华和王华，2017）。

这一大类葡萄酒包括自然甜型葡萄酒、加香葡萄酒（如味美思）和加强葡萄酒等。世界上很多著名的葡萄酒，如法国的索泰尔纳酒（Sauternes）、西班牙的雪莉酒（英国命名为Sherry；西班牙命名为Jerez；法国命名为Xeres）、葡萄牙的波尔图（Porto，英国命名为Port）等，都属于这一大类。

9.1　贵腐葡萄酒

贵腐葡萄酒，是利用灰霉菌（*Botrytis cinerea*）在成熟葡萄浆果上的贵腐（noble rot）作用，提高浆果的含糖量后，酿造的浓甜葡萄酒，以法国的索泰尔纳-巴尔萨克（Sauterne-Barsac）地区生产的最为著名，其主要葡萄品种有‘赛美蓉’（‘Semillon’）、‘缩味浓’（‘Sauvignon’）和‘蜜思恰得尔’（‘Muscadelle’）。其他的产区，如法国的卢皮亚克（Loupiac）、圣克鲁瓦蒙（Sainte-Croix-du-Mont）、蒙巴兹雅克（Monbazillac）、安茹（Anjou），德国的摩泽尔（Moselle）和匈牙利的托卡伊（Tokay）等，也生产贵腐葡萄酒。生产贵腐葡萄酒需要满足一些条件。

（1）用于酿造贵腐葡萄酒的葡萄必须种植在早晨湿雾朦胧而下午阳光明媚的地区，且在贵腐菌生长之前葡萄必须完全成熟。

（2）若要使用人工侵染的方式酿造人工贵腐葡萄酒，需在葡萄成熟后（葡萄浆果含糖量约210 g/L，含酸量约6 g/L）在傍晚对葡萄串均匀喷洒灰葡萄孢菌悬液，每天喷洒一次。

（3）不是每一颗葡萄都同时受到侵染，因此采摘时需要逐串逐粒挑选，既要避免灰霉变黑，也要将果穗内部没有产生“贵腐”的果实保留，等待“贵腐”的发生（邢守营，2013；兰圆圆，2014）。

9.1.1　灰霉菌引起的贵腐对原料成分的改变

贵腐在引起蒸发作用从而导致原料体积减小（可达50%）、含糖量升高的同时，还由于灰霉菌的代谢，引起原料成分的一系列变化。

（1）柠檬酸、葡萄糖酸含量升高，且葡萄糖酸含量升高是所有过熟葡萄原料的共同特点。

（2）酒石酸含量下降，苹果酸含量升高。

（3）多元醇含量升高，特别是甘油、丁四醇、阿拉伯糖醇和甘露醇含量的升高。

（4）矿质元素含量升高，特别是钾、钙、镁含量的升高，从而影响葡萄酒的酒石稳定性。

（5）灰霉菌还分泌大量具有胶体性质的葡聚糖，从而影响葡萄汁和葡萄酒的澄清。

（6）灰霉菌还消耗氮源，并形成多糖。

（7）总酚、咖啡酸、肉桂酸、槲皮素-3-葡萄糖苷和山柰酚减少，而儿茶素、表儿茶素和表儿茶素没食子酸酯增加，此外，杨梅素是白葡萄中从未有过的化合物，仅在受侵染严重的浆果中才发现（Carbajal-Ida et al.，2016）。

（8）葡萄被灰葡萄孢菌侵染后，其酯酶和β-葡萄糖苷酶活性均发生显著变化（Tosi et al.，2012）。

（9）挥发性硫醇［3-巯基-1-己醇（3-MH）］的半胱氨酸化前体 *S*-3-（1-己醇）半胱氨酸（P-3MH）的含量大大增加，对 P-3MH 分布的测定表明，灰葡萄孢菌不直接参与前体的形成，但可能刺激了参与前体形成的葡萄代谢途径（Thibon et al.，2009）。

因此，由这类原料获得的葡萄汁含糖量高、稠度大、难以澄清。

9.1.2　酿造技术要点

根据葡萄汁的特征，贵腐葡萄酒酿造技术的要点如下（李华等，2007；李华和王华，2017）。

（1）以最快的速度取汁，原料经破碎后直接压榨，并将最后一次的压榨汁分开。

（2）压榨后立即进行 SO_2 处理，用量为 40～70 mg/L。

（3）自然澄清 24 h 或在 0℃澄清 3～4 d，使葡萄汁的浊度达到 500～600 NTU。

（4）在发酵液中加入 100～150 mg/L 硫酸铵（即 25～40 mg/L NH_4^+）、50 mg/L 左右的维生素 B_1，以促进发酵，并在发酵液中接入 2% 的 24 h 酵母母液（详见 5.4.4 中的 2.）。

（5）将发酵温度控制在 20～24℃。

（6）当生成的酒度与残糖达到平衡时，即残糖的潜在酒度与酒度的尾数相等，如 13%＋3% 或 14%＋4% 时，进行封闭式分离，并在分离时进行 200～350 mg/L 的 SO_2 处理；当然可结合 SO_2 处理，用抑菌剂（李华等，2002）（表 9-2）和二碳酸二甲酯（DMDC）（Divol et al.，2005）（表 9-3）中止发酵。

（7）数天后，应分析游离 SO_2 的含量，并进行分离，将游离 SO_2 的量调整至 60 mg/L 左右；为了防止葡萄酒的再发酵，提高 SO_2 的使用效果，可使用抑菌剂和 DMDC 等 SO_2 替代品。

（8）为了保证葡萄酒的储藏性，最好进行热处理，以杀死酵母菌，并且避免葡萄酒的氧化和再发酵。

（9）在装瓶前几个月，根据蛋白质稳定试验结果，对葡萄酒进行膨润土处理（400～800 mg/L）。

新酒陈酿 2～3 年后再装瓶。

表 9-2　抑菌剂中止酒精发酵的效果（李华等，2002）

处理	含糖量	酵母菌数量 cfu/L	品尝得分
对照（SO_2 259 mg/L）	8.67	0	84.32
处理 1*（SO_2 150 mg/L）	3.20	10^4	—
处理 2（SO_2 150 mg/L＋抑菌剂 9 mg/L）	8.59	0	92.30

* 处理 1：酒精发酵继续进行，有 6.80 g/L 糖被分解，酵母菌群体数量较大，不能中止酒精发酵

表 9-3 应用不同抑菌剂终止酒精发酵后酵母细胞总数和细胞的死亡率（Divol et al.，2005）

处理*	1 周后		12 周后	
	细胞总数 /（cfu/mL）	死亡细胞 /%	细胞总数 /（cfu/mL）	死亡细胞 /%
A	3.8×10^{7}	32.8	1.0×10^{7}	58.5
B	4.7×10^{7}	39.3	9.5×10^{6}	58.3
C	6.6×10^{7}	52.6	1.4×10^{7}	66.0
D	3.9×10^{7}	34.2	6.8×10^{6}	57.3
E	3.4×10^{7}	34.6	6.7×10^{6}	63.8

*A．100 mg/L DMDC；B．200 mg/L DMDC；C．300 mg/L DMDC；D．200 mg/L SO_2；E．100 mg/L DMDC＋100 mg/L SO_2

9.2 自然甜型葡萄酒

这类葡萄酒是指发酵残糖含量大于或等于 45 g/L 的葡萄酒，完全由葡萄或葡萄汁部分酒精发酵而成，其含糖量必须在葡萄成熟过程中自然获得，或通过干化、葡萄的选择性分选和冷冻精选获得。其原料的潜在酒度不得低于 15%（体积分数），葡萄酒酒度不低于 4.5%（体积分数）。

对于白葡萄酒，发酵时无皮渣浸渍，葡萄酒较清爽，贮藏 8～18 个月就可消费。对于红葡萄酒，发酵时用皮渣浸渍，葡萄酒的果香味浓，干物质含量高，适于陈酿。用 CO_2 浸渍法酿造的自然甜型红葡萄酒，果香味最浓（表 9-4）（李华等，2007；李华和王华，2017）。

在陈酿过程中，必须保持贮藏容器始终盛满葡萄酒。白葡萄酒的最佳消费期为贮藏两年以后，而红葡萄酒的则为三年或更长。而陈酿方式对自然甜型葡萄酒的感官特征的影响比酿造时不同的保糖方式更大（Gonzalez-Alvarez et al.，2013）。

表 9-4 自然甜型葡萄酒酿造的可能工艺流程

无浸渍	有浸渍		CO_2 浸渍
原料	原料		原料
破碎	破碎		整穗葡萄与 CO_2 一起装罐
（分离）	（除梗）		浸渍和细胞内发酵
压榨	SO_2 处理		压榨
SO_2 处理	浸渍、部分发酵		部分发酵
（澄清）	压榨	加入酒精	加入酒精
（添加酵母）	加入酒精	浸渍	分离
部分发酵	（SO_2 处理）	压榨	SO_2 处理
加入酒精	分离	分离	
（SO_2 处理）		（SO_2 处理）	
分离			

注：加括号的处理酌情进行或最好不进行

9.2.1 无浸渍酿造

这种方法可以获得较清爽、无氧化、成熟快的自然甜型葡萄酒，可在酿造后8～18个月消费。可用于白色、红色品种，也可用于卫生状况较差的品种。通常在压榨结束后进行150～250 mg/L的 SO_2 处理；但如果酒厂具有制冷系统或离心设备，SO_2 处理可降低到50～100 mg/L。用澄清葡萄汁在20～25℃进行酒精发酵。

9.2.2 浸渍酿造

主要适用于‘玫瑰香’型品种和‘歌海娜’(‘Grenache’)，可以获得果香浓郁、干浸出物含量高、适于储藏的自然甜型红葡萄酒。

在破碎后通常进行50～100 mg/L的 SO_2 处理。

浸渍可以在停止发酵前或停止发酵后进行。停止发酵前的浸渍在发酵进行到“中止点”时结束，因此最好放慢发酵速度。根据发酵速度的不同，浸渍持续2～8 d，发酵温度控制在30℃左右。发酵停止后的浸渍可以提高浸渍效果，从而提高色素、多酚、无机盐及芳香物质的含量；其持续时间通常为8～15 d，但对一些优质、需陈酿4～5年的酒甚至可持续浸渍1个月。

此外，用二氧化碳浸渍酿造‘玫瑰香’型品种和其他红色品种，可使产品具有浓郁的二氧化碳浸渍香气（李华等，2007；李华和王华，2017）。

9.2.3 发酵

由于只是部分发酵，所以通常不会出现发酵困难的现象。若葡萄汁含糖量很高，最好选用能够启动高糖含量葡萄汁发酵且后期发酵缓慢，并能够自动终止发酵的酵母菌（韩晓鹏，2016）。但是在高温下发酵速度过快，往往会大大降低香气的浓度。

采用浸渍发酵，应将温度保持在30℃左右；如果采用无浸渍发酵，则应将发酵温度控制在25℃左右。此外，也可以在发酵过程中分次加入酒精，这样可以获得以下两方面的效果。

（1）使酒精发酵暂时受到抑制，便于控制发酵温度。

（2）延长发酵时间，便于产生更多的发酵副产物，特别是甘油。

此技术主要用于不浸渍的自然甜型白葡萄酒的酿造（李华等，2007；李华和王华，2017）。

9.2.4 用酒精中止发酵

在发酵进行到“中止点”时加入酒精，使发酵中止，同时还可加强浸渍作用，使不溶性物质沉淀。

通常情况下，当发酵汁的密度降到“中止点”（发酵达到要求的酒度）时，首先对葡萄汁进行冷冻、离心，然后加入相应量的酒精中止发酵。在发酵中止后，应进行 SO_2 处理，以中和乙醛、阻止氧化。其用量一般为100 mg/L。

在贮藏过程中的管理基本上与红葡萄酒一致，同时应保证其游离 SO_2 浓度达到8～10 mg/L（李华等，2007；李华和王华，2017）。

9.2.5 灌装前处理

甜型葡萄酒采用保糖发酵工艺，葡萄酒装瓶后，如果酵母过滤不彻底或灌装环节感染酵母菌，甜型葡萄酒在瓶内二次发酵的风险加大。因此，需要在灌装前加入 SO_2 处理或在装瓶前进行 90℃瞬间杀菌，过滤、灌装应在低温下进行（杜娟等，2020）。

9.3 以干化葡萄为原料的葡萄酒

在一些国家和地区，以干化葡萄为原料酿造葡萄酒，著名的有西班牙的谐丽酒、法国的黄葡萄酒（Vins de Paille）等，新疆的楼兰古酒也属于这一大类。

这类葡萄酒由于其原料经过了各种干化处理，葡萄汁的含糖量非常高，可以达到 400～500 g/L。干化后葡萄的酶活性、挥发性风味物质的含量和种类均有所增加，葡萄酒抗氧化性增强，口感更加圆润（付丽霞，2016；王琳等，2020）。干化处理的方法很多，包括保持葡萄在葡萄藤上使其逐渐失水、将果梗掐断但仍挂在植株上晾干、将葡萄采下后就地晒干、放在一层禾秆上或在筛板上（加热或不加热）晾干、将葡萄挂起来晾干等。根据方法不同，干化处理的时间也不相同，可为 2～4 个月。不同的干化方式和时间会影响葡萄酒的酚类物质（单宁、花色苷和酚酸等）、香气成分（萜烯类、β-大马酮等）、外观颜色和口感特征的变化（Avizcuri-Inac et al.，2018；Urcan et al.，2017）。当干化处理使糖度达到要求后，先将原料分选，然后进行破碎、压榨、低浓度的 SO_2 处理，最后入桶或发酵罐进行发酵。由于发酵多在冬天进行，而且汁的含糖量很高，所以发酵非常困难，有时可持续几年。

由于糖本身具有抗菌作用，所以在糖不能完全被发酵的葡萄汁中，含糖量越高，发酵所产生的酒度就越低。例如，如果葡萄汁的含糖量低于 350 g/L，就很容易获得 17%（体积分数）的酒度；但如果含糖量高于 360 g/L，则即使要达到 14%（体积分数）的酒度也很困难。所以，在对原料进行干化处理时，最好使其含糖量保持在 350 g/L 左右。此外，为了促进酒精发酵，最好在装罐时只装 2/3，并将罐口打开，以利于酵母的繁殖，并将温度保持在 18℃左右。当发酵进入旺盛期（2～3 d 后）时，分离葡萄汁（开放式），再加入葡萄汁进行发酵。当 CO_2 的释放停止、葡萄酒开始澄清时，停止加温，并将葡萄酒分离，于冬季低温条件下贮藏。

西班牙的谐丽葡萄酒的陈酿方式包括生物性陈酿和非生物性陈酿两种。

（1）生物性陈酿：进行生物性陈酿的葡萄酒的酒度为 15.0%～15.5%（体积分数），用于强化的酒精是高度精馏的，具有 95.5%～96%（体积分数）的酒度（Pozo-Bayon and Moreno-Arribas，2011）。在开放式条件下，葡萄酒的表面很快形成一层酵母膜。在这一过程中，葡萄酒的干浸出物被消耗，并形成醛类、缩醛和芳香物质。在这一过程中，应对葡萄酒进行多次的换桶或部分换桶和混合。Munoz 等（2007）的研究表明，在谐丽葡萄酒的生物陈酿过程中，合理的微氧处理可加速葡萄酒的成熟。

（2）非生物性陈酿：酒度为 18%～19%（体积分数）的葡萄酒在未添满的状态下进行缓慢的氧化，但表面无酵母膜。在陈酿过程中，同样要进行多次换桶或部分换桶和混合。陈酿结束后通常加入蜜甜尔，以提高糖度（李华等，2007；李华和王华，2017）。

9.4 蜜 甜 尔

蜜甜尔（Mistelles）是由未经发酵的酒精含量低于 1%（体积分数）的新鲜葡萄或葡萄汁加入葡萄蒸馏酒或中性酒精获得的产品。蜜甜尔可分为以下两类。

（1）用于进一步加工的蜜甜尔：用自然酒度不低于 8.5%（体积分数）葡萄汁生产的、酒度为 12%～15%（体积分数）的蜜甜尔。

（2）直接饮用、类似于加强葡萄酒的蜜甜尔：用自然酒度不低于 12%（体积分数）的葡萄汁生产的、酒度为 15%～22%（体积分数）的蜜甜尔。

添加的葡萄蒸馏酒或中性酒精必须符合 OIV 的规定（OIV，2022b）。

酒精可直接加入葡萄中并进行浸渍，以生产红蜜甜尔；也可加入葡萄汁中以生产白蜜甜尔。

蜜甜尔的贮藏与自然甜型葡萄酒相似（李华等，2007；李华和王华，2017）。

9.5 利口酒的热处理

一般将添加酒精获得的特种葡萄酒称为加强葡萄酒（fortified wine）。热处理通常可以加速这类葡萄酒的成熟。根据葡萄酒的种类不同，热处理方法也不相同（李华等，2007，李华和王华，2017）。

9.5.1 开放式热处理

开放式热处理主要目的是促进产品的马德拉化，使之具有哈喇味。例如，马德拉葡萄酒（Vins de Madere）就在开放式的木桶中于 40～60℃的条件下处理数月。这种处理促进醛类、缩醛的形成和多酚物质的沉淀，颜色强度增加（Chen et al.，2009）。它主要用于需氧化陈酿香气（李华，2006；李华等，2022）的加强葡萄酒，即类似波尔图、谐丽、马德拉等香气的葡萄酒。要达到催熟的目的，通常需要在 60℃温度下处理 60 d 左右。

9.5.2 封闭式热处理

在封闭条件下对加强酒进行热处理，可使酒的氧化还原电位下降，乙醛含量保持稳定。该处理使感官质量改善的原因可能是多酚、还原糖和氨基酸的变化。处理方法有两种，一种是在保温罐中进行，另一种是在装瓶后进行。处理的温度和时间随葡萄酒的不同而不同。一般情况下，于 45℃下处理几周，可以使自然甜型葡萄酒提前两年成熟（梁艳英等，2012）。此外，热处理还可使酒精与葡萄酒的其他成分更为融合。

9.6 小　　结

本章所涉及葡萄酒的共同特征是高酒度、高糖度。其特征的来源可以是对原料进行特殊的处理后，使原料本身的含糖量极大地提高，如贵腐和干化处理；也可以是人为添加酒精以抑制或中止酒精发酵，从而保留葡萄本身的含糖量。当然，也可用冷冻浓缩的方式达到这一目的。

对于酒度足够高（16%～18%，体积分数）的葡萄酒，由于它基本上不受细菌的危害，可以不将贮藏容器添满，从而形成氧化醇香。但这种陈酿方式，不适于用芳香型品种酿造的葡萄酒。

对于所有的加强葡萄酒，热处理可以加速其成熟。根据酒的类型不同，热处理可为开放式，也可为封闭式。开放式热处理通常为 60℃处理 60 d；而封闭式则通常为 45℃处理几周。

第 10 章 起泡葡萄酒的酿造

起泡葡萄酒（sparkling wine）富含二氧化碳，具有气泡特性和清爽感，越来越受到各国消费者的欢迎。

我们目前还不知道发明起泡葡萄酒的确切日期。有的学者认为，最早的起泡葡萄酒于 14 世纪出现在法国南部地区，但那时的起泡葡萄酒是一次发酵而成的，且产量很少。直到 18 世纪初，法国香槟省（Champagne）的本笃会修士 Dom Perignon 发明了瓶内第二次发酵以后，起泡葡萄酒的生产才有了很大的发展。此法沿用至今，并且把它称为香槟法（methode Champenoise）（李华等，2007；李华和王华，2017）。

随着起泡葡萄酒生产的发展，其他生产技术和方法也不断被采用，如密封罐法起泡葡萄酒、加气法低泡葡萄酒等。我们将带 CO_2 压力的葡萄酒酿造在本章中一并讨论。

10.1 起泡葡萄酒的标准

带 CO_2 压力的葡萄酒，根据 CO_2 的来源可分为起泡葡萄酒和加气葡萄酒两大类。起泡葡萄酒的 CO_2 由酒精发酵产生，而加气葡萄酒的 CO_2 是人工添加的。目前，各国的带 CO_2 压力的葡萄酒标准都有很多相似之处，大都借鉴了国际葡萄与葡萄酒组织（OIV）的标准。

10.1.1 起泡葡萄酒的定义

由于有着不同的起泡葡萄酒的生产方法，为了避免可能的混淆，必须给出起泡葡萄酒的定义。OIV（2022b）规定起泡葡萄酒是由葡萄、葡萄汁或根据 OIV 认可的技术加工的葡萄酒制成的特种葡萄酒，其特征是在开瓶时具有完全由发酵形成的二氧化碳的释放，且在密闭容器中，在 20℃条件下，其二氧化碳的气压不低于 0.35 MPa，对于容量小于 0.25 L 的瓶子，气压不低于 0.3 MPa；当二氧化碳含量为 3～5 g/L 时，称为半起泡葡萄酒（semi-sparkling wines）。

根据生产方法不同，起泡葡萄酒可分为瓶式（瓶内二次发酵）和罐式（罐内二次发酵）两种。

根据含糖量不同，起泡葡萄酒可分为：天然（brut）、绝干（extra-dry）、干（dry）、半干（demi-sec）和甜（sweet）五大类（表 10-1）。

表 10-1 起泡葡萄酒的类型（OIV，2022b）

起泡葡萄酒种类		残糖含量 /（g/L）	允许误差 /（g/L）
含糖量	天然（brut）	≤12	+3
	绝干（extra-sec）	12～17	+3
	干（sec）	17～32	+3
	半干（demi-sec）	32～50	—
	甜（doux）	＞50	—

我国现行葡萄酒标准将起泡葡萄酒定义为在 20℃时二氧化碳压力等于或大于 0.05 MPa 的葡萄酒（GB/T 15037—2006）。起泡葡萄酒又可分为以下两类。

当二氧化碳（全部自然发酵产生）压力在 0.05～0.34 MPa 时，称为低泡葡萄酒（semi-sparkling wines）。

当二氧化碳（全部自然发酵产生）压力等于或大于 0.35 MPa（对于容量小于 250 mL 的瓶子，二氧化碳压力等于或大于 0.3 MPa）时，称为高泡葡萄酒（sparkling wines）。通常将高泡葡萄酒称为起泡葡萄酒。

高泡葡萄酒按其含糖量分为以下 5 类（表 10-1）。

（1）天然（brut）高泡葡萄酒：含糖量小于或等于 12.0 g/L（允许误差为 3.0 g/L）的高泡葡萄酒。

（2）绝干（extra-dry）高泡葡萄酒：含糖量为 12.1～17.0 g/L（允许误差为 3.0 g/L）的高泡葡萄酒。

（3）干（dry）高泡葡萄酒：含糖量为 17.1～32.0 g/L（允许误差为 3.0 g/L）的高泡葡萄酒。

（4）半干（semi-sec）高泡葡萄酒：含糖量为 32.1～50 g/L 的高泡葡萄酒。

（5）甜（sweet）高泡葡萄酒：含糖量大于 50 g/L 的高泡葡萄酒。

10.1.2　加气起泡葡萄酒

OIV（2022b）规定加气起泡葡萄酒是用 OIV 认可的技术加工的葡萄酒通过全部或部分人为添加二氧化碳制成的特种葡萄酒，具有同起泡葡萄酒类似的物理特征。

我国将加气葡萄酒定义为葡萄汽酒（GB/T 15037—2006）。

10.1.3　有关起泡葡萄酒生产的部分规定

为了保证各厂家的合法竞争和保护消费者的利益，OIV（2022b）还规定了允许用于起泡葡萄酒生产的一系列工艺措施和处理，这也是本章“原酒的酿造”“气泡的产生”及“低泡葡萄酒和加气葡萄酒”等部分的主要内容之一。本节只给出下列规定和定义。

1. 二次发酵糖浆　二次发酵糖浆只能由酵母和葡萄汁、部分发酵葡萄汁、浓缩葡萄汁或蔗糖和葡萄酒构成。

2. 调味糖浆　调味糖浆只能由蔗糖、葡萄汁、部分发酵葡萄汁、浓缩葡萄汁、葡萄酒或它们的混合物构成。

3. 总二氧化硫含量　起泡葡萄酒的总二氧化硫含量不能超过 235 mg/L。

4. 酿造持续时间　酿造持续时间实际上是指葡萄酒获得起泡性的第二次发酵开始时算起的起泡葡萄酒在生产厂内的成熟时间。对于优质起泡葡萄酒，这一持续时间为：①不能少于 6 个月（如第二次发酵在密闭罐内进行）；其中葡萄酒与酒泥接触贮藏的时间，最少不能低于 80 d，但如果密闭罐内具有搅拌设备可减少至 30 d。②不能少于 9 个月（如第二次发酵在瓶内进行）；其中葡萄酒与酒泥接触贮藏的时间，最少不能低于 60 d。

10.2　起泡葡萄酒的原料及其生态条件

10.2.1　起泡葡萄酒对葡萄原料的要求

为了保证起泡葡萄酒的质量，用于酿造起泡葡萄酒的葡萄原料的最佳成熟度应满足以下条件：含糖量不能过高，一般为161.5～187.0 g/L，即自然酒度在9.5%～11.0%(体积分数)；含酸量应相对较高，因为它是构成起泡葡萄酒“清爽”感的主要因素，也是保证起泡葡萄酒稳定性、优质的重要因素；应严格避免葡萄的过熟。

在气温较低的地区，这种成熟度所要求的酸度较易达到，而自然酒度却较难达到，因此常常需要加糖。

在法国，起泡葡萄酒的产区主要在气候凉爽和葡萄栽培的北界地区，而且在各产区，通过对修剪、种植密度和最高产量的限制，以保证获得最佳成熟度。酿造起泡葡萄酒的原料的成熟系数（糖、酸比）一般为15～20，总酸为8～12 g H_2SO_4/L，其中50%～60%为苹果酸。

在气温较高的地区则相反，一般葡萄含酸量较低。因此常常用加入酒石酸的方式进行增酸。阿根廷是这方面最典型的国家。其用于生产起泡葡萄酒的原料含糖量为190～210 g/L，用于生产芳香型起泡葡萄酒的原料含糖量为220～230 g/L；相反，原料的含酸量则较低，一般需用酒石酸将葡萄原酒的总酸调至7 g H_2SO_4/L左右。

对于以上两个极端类型之间的地区，则可通过小气候条件的选择，使葡萄原料从酸度和糖度两方面都达到技术成熟度（李华等，2007；李华和王华，2017）。

10.2.2 品种选择

1. 瓶内发酵法起泡葡萄酒的原料品种 品种是影响这类起泡葡萄酒质量的关键性因素。目前，在世界各有关国家表现良好的有下列品种（李华等，2007；李华和王华，2017）。

1）‘黑比诺’（‘Pinot Noir’） ‘黑比诺’是用瓶内发酵法生产起泡葡萄酒的最重要的品种，它可使葡萄酒醇厚，具有骨架，同时可加强起泡葡萄酒的成熟和耐储性。目前，80%的香槟含有2/3～3/4的‘黑比诺’。但是，‘黑比诺’的遗传特性很不稳定，很容易出现自然芽变。例如，‘红比诺’‘灰比诺’‘绿比诺’‘白山坡’等品种，都是由‘黑比诺’芽变产生的。因此，对于‘黑比诺’，营养系选种在品种改良中就显得尤为重要。用于瓶内发酵法酿造起泡葡萄酒优良纯系的主要特征是果穗中小、果粒中小。果穗和果粒都大的纯系产量虽高，但却降低葡萄酒的质量。‘黑比诺’的果穗紧密，易感染灰霉病等真菌病害。‘黑比诺’是早熟品种，在大多数地区均能栽培。但在较热地区，其葡萄酒的质量会受到影响。此外，‘黑比诺’萌芽早，在温度较低的地区易受早春寒危害，引起落果和僵果。最后，在不同的地区和年份，‘黑比诺’的表现可以发生很大的变化。

2）‘霞多丽’（‘Chardonnay’） ‘霞多丽’是酿造起泡葡萄酒的优良品种，它使起泡葡萄酒具有优雅的果香和陈酿香气，同时具有适宜的酸度。在所有起泡葡萄酒的原料品种中，‘霞多丽’的产量最高，而且其葡萄酒可与酒脚一起储藏5年。‘霞多丽’的萌芽和成熟期稍迟于‘黑比诺’，但在不同的地区和年份，其表现型非常稳定，这也是它能在全世界广为栽培的原因之一。

3）‘白山坡’（‘Pinot Meunier’） ‘白山坡’是从‘黑比诺’的芽变中选出的品种。其果穗较大，果粒为蓝黑色。由于‘白山坡’的萌芽期稍迟于‘黑比诺’，故其抗寒能力较强。其含糖量和含酸量均较高。但其起泡葡萄酒的质量较前两个品种差，而且也不像前两个品种那样适于酿造干白葡萄酒和低泡葡萄酒。所以，‘白山坡’主要栽培在不适于‘黑比诺’和‘霞多丽’的纬度和海拔较高的地区或较冷的小气候条件下。

4）‘白比诺’（‘Pinot Blanc’） ‘白比诺’也是‘黑比诺’的芽变品种，具有花香、柑橘和苹果的香味（Jones et al.，2014）。其产量介于‘霞多丽’和‘黑比诺’之间，含糖量和

含酸量均较高，除可用于生产起泡葡萄酒外，还可用于生产干白葡萄酒和低泡葡萄酒。‘白比诺’表现型的稳定性较‘霞多丽’低。

5）‘灰比诺’（‘Pinot Gris’）　‘灰比诺’也是‘黑比诺’的芽变品种，很少用于瓶内法起泡葡萄酒的生产，如果用它生产瓶内法起泡葡萄酒，往往也是与上述品种配合使用。虽然其品质优良，但根据地区和品系的不同，产品的质量有很大差异。此外，作为瓶内法起泡葡萄酒的原料品种，‘灰比诺’的果香过浓，酸度过低。比较而言，‘灰比诺’更适于干白和低泡葡萄酒的生产。

除上述品种外，‘雷司令’（‘Riesling’）及意大利品种（如‘Prosseco’‘Durello’等）也可用于瓶内法起泡葡萄酒的生产，但产品质量和陈酿特性都较上述品种差。

2. 密封罐法起泡葡萄酒的原料品种　密封罐法起泡葡萄酒对原料品种的要求不如瓶内法起泡葡萄酒的要求那么严格。例如，目前意大利有 45 种产地命名（AOC）起泡葡萄酒。用于这些起泡葡萄酒生产的品种非常多，但最主要的品种有：①生产干型起泡葡萄酒的‘雷司令’‘缩味浓’和一些意大利品种，如‘Presseco’‘Durello’‘Garganega’‘Trebbiano’‘Verdicchia’‘Albana’；②生产芳香型甜起泡葡萄酒的‘玫瑰香’型品种、‘Malvoisies’‘Albana’等。

当然，用于瓶内法起泡葡萄酒的品种也可用于密封罐法起泡葡萄酒的生产。如果在准备第二次发酵的原酒时，加入少部分（如 20%）第一类品种的葡萄原酒，会明显改善密封罐法起泡葡萄酒的质量和成熟特性。

很显然，最好的起泡葡萄酒（包括瓶内法和密封罐法）常常是用不同品种的原酒勾兑后再行第二次发酵获得的（如香槟酒），因为这些品种可以相互“取长补短”。但这并不排除用单品种酿造起泡葡萄酒的可能。

除了上述优良品种外，我国使用‘山葡萄’‘户太八号’和‘北冰红’等品种，使用改良“密封罐法”酿造的‘北冰红’起泡酒的特征香气以苹果、杏、梨、草莓、酸樱桃、甜瓜等水果香气为主，且具有较强的抗氧化活性，也生产出质量较好的起泡葡萄酒（崔艳等，2009；王华等，2015；都晗等，2018；鲁榕榕，2018；崔长伟等，2019）。

3. 低泡葡萄酒的原料品种　低泡葡萄酒对原料品种几乎没有特殊要求。因此，可用的品种非常多，包括白色品种和红色品种。所以，各地可根据生态条件和小气候条件选择与之相适宜的品种。

总之，瓶内法起泡葡萄酒对原料品种的要求最为严格，密封罐法起泡葡萄酒次之，而低泡葡萄酒则几乎没有特殊要求。所以从瓶内法起泡葡萄酒到低泡葡萄酒，可利用的原料品种越来越多。各地区还可通过试验选择与其产品类型和生态条件相适宜的新品种和现有品种。

10.2.3　气候条件

起泡葡萄酒的原料所要求的最佳气候条件是温度较低的地区。与温度较高的地区比较，在这些温度较低的地区，葡萄的成熟过程缓慢，多酚类物质、芳香物质及苹果酸的氧化程度较轻，葡萄在成熟时，酸度特别是苹果酸的含量较高，而这些正是构成起泡葡萄酒质量的重要因素（李华等，2007）。

一般认为，瓶内法起泡葡萄酒的原料在采收时，其苹果酸与酒石酸比例应为 1∶1，pH 应小于或等于 3。而酸度和 pH 主要取决于气候条件和品种。此外，在温度较低的地区，葡萄的成熟度不会过大，苹果酸和芳香物质的含量较高，而可氧化的多酚类物质含量较低。当然在这类地区，葡萄的含糖量（自然酒度）不会很高，但是，只要其自然酒度达到 9.5%（体积分数），就可生产出品质优良的瓶内发酵法起泡葡萄酒。此外，各地区的水分状况也是影响葡萄品质的重要因素之一，包括大型水体的温度调节效应，可以减轻夏天的炎热和冬天的寒冷（Buxaderas et al.，2012）。

优良起泡葡萄酒产区在葡萄生长期（4～9月）的主要气象指标如下（李华等，2007）：活动积温2500～2800℃；有效积温1000～1200℃；日照时数1200～1500 h；年降水量700～1200 mm；$XH\times10^{-6}$为2.6～3.0（其中X为活动积温；H为日照时数）。而气候变暖将为优质起泡酒的生产带来重大挑战，如何保持风味发展和高酸度成为需要解决的问题（Jones et al.，2014）。

10.2.4 土壤条件

土壤条件的重要性远远不如品种和气候条件。但一般情况下，最好的起泡葡萄酒原料的土壤为钙质灰泥土，这并不排除在其他土壤条件下也能生产出优质起泡葡萄酒的原料。

土壤的化学成分与土壤类型具有同等的重要性。为了保证葡萄汁中的氮（包括总氮和铵态氮）能满足酵母菌在原酒酒精发酵及在瓶内或密闭罐内第二次酒精发酵的需要，土壤必须为葡萄浆果提供良好的氮素营养。另外，土壤中钾的含量不能过高，因为虽然钾能提高葡萄汁中酒石酸的含量，但由于其成盐作用，会降低葡萄酒的总酸，特别是降低苹果酸的含量。此外，由于钾与镁的拮抗作用，过量钾的存在，会影响葡萄对镁的吸收，导致葡萄汁中含糖量和其他有益成分含量的下降。

10.2.5 葡萄栽培技术

由于起泡葡萄酒的原酒必须达到的指标与普通葡萄酒有很大差异，从而造成了用于酿造起泡葡萄酒的葡萄的栽培技术与传统的葡萄栽培技术的差异。起泡葡萄酒原酒的质量指标主要包括：最低自然酒度9.5%（体积分数）、总酸和苹果酸含量高、pH低等。所以，在葡萄栽培技术方面就应为葡萄提供达到上述要求的小气候条件和生理条件。

在起泡葡萄酒的最佳产区，葡萄栽培技术与传统葡萄栽培技术没有多大差异。但是，在温度较高的地区，特别是在葡萄成熟期间温度较高的地区，除选择温度较低的小气候条件外，在栽培技术上还应采取相应的措施，以保证原酒的最低自然酒度、较高的酸度等。这些措施主要包括：降低种植密度，提高主干高度，以提高结果部位、提高产量。这就需要较多的氮素营养，有时还需要灌水。灌溉只应在转色期前进行，其最重要的目标是提高葡萄的质量，而不是产量（Buxaderas et al.，2012）。这些栽培技术可以降低自然酒度（当然应保证要求的最低含糖量），提高含酸量和苹果酸的含量，防止芳香物质和酚类物质的氧化。与传统葡萄栽培比较，用于生产起泡葡萄酒的葡萄的采收期相对要早些。这一方面是由于所用的品种多为早熟品种；另一方面需要保证葡萄酒的果香，要求的含糖量较低，含酸量较高。但是，为了使葡萄在其最佳成熟期采收，仍需要对葡萄进行成熟系数、pH、总酸、苹果酸和酒石酸等的控制。

在病虫害防治方面，用于酿造起泡葡萄酒的葡萄，与其他用途的葡萄没有多大差异。

10.3 起泡葡萄酒原酒的酿造

起泡葡萄酒的酿造分两个阶段。第一阶段是葡萄原酒的酿造；第二阶段是葡萄原酒在密

闭容器中的酒精发酵，以产生所需要的 CO_2 气体。很显然，在葡萄原酒酿造过程中出现的任何错误，都会增加第二阶段的困难，并最终降低产品的质量。当然，保证葡萄原料的最佳技术成熟度是获得起泡葡萄酒质量的第一步（李华等，2007）。

10.3.1　压榨

在进行压榨以前，应先将破损、霉烂、变质的葡萄选出，以免影响葡萄原酒的质量。

如果利用红皮品种酿造葡萄酒，则压榨就是决定葡萄酒质量最重要的因素之一。在这种情况下，香槟酒酿造过程中的以下压榨技术是值得借鉴的。

（1）利用整粒葡萄直接压榨，以避免存在于果皮中的色素溶解。

（2）较低的出汁率，1500～1600 kg 原料出汁 1000 L，即出汁率为 62.5%～66.7%。

（3）根据出汁率的大小，将压榨汁分为三个部分，如 4000 kg 原料第一次压榨汁为 2550 L，且葡萄汁中的杂质不得高于 2%，只有这部分葡萄汁才能用于酿造优质起泡葡萄酒原酒；第二次为 500 L，只能用于酿造普通起泡葡萄酒；而其后的压榨汁则只能用于酿造蒸馏酒的原酒，这就完全排除了连续压榨机使用的可能性。

压榨质量的关键在于以下几点（李华等，2007）。

（1）用气囊压榨机直接压榨整粒葡萄。

（2）较低的出汁率，不能超过 66%。

（3）分次压榨，分次取汁，而且只用自流汁和一次压榨汁酿造原酒。

气囊压榨视频

10.3.2　对葡萄汁的处理

可以通过不同的处理改良经压榨获得的葡萄汁质量，这些处理包括 SO_2 处理、澄清、加糖、酸度和颜色的调整等。有时还需对葡萄汁进行冷冻储藏（李华等，2007）。

在决定对葡萄汁进行处理时，应考虑以下两种不同的情况。

（1）葡萄原酒的酒精发酵很彻底，基本上不含残糖。

（2）葡萄原酒的酒精发酵不完全，当酒度达到 6%（体积分数）时就中止发酵。

葡萄汁（包括发酵不完全的葡萄汁）的冷冻储藏主要与后一种方式结合使用，以生产芳香型起泡甜葡萄酒。

1. SO_2 处理　　在压榨取汁以后，应尽快对葡萄汁进行 SO_2 处理，一般在压榨出汁的同时进行，以使 SO_2 与葡萄汁充分混合。在 SO_2 的使用浓度方面，根据国别不同而有所差异，一般为 30～100 mg/L（表 10-2）。

表 10-2　各国对葡萄汁的 SO_2 处理浓度

国别	法国	西班牙	德国	阿根廷	匈牙利
浓度 /（mg/L）	30～80	60～100	50～100	50～80	50

2. 澄清处理　　葡萄汁的澄清处理，一方面能避免呈悬浮状态的大颗粒物质使葡萄酒具不良风味，另一方面能除去部分氧化酶，降低含铁量。所以，葡萄汁的澄清处理能提高葡萄酒的质量。但是，各国的澄清方式有所差异。

在法国香槟省，由于采收季节温度较低，且葡萄汁中悬浮物含量较少，葡萄汁的澄清处理是将葡萄汁静置澄清 12～15 h。果胶酶处理和离心处理的效果都不如静置澄清好。

在意大利，特别是在生产芳香型起泡甜葡萄酒的地区，在压榨结束后立即对葡萄汁进行离心处理，然后低温（0℃左右）处理数天；在低温处理的同时加入单宁和明胶。低温处理结束后，取澄清葡萄汁用硅藻土过滤机进行过滤。

在阿根廷，对用于生产非芳香型起泡干葡萄酒的葡萄汁，进行膨润土处理，但膨润土的用量很小；而对用于生产芳香型起泡甜葡萄酒的葡萄汁，膨润土的用量为1.5 g/L，以除去葡萄汁中的氮，使发酵能在需要时停止，并保证起泡葡萄酒的稳定性。

一般来讲，如果采收季节气温较低，葡萄汁中悬浮物含量较少，采用静置澄清可取得良好的效果；相反，如果采收季节气温较高，葡萄汁中杂质含量较高，则应进行低温和过滤处理（李华等，2007；李华和王华，2017）。

3. 加糖　在酿造起泡葡萄酒时，为了获得CO_2气体，一般都需要在葡萄原酒中加入糖浆。另外，如果原料的含糖量过低，也可在葡萄汁中进行糖分的调整，需要指出的是，起泡葡萄酒的酒精含量一般为10%～12%（体积分数）。

10.3.3 酒精发酵

1. 干型葡萄原酒的发酵

1）发酵容器和发酵温度　在法国香槟地区，葡萄原酒的发酵过去一般是在橡木桶中进行的，发酵温度为15～20℃；而现在，发酵多在带冷却设备的大容量（≥100 t）的不锈钢发酵罐中进行，其发酵温度控制在16～20℃。在西班牙，带冷却设备的不锈钢发酵罐的使用日益普及。葡萄汁一般先预冷至10～12℃，并且在发酵过程中将温度控制在12～14℃，这一发酵温度可使葡萄品种的香气得到良好的发展。而在阿根廷，最常见的仍然是水泥发酵池，而不锈钢罐和涂料普通钢罐很少见。其发酵温度用外冷却方式控制在15～18℃，发酵时间一般为30 d左右。

总之，为了保证葡萄原酒的质量，必须对酒精发酵温度进行控制。由于不锈钢发酵罐有利于控制发酵温度，所以它的使用在世界范围内越来越广泛（李华等，2007；李华和王华，2017）。

2）添加酵母　法国、德国西部及意大利等国普遍使用优选酵母，而希腊则主要使用自然酵母。

在酿造葡萄原酒时所添加的优选酵母菌系即使在较低的温度条件下，也必须保证发酵迅速、彻底，不影响葡萄品种香气的发展，而且由它们活动所形成的乙酸和乳酸量较少。

3）添加澄清剂和稳定剂　在香槟地区，有的厂家在发酵过程中添加0.25～0.50 g/L的膨润土或1.00～2.00 g/L的膨润土-酪蛋白复合物。但这一处理并不普遍，而是根据年份、葡萄品种和第几次压榨汁而决定的。

在澳大利亚，发酵过程中的膨润土处理较为普遍。

2. 芳香甜型葡萄原酒的发酵　阿根廷和意大利的芳香型起泡甜葡萄酒产量较高，其葡萄原酒的发酵特点是，在发酵过程中不断地进行膨润土处理（1 g/L），每次处理以后都要进行过滤和（或）离心处理。其目的是逐渐使基质中营养物质含量下降，以使最终含糖量较高的起泡葡萄酒具有良好的生物稳定性。这一处理的次数取决于年份、葡萄汁中氮化物的含量及发酵情况等。一般情况下进行4次澄清，前三次分别在酒度达到2%、3%和4%（体积分数）时进行。最后一次处理则在酒度在5%～6%（体积分数）时进行，膨润土和酪蛋白同时使用。然后将正在发酵的葡萄汁冷却至5℃或以下，再进行离心处理。

这样酿造的葡萄原酒的含糖量可在密封罐中产生足够的CO_2气体，并保持80 g/L左右

的含糖量。葡萄原酒的含氮量为 60～80 mg/L，由于在第二次发酵过程还要消耗一部分氮，因此起泡葡萄酒的含氮量还要低些（李华等；2007）。

酿成的葡萄原酒在保温罐中进行低温（0℃）贮藏，以防止再发酵。在贮藏过程中，隔一定时间进行转罐，如果需要，还需进行过滤或离心处理。葡萄原酒在进入第二次发酵前，有时要贮藏几个月。

这种方法可以控制发酵的进程，产生少量的酒精，并可保持较高的糖度和葡萄品种的果香。

10.3.4　苹果酸-乳酸发酵

在香槟地区，现在都对葡萄原酒进行苹果酸-乳酸发酵，以避免这一发酵过程在瓶内发生。如果控制良好，而且在其结束以后能完全控制细菌的活动，苹果酸-乳酸发酵对含酸量高的葡萄原酒是很有利的；但在另一些情况下，它也可使产品缺乏“清爽”感，造成澄清困难、易于氧化等问题。

而在奥地利、西班牙、意大利等国，一般都避免葡萄原酒的苹果酸-乳酸发酵。因此，采用及早分离、过滤、离心、添加 SO_2 等技术，避免苹果酸-乳酸发酵的进行。

但是，如果需要进行苹果酸-乳酸发酵，必须使之在进行不同年份、不同产区、不同发酵罐中的葡萄原酒混合、勾兑以前结束（李华等，2007）。

10.4　气泡的产生

10.4.1　葡萄原酒的处理

1. 澄清　在不需要进行苹果酸-乳酸发酵的地区，应该在酒精发酵结束以后马上进行转罐以将葡萄酒与酒脚分开。

而在需要进行苹果酸-乳酸发酵的地区，酒精发酵结束以后，应将温度控制在 18～20℃，以有利于乳酸菌的活动。而且最好能使苹果酸-乳酸发酵紧接着酒精发酵进行，在这一发酵结束后进行分离转罐，以利用冬季低温使葡萄酒很快稳定。

在香槟地区，常常由于温度过低、葡萄酒原酒的 pH 较低等，苹果酸-乳酸发酵不能及时进行，而在次年春天才触发。因此各酒厂根据习惯和葡萄的卫生状况进行不同方式的处理。

（1）将葡萄酒与酒泥一起贮藏在酒精发酵罐中，等到苹果酸-乳酸发酵结束后再行分离、转罐。

（2）将葡萄酒先分离、转罐，然后在苹果酸-乳酸发酵结束后再行第二次分离、转罐。

对于葡萄酒的澄清处理，现在多用过滤和离心的方法，但使用单宁、蛋白胶进行澄清处理的仍然很普遍。常用的蛋白胶主要是明胶和酪蛋白（Patrick et al.，2009）。单宁-蛋白胶常用于储藏在较小容器中的葡萄酒。因为在这种情况下，葡萄酒自然澄清、下胶处理可获得良好的效果。但在大容器中贮藏的葡萄酒，下胶的效果较差，常用过滤和离心处理进行澄清。

用膨润土进行澄清处理可防止蛋白质破败和铜破败病。因此，尽管膨润土处理影响气泡的形成，但在很多国家仍然使用这一技术，但其用量一般不超过 200 mg/L（李华等，2007）。

2. 酒石稳定　为了防止在第二次酒精发酵过程中的酒石沉淀，必须对原酒进行酒石稳定处理。所有用于静止葡萄酒的酒石稳定处理方法，都可用于起泡葡萄酒原酒的稳定处理，但其处理强度应比静止葡萄酒的大一些（李华等，2007）。

10.4.2 防止氧化

为了使葡萄原酒在加入糖浆以后能进行第二次酒精发酵产生 CO_2，在葡萄原酒中 SO_2 的使用浓度一般较低，通常将其游离浓度保持在 15 mg/L 以下，难以防止葡萄酒的氧化。因此，应添满、密闭、在 10～15℃的条件下储藏。此外，很多国家如阿根廷、西班牙、德国等，除在酿造过程中尽量防止与空气接触外，都使用 CO_2 或氮气对葡萄酒进行充气储藏。

10.4.3 勾兑及其标准

为了使起泡葡萄酒具最佳质量特点，所有生产起泡葡萄酒的厂家在加糖浆进行第二次发酵以前都进行不同葡萄品种间的勾兑。

在香槟地区，葡萄原酒的苹果酸-乳酸发酵结束以后，先进行预勾兑，然后进行品尝。在进行酒石稳定的冷处理时，才确定最终不同品种、不同年份的葡萄酒之间的勾兑比例，进行混合后再行冷处理。

勾兑的标准主要通过品尝确定。但一些分析指标，如 pH 和总酸，也可作为葡萄酒质量和储藏性的参考指标。在香槟地区，要求勾兑体的总酸为 4.5～5.0 g H_2SO_4/L，pH 3.00～3.15，以保证起泡葡萄酒具有清爽感（李华等，2007）。

10.4.4 第二次发酵

一般可将第二次发酵技术分为以下两大类。

（1）葡萄原酒的含糖量很低，只能加入足够量的糖浆才能保证第二次发酵的顺利进行，以产生 CO_2 气体。

（2）葡萄原酒的含糖量很高，实际上是发酵不完全的葡萄汁，因此第二次发酵，除特殊情况外，不需加入糖浆，利用葡萄原酒本身的含糖量就能顺利进行。

第二次发酵的方式有瓶内发酵（包括传统法和转移法）和密封罐内发酵两大类。

1. 瓶内发酵——传统法

1）装瓶　葡萄原酒在装瓶以前通过过滤，不仅酵母的含量很少，而且含糖量也很低，一般不超过 1 g/L，所以在装瓶以前还必须加入糖、酵母及其他辅助物，以利于瓶内发酵和去除沉淀。OIV 允许在进行二次发酵的基酒中添加铵盐和硫胺素等辅助物。通常铵盐使用磷酸氢二铵或硫酸铵，最大剂量为 0.3 g/L（以盐表示）；硫胺素使用盐酸硫胺素，最大剂量为 0.6 mg/L（以硫胺素表示）（OIV，2022b）。

（1）添加酵母。在香槟地区，选择第二次发酵的酵母菌系的标准主要为：进行再发酵的能力，进行低温（10℃）发酵的能力，发酵彻底，对摇瓶的适应。

西班牙还要求不产生 H_2S。但 Coloretti 等（2006）认为，用 *S. cerevisiae* 与 *Sacch. uvrum*（*S. bayanus* var. *uvarum*）获得的种间杂交株系，比纯种株系更适于瓶内发酵。

将优选酵母制成酒母（发酵旺盛的含糖葡萄酒），直接添加到葡萄原酒中。所添加的酵母群体数量应达到 10^6 cfu/mL。过低，不仅瓶内发酵速度慢，而且可能不能将糖发酵完，酵母沉淀对酒瓶的黏性也更大；过高（如 2×10^6 cfu/mL），则发酵速度可能过快，而且葡萄酒可能会带酵母味。

（2）糖浆。糖浆是将甘蔗糖溶解于葡萄酒中而获得的，其含糖量为 500～625 g/L。

一般情况下，4 g/L 糖经发酵可产生 0.1 MPa 的气压。因此，在装瓶时，一般加入 24 g/L 糖，以使起泡葡萄酒在去塞以前达到 0.6 MPa 的气压。但这一比例只适用于酒度为 10%（体积分数）的葡萄酒（表 10-3）。

表 10-3 获得一定气压需加的蔗糖量（g/L）

酒度（体积分数）/%	0.50 MPa	0.55 MPa	0.60 MPa
9	19	21	23
10	20	22	24
11	21	23	25
12	22	24	26

（3）辅助物。在装瓶时加入的辅助物包括两大类。

第一大类是有利于酒精发酵和完成的物质，主要是铵态氮（磷酸氢铵等），有时也用维生素 B_1。磷酸氢铵的用量一般为 15 mg/L。

第二大类是有利于葡萄酒澄清和去塞的物质，主要是膨润土（0.1～0.5 g/L），有时也用藻朊酸盐（20～50 mg/L），还可使用有机澄清剂、单宁、海藻酸钾等。

（4）封盖。在装瓶结束以后，现在一般用皇冠盖进行封盖。与木塞比较，皇冠盖密封性更强，更易去除，且葡萄酒成熟更为缓慢。

2）*瓶内发酵* 将装瓶后的葡萄酒水平地堆放在横木条上，进行瓶内发酵。窖内的温度为 12～18℃。一般认为，在 10℃条件下进行的缓慢发酵有利于起泡葡萄酒的质量。因为在这种情况下产生的气泡小，持续时间长，还有利于香味的发展。瓶内发酵一般持续 4～6 周。

有时为了触发酒精发酵，先将装瓶后的葡萄酒置于 18～20℃的温度条件下，待发酵触发后再转入 12～18℃温度条件下。发酵结束后，贮藏一年以上，以利于葡萄酒的成熟。

3）*瓶口倒放和摇瓶* 将贮藏后的葡萄酒，瓶口向下插在倾斜、带孔的木架上，并隔一定时间转动酒瓶，进行摇动处理。木架上的孔从上至下，使酒瓶越来越接近倒立状态。这样逐渐使瓶内的沉淀集中到瓶口。

这项工作原来全靠人工进行，而现在可使用相应的自动化设备完成。

4）*去塞与封装* 去塞的目的是将集中于瓶塞处的沉淀利用瓶内气压冲出，并尽量避免酒与气泡的损失。在去塞时，现在一般先将瓶颈倒放于－20～－12℃的冰液中，将瓶口处的沉淀冻结于软木塞或瓶盖上。去塞的同时将沉淀去除。

在去塞后，用调味糖浆将瓶内的葡萄酒调整到标定的高度。调味糖浆含有 600 g/L 左右的糖，以便调整不同种类起泡葡萄酒的含糖量。

在调味糖浆中，还可含有柠檬酸，以补偿由于稀释作用引起的葡萄酒总酸的降低。虽然冷冻可限制 CO_2 的逸出，但在去塞时仍会损失 1 kg 左右的压力。而且去塞时引起的最大的问题是氧化，提高氧化还原电位，影响起泡葡萄酒的香气。为解决这一问题，可在调味糖浆中加入 SO_2（15 mg/L）和（或）维生素 C（50 mg/L）（李华等，2007；李华和王华，2017）。

2. 瓶内发酵——转移法 转移法从葡萄酒原酒酿造至瓶内发酵结束，与传统法差异不大。但在瓶内发酵结束以后，将酒瓶转入分离车间。先将酒瓶在冰水中冷却，通过一自动等压倒瓶装置，将葡萄酒倒入一预先冷却的小金属罐中，并且不损失 CO_2 气体和葡萄酒。接收罐为双层，具有搅拌器，且事先充入了氮气或最好 CO_2 气体，其气压最好略低于酒瓶内的

气压，以便将葡萄酒完全倒出。

然后加入调味糖浆，根据葡萄原酒的种类不同，接收罐的温度也不相同：如果葡萄原酒已经过酒石酸稳定处理，则将温度降至0℃；相反，如果葡萄原酒未经酒石酸稳定处理，则将温度降至−4℃。并在这样的温度条件下进行搅拌。8～12 d后，起泡葡萄酒在等气压条件进行无菌过滤、装瓶。

这一方法于1950～1960年在西德应用比较广泛，因为它可取代倒放和摇瓶、去塞等劳动强度大、技术要求高的工作。此外，它还具有调味均匀、葡萄酒质量一致、加强葡萄酒的稳定性及防止葡萄酒和CO_2损失等优点。但这一方法并没有得到推广，因为在传统法方面的技术进步，特别是摇瓶和去塞的自动化，使转移法相对传统法的优势大大削弱。另外，在密封罐内进行第二次发酵技术的发展，也限制了转移法的推广（李华等，2007；李华和王华，2017）。

3. 密封罐内发酵　利用传统法进行第二次发酵不仅劳动强度大、技术要求高，而且需要较长的时间和占用地方，只适用于贮藏时间长、质量很高、价格也高的起泡葡萄酒（如香槟酒）。为了降低成本，缩短酿造时间，简化酿造工序，更适应工业化大生产的要求，很多国家采用了在密封罐内进行第二次发酵的方法。

意大利的密封罐内发酵很有代表性。这一方法包括以下几个步骤（李华等，2007；李华和王华，2017）。

1）起泡干葡萄酒

（1）葡萄原酒的酿造（干葡萄酒），加入糖浆。

（2）转入密封罐内并添加酵母。

（3）在12～15℃的条件下发酵，时间一般为1个月；结束后通过搅拌使葡萄酒与酵母接触一段时间，促进酵母的自溶。

（4）用明胶和膨润土进行澄清处理。

（5）在等气压条件下进行离心和无菌过滤处理。

（6）加入调味糖浆并在等压条件下装瓶。

2）芳香型起泡甜葡萄酒

（1）准备葡萄汁并发酵至6%（体积分数）左右。

（2）添加酵母，有时还需加入糖浆。

（3）第二次发酵，温度12～15℃。

（4）冷冻处理以停止发酵。

（5）澄清和等气压离心。

（6）等气压过滤、装瓶。

（7）在瓶内进行巴氏杀菌。

由于这一技术可取消摇瓶和去塞工序，并且第二次发酵是在较高的温度条件下进行的，更易控制，发酵更快，所以在很多国家都广为采用。

此外，一般认为在密封罐内进行第二次发酵比用传统法酿造的起泡葡萄酒质量要差些。但有研究指出，这并不是容量问题，而是酿造时间问题，这一差异仅仅是缓慢发酵和迅速发酵之间的差异。因此，第二次发酵容器对生物化学反应，对起泡葡萄酒的质量毫无影响。如果使用同一葡萄原酒和同一酿造条件（温度、发酵期限等），不管第二次发酵是在0.75 L的瓶内进行，还是在20 L的小容器或100 000 L的大容器中进行，起泡葡萄酒的质量将会完全一样（李华等，2007；李华和王华，2017）。

1）*第二次发酵的设备*　德国第二次发酵的发酵罐容积最大，为 1000～250 000 L。一般为不锈钢罐或涂有环氧树脂的普通钢罐，其抗压能力为 0.8 MPa，并定期检查。发酵罐具有温度计、气压表和一固定搅拌器。发酵罐、起泡葡萄酒的贮藏和成熟罐都置于可调温度的车间内。用于准备装瓶的酒罐或者是双层的或者可单独调温。

2）*装罐与第二次发酵*　在装罐时，发酵罐顶部的阀门打开，从基部注入葡萄原酒，并逐渐从阀门处排出罐内的空气。装入的量最多不能超过容积的 96%。然后酒精发酵产生 CO_2 并将罐内的空气全部排出发酵罐以后（36～48 h），才关闭顶部阀门。在德国，一般将发酵温度控制在 16℃，发酵时间为 4～6 周。每天必须检查记录发酵温度和气压。

3）*成熟与稳定*　第二次发酵结束以后，搅拌可促进酵母的自溶。贮藏和成熟过程的温度为 12～14℃，但在冬季还要低些。

成熟的时间一般为 6～8 个月。然后在等气压条件下，进行分离、离心、过滤。等压条件可用压缩空气或惰性气体（如氮气、CO_2、氩气）而获得。但国际葡萄与葡萄酒组织禁止在酿造起泡葡萄酒过程中使用 CO_2。

在装瓶前，加入调味糖浆，进行无菌过滤，将温度降至－2℃，以降低气压，并促进酒石酸盐沉淀。在这时进行冷处理比对葡萄原酒进行冷处理更为经济。

4）*等气压装瓶*　在最后一次过滤后，对葡萄酒进行搅拌，以使整罐葡萄酒质量均匀，然后进行装瓶。为获得等气压条件，可使用惰性气体或压缩空气，允许使用的惰性气体是氮气、氩气和内源二氧化碳（OIV，2022b）。

在西班牙，装瓶前先用 N_2 将瓶内空气除去，装瓶后同样用 N_2 填充瓶颈部的空隙。在阿根廷，装瓶后进行巴氏消毒处理（李华等，2007；李华和王华，2017）。

除以上方法外，在俄罗斯、乌克兰、意大利阿斯蒂（Asti）和普赛克（Prosecco）主要用在密封罐内进行连续发酵的方式生产起泡葡萄酒（Grainger et al.，2016）。这一方法在保加利亚、塞尔维亚及澳大利亚等国也较为常用（Culbert et al.，2017）。

10.5　低泡葡萄酒与加气葡萄酒

10.5.1　低泡葡萄酒

低泡葡萄酒的酿造方法、所用的设备及检测手段均与起泡葡萄酒相似，只是由 CO_2 形成的瓶内气压要低一些。

法国在生产低泡葡萄酒时，一般先对压榨汁进行 SO_2 处理（60～100 mg/L），然后澄清，加入选择酵母，在 18～20℃的条件下进行酒精发酵。在发酵过程中对葡萄汁进行膨润土处理（0.4～1.0 g/L），以增加香味并使颜色更淡。其产气的主要方式有以下两种。

（1）保持在酒精发酵过程中产生的 CO_2，并用冷冻的方式防止苹果酸-乳酸发酵。这样生产的低泡葡萄酒香味更浓，但由于含有苹果酸，因此不太稳定。

（2）在发酵结束后，将葡萄酒保持在 18℃的条件下，以促进苹果酸-乳酸发酵，并保持在这一发酵过程中产生的 CO_2 气体。

此外，还可用一般葡萄酒与发酵葡萄汁混合，以获得所需的 CO_2 气压和含糖量或将葡萄酒与具 CO_2 气压的葡萄酒混合的方式生产低泡葡萄酒（李华等，2007；李华和王华，2017）。

10.5.2 加气葡萄酒

加气葡萄酒（葡萄汽酒）的特点与起泡葡萄酒相似，但其气压是人为地在一般葡萄酒中充入 CO_2 气体而获得的。

可用几种不同的方法对葡萄酒进行充气。一般是先将葡萄酒冷却至近冰点，在－4.4℃的温度下进行充气。然后将充气葡萄酒贮藏一段时间，使葡萄酒与 CO_2 气体达到平衡后，在低温和加压条件下进行过滤、装瓶。

加气葡萄酒比起泡葡萄酒的成本要低得多，而且如果选用品质优良的葡萄酒进行充气的话，其品质也很好。很多葡萄酒在充气前应加入一定量的柠檬酸，因为多数消费者喜欢加气葡萄酒具有较高的酸度。此外，也可在充气以前加入一部分糖浆，但在这种情况下，葡萄酒的酒度应相对较高［12%（体积分数）左右］，以避免瓶内发酵（李华等，2007；李华和王华，2017）。

10.6 小　　结

起泡葡萄酒是具有完全由发酵形成的二氧化碳特种葡萄酒，根据二氧化碳的含量可分为起泡葡萄酒（高泡葡萄酒）、半起泡葡萄酒（低泡葡萄酒）；根据生产方法不同，起泡葡萄酒可分为瓶式（瓶内二次发酵）和罐式（罐内二次发酵）；根据含糖量不同，起泡葡萄酒可分为天然（brut）、绝干（extra-dry）、干（dry）、半干（demi-sec）和甜（sweet）。

加气葡萄酒（葡萄汽酒）的特点与起泡葡萄酒相似，但其气压是人为地在一般葡萄酒中充入 CO_2 气体而获得的。

生产起泡葡萄酒的最佳生态区是气候较凉爽的地区。在这些地区，起泡葡萄酒所需要的酸度和果香能很好地得到保证。在气候较热的地区，则需要采取与传统葡萄栽培技术不同的栽培措施，以保证葡萄原料所要求的最低含糖量、较高的苹果酸和总酸含量等。最好的土壤是含钾量低的钙质灰泥土。但影响起泡葡萄酒质量的最重要的因素仍然是葡萄品种。对于罐式起泡葡萄酒，适宜的品种有‘雷司令’‘缩味浓’及‘玫瑰香’型系列品种，而适于瓶式法起泡葡萄酒的主要品种有‘黑比诺’‘霞多丽’‘白山坡’等。

低泡葡萄酒对品种、气候、土壤等生态条件及栽培技术等没有特殊要求。

虽然我国大多数葡萄产区在葡萄生长期间温度较高，但由于后期雨季及过高的产量等因素，葡萄采收时的成熟度很低，往往不符合生产优质干型葡萄酒的要求。在这种情况下，建议有关地区在保证葡萄原料所要求的最低含糖量（160 g/L）的前提下，在具有适宜的品种和条件时，生产起泡葡萄酒或葡萄气酒。

与其他葡萄酒比较，起泡葡萄酒的质量取决于以下特殊的指标（李华，2006；李华等，2022）：①颜色，特别是对白起泡葡萄酒；②气泡质量；③清爽感和持续性；④香气的优雅度。

很多因素可以影响上述质量指标，主要有：①原酒的质量及成分；②一次发酵和二次发酵的温度；③酵母菌种，特别是用于二次发酵的菌种；④与起泡葡萄酒种类相适应的贮藏温度和期限；⑤在整个生产过程中的卫生条件；⑥氧化，因而必须避免与空气接触；⑦酒瓶和瓶塞的质量。

起泡葡萄酒原酒的生产主要有两种方式，一种以法国香槟酒为代表，另一种则以意大利阿斯蒂酒为代表：①香槟酒的原酒为干酒，在第二次发酵前必须加入发酵糖浆；②阿斯蒂酒

的原酒为甜酒，在第二次发酵前可以不加糖浆。

这两大类起泡酒的二次发酵方式也不相同：①香槟酒的二次发酵在瓶内进行，称为“传统法”；②阿斯蒂酒的二次发酵在密封罐内进行，称为“密封罐法”。

由于传统法在机械设备和摇动、去塞、加调味糖浆等操作过程自动化方面的进步和由于密封罐法在产品感官质量方面的不断提高，转移法的发展受到限制。

传统法生产的起泡葡萄酒的感官特征取决于在 CO_2 压力下的成熟。葡萄酒失去了大部分的一类香气和二类香气，其质量是在长期陈酿的过程中获得的。

而密封罐法生产的起泡葡萄酒的感官特征和质量则取决于一类香气，因而尽避免过长的陈酿。

第 11 章 自然葡萄酒的酿造

葡萄酒之所以与众不同，是因为它本质上是一种自然产品（natural product），这种自然性（naturality）对葡萄酒来说非常重要。在葡萄酒的整个生产过程中（包括葡萄栽培和葡萄酒酿造），任何不必要的添加和干预，都会降低葡萄酒的天然性，并严重损害葡萄酒的形象及其持续发展（sustainable development），具体表现在弱化风格、降低质量、提高成本、污染环境。然而，由于现代葡萄栽培和酿酒技术的发展，许多种植者和酿酒师过度依赖现代技术（农药、肥料、商业微生物制剂、亚硫酸、橡木桶等），使葡萄酒变得越来越像工业化产品（李华和王华，2010）。因此，现代葡萄栽培和酿酒技术就像一把双刃剑，虽然它使酿酒更安全、更容易、更稳定，但它以牺牲个性为代价推动了葡萄酒的快速同质化（Goode and Harrop，2011），并且带来环境和葡萄酒食品安全等问题（李华和王华，2016，2020；李华等，2021）。

可持续发展理念已成为国际社会的广泛共识，也是我国的基本国策之一。可持续发展的目标必须做到减少资源的消耗、改善生态环境和提高生活质量。在葡萄酒领域，我们提出了经济与生态、文化和娱乐等社会功能共存的理念，以及“强化风格，提高质量，降低成本，节能减排”的可持续、高质量发展路线。这就需要我们将可持续发展放在突出位置，使之成为实现未来葡萄酒产业的方法、工具和理想（Han et al.，2021）。

11.1 自然葡萄酒与可持续发展

随着可持续发展理念不断深入人心，葡萄酒消费者和生产者越来越关注与葡萄酒生产相关的“绿色”问题，如可持续性（sustainability）和碳足迹（carbone footprint）（Martins et al.，2018），并衍生出许多相关概念的葡萄酒，包括有机葡萄酒（organic wine）、生物动力葡萄酒（biodynamic wine）、自然葡萄酒（natural wine）和纯净葡萄酒（clean wine）等（表 11-1），以满足“绿色”市场的需求（Maykish et al.，2021）。但是，这些术语可能会使消费者感到困惑，他们无法在标签上找到足够的信息来充分理解其含义及其差异。一般来说，有机葡萄酒和生物动力葡萄酒工作的重点主要是生产健康无公害的葡萄酒。纯净葡萄酒的重点是在酿酒过程中降低葡萄酒中亚硫酸盐和生物胺的含量。只有自然葡萄酒专注于通过葡萄栽培和葡萄酒酿造过程来提升葡萄酒的天然性和可持续性。

表 11-1 不同类型“绿色”葡萄酒生产工艺的差异（Wei et al.，2022）

		有机葡萄酒	生物动力葡萄酒	自然葡萄酒	纯净葡萄酒
葡萄栽培	合成肥料	×	×	×	×
	除草剂	×	×	×	×
	农药	×	×	×	×
	波尔多液（霜霉病）	6 kg/（hm^2·年）	3 kg/（hm^2·年）	尽可能少用或不用	√

续表

		有机葡萄酒	生物动力葡萄酒	自然葡萄酒	纯净葡萄酒
葡萄栽培	石硫合剂（白粉病）	√	√	尽可能少用或不用	√
	采收	手工采收	手工采收	手工采收	允许机械采收
葡萄酒酿造	酵母	有机认证*	原生酵母	原生酵母	允许使用培养酵母
	添加剂	有机认证*	生物动力 / 有机认证	×	×
	创伤性物理技术[1]	禁止使用脱硫工艺*	√	×	√
	亚硫酸盐（总硫）	100 mg/L（红葡萄酒） 150 mg/L（白葡萄酒）*	70 mg/L（红葡萄酒） 90 mg/L（白葡萄酒）	30 mg/L（红葡萄酒） 40 mg/L（白葡萄酒）	×
	组胺	10 mg/L*	未提及	未提及	×

* 欧盟标准

1. 创伤性物理技术：反渗透、过滤、切向过滤、快速巴氏杀菌、热浸渍等

注：√为允许使用；× 为禁止使用

自然葡萄酒是葡萄酒行业的一种新兴且快速增长的趋势，将继续发展。有关自然葡萄酒的学术文章相当少，更多的是葡萄酒博客作者、专家和葡萄酒作家等对自然葡萄酒的理解，并向公众宣传自然葡萄酒。关于“自然葡萄酒”，目前还没有具体的官方定义（Galati et al.，2019），而且自然葡萄酒的各种组织对自然葡萄酒的看法也不一致（表 11-2）。我们认为，自然葡萄酒从葡萄种植、采收到加工等各方面应该是最自然的连续统一体，而且能够改善生产环境，增强管理整个生产过程和季节波动的能力，从而获得优质并能体现其风土特征的产品。其必须通过利用自然调节机制和资源取代任何不利于环境的手段，以满足生产独具风格的优质葡萄酒、尊重人和环境、保证葡萄酒长期的经济效益等三方面的要求，保证葡萄酒产业的可持续发展（李华和房玉林，2005；李华和王华，2020；李华等，2021；Han et al.，2021）。

表 11-2　不同自然葡萄酒组织对自然葡萄酒的观点（González and Parga-Dans，2020）

协会	自然葡萄酒的定义	规定
Raw Wine （英国，德国，美国）	自然葡萄酒用有机或生物动力等永续农业或方法类似生产葡萄，在葡萄酒酿造（或转化）中不添加或去除任何东西，不使用任何添加剂或加工助剂，对自然发酵过程的“干预”保持在最低限度，不精滤和细滤。自然葡萄酒是一种活酒：有益健康且富含天然微生物	葡萄园：有机 / 生物动力葡萄 葡萄酒车间：无添加剂（无亚硫酸盐）、无澄清、无过滤
L’Association des Vins Naturels（France）	自然葡萄酒是用有机或生物动力葡萄，在没有任何投入品或添加剂的情况下酿造和装瓶的葡萄酒	葡萄园：有机 / 生物动力葡萄 葡萄酒车间：无添加剂（无亚硫酸盐）
S.A.I.N.S.（France）	没有任何投入品和亚硫酸盐的自然葡萄酒	无添加剂（无亚硫酸盐）
Vini Veri （意大利）	缺乏定义	葡萄园：有机葡萄 葡萄酒车间：干型葡萄酒二氧化硫不得超过 80 mg/L，甜型葡萄酒不得超过 100 mg/L
VinNatur （意大利）	缺乏定义	葡萄园：无合成杀虫剂 葡萄酒车间：二氧化硫不能超过 50 mg/L

续表

协会	自然葡萄酒的定义	规定
APVN （西班牙）	自然葡萄酒是用天然葡萄制成的葡萄酒，不添加或去除葡萄中的任何物质	葡萄园：不使用化肥、除草剂、杀虫剂、内吸性杀菌剂或转基因生物 葡萄酒车间：不添加亚硫酸盐

我们知道，葡萄酒酿造就是将葡萄转化为葡萄酒的过程。自然葡萄酒的理论基础是，自然健康适时采收的葡萄天然地拥有将自己转化为葡萄酒的一切。在自然葡萄酒中，成熟的有机葡萄是唯一的原料。这就要求我们在适宜的自然条件下（产地选择），创造稳定的葡萄酒生产生态系统（葡萄生产），提供葡萄酒自然转化的良好条件（葡萄酒酿造）。在整个葡萄酒的生产系统中，强调葡萄园的生物多样性、自然微生物等对生产优质葡萄、提高葡萄酒自然性、减少对葡萄园和酿酒车间的投入，促进可持续发展。总之，葡萄酒应是自然产品，避免所有的污染物和添加物。只有保障葡萄原料的质量和风格，在酿造过程中尽量减少人为干预、在必要时进行适宜的质量控制处理，才能获得独具风格的优质葡萄酒。因此，葡萄酒的产品设计是从葡萄园开始的，独具风格的优质葡萄酒是“种”出来的（李华和王华，2017）。

11.2 加强葡萄园的生态服务功能

根据2020年国际葡萄和葡萄酒组织的统计（图11-1），过去20年世界葡萄园面积持续下降，而葡萄酒年总产量保持在平均水平。在有机葡萄栽培平均产量比传统葡萄栽培低10%～30%的情况下，说明每年仍有大量的化肥和农药投入到葡萄园中。传统葡萄栽培是农药消耗最多的农业系统之一。例如，法国的葡萄栽培面积不到农业总面积的3%，却消耗了近20%的农药总量（Delière et al.，2015）。面对因使用农药而导致的经济盈利能力下降、环境污染和社会问题，许多法国葡萄种植者正在寻求过渡到如有机葡萄栽培等更可持续生产的系统。该系统将葡萄园视为一个生态系统，优化每种资源以维持丰富的生物多样性，以减少病虫害压力。这就需要花费大量时间和劳力对葡萄园进行更精细的管理（Wei et al.，2022）。

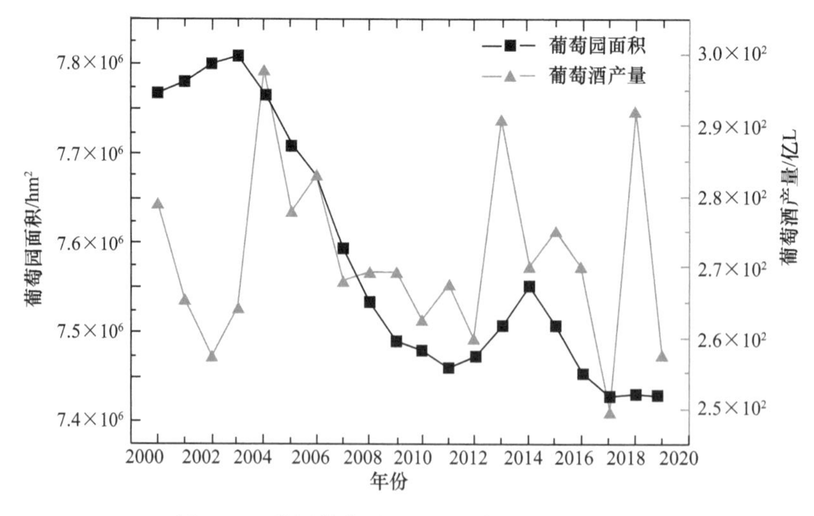

图11-1 世界葡萄园面积和葡萄酒产量的变化

自然葡萄酒更注重可持续性，力求在确保健康的环境、经济盈利能力和社会公平之间取得平衡。OIV（2011）将可持续葡萄栽培定义为“葡萄生产和加工系统规模的全球战略，同时考虑结构和地区的经济可持续性，生产优质产品，考虑可持续葡萄栽培的精度要求，风险环境、产品安全和消费者健康以及遗产、历史、文化、生态和景观方面的价值”。从这个定义可以看出，葡萄酒行业的可持续性不仅仅是有机生产，它融合了文化、景观、历史和所有将葡萄酒作为卓越产品的特征。从描述中可以明显看出，有机葡萄栽培是可持续葡萄栽培的基础（Wei et al.，2022）。

图11-2 自然生态葡萄园（左）与传统葡萄园（右）的区别图

为提高其可持续性，葡萄栽培应在模拟自然生态条件下利用农业生态系统中的自然控制（如病虫害和营养），并在有限的人工干预下促进葡萄的生长，从而加强生态服务功能，以及减少投入品的使用和由此产生的环境影响，同时保持较高的社会经济效益（Han et al.，2021；Wang et al.，2021）。微生物是每个农业生态系统的关键参与者，它们是所有土壤和植物系统的自然成员。在这个系统中，它们代表着巨大的多样性和多功能性。这些微生物可以与植物形成复杂的共生关系，在自然环境中对促进植物生产力和健康发挥重要作用（图11-2和

表 11-3），包括固氮、分解有机质、提高土壤肥力、减轻环境压力（如干旱或存在植物毒素污染物）的影响，通过争夺空间和养分、抗菌、产生水解酶、抑制病原体产生的酶或毒素来防止植物病原体的生长或活动，并通过系统诱导植物防御机制。在传统耕作的葡萄园中，土壤生物多样性水平通常较低，与自然生态系统相比，传统葡萄园中少数物种或功能群的丧失更容易影响整个葡萄园生态系统的功能。例如，氮代谢、膦酸盐和次膦酸盐代谢是特定细菌硝化螺菌属（*Nitrospira*）和芽单胞菌属（*Gemmatimonas*）的关键功能，影响土壤微生物组的功能性状和稳定性（Wang et al.，2021）。

表 11-3　微生物对土壤和植物健康的影响

生物	功能
提高土壤肥力，促进植物生长	
土壤动物区系	运输和改变各种土壤成分，分解有机质，提高土壤肥力
细菌性线虫、弹尾虫	提高酸性有机土壤的养分矿化能力（氮和磷）
丛枝菌根真菌	提高植物养分吸收能力；减少植物养分从土壤中流失；土壤团聚稳定性
球菌属、小球藻属、巨芽孢杆菌、枯草芽孢杆菌	改善植物生长，恢复土壤肥力，提高土壤团聚体稳定性，增加土壤有机碳含量
枯草芽孢杆菌	诱导植物幼苗的生长
根瘤菌、固氮菌、固氮菌、蓝细菌	将大气中的氮固定为植物可有效利用的铵
假单胞菌属、欧文氏菌属	有效吸收土壤中的不溶性磷酸盐
胶质芽孢杆菌、土壤芽孢杆菌、环状促进耐盐植物生长的根际细菌	将土壤中的不溶性钾溶解成可溶形式的钾，以供植物生长
芽孢杆菌	降低高盐浓度的毒害作用，促进植物生长，修复退化盐渍土
生物防治	
枯草芽孢杆菌、 假单胞菌属、洋葱伯克霍尔德菌、链霉菌属	铁螯合物对病原菌的竞争性抑制
假单胞菌属	在植物中定殖和增殖，与其他微生物竞争，适应环境胁迫，产生抗生素、挥发性物质和其他代谢物以抑制植物病原体
芽孢杆菌属	生产抗生素；抑制植物病原体孢子的萌发，干扰病原体对植物的附着

仿自然生态的可持续葡萄栽培还应考虑葡萄园内的有益菌群作为减少真菌病害的关键生物防治方法。一些与葡萄相关的酵母种类已被证明对真菌病原体具有广谱的拮抗活性。Rabosto 等（2006）从乌拉圭葡萄园内筛选对抗真菌微生物，发现一种芽孢杆菌（分离株 UYBC38）和一种分离酵母葡萄汁有孢汉逊酵母（*Hanseniaspora uvarum*）（分离株 UYNS13）在体外对病原体表现出很强的拮抗能力，这两种生物能有效控制葡萄灰霉病的发展（分别为 100% 和 90%）。Dimakopoulou 等（2008）发现叶际出芽短梗霉菌（*Aureobasidium pullulans*）降低了希腊酿酒葡萄园中炭黑曲霉（酸腐病）的发生率。总之，仿自然生态的可持续葡萄栽培可显著增加土壤生命的密度和种类，并为葡萄园生态系统的可持续运作提供广泛的基础服务。这些服务不仅对自然生态系统的功能至关重要，还是自然葡萄酒可持续发展的重要资源。

11.3 自然微生物资源对葡萄酒酿造可持续性的作用

我们知道，葡萄是最古老的可食植物之一，与葡萄一同进化而来的还有酵母菌。只要成熟葡萄浆果果皮开裂，以休眠状态存在于果皮上的酵母菌就开始活动，葡萄酒酿造也就开始了，而根本不需要人为加工。所以，葡萄酒是人类的发现，而不是人类的发明（李华和王华，2019）。葡萄发酵可以通过有意接种微生物制剂或允许与葡萄自然相关的微生物进行发酵来进行（图 11-3）。在自然发酵中形成的代谢相互作用是微生物对葡萄酒风土贡献的关键，而使用商业发酵剂发酵则抹杀了自然微生物对风土的贡献潜力（Lappa et al.，2020）。正如 OIV（2021a）在 OIV-VITI 655—2021 中指出，葡萄和葡萄树相关微生物群显示出生物地理模式，葡萄酒的某些特征可能与区域葡萄树相关微生物群落的组成有关。然而，全世界都使用商业酿酒酵母发酵剂来确保可预测和可重复的过程。这种做法的副作用是，由于有限数量的商业发酵剂的可用性，减少了本地微生物群效应，生产出具有类似分析和感官特性的葡萄酒，降低了葡萄酒的个性与其地域之间的相关性。此外，澄清剂和微滤可以导致葡萄酒的颜色和香气浓度降低，造成负面的感官影响。所以一些酿酒师认为风格独特的葡萄酒应该极少干预，而且避免使用添加剂（Wei et al.，2022）。

优质葡萄的内部和外部自然拥有葡萄酒酿造所需要的一切元素（图 11-3）。葡萄的化学成分对葡萄酒品质至关重要，也是决定合理采收时间和酿造的关键。葡萄中的多种成分和生化因素会以挥发性和非挥发性化合物的形式影响葡萄酒的化学成分。构成葡萄酒香气和风味的挥发性化合物通过多种机制从葡萄中提取，可以归类为发酵香气和品种香气（李华，2006；李华等，2022）。发酵过程中产生的发酵化合物，如挥发性酸、酯、醇和一些硫化物

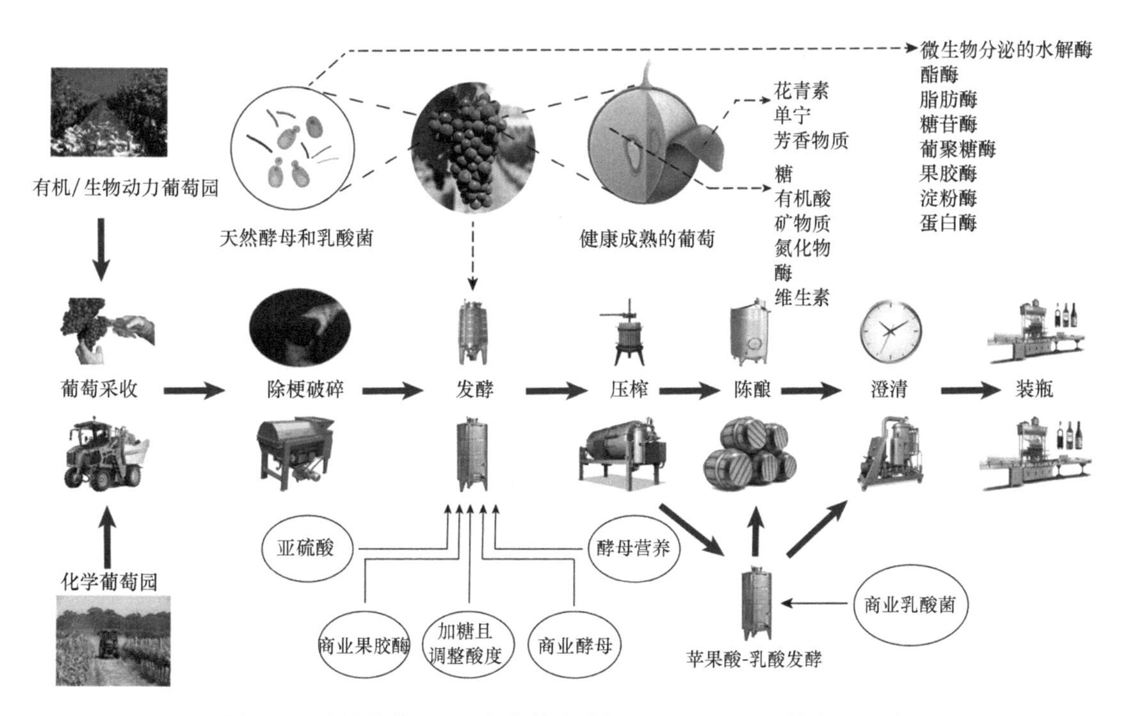

图 11-3 自然葡萄酒（上）与传统葡萄酒（下）的酿酒策略的区别

（如 H_2S）来自葡萄中的糖酵解或氨基酸代谢，这些氨基酸是酵母营养的关键组成部分，导致一系列挥发性酵母次级代谢产物的产生。包括萜类化合物、甲氧基吡嗪、硫化合物和 C_{13}-降异戊二烯在内的各种化合物作为游离挥发物直接从葡萄转移到葡萄酒中，或者在发酵过程中从结合的前体（如糖苷或氨基酸缀合物）中释放出来（李华等，2007）。非挥发性化合物在葡萄酒中同样很突出，其中最丰富的是有机酸和甘油。酸主要影响口感并从葡萄传递到葡萄酒（如酒石酸、苹果酸、乙酸和羟基肉桂酸）或由酵母（如琥珀酸和丙酮酸）和乳酸菌代谢（如乳酸）形成，而甘油是糖酵解的副产品。特别是在酿造红葡萄酒时，葡萄皮和种子衍生的多酚是一类重要的非挥发性化合物，包括单体和聚合体形式，如花青素、黄酮醇、黄烷-3-醇和单宁。这些是在红葡萄酒酿造的浸渍步骤中提取的，有助于产生颜色、味道和口感（李华等，2007，2022）。

在获得高品质葡萄后，自然微生物群落是酿酒过程中促进葡萄酒自然特性和表达风土的第二个关键步骤。葡萄浆果拥有复杂的微生物生态系统，包括丝状真菌、酵母和细菌，不仅影响葡萄果实的健康状况，还对葡萄酒的品质具有重要作用。有些物种只能存在于葡萄中，如寄生真菌、腐生真菌和环境细菌，这些物种在葡萄酒中没有生长能力，但它们会损害葡萄进而影响葡萄酒的品质；而另一些物种则还可以在葡萄酒中生存和生长，构成了葡萄酒的微生物群落，如酵母菌、乳酸菌和醋酸菌等，这些微生物的丰度取决于葡萄的成熟阶段和营养物质的可用性。这些微生物最终会随着采收进入发酵罐，且在整个酿酒过程建立生理和代谢相互作用，影响葡萄酒的风味和品质（Wei et al.，2022）。例如，花青素成分是红葡萄的一个重要品质参数，而花青素衍生的化合物被证明与酵母的次级代谢产物如乙醛和丙酮酸有关。Medina 等（2016）发现 *H. vineae* 和 *H. clermontiae* 与 *S. cerevisiae* 共发酵时产生更高的乙醛浓度。酵母细胞溶解可释放多糖，尤其甘露糖蛋白，可改善葡萄酒的口感，增加葡萄酒的稳定性。在酒精发酵过程中，*Schizosaccharomyces* 的多糖释放率很高，高达酿酒酵母的 7 倍（Domizio et al.，2017）。在酒泥陈酿过程中，*Sc. pombe* 和 *S. ludwigii* 被发现是具有高释放多糖潜力的物种（Palomero et al.，2009）。根据微生物对葡萄酒品质的影响，表 11-4 列出了与葡萄酒发酵相关的酵母物种及其作用。

表 11-4 与葡萄酒发酵相关的酵母的酿酒特性（Wei et al.，2022）

酵母属	相关酵母	葡萄酒中的作用
梅奇酵母属	*M. pulcherrima*	发酵力较弱，与 *S. cerevisiae* 结合可增强品种芳香族化合物的释放，减少乙醇和挥发性酸的产生，降低 H_2S 水平
假丝酵母属	*C. stellata*、*C. zemplinina*、*C. pulcherrima*	可在高糖条件下生长，耐受高浓度酒精，分泌 β-葡萄糖苷酶，产高甘油低乙醇
有孢汉逊酵母属	*H. guilliermondii*、*H. uvarum*、*H. vineae*	可在糖、乙醇、SO_2 含量高的条件下生长，分泌水解酶，乙酸产量高，乙醇产量低
毕赤酵母属	*P. anomala*、*P. vini*、*P. kluyveri*	它具有高 β-葡萄糖苷酶活性、高酯和萜烯产量及高多糖含量
拉钱斯酵母属	*L. thermotolerans*	挥发酸收率低，乳酸含量增加，促进高级醇酯的形成，减少挥发酚
有孢圆酵母属	*T. delbrueckii*	它可以耐受高酒精含量、低乙酸产量、高 β-葡萄糖苷酶活性，促进芳香族化合物的释放，以及高产量的醇、酯和内酯

酶在酿酒过程中起着至关重要的作用。从葡萄汁到葡萄酒的转化是一个复杂的酶促生物反应过程。传统葡萄酒通常添加 SO_2 来抑制天然酶的活性，然后添加商业酶制剂以加速沉降和澄清过程，增加出汁率和改善颜色等。OIV（2022a）已裁定黑曲霉和木霉属可用作生产葡萄酒用果胶酶、半纤维素酶、葡聚糖酶和糖苷酶的来源生物。为了提高酿酒的可持续性和促进葡萄酒风土的表达，具有有益酶禀赋的葡萄酒和葡萄相关微生物可直接用作发酵剂，无须使用酶制剂。这些生物催化剂来自葡萄本身、灰葡萄孢等附生真菌，以及与葡萄园和车间相关的酵母和细菌（图 11-3 和表 11-5）。使用本土微生物发酵剂进行葡萄酒发酵，除了降低成本外，对酵母在葡萄汁和葡萄酒中的应用没有限制，这是酶制剂必须考虑的因素。

表 11-5 源自葡萄和参与葡萄酒酿造有关微生物衍生酶的功能（Wei et al.，2022）

酶	功能
葡萄（*Vitis vinifera*）	
糖苷酶	水解叔醇的糖缀合物；被葡萄糖抑制；最佳 pH 5～6
果胶酶	从原果胶生产水溶性、高度聚合的果胶物质
果胶甲酯酶	分裂聚半乳糖醛酸的甲酯基，释放甲醇，将果胶转化为果胶酸盐；耐热；最佳 pH 5～6
多聚半乳糖醛酸酶	水解低甲基化果胶和果胶中与游离羧基相邻的 α -D-1,4-糖苷键；最佳 pH 4～5
果胶裂解酶	解聚高度酯化的果胶
蛋白酶	水解蛋白质氨基酸残基之间的肽键；被乙醇抑制；耐热；最适 pH 2
过氧化物酶	葡萄成熟过程中酚类化合物的氧化代谢；活性受限于过氧化物缺乏和葡萄汁中的 SO_2
真菌（灰霉菌）	
葡萄糖苷酶	通过释放挥发性芳香化合物影响受感染葡萄的芳香潜力
漆酶	对酚类化合物具有广泛的特异性，引起氧化和褐变
果胶酶	皂化和解聚酶，导致植物细胞壁降解和葡萄腐烂
纤维素酶	多组分复合物：内切葡聚糖酶、外切葡聚糖酶和纤维二糖酶；协同作用，降解植物细胞壁
磷脂酶	降解细胞膜中的磷脂
酯酶	参与酯的形成
蛋白酶	天冬氨酸蛋白酶出现在真菌感染的早期，决定了果胶酶引起的腐烂速度和程度；易溶；耐热
酵母（酿酒酵母）	
β-葡萄糖苷酶	细胞外、细胞壁和细胞内的葡聚糖酶；加速自溶过程并释放甘露糖蛋白
蛋白酶	酸性内切蛋白酶 A 加速自溶过程
果胶酶	一些酵母在有限程度上降解果胶物质；受葡萄糖水平 ＜ 2% 的抑制
细菌（乳酸菌）	
苹果乳酸酶	将苹果酸转化为乳酸
酯酶	参与酯的形成
脂肪分解酶	降解脂质

对于自然葡萄酒发酵过程，三类因素驱动微生物群的连续动态分布，即葡萄化学成分、葡萄表皮存在的微生物群和发酵过程。葡萄园管理决定了葡萄化学成分和葡萄表皮存在的微生物群。通过调节发酵过程，可以控制微生物群以获得所需的葡萄酒风味。自然葡萄酒是通

过不受控制的过程生产的，其质量和生产力不可避免地会出现波动。这个过程仍然是一个未解之谜。因此，随着人们对产品质量和安全的意识和关注度不断提高，自然葡萄酒面临标准化和现代化的挑战。随着生物技术的进步和科学家的共同努力，揭开谜团变得更加可行和现实。将不受控制和神秘的发酵过程转变为合理和受控的过程，是自然葡萄酒标准化和现代化的要求。所以，寻找影响风味化合物形成的核心微生物群和确定影响核心微生物群的环境因素是首要任务。然后，模拟与自发发酵相关的原始技术微生物多样性构建合成微生物群。最后，使用合成微生物群进行发酵可以是调节和控制具有所需风味的发酵的有效方法。奶酪皮已被用作群落重建的模型微生物群，以提供易于处理的微生物群系统。微生物群动态可在体外重现，为不同发酵食品合成微生物群提供了参考，这为构建可重复且易于处理的微生物群系统以进行高效和优质的食品发酵提供了可能性（Wei et al.，2022）。

11.4 自然葡萄酒的食品安全风险

人们对自然葡萄酒的安全性有些担忧。可能会发现微生物病原体和（或）易于合成有毒副产物的菌株，如霉菌毒素、氨基甲酸乙酯和生物胺（Cravero，2019）。这些微生物污染物会降低自然葡萄酒的安全性。现代微生物技术可以提供解决方案，以缓解发酵食品的安全性，同时增加与自然发酵相关的微生物的贡献。以模拟与自发发酵相关的原始技术微生物多样性的方式为特定产品设计定制的发酵剂是世界范围内经验丰富的解决方案。因此，在构建合成微生物群时选择生态型菌株可以在不影响生产安全性的情况下追求独特的感官品质（“自上而下”的解决方案）。同时，也有机会使用结合分子和微生物方法的综合方法来评估与自发发酵相关的微生物群的安全性（“自下而上”解决方案）（Capozzi et al.，2017）。

11.5 天然酒的微生物稳定性

葡萄酒的微生物稳定性是保持其品质的基础。它可以通过使用化学防腐剂和（或）物理处理来实现，目的是杀死微生物或至少抑制它们的增殖，或从酒中物理去除它们。二氧化硫具有抗菌和抗氧化特性，是食品工业中最常用的添加剂之一。然而，在过去十年中，食品工业中使用 SO_2 引起了对消费者安全的一些担忧。有鉴于此，世界卫生组织（WHO）建议鼓励研究旨在减少 SO_2 使用的替代保存方法。用于去除葡萄酒中微生物的最常见和最有效的物理方法之一是微滤（膜孔隙率为 0.1～10 μm 的过滤）。然而，研究表明，微滤会降低‘赤霞珠’葡萄酒的颜色强度，并影响葡萄酒的香气和酚类成分（Arriagada-Carrazana et al.，2005）。

在化学方法中，OIV（2022a）允许将二碳酸二甲酯、溶菌酶和山梨酸用作葡萄酒中的抗菌化学方法。此外，一些研究调查了已在酿酒过程中授权用于微生物稳定以外范围的添加剂对葡萄酒腐败微生物的抗菌作用，如酚类化合物、壳聚糖、β-葡聚糖酶。近年来，许多研究旨在评估创新的化学添加剂，以替代或补充 SO_2 以防止葡萄酒中的微生物腐败。授权仍在审批中，如细菌素和抗生素、银纳米粒子（胶体银络合物、高岭土银络合物等）、羟基酪醇、短 / 中链脂肪酸、酵母杀伤毒素和肽抗生素（Wei et al.，2022）。

天然存在的抗菌剂可直接应用于食品，通过抑制或灭活食源性病原体来保护食品质量、提高食品安全。尼生素（Nisin）是唯一在 50 多个国家获得批准的细菌素。它由乳酸乳球菌合成，对革兰氏阳性菌和产芽孢菌起作用。一些由酵母产生的抗菌肽已显示出对几种葡萄汁 /

葡萄酒污染酵母的抗菌作用，如 *S. aureus*、*M. luteus*、*B. cereus*。例如，*Candida intermedia* 对酒香酵母（*Brettanomyces bruxellensis*）具有杀菌活性，但不影响酿酒酵母（*S. cerevisiae*）的生长。一些酵母产生称为“杀伤毒素”的分子，这些分子是糖基化的蛋白质，对敏感的酵母菌株有作用。*T. delbrueckii* NPCC 1033（TdKT）产生的杀伤性毒素已显示出控制酵母菌（如 *B. bruxellensis*、*Pichia guilliermondii*、*Pichia mandshurica* 和 *Pichia membranifaciens*）的潜力，并且在正常酿酒条件下是稳定的。β-葡聚糖酶除了在酿酒过程中降解葡聚糖和提高葡萄汁和葡萄酒的澄清度外，还有一个功能涉及酵母裂解，其目的是促进酵母细胞释放细胞内和细胞壁化合物，从而提高酒泥陈酿葡萄酒的质量。这些特性表明，β-葡聚糖酶也可以有效对抗葡萄酒腐败酵母（Wei et al., 2022）。

葡萄酒中的一些天然成分也具有抗菌作用。酚类化合物可以作为细菌生长的活化剂或抑制剂，这取决于它们的化学结构和浓度。例如，没食子酸和游离花青素激活细胞生长和酒酒球菌（*O. oeni*）的苹果酸降解速率，被细胞代谢；香草酸有轻微的抑制作用，而原儿茶酸没有作用。此外，研究表明，短 / 中链脂肪酸和有机酸也具有抗菌作用，如月桂酸、癸酸、柠檬酸、富马酸、酒石酸对大肠杆菌有抑制作用。短 / 中链脂肪酸和有机酸的作用机制尚不明确，但有人推测，短 / 中链脂肪酸和有机酸可以渗透到细胞中，对细胞内的活动产生不利影响，如 DNA 复制和蛋白质合成，最终导致细胞死亡（Wei et al., 2022）。

在过去的几年里，高压、超声波、紫外线照射、脉冲电场技术和微波技术等几种新兴技术已被用于研究去除葡萄酒中不需要的微生物。与化学添加剂相比，使用物理方法可能更适合减少葡萄酒中化学成分的需求。此外，优质惰性气体，如 Ar、N_2 和 CO_2，也是减少或避免使用 SO_2 的另一个极好工具。在这些气体下酿造后和装瓶期间对葡萄酒进行操作将改善防止风味氧化和微生物稳定性的所有步骤。总之，要提高自然葡萄酒的微生物稳定性，就要从葡萄园开始就保证葡萄的健康和酒窖的卫生，杜绝一切污染源（Wei et al., 2022）。

11.6 自然葡萄酒的规模化实践

11.6.1 模仿自然生态系统的葡萄栽培实践

可持续农业的一个主要原则是模仿自然生态系统中常见但可能在农业地形中消失的多样性。因为在自然生态系统中，丰富的生物多样性可以防止单一物种对其他物种的统治。这种方法的实践基于 5 个关键要素：①通过改善土壤结构、控制竞争（杂草、覆盖作物和葡萄树）和使用抗性品种和（或）砧木来管理资源可用性；②改善节肢动物的多样性以限制葡萄树的敌人；③使用最佳树冠管理实践（培训系统、摘叶、降低集群紧凑度）预防疾病；④保护和发展葡萄园边缘生物多样性；⑤保护性耕作（Han et al., 2021）。尽管正确实施和维护了自然生物多样性，但不受控制因素（气候）的变化可能会破坏葡萄园中的平衡，并迫使种植者使用特定措施来抑制植物敌人。例如，生物防治利用害虫的天敌（如捕食者、寄生蜂、病原体）；物理控制对食草动物使用物理屏障（网、高岭土）（Wang et al., 2022）；化学信息素使用信号分子使害虫远离作物（Bostanian, 2012）。当气象条件对有机葡萄园保持较高的疾病压力时，可能需要喷洒石硫合剂来控制真菌病害（Kuflik et al., 2009）。

然而，葡萄园内所有微小的变化都会导致葡萄树不同的生理反应，而这些反应并不总是很容易用肉眼看到。因此，就葡萄园内的空间变异性而言，葡萄园需要特定的农艺管理以满足作物的实际需求。精密葡萄栽培技术的引入可以提高生产效率和质量，同时减少对环境的影响。该技术旨在精确监测所有可变性，从而表征调节葡萄树生产力和质量的参数，并基于测量模型关键关系。然后这些模型被用来在空间上改变文化实践。例如，精准葡萄栽培技术主要在天气监测、害虫管理、水资源管理、冠层管理、采收管理、土壤管理和杂草管理方面帮助特定的葡萄园管理活动。在不断变化的气候中，精准的葡萄栽培技术确实是生产优质葡萄酒的关键（Wei et al.，2022）。

11.6.2 干预最少的葡萄酒发酵

对自然微生物群体的调控和保证有益种群的正常生长，是发酵控制的关键，对于确保自然葡萄酒的成功至关重要，同时也能限制能源成本和改善葡萄酒的感官特性。因此，发酵过程的有效监控对于开发、优化和维持生物反应器的最大功效是必不可少的。传感器可用于监测发酵过程中的温度、介质电导率、溶解 CO_2、溶解氧、氧化还原电位和 pH（Angelkov and Bande，2018；Mouret et al.，2021）。这些因素与微生物群的细胞生长和代谢密切相关，在理论上是可以控制的，可以实现发酵过程的定向调控，减少有害物质和杂菌的产生，提升产品风味。此外，生物传感器还可以在线监测一些感兴趣的分子的合成，如高级醇、酯和含硫化合物（Morakul et al.，2012）。传感器由于其简单的仪器、强大的选择性、低廉的价格和易于自动化而精确控制发酵过程并产生理想的结果，在传统发酵食品行业引起了广泛关注。

11.6.3 自然葡萄酒的可持续性

可持续性是葡萄酒行业日益关注的问题。自然葡萄酒将经济、生态和社会融入生产经营中。环境的可持续性，通过综合农业技术，包括植物覆盖、增加有机物、减少化学合成物的投入及支持生物多样性的农场美化，确保了土地将能够支持健康的作物，同时长期促进更大规模的环境健康。经济的可持续性，葡萄园中生物多样性的增加促进了自然控制，是减少人为投入使用而不损害经济效益的有效途径；同时，通过推广该地区葡萄酒的独特性及支持促进当地旅游业的做法也可以实现经济成功。社会的可持续性，采用促进农场工人福祉的生产方式，降低了劳动力，减少了接触化学品的概率，提供了健康的工作环境，提高了农场家庭和社区的生活质量，促进了当地的经济发展（李华和王华，2020）。总之，自然葡萄酒寻求在确保健康的环境、经济盈利能力及社会和经济公平之间取得平衡。

11.7 小　　结

自然葡萄酒通过加强葡萄园生态服务功能和本土微生物在葡萄酒中的表达，减少葡萄园和车间的投入，可实现葡萄酒产业可持续发展。然而，自然葡萄酒的规模化实践仍然面临着重大挑战。展望未来，高通量多相微生物鉴定和性状表征的应用与代谢组学方法的结合，可以使人们对土壤以及植物中微生物群落的特征、功能、相互作用、信号转导和通信过程有更深入的了解，提供实时诊断，以更可持续的方式可持续地维持土壤健康，从而更好地种植葡萄。自然葡萄酒以使用设计的微生物群来实现最终的受控发酵，以获得所需的风味化合物特征。未来对自然葡萄酒发酵过程的研究，首先将使用统计和元组学方法识别出负责风味化合物形成的核心微生物群，并探索微生物代谢途径及产物生成规律；然后将培养组学方法和定向分离方法相结合，以有效地获得具有优异发酵性能的微生物，并遵循自上而下（基于生态

系统层面的设计）和自下而上（基于个体成员的代谢活动及其相互作用）的方法设计合成微生物群；最后，确定发酵过程中影响微生物群的关键环境因素，并建模可用于预测、优化和控制合成微生物群形成的风味化合物，从而使这种自发的食品发酵变得可控，最终提高发酵的质量、生产力和安全性食物。此外，加强智能设备在葡萄园和发酵过程中的应用，实现对葡萄园和发酵过程实时准确监测，构建高效节能、绿色环保、柔性精准的智慧农场，实现自然葡萄酒行业可持续发展。

第12章 白兰地的酿造

白兰地（brandy）是一种蒸馏酒，是以水果为原料，经过发酵、蒸馏、贮藏而酿成的。白兰地可分为葡萄白兰地和水果白兰地两大类，而以前者数量最大，往往直接称为白兰地。水果白兰地则必须在白兰地前加相应水果名称（如苹果白兰地、樱桃白兰地等）。本章主要讨论葡萄白兰地的酿造。

我国生产白兰地的历史很长，“元时始有”。现在生产的主要有白兰地、皮渣白兰地及皮渣发酵蒸馏白兰地。烟台张裕公司生产的白兰地在1915年曾获得巴拿马赛会金质奖章，在1987年6月，由国际葡萄与葡萄酒组织（OIV）主持召开的烟台国际葡萄酒、白兰地感官品评讨论会上，该公司的XO白兰地及VSOP白兰地以其沁人的香气、柔顺圆润的口味和很强的典型性，赢得了中外专家的一致好评；2019年3月德国杜塞尔多夫国际酒展期间举办的“全球白兰地XO盲品赛”上，张裕桶藏15年可雅XO夺得冠军，领先于法国干邑产区的轩尼诗XO、马爹利XO、人头马XO等世界名酒。说明我国的白兰地产品，无论从生产工艺、酒体表现各方面看，都具有足够的国际竞争力（王琦，2019）。

在世界范围，最著名的白兰地当属法国的干邑白兰地（Cognac）和雅文邑白兰地（Armagnac）。干邑白兰地是在法国的干邑产区生产的白兰地，主要葡萄品种为‘白玉霓’（‘Ugni blanc’）和‘白福尔’（‘Folle blanche’），葡萄原酒的含酸量较高，与酒脚一起贮藏蒸馏；白兰地的蒸馏在苹果酸-乳酸发酵以后分两次进行。第一次蒸馏酒度为20%～30%（体积分数），第二次蒸馏必须使馏出物的酒度达到70%～72%（体积分数）。蒸馏方式为壶式蒸馏。干邑白兰地的陈酿是在法国利穆赞地区（Limousin）所产的橡木桶中进行的。贮藏时间一般为15～20年，有时可达40～50年，一般成熟后投放市场时的干邑白兰地的酒度为40%（体积分数）。

雅文邑白兰地是在法国的雅文邑产区生产的白兰地，主要葡萄品种为‘白福尔’‘白玉霓’‘鸽笼白’（‘Colombard’）及‘巴柯22A’（‘Bacco 22A’），原酒酒度一般在10%（体积分数）以下。葡萄原酒用铜制的半连续蒸馏设备蒸馏。直火加热，蒸馏一次完成，速度很慢。新蒸馏出的白兰地酒度为58%～63%（体积分数），并在当地产的橡木桶中陈酿，其陈酿时间一般为5～8年，但优质产品需陈酿30年或30年以上。一般成熟后投放市场时的雅文邑白兰地的酒度为40%～42%（体积分数）。

除了以上两种白兰地外，在其他地区用葡萄酒蒸馏获得的蒸馏酒都称为白兰地，还有如在法国勃艮第（Bourgogne）和香槟（Champagne）等地生产的由葡萄皮渣蒸馏获得的皮渣白兰地（Eau-de-vie de marc）。这类白兰地新蒸馏出时酒度很高，在陈酿过程中形成较浓的典型葡萄酒香气。意大利、西班牙和美国等地也生产葡萄皮渣白兰地。

此外，还有用酒脚蒸馏的酒脚白兰地（Eau-de-vie de lie）及用皮渣加糖发酵后蒸馏的白兰地。

12.1 白兰地的定义

根据OIV（2022b）的规定，白兰地只能是用葡萄酒、加强葡萄酒或加入葡萄酒蒸馏酒精的葡萄酒蒸馏而得到的一种高酒度饮料，其特征是保留了原酒的香气和味感，在销售前必须在橡木桶中陈酿一定的时间，成品的酒度不得低于36%（体积分数）。

我国现行白兰地国家标准（GB/T 11856—2008）规定，白兰地是以葡萄为原料，经发酵、蒸馏、橡木桶陈酿、调配而成的葡萄蒸馏酒。"葡萄蒸馏酒（葡萄白兰地）"通常简称白兰地。白兰地的酒度不得低于37%（体积分数）。

白兰地按原料可分为如下几种。

（1）葡萄原汁白兰地（brandy made from grape juice）：以葡萄汁、浆为原料，经发酵、蒸馏、橡木桶陈酿、调配而成的白兰地。

（2）葡萄皮渣白兰地（brandy made from grape marc）：以发酵后的葡萄皮渣为原料，经发酵、蒸馏、橡木桶陈酿、调配而成的白兰地。

（3）调配白兰地（blende brandy）：以葡萄原汁白兰地为基酒，加入一定量的食用酒精等调配而成的白兰地。

白兰地的酒龄（age of brandy）是白兰地原酒在橡木桶中陈酿的时间（年）。根据酒龄的不同，白兰地可分为四级，级别不同的白兰地，其感官风味存在很大差异。

（1）特级（XO级），最低酒龄为6年。

（2）优级（VSOP级），最低酒龄为4年。

（3）一级（VO级），最低酒龄为3年。

（4）二级（VS级），最低酒龄为2年。

此外，非酒精挥发物总量（total volatile substances for non-alcohol），即白兰地中除酒精之外的挥发性物质（挥发酸、酯类、醛类、糠醛及高级醇）的总含量，也是衡量白兰地质量的重要指标。GB/T 11856—2008规定，特级、优级和一级白兰地的非酒精挥发物总量[g/L（100% vol乙醇）]分别不得低于2.50、2.00和1.25。

12.2 葡萄原酒的酿造

所有的葡萄酒都能蒸馏白兰地，但并不一定都能生产出质量优良的白兰地。对用于蒸馏白兰地葡萄酒的质量要求与直接饮用葡萄酒的质量要求有很大的差异。

12.2.1 葡萄原料

用于酿制白兰地的葡萄原料多为白色葡萄品种，因为用白葡萄酒蒸馏的白兰地质量优于用红葡萄酒蒸馏的白兰地。与红葡萄酒比较，白葡萄酒单宁、挥发酸含量较低，总酸较高，所含杂质较少，所以蒸馏出的白兰地更为醇和、柔软。此外，原料品种必须不具异香。

目前适宜酿造白兰地的葡萄品种有'白玉霓'（'Ugni Blanc'）、'白羽'（'Pkayumeru'）、'白福儿'（'Folle Blanche'）、'鸽笼白'（'Colombard'）、'龙眼''佳利酿'（'Carignane'）等（李娜娜，2017）。

原料的成熟度，一般要求自然酒度较低，总酸含量较高。自然酒度一般以7%～10%（体

积分数）为宜，不能超过 12%（体积分数），其总酸量以 7～10 g 酒石酸 /L 为宜。

白兰地产区的气候条件应较为温和。例如，法国干邑地区的年平均温度为 12.4℃，而且 9 月、10 月的温度条件分别与 5 月、6 月的温度条件相似，年日照时数为 2234 h。该地区葡萄的成熟可以持续到初秋（9 月、10 月）。在这样的气候条件下，葡萄酒的酸度较高，香气浓，所酿制的白兰地柔软、醇和。

土壤条件也是影响白兰地质量的重要因素。最理想的土壤是石灰质含量丰富、疏松透气、不太肥沃的土壤，如干邑地区的土壤。砂质土比黏土更有利于白兰地的质量。最优良的干邑白兰地是用生长在钙质含量很高的土壤中的葡萄酿制的，而最好的雅文邑白兰地则是用生长在砂质土中的葡萄酿制的。

最后，用于酿造葡萄原酒的葡萄必须无病、完好、无损。病害不仅降低葡萄的产量和含糖量，而且直接影响白兰地的质量。特别是灰霉病，不仅使葡萄酒易于氧化，破坏白兰地的香气，而且会使白兰地带有怪味（Whitelaw-Weckert et al.，2007）。白粉病的侵染会使白兰地带有真菌味。同样，在原料的采收和运输过程中，应严格防止葡萄的破损、霉变。

需强调的是，任何使葡萄酒具有不良香气和不良口味的因素都会使这些不良香气和口味通过蒸馏而浓缩于白兰地中，从而显著降低白兰地的质量（李华等，2007）。

12.2.2 取汁

与白葡萄酒酿造一样，取汁必须很快地进行，而且应尽量减少操作工序，以防止氧化。

采收进厂的葡萄原料应尽快地进行处理。如果处理不及时，会加重浸渍现象。这一方面会使果皮、种子中的多酚类物质进入葡萄汁，另一方面果皮、叶片及果梗中的脂肪酸会由于酶的作用而使原酒带有草味。

葡萄原料经破碎后，用立式或卧式压榨机进行压榨。在干邑地区，压榨分 6 次进行。一般不使用连续压榨机，因为它会使葡萄汁中多酚物质含量过高。

葡萄汁的澄清处理对白兰地的质量并没有良好的作用，故经压榨取得的葡萄汁要立即装罐进行酒精发酵。

此外，与传统的白葡萄酒酿造不同，在进行酒精发酵时，最好避免对葡萄汁进行 SO_2 处理。因为 SO_2 处理，会延迟酒精发酵的触发，而且乙醛亚硫酸在蒸馏过程中可分解为乙醛和 SO_2，从而使白兰地含有 SO_2，导致乙醛含量升高，白兰地的质量降低（李华等，2007）。

12.2.3 发酵与贮藏

一般情况下，在葡萄原酒的酒精发酵过程中不加任何辅助物，酒精发酵的管理与白葡萄酒酿造相同。

在酒精发酵结束（密度小于 1.000 g/mL）以后，将发酵罐添满，并在密封条件下与酒脚一起储藏至蒸馏。在干邑地区，蒸馏一般在 12 月进行。有的厂家，在酒精发酵结束以后进行一次转罐，以除去大颗粒酒脚，然后添满密封储藏。

在干邑地区，用于蒸馏白兰地的葡萄酒应达到以下指标：①酒度 8.5%～10%（体积分数）；②总酸 6.5～8.0 g H_2SO_4/L。

在进行蒸馏以前，还应对葡萄原酒进行质量检测。包括感官鉴定、蒸馏鉴定和酒脚鉴定三个方面。

（1）感官鉴定的标准见表 12-1，该鉴定的目的是发现葡萄原酒是否具有明显的缺点，以

保证白兰地的质量（李华等，2007）。

表 12-1　白兰地葡萄原酒感官鉴定的标准

项目	健康原酒	生病原酒
色	淡黄色、奶状稍带 CO_2，酒脚黄色，表面无膜	带栗色、灰色、黏稠，酒脚深栗色
香	具 CO_2 气味，香气优雅、清淡具酒香	具醋味、霉味，使人恶心的气味
味	清爽、酸度高、具酒味，后味带果香	平淡、酸度低，具苦味、油腻

（2）蒸馏鉴定的目的是检测那些在葡萄原酒中不能觉察但可出现于白兰地中的气味。蒸馏鉴定的装置如图 12-1 所示，其原理与干邑白兰地的两次蒸馏法相同。操作方法如下。

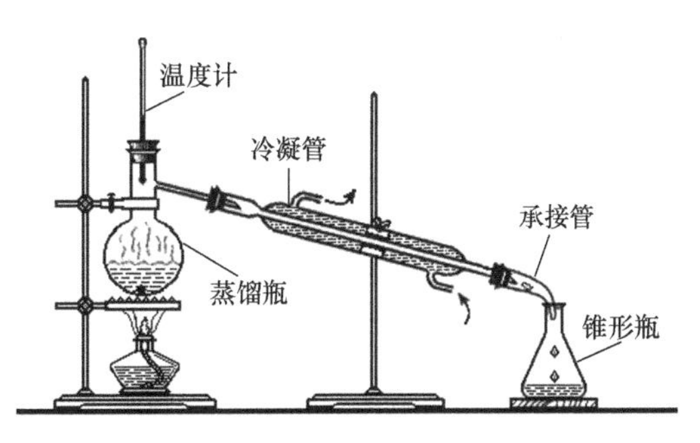

图 12-1　葡萄原酒蒸馏鉴定装置

第一次蒸馏：取 600 mL 葡萄原酒并加入 15 g 铜屑；至沸时间为 15 min，蒸馏时间为 45 min；蒸馏液体积为 200 mL。

第二次蒸馏：将第一次蒸馏获得的 200 mL 蒸馏液，与铜屑一起进行第二次蒸馏。蒸馏时间为 15 min，以获得 50 mL 蒸馏液。

（3）酒脚鉴定。因为酒脚在蒸馏过程中可提高或降低白兰地的质量，所以在蒸馏以前应进行酒脚鉴定，以去除质量低劣的酒脚。其鉴定标准如表 12-2 所示（李华等，2007）。

表 12-2　酒脚鉴定标准

优质酒脚	劣质酒脚
酵母（2 g/L）左右，葡萄果肉碎屑	种子、果皮、果梗、叶片及其碎屑和枝条碎屑
蛋白质、果胶质、多糖，较细的酒石	泥沙
颗粒较细的悬浮物	所有不属于葡萄果粒的物质

12.3　白兰地的蒸馏

蒸馏是将酒精发酵液中存在的不同沸点的各种醇类、酯类、醛类、酸类等通过不同的温度用物理的方法将它们从酒精发酵液中分离出来。

白兰地的质量一方面取决于自然条件和葡萄原酒的质量；另一方面取决于所选用的蒸馏设备和方法。

白兰地的蒸馏方式主要有壶式蒸馏和塔式蒸馏，酿制高端白兰地通常采用的是夏朗德壶式蒸馏法（methode Charentaise）（Argyrios et al.，2014）。

12.3.1　夏朗德壶式蒸馏法

1．壶式蒸馏器的结构　夏朗德壶式蒸馏器是铜制的。因为铜对葡萄酒中的酸具有良好的抗性，铜还具有很好的导热性；而且，在加热和蒸馏过程中，铜可与丁酸、己酸、辛酸、癸酸、月桂酸等形成不溶性的铜盐，从而将这些具有不良风味的酸除去，提高白兰地的质量。试验结果表明玻璃或不锈钢质的蒸馏器则根本不能达到与之相同的效果。

夏朗德壶式蒸馏器的结构如图 12-2 所示，主要包括蒸馏锅、蒸馏器罩、预热器、冷凝器等部分。

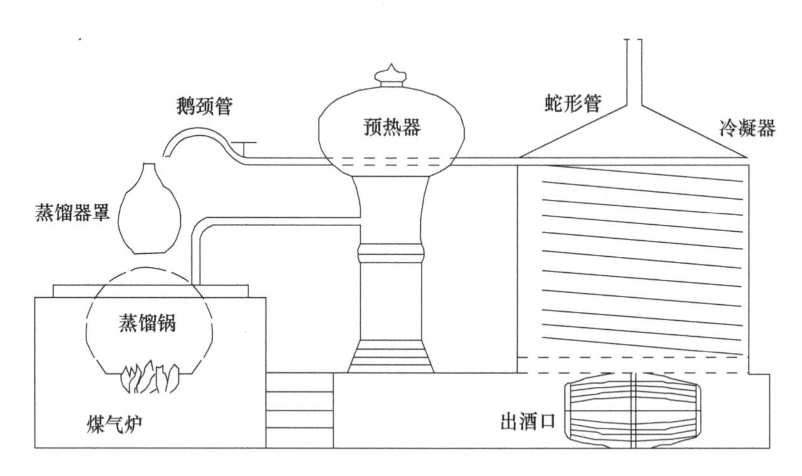

图 12-2 白兰地的壶式蒸馏

1）蒸馏锅　蒸馏锅必须保证加热均匀并且便于清洗。锅底直接与火苗接触。如果蒸馏锅的容积大于 1500 L，则锅底的厚度不能小于 12 mm。锅底的直径取决于蒸馏锅的容积，如容积为 2000 L 时，直径应为 1.60 m；而容积为 2500 L 时，直径则为 1.70 m。最后，锅底必须凸出，以便能将蒸馏锅完全倒干。

2）蒸馏器罩　蒸馏器罩的作用是防止葡萄酒漫出蒸馏锅。在蒸馏过程中，馏出物凝结于蒸馏器罩内壁上。凝结物的量取决于蒸馏器罩的体积，更主要地取决于内壁的表面积。如果蒸馏锅的容积为 1000 L，则蒸馏器罩的容积应为 10 L，且内壁的表面积至少应为 1.9～10 m^2。

蒸馏器罩与冷凝器通过鹅颈管相连接。鹅颈管与蒸馏器罩的连接处应尽量大，并以一定的角度逐渐变细。表 12-3 列出了容积不同的蒸馏锅和与之相适应的鹅颈管与蒸馏器罩连接处的直径（李华等，2007）。

表 12-3 蒸馏锅的容积及其相应的鹅颈管的直径

蒸馏锅容积 /L	鹅颈管直径 /mm	蒸馏锅容积 /L	鹅颈管直径 /mm
1000	100	2000	150
1500	130	2500	160

3）预热器　并不是所有的壶式蒸馏器都具有预热器，其预热方式是将鹅颈管通过预热器，利用馏出物释放的热能将葡萄酒进行预热。利用图 12-2 的方式进行预热可将葡萄酒的温度提高到 60～70℃。但是对葡萄酒的预热不能使其温度高于 70℃，因为在这种温度条件下，蒸发作用较强，而且会引起一些机制还不清楚的转化。

4）冷凝器　冷凝器由蛇形管及其外部的圆筒构成。酒精蒸气从顶部进入冷凝器，圆筒内的水温从下向上逐渐升高。这样，蒸气在通过蛇形管向基部流动的过程中逐渐凝结。影

响冷凝效果的主要因素有以下两个。

（1）圆筒中的容积。圆筒中的容积应足够大，以使在酒身的蒸馏过程中不交换冷却水。一般情况下，圆筒的容积为蒸馏锅容积的 2 倍。

（2）蛇形管与冷却水的接触面。表 12-4 给出在蒸馏锅容积不同的条件下蛇形管的主要参数。

表 12-4　蒸馏锅容积与蛇形管的主要参数

蒸馏锅容积 /L	蛇形管长度 /m	蛇形管高度 /m	进口直径 /mm	出口直径 /mm
1500	40～45	1.65	60	35
2000	55～60	1.75	80	40
1500	60～65	1.85	85	40

在第一次蒸馏中，冷却水的温度应低于 14℃，在第二次蒸馏中则应低于 18℃。

2. 蒸馏　夏朗德蒸馏法包括两次蒸馏。首先蒸馏葡萄原酒，以获得低度酒；然后再用低度酒蒸馏，以获得白兰地。可用图 12-3 表示夏朗德蒸馏法。

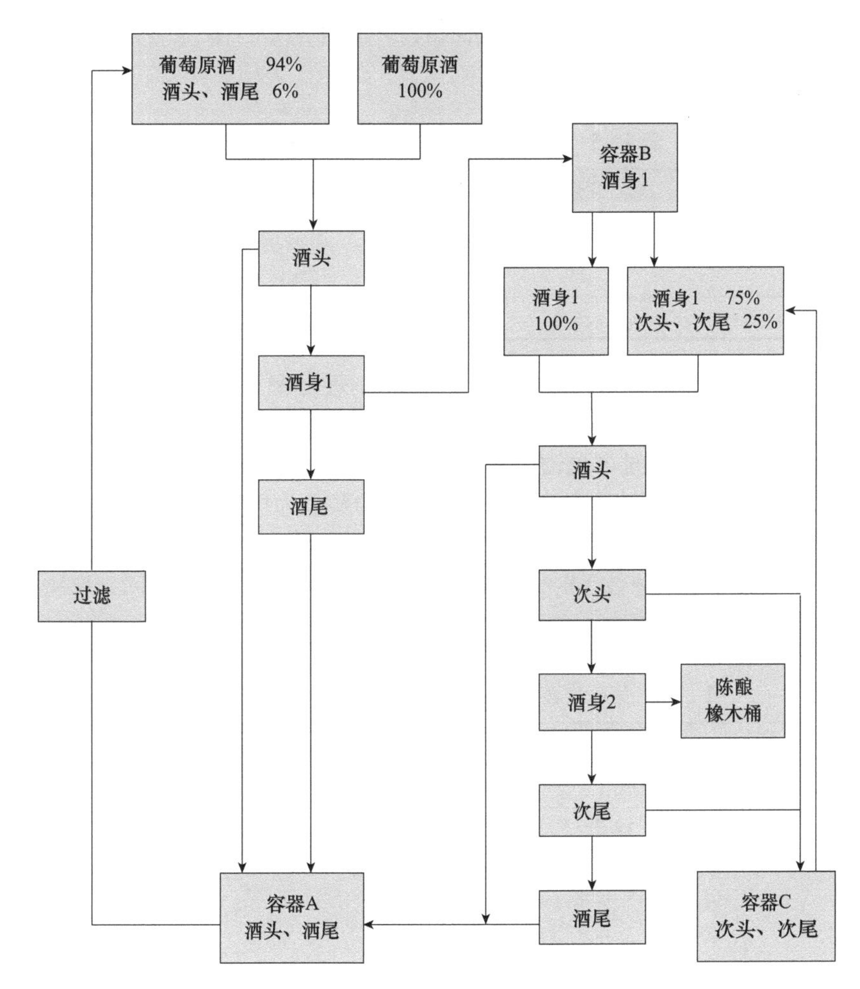

图 12-3　夏朗德蒸馏法示意图

这一方法的原理是，通过直接加热使蒸馏锅内的液体逐渐沸腾、蒸发。酒精和其他物质的蒸气通过蒸馏器罩和鹅颈管进入冷凝器并凝结成馏出液。馏出液则通过铜质管道被送到相应的容器中。

在蒸馏过程中，蒸馏锅内还产生一系列化学反应。主要包括如酯类和杂糖等物质的水解；形成少量乙酸乙酯；由于铜的作用而固定一些脂肪酸和硫化物；由于糖和氨基酸的水解而形成一些挥发性芳香物质等（李华，2007）。

1）*第一次蒸馏*　第一次蒸馏是对葡萄原酒或94%葡萄原酒与6%头、尾（包括酒头、酒尾）的混合物进行蒸馏。

这次蒸馏可将馏出物分为以下几个部分。

（1）酒头：为最先蒸出的部分，主要含有如脂肪酸铜盐、乙酸乙酯和醛类等风味不良物质。这部分馏出物被送往容器A进行复蒸。

（2）酒身：这是馏出物的中间部分，被送往容器B，将进行第二次蒸馏。

（3）酒尾：为最后的馏出物，主要含有高级醇、乙酸等，被送往容器A进行复蒸。

下面，我们以用煤气加热蒸馏为例，对这一方法加以讨论。

第一次蒸馏时间一般持续12 h。

用于蒸馏的为葡萄原酒与头、尾的混合物，并且在上一次蒸馏过程中被预热至30℃，其混合比例和有关酒精含量如表12-5所示。

表12-5　第一次蒸馏的葡萄原酒的有关特点

项目	用量/L	酒度（体积分数）/%	纯酒精含量/L
葡萄原酒	2350	10.5	246.7
头尾	150	7.0	10.5
总计	2500	10.28	257.2

将葡萄原酒装入蒸馏锅，点火并将火开至最大（使用煤气加热，煤气压力为110 MPa），持续1 h，以使葡萄原酒全部沸腾。然后将火减弱，即煤气压力调至50 MPa。持续15 min后再次减弱火力（5 MPa）。这时可见馏出物开始流出。取前15 min的馏出物10 L，其酒度为58.36%（体积分数），其纯酒精含量为5.83 L。酒头的颜色为棕绿色。

以后的馏出物为酒身。酒身的馏出持续7～10 h，有600～900 L。酒身的酒度逐渐降低。当酒度降至1%～8%（体积分数）时，则停止取酒身。停止取酒身的时间，取决于酒身要求酒度和葡萄原酒酒度（表12-6）。

表12-6　第一次蒸馏酒身停止时的酒度（%，体积分数）

葡萄原酒酒度	酒身要求酒度						
	31	30	29	28	27	26	25
10	4.4	3.6	2.9	2.3	1.7	1.2	
9.5	5.3	4.3	3.6	2.9	2.2	1.6	1.1
9.0	6.2	5.2	4.3	3.5	2.8	2.1	1.6
8.5	7.2	6.1	5.2	4.3	3.5	2.7	2.0
8.0		7.2	6.2	5.2	4.3	3.4	2.7

续表

葡萄原酒酒度	酒身要求酒度						
	31	30	29	28	27	26	25
7.5			7.4	6.2	5.2	4.3	3.5
7.0				7.5	6.3	5.3	4.4
6.5					7.6	6.4	5.4
6.0						7.9	6.6

在实验中，停止取酒身时的酒度为 2.5%（体积分数），酒身为 850 L，酒度为 29.0%（体积分数），即纯酒精含量为 246.5 L，其馏出时间持续 9 h。

在酒身的流出过程中，蒸馏锅中的酒精含量逐渐降低，被蒸馏液体的沸点逐渐接近但不超过 100℃。为了蒸馏出剩余的酒精应逐渐并均匀地、有节制地加大火力（图 12-4）。但必须尽量避免火力过大和突然加大火力，因为这一方面可能会烧焦蒸馏液中的内含物，使白兰地带有不良的焦味；另一方面还会加快蒸馏的速度，使一些风味不良的物质进入白兰地。

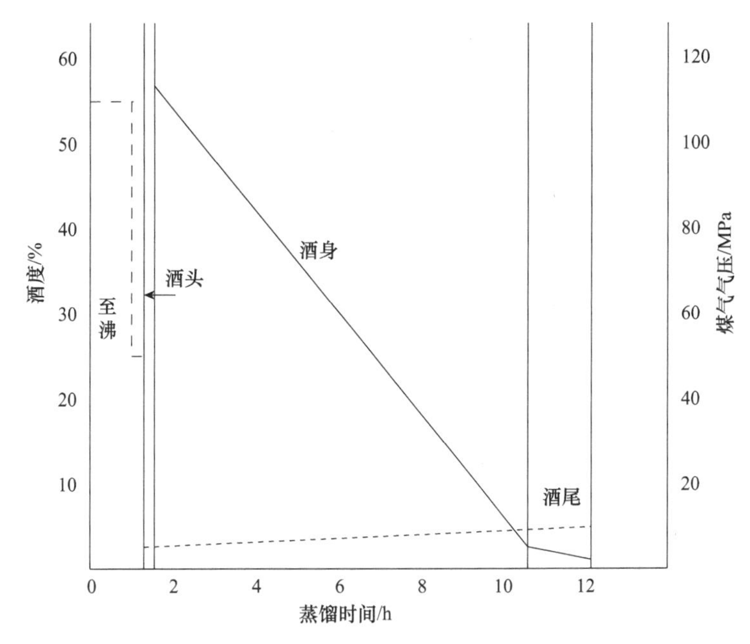

图 12-4　第一次蒸馏酒度与煤气气压的变化
实线为酒度，虚线为煤气气压

当馏出物的酒度降至 1%（体积分数）时，则停止蒸馏。这样获得的酒尾为 150 L，酒度为 1.5%（体积分数）。然后将蒸馏锅中的残馏物倒掉，并用水清洗。

2）*第二次蒸馏*　第二次蒸馏是用第一次蒸馏的酒身或它与次头尾的混合物进行蒸馏，以获得白兰地。这次蒸馏可将馏出物分为酒头、次头、酒身、次尾、酒尾五部分。

这次蒸馏一般也持续 12 h，但比第一次蒸馏要求更高。用于第二次蒸馏的是第一次蒸馏的酒身与次头尾的混合物［酒身 1：850 L，酒度 29.0%（体积分数）。次头尾：250 L，酒度 30.9%（体积分数）］，并将混合物预热至 30℃（图 12-5）。

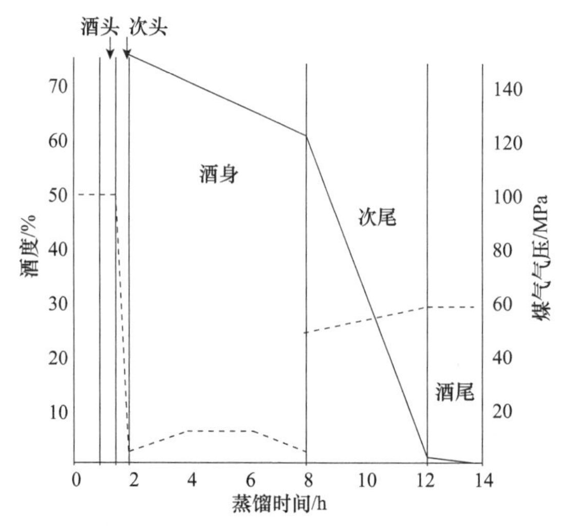

图 12-5 第二次蒸馏酒度与煤气气压的变化

实线为酒度，虚线为煤气气压

从点火至沸腾（至沸），将火调至最大（100 MPa），持续 1～1.5 h，然后将火逐渐调小（5 MPa），并取 10 L 酒头，再取 15 L 次头。酒头与次头的馏出时间为 30 min，共 25 L，其酒度为 75%（体积分数）。但酒头进入容器 A，与葡萄原酒一起进行第一次蒸馏。而次头则进入容器 C，与酒身 1 一起，进行第二次蒸馏（图 12-3）。

然后将火力逐渐调大，至 14 MPa 并保持这一火力，以蒸出酒身 2（白兰地）。馏出的白兰地经过滤后装入橡木桶进行陈酿。为了防止白兰地芳香物质的挥发，酒身 2 馏出时的温度不能超过 18℃。在酒身 2 馏出过程中，为了减缓蒸馏速度，应逐渐降低火力至 5 MPa。此外，为了保证白兰地的酒度接近 70%（体积分数），当馏出物酒度降至 60%（体积分数）时，则应停止取酒身。实验中酒身 2 为 720 L，酒度为 70.55%（体积分数）。

在停止取酒身后，将火力突然调大至 50 MPa，然后逐渐升高至 60 MPa，以馏出次尾。次尾的酒度与酒身 1 相近，为 30.9%（体积分数），其量为 650 L。次尾将与酒身 1 混合，以进行第二次蒸馏。

当馏出物的酒度降至 2%（体积分数）时，停止取次尾。这时的馏出物为酒尾，直至馏出物的酒度降至 1%（体积分数）时停止蒸馏，并将所获得的酒度为 1.5%（体积分数）的酒尾 100 L 与葡萄酒原酒混合后进行第一次蒸馏（李华等，2007）。

在蒸馏过程中，葡萄酒的芳香物质蒸发的速度各不相同。在白兰地中，存在着种类很多的各类化学物质：醇、醛、酮、酯、含氧杂环化合物、含氮杂环化合物等。干邑的主要特征是由酯引起的果香和花香，这类酯的含量较高，是因为原酒与其酒脚一起蒸馏。在较长的陈酿过程中，还会形成很受人欢迎的“夏朗德哈喇香”特征（Awad et al.，2017；Tian et al.，2022）。

12.3.2 雅文邑白兰地的蒸馏

用于蒸馏雅文邑白兰地的白葡萄原酒的酿造采用传统方式进行，机械化采收、连续压榨，很少控制发酵温度，并且不经任何处理，不加 SO_2，也不调整糖分。原酒酒度为 8%～11.5%（体积分数），酸度为 4.0～6.5 g H_2SO_4/L。苹果酸-乳酸发酵通常在酒精发酵结束

后立即进行。

雅文邑白兰地的蒸馏主要采用连续的塔式蒸馏（图 12-6），这是形成其典型性的重要因素。塔式蒸馏器的主要部分有蒸馏锅、蒸馏塔、预热器和冷凝器。

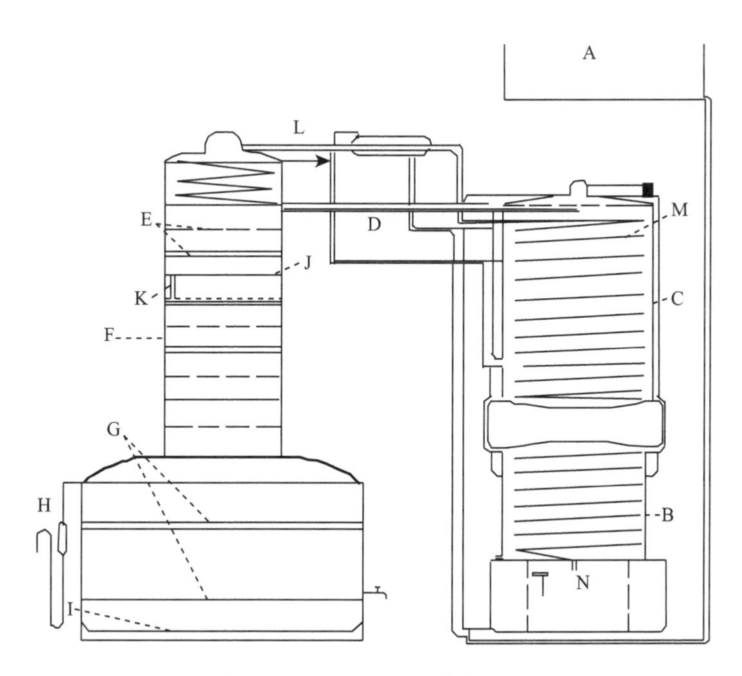

图 12-6　Armagnac 连续蒸馏器

A. 葡萄酒容器；B. 冷凝器；C. 预热器；D. 葡萄酒进入蒸馏塔的导管；E. 蒸馏塔板；F. 蒸馏塔；G. 蒸馏锅；H. 除残酒的虹吸管；I. 煤气炉；J. 蒸汽气泡罩；K. 过量葡萄酒通道；L. 蒸汽导管；M. 蛇形管；N. 出酒口

蒸馏锅的容积为 500～3500 L，被分离板分为 2～3 个部分。蒸馏锅的总体积至少与冷却系统（包括预热器和冷凝器）的体积相等。

蒸馏塔有 5～15 层。近年来，趋向用 12 层左右。隔板都有气泡吸收器，其形状各异，包括圆帽状、钟状、隘状和指状。在葡萄酒进口上方的隔板叫“干板”，它们可降低酒尾物质的含量并提高酒度。

预热器由于蛇形管的作用可使葡萄酒在 70～85℃预热，其体积为 500～1500 L。

冷凝器在预热器的下部，它通常比预热器小（300～1000 L）。蛇形管在经过预热器后进入冷凝器，以保证蒸汽的冷却和完全冷凝。

蒸馏器可根据情况附加酒头冷凝器，它位于预热器的上部；但更经常地是在蒸馏塔与预热器之间的蒸汽管上加一酒尾冷凝器。酒尾还可在蛇形管的前几圈上抽取。冷凝后的部分可循环进入葡萄酒。在蒸馏塔的上部，同样可以安装蛇形管，在其内流动由酒头或酒尾冷凝器预热的葡萄酒，这样可以获得更高的酒度。

葡萄酒由于重力的作用通过冷凝器的下部进入蒸馏器，其流量由带流量计的阀门控制。白兰地由出酒口流出蒸馏器，并在此测定酒度和温度。残酒则由蒸馏锅上装置的吸管排出。每天的产量不能超过总冷却体积的 1.5 倍。

雅文邑白兰地蒸馏比两次蒸馏更为节约。蒸馏持续 14 d 左右后，必须关闭蒸馏器进行清洗。因为积在隔板上的酒脚和沉淀的残留物会影响铜固定挥发性脂肪酸和硫化物的作用。如果清洗不干净，不仅会带来怪味，还会带来“哈喇”和“烧焦肉油”气味。

蒸馏器的工作顺序如下：首先用水充满蒸馏锅和蒸馏塔；预热器和冷凝器中充满葡萄酒，然后点火。当水开始蒸发时，打开葡萄酒阀，当达到需要酒度[如60%（体积分数）]时，则开始接收白兰地。

在蒸馏过程中，根据挥发性物质的极性不同，其中一部分完整地进入馏出液（如高级醇），另一部分则部分地发生了变化（如苯乙醇、乳酸乙酯、2,3-丁二醇等酒尾成分）。加热还使酵母释放出脂肪酸乙酯和大分子脂肪酸（表12-7）。

表12-7 葡萄酒与白兰地挥发性物质的比较

成分	葡萄酒	白兰地	进入白兰地
乙醇（体积分数）/%	11.1	59.7	
高级醇/（mg/L）	373	2043	102
甲醇/（mg/L）	41.4	194	87
2-苯乙醇/（mg/L）	53	32	10
高级醇乙酯/（mg/L）	2.61	12.7	90
脂肪酸乙酯/（mg/L）	1.46	14	177
乙酸乙酯/（mg/L）	41	207	94
丁二酮/（mg/L）	0.65	2.91	83
挥发酸/（mg/L）	11.2	34.2	56
乳酸乙酯/（mg/L）	340	248	14
乙酸/（mg/L）	400	118	5.5
2,3-丁二醇/（mg/L）	549	14.9	0.5

注：表中数据为50个葡萄酒和80个白兰地的平均值

白兰地成分的控制主要靠调整葡萄酒流量和加热过程进行。

对蒸馏器的调整在白兰地成分方面起着决定性的作用。例如，可以通过提高葡萄酒的流量或降低加热强度，以降低蒸馏塔上部的温度来提高馏出液的酒度，这样高级醇和酯类物质的含量就随酒度的升高而提高，而在传统的雅文邑白兰地中含量过高的“酒尾物质”则随着酒度的升高而呈指数函数下降。如果需要较长期的陈酿，由于其酒味特征，酒尾物质是有利的。但如果需要很快消费，则应提高酒度，降低这类物质的含量。

虽然绝大多数雅文邑白兰地用塔式蒸馏，但也有少部分用壶式蒸馏。使用这类蒸馏器的蒸馏方式与干邑相同，但是在蒸馏以前，葡萄酒不与酒脚混合。

这种蒸馏方式的优点是所获得的白兰地成熟更快，因而能更快地投放市场（李华等，2007）。

12.3.3 传统皮渣白兰地

现在皮渣白兰地的典型特征是具浓郁的皮渣香气（将皮渣堆积并防止氧化形成的香气）。此外，现在越来越多地生产一种“葡萄果白兰地”。这种白兰地是在发酵结束后，立即将皮渣与葡萄酒一起蒸馏。在塞尔维亚，这种白兰地叫Lozovaa′，是用芳香品种‘玫瑰香’

（‘Muscat’）生产的，其萜烯物质并未被堆积分解，相反却在加热过程中被释放。在意大利北部，也有‘雷司令’‘琼瑶浆’白兰地。在西班牙和葡萄牙，也以‘Alvarino’和‘Loureire’两个品种生产芳香很浓的白兰地。

意大利的 Grappa 则是直接用蒸气蒸馏皮渣或在其中加水或加 25% 的酒脚后蒸馏获得的，但只用劣等酒蒸馏则是被禁止的。

蒸馏后的酒度必须低于 86%（体积分数），非酒精系数必须高于 1.40 g/L（纯酒精），欧盟还规定，甲醇的含量不能高于 10.00 g/L（纯酒精）。

在葡萄牙，很受消费者欢迎的皮渣白兰地为 Bagceira，在北半部用的蒸馏器都为塔式（图 12-7）。其工作原理是将蒸气连续通入塔中，同时，由于是双塔，所以当一个塔在蒸馏时，另一个塔则可装入皮渣。

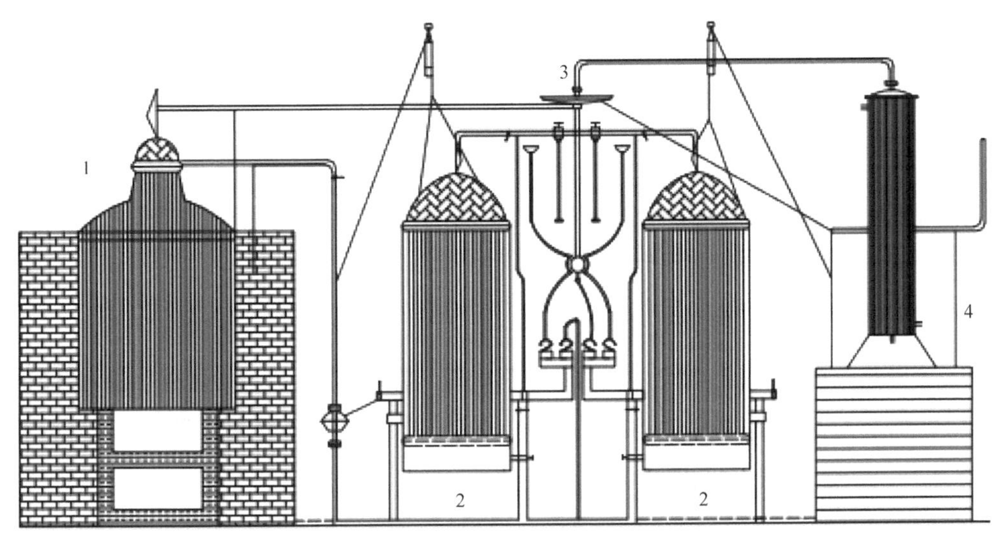

图 12-7　葡萄牙用于生产皮渣白兰地的塔式蒸馏器

1. 蒸汽发生锅；2. 蒸馏塔；3. 头尾去除器；4. 冷凝器

在西班牙的加里西亚（Galice）西北地区，皮渣白兰地的生产为传统的家庭工厂生产，使用最多的是夏朗德式蒸馏器，但没有预热器，而且蒸馏锅更小（李华等，2007）。

12.4　白兰地的主要成分

对新蒸馏的白兰地的关键香气活性化合物的分析发现，在酒头、酒身 1、酒身 2、次尾和酒尾中分别含有 50 种、61 种、48 种、25 种和 18 种气味活性化合物，其中 OAV（odour activity values）≥1 的化合物分别有 19 种、22 种、11 种、5 种和 4 种，对酒身 1 香气贡献大的主要有 3-甲基丁醇、己酸乙酯、1-己醇、辛酸乙酯、苯甲醛、癸酸乙酯和乙酸苯乙酯等；对酒身 2 香气贡献大的主要有（*E*）-3-己烯-1-醇、（*Z*）-3-己烯-1-醇和乙酸苯乙酯等（Tian et al., 2022）。从表 12-8 可以看出，夏朗德蒸馏法白兰地除含有乙醇外，还含有许多其他挥发性物质。它们与乙醇一起进入馏出物中，成为影响白兰地风味和陈酿的重要因素（李华等，2007）。

表 12-8 新白兰地（夏朗德蒸馏法）的主要成分

成分	含量	成分	含量
酒度（体积分数）	10.7%	β-苯乙醇	28.30 mg/L
乙酯（C_8～C_{12}）	101.40 mg/L	乙酸乙酯	222.00 mg/L
乙酯（C_{14}～C_{18}）	31.33 mg/L	乳酸乙酯	162.00 mg/L
脂肪酸（C_{14}～C_{18}）	12.32 mg/L	高级醇	3100.00 mg/L
糠醛	14.50 mg/L		

12.4.1 高级醇、乙酯、脂肪酸和乙醛

这些物质在酒精中溶解度大，主要在蒸馏前期被馏出，所以主要存在于酒头中。

高级醇如丙醇、异丁醇、丁醇等，是在酒精发酵过程中形成的，它们的酯类可使白兰地具有特别香气，如异丁醇与癸酸形成的酯具香蕉味（Li，2021；Winstel et al.，2022）。

乙酯在白兰地的陈酿过程中占有重要地位，因为它们通过水解和氧化参与陈酿香气的形成。

而乙酸乙酯和乙醛则由于它们的过氧化味和青铜味影响白兰地的质量，脂肪酸的铜盐则使馏出物带棕绿色。因此，为了保证白兰地的质量，即使会减少高级醇和乙醇的含量，也应将富含这些成分的酒头除去（李华等，2007）。

12.4.2 糠醛

在整个蒸馏过程中，馏出物中糠醛的含量都很低。糠醛主要是在蒸馏过程中通过戊糖的脱水作用形成的，具有与苯乙醛相似的苦杏仁味。但它的含量较低，不会影响白兰地的质量。

12.4.3 β-苯乙醇、乳酸乙酯

它们主要是在蒸馏后期被馏出。β-苯乙醇是由苯丙氨酸通过脱羧和脱氨而形成的，在低浓度时具玫瑰味。

乳酸乙酯对白兰地的质量具双重影响。一方面它可提高芳香物质的香气，另一方面还可减弱不良风味。因此，在夏朗德蒸馏法的第二次蒸馏中，如果白兰地风味不佳，可延长接收酒身的时间，提高其乳酸乙酯的含量，以削弱不良风味，从而改善白兰地质量。

表 12-9 为对法国三个产地命名白兰地和一个普通白兰地成品的分析结果，表 12-10 则为雅文邑成品主要成分的详细分析结果（李华等，2007）。

表 12-9 白兰地分析表

在白兰地中 100 L 纯酒精含有的其他物质的量 /g	雅文邑		干邑		白兰地		苹果白兰地	
	$\overline{X}$	S	$\overline{X}$	S	$\overline{X}$	S	$\overline{X}$	S
酒度（20℃）								
实际酒度（体积分数）/%	41.4	1.6	40.4	0.75	45.5	11.1	42.7	2.4
粗酒度（体积分数）/%	40.13	2.3	38.7	1.10	43.6	11.6	41.6	2.6

续表

在白兰地中 100 L 纯酒精含有的其他物质的量 /g	雅文邑		干邑		白兰地		苹果白兰地	
	$\overline{X}$	S	$\overline{X}$	S	$\overline{X}$	S	$\overline{X}$	S
干物质	4.5	3.5	6.7	3.0	8.4	1.6	4.8	3.8
总酸（乙酸）	153.9	57.6	103.6	28.2	31.5	8.2	213.1	80.4
挥发酸	106.4	37.5	59.3	19.3	19.1	3.5	175.1	62.2
总醛（乙醛）	23.3	6.4	19.3	8.3	25.3	7.3	27.4	10.0
总酯（乙酯）	109.6	34.7	72.9	7.2	54.8	6.7	224.6	94.5
乙酸乙酯	78.3	24.0	45.3	5.9	38.5	4.2	84.9	96.1
糠醛	1.2	0.8	2.5	0.9	0.4	0.1	0.5	0.4
高级醇	441.2	67.1	447.8	58.1	257.9	30.1	642.1	267.0
2-丁醇	0.5	0.9	0.7	1.6	3.4	1.6	164.6	106.2
1-丙醇	49.4	13.5	43.0	7.8	25.1	2.2	140.6	82.9
2- 甲基丙醇	104.5	19.0	121.7	18.8	55.4	5.1	59.1	20.1
1-丁醇	0.2	0.5	0.1	0.3	1.3	0.7	17.2	4.9
2-甲基丁醇＋3-甲基丁醇	286.6	33.2	312.3	29.6	172.7	20.5	260.6	52.9
非酒精挥发物总量*	681.9	121.7	598.4	163.2	358	40.9	1069.6	381
甲醇	47.0	10.9	49.7	11.4	69.2	16.5	144.7	45.4

* 非酒精挥发物总量为挥发酸、总醛、总酯、糠醛和高级醇之和

注：$\overline{X}$为 15 个样品的平均值；S 为标准差

表 12-10　雅文邑白兰地的主要成分

（8 个样品的平均值）

成分	平均	标准差	最低	最高
醇类 /（g/100 L 纯酒精）				
甲醇	41.0	10.4	24.6	58.3
丙醇	28.0	4.2	19.8	32.9
2-甲基-1-丙醇	98.2	18.0	76.2	120.0
2-甲基-1-丁醇	47.7	3.6	42.2	52.2
3-甲基-1-丁醇	216	24	185	254
2-甲基-1-丁醇/3-甲基-1-丁醇	0.22	0.01	0.20	0.23
1-丁醇	0.81	0.28	0.34	1.20
2-丁醇	未检出	—	—	—
稀丙醇	未检出	—	—	—
高级醇总量 /（mg/L）	390.93	50.09	323.74	460.53
己醇	10.9	2.4	6.6	13.2
苯乙醇	25.2	6.0	18.2	33.5
（D-）2,3-丁二醇	8.71	2.62	6.38	13.50

续表

成分	平均	标准差	最低	最高
2,3-丁二醇（内消旋体）	2.66	0.92	1.35	4.10
丁二醇总量	11.37	3.54	7.73	17.60
羰基化合物 /（mg/L）				
乙醛	12.9	7.7	5.1	27.0
乙缩醛	16.1	5.6	8.8	24.5
丙酮醇	1.02	0.41	0.84	1.22
γ-丁内脂	1.76	0.86	0.67	2.78
3-羰基-2-丁醇	0.54	0.17	0.39	0.89
丁二酮	2.72	0.99	2.27	3.90
2,3-戊二酮	0.59	0.13	0.30	0.72
酸 /（mg/L）				
乙酸	148	30	117	187
丙酸	0.75	0.27	0.42	1.36
异丁酸	1.72	0.47	1.20	2.68
丁酸	1.75	0.56	0.71	2.55
异戊酸	1.62	0.57	1.07	2.50
挥发酸（C_3～C_5）总量 /（mg/L）	5.84	1.87	3.40	9.09
己酸	2.39	1.32	1.16	5.32
辛酸	10.35	3.28	5.76	14.40
癸酸	5.21	1.56	3.39	8.02
月桂酸	0.64	0.33	0.25	1.17
脂肪酸总量 /（mg/L）	18.59	6.49	10.56	28.91
酯 /（mg/L）				
乙酸乙酯	189	81	97	335
乙酸异戊酯	3.16	2.43	1.37	7.32
乙酸己酯	0.11	0.07	0.02	0.19
乙酸苯乙酯	0.39	0.31	0.12	0.91
高级醇乙酯总量 /（mg/L）	3.66	2.81	1.51	8.42
丁酸乙酯	0.65	0.15	0.45	0.91
己酸乙酯	1.71	0.29	1.36	2.09
辛酸乙酯	3.41	0.64	2.69	4.54
癸酸乙酯	4.08	2.64	1.47	8.04
月桂酸乙酯	2.66	2.20	0.54	6.52
脂肪酸乙酯总量（不包括丁酸乙酯）	11.86	5.77	6.06	21.19
琥珀酸乙酯	5.31	3.45	1.68	11.1
乳酸乙酯	115	27	75	158

从这些分析结果可以看出，白兰地的挥发物总量（即非酒精系数）主要由以下三大类物质构成。

（1）形成白兰地质量的物质，如己酸乙酯、辛酸乙酯、月桂酸乙酯等。

（2）在低浓度时提高质量而在过高的浓度则降低质量的物质，如丁二酮、乙酸乙酯等。

（3）不需要的且是由变质原料形成的物质，如2-丁醇、烯丙醇、丙烯醛等。

最近在干邑白兰地中分离出一种新的味觉活性鞣花单宁，被称为白兰地单宁A，并对其结构进行了解析，建立了定量的分析方法（Winstel et al.，2022）。

因此，挥发物总量并不能构成评判白兰地质量的标准，而白兰地中的特征香气成分才是判定白兰地感官质量的重要指标，也决定了白兰地的风味特征（Zhao et al.，2011；Lukic et al.，2012；李华等，2007）。

12.5　白兰地的陈酿

12.5.1　白兰地在陈酿过程中的变化

新蒸馏出的白兰地品质粗糙，香味尚未成熟，只有经橡木桶陈酿一定时间后，才能达到优良的品质。欧盟规定在体积小于1000 L的橡木桶中陈酿时间至少为6个月，而大于1000 L的橡木桶中则至少要陈酿一年（李娜娜，2017）。

在陈酿过程中，白兰地主要发生体积减小、酒度降低等变化。

1. 体积减小　在陈酿过程中，由于通过橡木桶壁向外挥发，白兰地的体积不断减小。其减少的幅度主要取决于贮藏库中的温度、通气及相对湿度等条件。

2. 酒度降低　在陈酿过程中，由于酒精的挥发，白兰地的酒度逐渐降低。其降低的速度平均为6%～8%（体积分数）/15年。为了促进这一作用，贮藏库中的空气应较为湿润。反之，则水的挥发量会比酒精的挥发量大，导致白兰地酒度的上升，影响白兰地质量。

3. 其他变化　在白兰地的陈酿过程中，还发生一系列的物理化学变化，主要包括白兰地对橡木桶壁中单宁的浸提溶解，酸度、酯类、高级醇及色素等含量的增加，以及氧化、水解、缩醛等化学反应。而且主要是由于这些变化使新蒸馏出的白兰地逐渐成熟，具有独特的风味和质量。

4. 陈酿的三个阶段　实际上，白兰地的陈酿可分为三个阶段。

1）第一阶段（5年以下）　在这一阶段中，70%（体积分数）的白兰地对新木桶壁表层中的单宁物质的浸出作用很强，并导致挥发酸的形成，特别是在头两年中，提高含酸量。

缩醛反应使新白兰地的粗糙味逐渐消失：

$$CH_2CHO + 2CH_3CH_2OH \longrightarrow CH_3CH(OCH_2CH_3)_2 + H_2O$$

挥发性芳香物质之间逐渐达到平衡；木质素和半纤维素的醇解开始进行。

这时的白兰地仍具有新白兰地的香气，但已有焖橡木味和较淡的香草香味。由于未氧化

单宁含量较高，口味较为粗糙，颜色为浅黄色。

2）第二阶段（5～10 年） 在这一阶段中，主要有以下变化。

（1）由于白兰地与橡木桶内壁表面之间单宁浓度梯度的下降，单宁的浸出量逐渐下降。

（2）单宁的缓慢氧化使白兰地粗糙的口味消失，颜色加深。

（3）由于酸从橡木桶壁被白兰地提取，白兰地酸度仍然上升。

（4）木质素和半纤维素的醇解加重，酯的醇解继续进行。这一阶段的白兰地，由于芳香醛含量的不断增加，逐渐表现出明显的香草和花香等特点。

3）第三阶段（10～30 年）

（1）单宁的浸出停止。但由于酒精和水分的挥发，白兰地体积减小，单宁的浓度仍然逐渐升高。

（2）由于酸度的增加，木质素和半纤维素的醇解加强，形成典型的清香。

（3）白兰地酒体变稠，比重升高。

（4）由于酒度下降和由半纤维素水解引起的含糖量的升高，口味更为柔和。

这时，白兰地的陈酿特性很明显，香气逐渐变浓。

由此可见，白兰地必须在橡木桶中陈酿。最好使用粗纹橡木，因为这类橡木与细纹橡木相比，氧的穿透力和高分子单宁的浸出率都相对较强。橡木桶的加工工艺也会影响白兰地的特征和质量（Caldeira et al.，2006）。

在陈酿过程中，无论是源于橡木的物质还是馏出液本身的物质的变化，起主要作用的都是氧化现象。酒精被氧化为乙酸，后者的含量在 20 年中可增加 2 倍；pH 降低，从 5 降到 3.5；酸则酯化；与乙醇比较，只有高级醇的变化较小（Bertrand，1992）。

研究表明，橡木中含有 40%～45% 的纤维素、20%～25% 的半纤维素、25%～30% 的木质素和 8%～15% 的单宁。

白兰地浸出橡木成分的最佳酒度为 55%（体积分数），新木桶比旧木桶的浸出率要高得多。这是由于橡木的木质非常紧密，白兰地只能从接触橡木板的表面（一般为 6 mm）浸出单宁和芳香成分，而深层的有益成分则无法浸出（王霞，2006）。例如，如果陈酿 12 年，新木桶中的浸出率可以比旧木桶中的高出 3 倍。

如果单宁过高可使白兰地干硬、苦涩。

在陈酿过程中，木质素醇解，形成酚醛和（芳香）酸。

在雅文邑（Armagnac）、干邑（Cognac）和朗姆酒（Rhum）中，还含有香草醛、丁香醛、松柏醛和芥子醛。在陈酿 1～50 年的干邑中（表 12-11），香草醛、丁香醛、松柏醛和芥子醛的比例分别为 13%～31%、22%～57%、25%～11% 和 40%～1%，这一结果说明肉桂醛的比例不停地下降，直至在 50 年的干邑中消失；相反，苯甲醛类则不停地升高。另一结果也证明了这一事实，在 1～15 年的干邑中，香草醛 / 松柏醛的比值由 0.52 升高到 1.91，丁香醛 / 芥子醛的比值由 0.55 到 5.50。这些结果说明，松柏醛和芥子醛在氧化后分别形成香草醛和丁香醛。

在芳香酸中，鉴别出 8 种酚酸（表 12-11）：五倍子酸、原儿茶酸、水杨酸、香草酸、丁香酸、香豆酸、阿魏酸和肉桂酸，且它们的含量均随着酒龄的增长而提高。需指出的是，苯甲酸、咖啡酸和芥子酸均未被检出。

表 12-11　不同年龄的 Cognac 中酚醛和酚酸的含量（mg/L）

成分	陈酿年限						
	1	3	5	10	15	25	50
酚醛							
香草醛	0.88	1.80	2.20	3.20	4.20	5.50	8.60
丁香醛	1.44	3.47	4.12	5.25	7.15	9.10	15.70
松柏醛	1.68	2.15	2.50	1.55	2.20	2.80	2.90
芥子醛	2.62	3.10	3.50	1.45	1.30	0.60	0.30
酚酸							
五倍子酸	2.86	5.56	10.80	12.30	16.20	35.20	28.2
原儿茶酸	0.12	0.26	0.37	0.30	0.72	0.95	2.27
水杨酸	0.02	0.04	0.08	0.16	0.15	0.32	0.48
香草酸	0.20	0.46	0.64	0.77	0.93	1.98	3.77
丁香酸	0.48	1.01	1.51	2.08	2.70	5.95	8.21
香豆酸	0.04	0.02	0.05	0.05	0.42	0.32	0.45
阿魏酸	0.05	0.15	0.28	0.21	0.46	0.37	1.61
肉桂酸	0.03	0.08	0.17	0.07	0.25	0.16	0.30

虽然白兰地的陈酿方式各不相同，但一般先在 400 L 左右的新木桶中陈酿半年至一年，然后在旧木桶中继续陈酿（李华等，2007）。

12.5.2　装瓶前的处理

经成熟后的白兰地还是半成品，很少直接饮用。在装瓶以前还必须经过一系列处理，包括过滤、分析、根据分析结果进行调配等。

1. 过滤　在白兰地中存在着一些高级脂肪酸乙酯。随着陈酿时间的延长，酒度降低，这些乙酯的溶解度下降，容易在瓶内产生沉淀，可在冷处理后进行过滤将它们除去。其方法是先将白兰地冷却至 10℃并保持 24 h，然后用纸板过滤机进行过滤。但是这一处理往往会导致香气的减弱，因为多数高级脂肪酸乙酯为芳香性乙酯。

经这一处理的白兰地，贮藏 6 个月至 1 年再行调配。但在进行调配以前，一般应测定白兰地的酒度、总酒度和色度三个指标。

2. 调配　成品白兰地的酒度最低为 36%（体积分数），最高很少超过 45%（体积分数），一般为 40%～43%（体积分数）。干邑白兰地的酒度为 40%（体积分数），我国规定酒度不低于 38%～44%（体积分数）。

但一般情况下，新蒸出的白兰地酒度为 70%（体积分数）。如果完全采用自然陈酿，要使其酒度降至 40%（体积分数），则至少需要半个世纪。从经济角度考虑，这样长的贮藏时间将使产品的成本很高，因此需要人为地降低白兰地的酒度。

降低白兰地的酒度，不能直接加水，因为这样会影响白兰地的质量。应先将少量白兰地用蒸馏水稀释，使其酒度达 27%（体积分数），贮藏一段时间后再将稀释后的白兰地加进高酒度白兰地中。但不能一下子突然将白兰地的酒度降至需要点，而应逐渐降低，即稀释白兰地的加入应分次进行，使每次降低的酒度为 8%～9%（体积分数）。每次降低酒度后，应进行过滤并贮藏一定时间。

为了使白兰地柔和、醇厚，在装瓶以前还应加入糖浆，以提高白兰地的含糖量，糖浆一般是用 40%（体积分数）的白兰地溶解 30% 的蔗糖而获得的。

最后，如果白兰地的色度不够，还应加入糖色来人为地提高色度。糖色的制备一般采用铜锅熬制。先在锅内放入 10% 的水，再加入糖，然后升温。开始的升温应较为缓慢，以后逐渐加强。在化糖时要不停地搅拌，以免糖结锅底。在这一过程中，糖逐渐溶解，其颜色逐渐变为棕褐色。当糖色达到要求时，立即停止加热，并放入热水（70～80℃），同时加强搅拌以溶解糖色。然后加热 1 min 使糖色溶解，趁热过滤，装入贮藏容器中，待冷却后加入一定量的白兰地贮藏备用。

表 12-12 干邑和雅文邑的酒龄的计算

<table>
<tr><th>酒龄</th><th colspan="2">时期</th></tr>
<tr><td>0</td><td colspan="2">自白兰地出蒸馏器至蒸馏季节结束*</td></tr>
<tr><td>0</td><td>0～12 月</td><td rowspan="6">蒸馏季节结束以后*</td></tr>
<tr><td>1</td><td>12～24 月</td></tr>
<tr><td>2</td><td>24～36 月</td></tr>
<tr><td>3</td><td>36～48 月</td></tr>
<tr><td>4</td><td>48～60 月</td></tr>
<tr><td>5</td><td>60～72 月</td></tr>
</table>

* 蒸馏季节结束时间：干邑 3 月 3 日；雅文邑 4 月 30 日

糖浆、糖色的加入量根据酒厂而有所差异，而且各个酒厂一般都把它们当作自己的秘密。

一般情况下，干邑白兰地调配以后，酒度为 40%（体积分数），总酒度稍大于 40%（体积分数），一般为 41.8%～42.0%（体积分数）。

调配好的白兰地经分析、品尝后，在－5℃下处理一周后，低温过滤，然后装瓶。

在干邑地区，先将瓶塞用白兰地浸泡，并用白兰地对酒瓶进行最后一次清洗后再行装瓶。

最后，白兰地各种商业名称则主要取决于在调配过程中所加入的最新的白兰地的年龄（表 12-12 和表 12-13）（李华等，2007）。

表 12-13 干邑和雅文邑主要商品种类与酒龄的关系

<table>
<tr><th rowspan="2">酒龄</th><th colspan="2">主要商品种类</th></tr>
<tr><th>干邑</th><th>雅文邑</th></tr>
<tr><td>1</td><td rowspan="3">Trois Etoiles“三星”或 V. S.</td><td rowspan="3">Trois Etoiles</td></tr>
<tr><td>2</td></tr>
<tr><td>3</td></tr>
<tr><td>4</td><td>V. O. 或 V. S. O. P. 或 Reserve</td><td rowspan="2">V. O. 或 V. S. O. P. 或 Napoleon 或 Extra 或 X. O. 或 Hors d'age</td></tr>
<tr><td>5</td><td>Napoleon 或 Vieille Reserve 或 X. O.</td></tr>
</table>

注：V. S. 为二级；V. O. 为一级；V. S. O. P. 为优级；X. O. 为特级

12.6 小 结

白兰地可分为葡萄白兰地和水果白兰地两大类，而对于前者，可直接称之为白兰地，水果白兰地则必须冠以水果名称。

在白兰地中，主要有白兰地（用葡萄酒蒸馏）和皮渣白兰地两大类。

用于生产白兰地的葡萄品种主要是中性（几乎没有香气）的品种，其葡萄原酒最好是白色、酒度较低［8.0%～11.5%（体积分数）］、酸度较高（4.0～8.0 g H_2SO_4/L），没有经 SO_2 处

理。用于生产皮渣白兰地的葡萄品种则主要为芳香型品种。

白兰地的蒸馏方式主要有非连续性的壶式蒸馏（图13-2）和连续性塔式蒸馏（图13-6）。但无论采用何种方式，其馏出酒的酒度应低于86%（体积分数），非酒精挥发物总量应大于1.2 g/L（纯酒精），甲醇含量应低于2.00 g/L（纯酒精）。但是，现在大多数白兰地则采用连续性塔式蒸馏。

皮渣白兰地的蒸馏主要采用蒸气蒸馏，当然，也可采用其他蒸馏方式，而且用不同蒸馏方法所蒸得的皮渣白兰地的化学和感官分析结果没有多大差异。

新蒸出的白兰地至少应在橡木桶中陈酿1年。在陈酿过程中，无论是源于橡木的物质还是馏出液本身的物质的变化，都是氧化现象所引起的。

成品白兰地的酒度一般为40%～43%（体积分数），因此在多数情况下，装瓶前应对白兰地进行调配，以降低酒度，并调整其他的成分。同时还应进行低温处理并过滤，以防止一些成分在瓶内沉淀。

需强调指出，白兰地并不是处理劣质（或有缺陷）葡萄酒的权宜之计，而是源于从原料到发酵、蒸馏、陈酿和调配的统一体。

第 13 章　葡萄酒的成熟

发酵结束后刚获得的葡萄酒，酒体粗糙、酸涩，饮用质量较差，通常称之为生葡萄酒。生葡萄酒必须经过一系列的物理、化学变化以后，才能达到最佳饮用质量。实际上，在适当的储藏管理条件下，我们可以观察到葡萄酒的饮用质量在储藏过程中的如下变化规律：开始，随着储藏时间的延长，葡萄酒的饮用质量不断提高，一直达到最佳饮用质量，这就是葡萄酒的成熟过程。此后，葡萄酒的饮用质量则随着储藏时间的延长而逐渐降低，这就是葡萄酒的衰老过程（图 13-1）。因此，葡萄酒是有生命的，有其自己的成熟和衰老过程。了解葡萄酒在这一过程中的变化规律及其影响因素，是正确进行葡萄酒贮藏陈酿管理的基础（李华等，2007）。

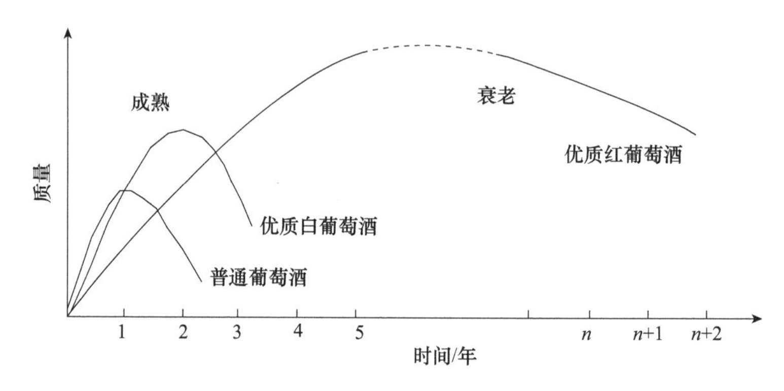

图 13-1　葡萄酒的成熟与衰老示意图

陈酿是指保证葡萄酒成熟过程中提高葡萄酒感官质量必须进行的一系列操作和处理。在陈酿车间对葡萄酒的陈酿，可使葡萄酒澄清、颜色更为鲜艳、发展新的香气、完善结构、突出风格，最后使葡萄酒稳定。

对于新葡萄酒，陈酿一般为几个星期，甚至是几天，很少超过数月。而陈酿型葡萄酒则需陈酿 6～8 个月，有些则需陈酿两年。

根据葡萄酒的种类和酿酒师的意见，葡萄酒可在不锈钢罐中陈酿，也可在橡木桶中陈酿（李华和王华，2017）。

13.1　葡萄酒的化学成分

在葡萄酒的酿造过程中，酒精发酵将糖转化为酒精，苹果酸-乳酸发酵将苹果酸分解为乳酸；这两种生物化学反应还生成多种发酵副产物。葡萄浆果的其他成分，如单宁、色素、芳香物质、无机盐及果胶物质等，仍存在于葡萄酒中，但由于酒精的溶解特性和葡萄酒不停地变化，这些物质的含量和存在的形式都有所变化。因此，葡萄酒的化学成分极为复杂，而

且根据葡萄浆果本身的成分及酒精发酵和苹果酸-乳酸发酵进行的条件、微生物种类、葡萄酒的酿造工艺和陈酿方式及葡萄酒的年龄等的不同而发生很大的变化。

在葡萄酒中已鉴定出 1000 多种物质，其中有 350 多种已被定量鉴定。表 13-1 列出了葡萄酒的主要成分及其平均值。但是，化学分析并不能表现葡萄酒的感官质量。实际上，对葡萄酒的评价是通过它对我们的味觉、嗅觉、物理、化学和视觉刺激而进行的，即各种刺激所形成的总体印象和在口中的持续性。所以，葡萄酒酿酒师必须在葡萄酒酿造和陈酿的各个阶段对葡萄酒的和谐性进行实验，即通过感官分析了解其产品；通过稳定性试验和微生物试验了解葡萄酒的稳定性。而通过理化分析，可以了解葡萄酒的类型（各主要成分之间的平衡）、跟踪葡萄酒的变化（挥发酸、苹果酸、二氧化碳、铁、铜和蛋白质等）和葡萄酒的酿造质量（二氧化硫、不正常的成分及非葡萄的成分等）（李华等，2007）。

表 13-1　葡萄酒的主要成分及其平均含量

成分	每升葡萄酒中的含量	备注
溶解气体		
CO_2	0.2～0.7 g→1.1 g	酒龄越小，含量越大
总 SO_2	80～200 mg→350 mg	标准
游离 SO_2	10～50 mg	标准
挥发性物质		
水	700～900 g	
酒精	7%～17%	体积分数
高级醇	0.15～0.50 g	
乙醛	0.005～0.500 g	受酿造工艺的影响
酯	0.5～1.5 g	
挥发酸	0.3～0.5 g	以硫酸计
固形物		
糖	0.8～180.0 g	根据葡萄酒的种类而变化
甘油	5～12 g	根据葡萄酒的种类而变化
单宁和色素	0.4～4.0 g	根据葡萄酒的种类而变化
树胶和果胶物质	1～3 g	受原料的影响
有机酸		
酒石酸	5～10 g	受原料的影响
苹果酸	0～1 g	受苹果酸-乳酸发酵的影响
乳酸	0.2～1.2 g	受苹果酸-乳酸发酵的影响
琥珀酸	0.5～1.5 g	
柠檬酸	0～0.5 g→1 g	在特种葡萄酒中可达 1 g/L
无机酸		
硫酸	0.10～0.40 g	用钾盐表示
盐酸	0.02～0.25 g	其中一半为钾盐
磷酸	0.08～0.50 g	其中一半为钾盐

续表

成分	每升葡萄酒中的含量	备注
无机盐		
钾（K）	0.7～1.5 g	
钙（Ca）	0.06～0.90 g	
铜（Cu）	0.0001～0.0003 g	
铁（Fe）	0.002～0.008 g	
铅（Pb）	＜0.0002 g	

注：→表示最高可达含量

13.1.1　主要成分

1. 乙醇　葡萄酒中乙醇的含量一般不低于7%（体积分数），有的特殊葡萄酒，如加强葡萄酒、蜜甜尔等，乙醇含量可达24%（体积分数）。葡萄酒中乙醇的含量用酒度表示，即在20℃的条件下，100 L葡萄酒中所含有的纯酒精的升数。

酒度对葡萄酒的质量、储藏和商品价值都有很大的影响。酒度越高，葡萄酒越浓烈，醇厚，干浸出物含量越高。葡萄酒中酒精含量的高低直接与葡萄的成熟度有关：夏季天气状况良好、有利于成熟的年份，葡萄成熟度高，则葡萄酒的酒度高，质量好。当然，酒度并不是葡萄酒的唯一质量因素。酒度的高低受葡萄酒的种类和产地的影响。此外，在带糖的葡萄酒（包括半甜、甜和利口葡萄酒）中，酒度-糖-酸的平衡对酒的质量起着重要作用。酒度的高低还影响葡萄酒的储藏，酒度低的葡萄酒对一些酵母菌和细菌很敏感（李华等，2005）。

如果葡萄醪含糖量高，葡萄酒的自然酒度可以达到16%（体积分数）。但是，这种情况较少，这是因为酵母菌在这种酒精浓度下会停止活动。然而，在实验室条件下，一些贝酵母（*S. bayanus*）菌系，在酒度为18%（体积分数）的条件下仍能存活（Ribéreau-Gayon et al.，2006）。

2. 总酸或滴定酸　葡萄酒中含有多种酸，特别是有机酸。它们或者以游离状态，或者以酸性盐（如酒石酸氢钾）状态存在，所有这些酸的酸性基团的总和就叫作葡萄酒的总酸。由于总酸量是通过用一定浓度的碱性溶液（通常为0.1 mol/L NaOH）滴定来计算的，所以又叫滴定酸。

总酸决定着葡萄酒的pH，因此，决定了细菌是否能分解葡萄酒的成分。一定的总酸量可以抑制或推迟葡萄酒中微生物的活动，从而有利于葡萄酒的储藏。因此，欧盟规定，佐餐葡萄酒的总酸量不能低于4.5 g酒石酸/L或2.9 g H_2SO_4/L。

总酸也是影响葡萄酒感官质量的重要因素之一。对于所有的红葡萄酒，总酸量较低，则酒体柔和、圆润，相反，如果总酸量过高，则酒体粗糙、瘦弱。对于白葡萄酒，大多数消费者则喜欢有较为明显的酸度，有良好的清爽感。此外，总酸也能影响葡萄酒的颜色及其稳定性（李华等，2007）。

一般情况下，葡萄酒的酸度约为其葡萄醪酸度的3/4。但如果葡萄醪酸度低，则在发酵过程中总酸增高；相反，则总酸降低，且降低的幅度与葡萄醪的酸度成正比。在酒精发酵过程中由于形成酸而使酸度升高；但在酒精发酵结束后，由于苹果酸-乳酸发酵和酒石酸氢钾的沉淀而使酸度降低。

3. 挥发酸　挥发酸是葡萄酒中以游离状态或以盐的形式存在的所有乙酸系脂肪酸的

总和。但挥发酸不包括乳酸、琥珀酸及 CO_2 和 SO_2。

无病虫害的葡萄浆果制成的葡萄醪不含挥发酸。在发酵过程中，可产生 0.1～0.3 g/L（以酒石酸表示）的乙酸，根据酵母种类而有所差异。

正常情况下，在苹果酸-乳酸发酵过程中，也能形成部分挥发酸，这是由于细菌分解酒石酸、糖，特别是戊糖而形成的。这样，葡萄酒中挥发酸的含量可达 0.30～0.40 g H_2SO_4/L，但这并不意味着葡萄酒就一定开始变质。

如果葡萄酒中挥发酸高于这一含量，则可能已经感染细菌性病害，因为这是由于细菌分解还原糖、甘油、酒石酸等葡萄酒成分而造成的挥发酸含量升高。在有氧条件下，乙醇可在醋酸菌的作用下，被氧化为乙酸：

$$CH_3-CH_2OH+O_2 \longrightarrow CH_3-COOH+H_2O$$

因此，挥发酸含量是测定葡萄酒健康状况的“体温表”，因为它是发酵、储藏管理不良留下的标记。通过挥发酸含量的测定，可以了解葡萄酒是否生病、病害的严重性及预测、储藏的困难程度。

为了避免销售变质和劣质葡萄酒，欧盟规定了葡萄酒中挥发酸含量的最高限量：对于白葡萄酒、桃红葡萄酒和发酵不完全的葡萄汁，这一限量为 0.88 g H_2SO_4/L；红葡萄酒为 0.98 g H_2SO_4/L。我国 GB/T 15037—2006 规定挥发酸（以乙酸计）含量不超过 1.2 g/L。

灰霉菌的危害可引起葡萄原料产生挥发酸。此外，酵母菌可消耗挥发酸。所以，可在葡萄酒中加入正在发酵的葡萄汁进行发酵，以降低其挥发酸的含量（李华等，2007）。

4. 干浸出物 葡萄酒的干浸出物是指在一定的物理条件下葡萄酒中的非挥发性物质的总和，包括游离酸及其盐、单宁、色素、果胶质、糖、无机盐等。我国 GB/T 15037—2006 规定白葡萄酒干浸出物不低于 16 g/L，桃红葡萄酒干浸出物不低于 17 g/L，红葡萄酒干浸出物不低于 18 g/L。

葡萄酒中干浸出物的平均含量为 17～30 g/L，主要受以下因素的影响。

1）*葡萄酒的种类* 甜型葡萄酒中干浸出物的含量高于干型葡萄酒，红葡萄酒中干浸出物的含量高于白葡萄酒。

2）*葡萄酒的年龄* 在葡萄酒的储藏过程中，由于色素的氧化沉淀、酒石酸氢钾的沉淀及酒精和水分的蒸发，葡萄酒中干浸出物的含量有所变化。

如果在葡萄酒中加入水、酒精，则葡萄酒的体积增加，干浸出物含量降低。因此，通过对葡萄酒中干浸出物含量的分析，可以知道葡萄酒是否掺水、掺酒精或加糖发酵。

5. 多酚 葡萄酒中的多酚主要是单宁和色素。葡萄酒中的缩合单宁主要来源于葡萄浆果，此外，储藏在橡木桶中的葡萄酒还含有来自橡木的水解单宁。

葡萄酒中的色素来源于葡萄浆果，主要有两大类，即花色素苷和黄酮。在红葡萄酒中，既含有花色素苷，又含有黄酮。而在白葡萄酒中则只含有黄酮。

葡萄中的花色素苷种类很多，都是苯并吡喃的衍生物，主要有三大类，即单糖苷、双糖苷和酰基衍生物。在葡萄属植物中，双糖苷的存在与否受显性基因控制，而且所有欧亚种葡萄（*V. vinifera*）品种都是隐性纯合体。所以通过检测葡萄酒中是否含有双糖苷，就可知该葡萄酒是用欧亚种葡萄品种还是其他葡萄或种间杂种酿成的（Ribéreau-Gayong et al.，2006）。

在葡萄酒的储藏和陈酿过程中，单宁和花色素苷不断发生变化：氧化、聚合、与其他化学成分化合等。空气（氧）促进这些反应，而 SO_2 则抑制这些反应。

因此，在经过储藏和陈酿的红葡萄酒中，多酚类物质以下列形式存在：①游离花色素苷；②花色素苷-单宁复合体；③儿茶素——单宁的单体；④分子大小各异的单宁；⑤胶体复合物，如多糖-单宁、盐-单宁和聚合花色素苷等。

在葡萄酒的陈酿过程中，一方面花色素苷含量降低，葡萄酒的颜色变深。因为花色素苷被氧化分解，其分解物与单宁形成化合物，这样的化合物颜色变深、更稳定。另一方面一部分单宁被氧化，而使葡萄酒略带黄色，一部分单宁逐渐沉淀，还有一部分单宁则形成大分子物质，从而提高葡萄酒的感官质量。葡萄酒的通气能加速这些变化（李华等，2022）。

6. 芳香物质 在生葡萄酒中，应区别两种香味，即果香和酒香。果香，又叫一类香气或品种香气，是葡萄浆果本身的香气，而且随葡萄品种的不同而有所变化。它的构成成分极为复杂，主要是萜烯类衍生物。酒香，又叫二类香气或发酵香气，则是在酵母菌引起的酒精发酵过程中形成的，其主要构成物是高级醇和酯。

在葡萄酒陈酿过程中形成的醇香，又叫三类香气或醇香，则是生葡萄酒中香味物质及其前体物质转化的结果。在某些葡萄酒中，这一转化主要是氧化作用。而在大多数葡萄酒中，还原现象则是醇香形成的主要原因。已经证明，在成熟的葡萄酒中，有的物质只有在它处于还原态时才具有香气。此外，葡萄酒中还含有一些不具香气的杂多糖，但在葡萄酒的陈酿过程中，它们可通过缓慢的水解作用而释放出具香味的糖苷配基（李华等，2022）。

1）果香　　果香是代表各品种葡萄酒的典型香气，因为它们是源于葡萄浆果的芳香物质和在以后能释放出挥发性物质的物质。在葡萄浆果中，存在着结合态和游离态两大类香气物质。只有游离态香气物质才具有呈香能力，而结合态香气物质必须经过分解释放出游离态香气物质后，才具有呈香能力。已经证明麝香型葡萄品种的结合态芳香物质是以糖苷的形式存在的。因此，葡萄品种的果香，不仅取决于其游离香气的浓度，而且取决于其芳香物质的总量和在酿造过程中结合态芳香物质释放游离态芳香物质的能力（李华等，2022）。

为了获得良好的果香，葡萄酒工艺师必须做到以下几点。

（1）在原料的采收和机械处理时防止氧化；

（2）促进果香物质的提取和在需要时的转化（如在酿造白葡萄酒时的发酵前的果皮浸渍）；

（3）在葡萄酒酿造过程中保护果香（较低的发酵温度，在酿造白葡萄酒时使用芳香酵母；红葡萄酒的二氧化碳浸渍等）（李华等，2007）。

2）酒香　　在酒精发酵过程中，酵母菌在将糖分解为酒精和二氧化碳的同时，还产生很多副产物。这些副产物在葡萄酒的感官质量方面具有重要作用。它们有的具有特殊的味感，如琥珀酸的味既苦又咸。另外还有很多具有挥发性和气味。这些具有挥发性和气味的副产物，就构成了葡萄酒的酒香，或称二类香气或发酵香气。正是由于它们的作用，才使不同的葡萄酒具有一些共同的感官特性。

构成发酵香气的物质主要有高级醇、酯、醛和酸等。它们几乎存在于所有葡萄酒和其他发酵饮料中。但是，在不同的葡萄酒中，由于它们各自含量比例的不同，葡萄酒的二类香气的类型及其优雅度可发生很大的变化。影响这些成分及其比例的有发酵原料、酵母菌种类和发酵条件三种主要因素。

在苹果酸-乳酸发酵过程中形成的一些挥发性物质，同样也是酒香的构成成分。在这一发酵过程产生的物质中，具新鲜奶油气味的双乙酰可达 2 mg/L 以上。还有气味优雅的乳酸乙酯等。因此，苹果酸-乳酸发酵不仅可以使葡萄酒更为柔和，而且也是改善葡萄酒香气的过程，还可提高葡萄酒的醇厚感。

但是，当葡萄酒中的果香较淡时，苹果酸-乳酸发酵也会使乳酸味过浓，从而降低葡萄酒

的质量。这样的葡萄酒，通常具有酸奶、醋甚至奶酪的气味，而这些气味是葡萄酒不应有的。

酒香对于葡萄酒不仅有质上的差异，也有量上的差异。太强可使葡萄酒过于沉闷，太弱则使葡萄酒瘦弱、味短。所以要获得优良的酒香，则必须对生化转化进行良好的控制，以防止品种香气的消失、不良气味物质的出现（生青味、还原味及戊醇等）和杂菌的繁殖（带来乙酰胺味，挥发酸味等）（李华等，2022）。

3）醇香　醇香是在葡萄酒的成熟过程中形成的香气。构成醇香的物质非常复杂，这是因为以下几点。

（1）醇香的形成是一个非常长的变化过程。当葡萄酒在大容器中陈酿时，醇香的形成，是在有控制的有氧条件下进行的，而当装瓶后，葡萄酒的醇香则在瓶内完全无氧条件下继续形成、变化，通过这些变化而形成了一些新的香气（如林下灌草层气味、动物气味等）。此外，有的气味只是在开瓶时才形成的。

（2）它们只出现在适于陈酿，因而浓厚、结构感强的葡萄酒中。

（3）它们是葡萄酒包括挥发性物质以外的其他成分深入的化学转化（酯化、氧化还原作用等）的结果。

由生化作用形成的醛、醇和酯都在葡萄酒的香气中起作用（李华等，2022）。

7. 糖　葡萄酒的糖是区别葡萄酒类型的重要指标。根据有关规定，平静葡萄酒可以根据含糖量的高低区分为干酒、半干酒、半甜酒和甜酒4种不同类型（见1. 5. 3中的1.）。但是，在生产干葡萄酒时，最好让酒精发酵进行彻底，因为如果含糖量高于2 g/L，则葡萄酒容易变质，特别是当葡萄酒必须进行苹果酸-乳酸发酵时。

8. 二氧化碳　在生化转化完成时，葡萄酒被二氧化碳所饱和，其含量为2 g/L左右。以后，葡萄酒的二氧化碳含量逐渐降低，储藏温度越高，储藏容器越小，葡萄酒搅动越频繁，其降低的速度越快。

二氧化碳也影响葡萄酒的感官特性，根据葡萄酒的种类和品酒员的不同，二氧化碳的阈值为0.4～0.6 g/L。二氧化碳的酸度可使葡萄酒清爽，激发香气，加强单宁的涩味，同时能降低糖的甜味。如果二氧化碳的含量达到1.0～1.1 g/L，则就会出现刺口感。因此，即使对于平静葡萄酒，也建议调整其二氧化碳的含量。

（1）干红葡萄酒，0.2～0.4 g/L，但是对于需长期陈酿的干红葡萄酒应降低其二氧化碳的含量。

（2）白葡萄酒，0.4～0.7 g/L，但对于含糖的葡萄酒应低一些。

（3）在葡萄汽酒中，其二氧化碳的含量可达1.1 g/L以上。

国际标准规定，可在葡萄酒中加入二氧化碳，但处理后的葡萄酒中二氧化碳的含量不能超过2 g/L。

在起泡葡萄酒中，瓶内的二氧化碳可改变葡萄酒的变化方向，开瓶后可形成串珠状气泡（李华等，2007）。

13.1.2　酒精与干浸出物之比

在正常的葡萄酒中，酒精与干浸出物之比较为稳定，变化很小。而对于掺酒精或在葡萄汁中加入过量糖进行发酵的葡萄酒，这一比值与正常葡萄酒的比值相比，差异很大。

如果用T表示葡萄酒的酒精含量，S表示还原糖含量，E表示在100℃条件下测得的干浸出物含量，则酒精与干浸出物的比值R可由下式获得：

$$R=8\left[T+(S-1)/17\right]/(E-S)$$

例如，设某一白葡萄酒的酒度 T 为 11.5%（体积分数），干浸出物 E 为 51.25 g/L，还原糖 S 为 37.0 g/L，则该葡萄酒的酒精与干浸出物的比值为

$$R=8\left[T+(S-1)/17\right]/(E-S)=8\left[11.5+(37.0-1)/17\right]/(51.25-37.0)=7.6$$

在正常情况，一般白葡萄酒的 $R<6.5$，红葡萄酒的 $R<4.6$。如果某一葡萄酒的 R 明显高于这一界限，则该葡萄酒可能用人为的方法提高了葡萄酒的酒度（Ribéreau-Gayon et al.，2006）。

13.1.3 总酒度与酸之和

利用总酒度与酸之和，主要是为了检测葡萄酒是否掺水。其计算方法见下式：

总酒度＝酒度＋（还原糖－1）/17

酸＝总酸－［0.2×（硫酸钾－2）＋（酒石酸－0.5）＋（挥发酸－1）］

其中，如果硫酸钾含量低于 2 g/L，则不计；所有酸量的表示方法都用 g H_2SO_4/L 表示。

如果总酒度＋酸小于 13，则葡萄酒中可能掺了水（Ribéreau-Gayon et al.，2006）。

例如，设某一葡萄酒的成分如下：

酒度 /%（体积分数）	还原糖 /（g/L）	总酸 /（g H_2SO_4/L）	挥发酸 /（g H_2SO_4/L）	酒石酸 /（g H_2SO_4/L）	K_2SO_4/（g/L）
11	5	4	0.40	2.7	2.5

则其总酒度＋酸＝11＋（5－1）/17＋4－［0.2×（2.5－2）＋（2.7－0.5）＋（0.4－1）］＝13.5

因此，该葡萄酒没有掺水。

13.1.4 核磁共振检验

进入植物中水和糖分子的氘（D）在酒精发酵后的分布不同。因此，乙醇可有以下分子：

$$CH_2D-CH_2OH$$

$$CH_3-CH_2OD$$

$$CH_3-CHDOD$$

上述分子各自的 D/H 比值和上述分子的比例决定于合成糖和水的植物和产地的气候条件。所以，将葡萄酒中的这些分子 D/H 值及其变化与对照葡萄酒（同样的葡萄品种和产地）比较，就可检验出源于葡萄浆果以外的糖和水。

13.2 葡萄酒的物理特性和物理化学特性

13.2.1 物理特性

1. 比重 葡萄酒的比重就是单位体积该葡萄酒的质量与同体积水的质量之比，其符号为 $d_{20/20}$。

葡萄酒的比重总是小于 1，因为葡萄酒比水轻。实际上，1 L 葡萄酒的重量是该葡萄酒中水的重量、酒精的重量和干浸出物重量之和，其中酒精比水轻，而干浸出物则比水重。葡萄酒的比重一般在 0.992～0.996，而且酒度越高，比重越低。在发酵过程中，当不考虑其他因素影响时，生成的酒精浓度增加 1%（体积分数）对应的比重下降 0.00957（高畅等，2011）。

2. 冰点 葡萄酒的冰点与其酒度有关，因为葡萄酒的冰点略等于（－酒度 /2）℃，一

般在－4～－8℃。在结冰过程中，葡萄酒中的水因结冰而与其他成分分开，因此可用冷冻的方法浓缩葡萄酒。

3. 沸点 在稳定条件下，酒度越高，葡萄酒的沸点越低。例如，气压为76 cm汞柱，12%（体积分数）葡萄酒的沸点为91.3℃，而9%（体积分数）的为93℃。因此，可用沸点测定法测定葡萄酒的酒度。

4. 蒸馏 通过蒸馏，可以把葡萄酒中的挥发性物质和干浸出物分开。挥发性物质进入馏出液的顺序依次为：①酯类和醛，主要是乙酸乙酯和乙醛，这是“酒头”；②酒精，这是“酒身”；③高级醇、乙酸等物质的混合物，这是“酒尾”。

5. 酒石酸氢钾的沉淀 在冬季，生葡萄酒中的酒石酸氢钾形成结晶，沉淀于储藏容器的底部，这就是酒石。葡萄酒中酒石酸氢钾的溶解性主要受温度、酒精含量和pH的影响。温度越高、酒精含量越低、pH接近3.5，酒石酸氢钾的溶解性就越大。

所以，葡萄酒中，特别是经苹果酸-乳酸发酵的葡萄酒（pH高）中，酒石酸氢钾的含量低于葡萄醪中的含量。

酒石酸氢钾的沉淀会降低葡萄酒的总酸，改变葡萄酒对细菌病害的抗性，特别是感官特性。经过冬天以后，葡萄酒的酸味要小些。

有时为了防止装瓶后酒石酸氢钾的沉淀，可加入结晶抑制剂如偏酒石酸，也可对葡萄酒进行冷冻处理以后再过滤。另外，对葡萄酒进行热处理时，可形成抑制酒石沉淀的保护性胶体。

6. 酒精与挥发性物质的挥发 在葡萄酒的储藏过程中，特别是储藏在橡木桶中的葡萄酒，由于酒精等物质的挥发，酒度会降低，其降低速度一般为每年0.2%～0.3%。随着挥发性成分的，葡萄酒的体积也会减少（李华等，2007）。

13.2.2 物理化学特性

葡萄酒是成分复杂的液体。其中一些成分以真溶液状态存在，如酒精、糖、酸等，而另一些成分则以胶体状态存在。

1. 胶体溶液 如果某种物质在溶液中以大分子、聚合分子或以分子的聚合体形成的大小在 10^{-9}～10^{-7} m的颗粒状态存在，则这种溶液称为胶体溶液。在葡萄酒中，单宁、色素、蛋白质、多糖、树胶、果胶质及金属复合物等都是以胶体状态存在的。大多数葡萄酒的浑浊现象都是由胶体引起的：或者有些物质已经以胶体状态存在，或者由于某些物质的结合，如铁破败病中的单宁-铁复合物，而形成胶体溶液。

胶体颗粒都带正电或负电荷。如果在胶体溶液中加入与之所带电荷相反的胶体，则引起絮凝反应，产生沉淀。相反，如果加入与之所带电荷相同的胶体，则会抑制胶体溶液的絮凝反应，所加入的胶体则称为保护性胶体。

葡萄酒的下胶，正是利用了胶体的这些特性。

2. 真溶液 葡萄酒中的其他成分则以分子或离子状态存在，从而形成电解质溶液和非电解质溶液。

电解质溶液：在葡萄酒中，酸、矿质盐等物质以带电离子的状态存在，从而形成电解质溶液。

非电解质溶液：与酸、矿质盐等相反，糖、酒精、甘油等在葡萄酒中则以分子状态存在，从而形成非电解质溶液。

在葡萄酒的离子中，H^+占有特殊的地位，因为葡萄酒的酸度就取决于H^+的浓度。

3. 葡萄酒的pH或实际酸度 在葡萄酒中，除表示所有酸总量的总酸或滴定酸外，还应考虑各种酸的强弱，这就是以pH表示的葡萄酒的酸度。葡萄酒的pH一般在2.8～3.8。因此，葡萄酒也是酸性酒精溶液。

两种不同的酸，在总酸量相同的情况下，可以具有不同的酸度，即不同的pH（表13-2）。

表13-2 总酸相同的两种酸的pH

酸的种类	浓度/（g/L）	总酸/（g H_2SO_4/L）	pH
酒石酸	7.50	2.19	2.19
苹果酸	9.00	2.19	2.40

在总酸都为2.19 g H_2SO_4/L的条件下，苹果酸的pH大于酒石酸，所以酒石酸比苹果酸更强。

pH与葡萄酒酿造的关系是多方面的。

（1）pH与微生物的活动。pH通过影响微生物的活动而影响葡萄酒对微生物病害和再发酵的抗性。而且，pH对微生物的种类及其活动基质具有双重选择作用。葡萄酒的pH越高，其对微生物的抗性越低。但如果需要进行苹果酸-乳酸发酵，则葡萄酒pH不能低于3.25。

（2）pH与SO_2活性。pH越低，则SO_2活性越强，因为在这种情况下，在加入的SO_2总量中，溶解态SO_2比例越高。

（3）pH与酒石酸氢钾沉淀。当葡萄酒的pH为3.60左右时，酒石酸氢钾的沉淀量和速度都大。由于酒石酸氢钾的沉淀，又会进一步提高葡萄酒的pH。因此，所有降低总酸的因素（如化学降酸、苹果酸-乳酸发酵等）都有利于酒石酸氢钾的沉淀。

（4）pH与葡萄酒澄清。pH越低，葡萄酒的澄清，特别是用蛋白质对白葡萄酒的澄清处理就越困难。pH越高，絮凝作用越强、越快，澄清效果越好。通常情况下，只要将葡萄酒的pH提高0.2，就足可提高澄清的效果。

（5）pH与葡萄酒的感官质量。与总酸一样，pH影响葡萄酒的酸味。在总酸一定的条件下，pH越低，葡萄酒越酸。此外，pH对葡萄酒涩味的影响也较大（杨晓雁等，2014）。

经过对‘霞多丽’‘白诗南’‘德莱特’（‘Delight’）、‘琼瑶浆’‘梅笼’（‘Melon’）、‘米勒-图尔高’‘白比诺’‘灰比诺’‘缩味浓’‘赛美蓉’‘西万尼’等品种酿制的65个白葡萄酒样品的品尝和分析结果表明，得分高的葡萄酒的总酸和pH的配合如下。

（1）如果总酸≥5.55 g H_2SO_4/L，则pH应为3.05～3.20。

（2）如果总酸为4.25～5.55 g H_2SO_4/L，则pH应为3.20～3.30。

（3）如果总酸为3.92～4.25 g H_2SO_4/L，则pH应为3.30～3.50。

葡萄酒的pH，随着酸的种类、强弱及其比例的不同而有所变化，而酸的强弱又取决于其p*K*。所谓p*K*就是溶液中以分子状态存在的酸和以离子状态存在的酸的含量相等时的pH（李华等，2007）。

13.3 葡萄酒成熟的化学反应

13.3.1 氧化

在葡萄酒的贮藏、陈酿过程中，空气中的氧可以通过多种途径溶解于葡萄酒中：通过橡

木桶壁，通过分离、换桶、装瓶等过程都可进入葡萄酒中。尽管葡萄酒的种类不同，但其氧的最大含量却比较稳定。这是因为虽然酒度越高，氧的溶解量也越大，但氧的含量主要受温度的影响：温度升高，氧的含量降低。例如，葡萄酒的最大含氧量在 7℃时为 7 mg/L，而在 20℃时为 6 mg/L。

不管是在生葡萄酒中，还是在成熟葡萄酒中，都不存在游离态的溶解氧，因为它很快与葡萄酒的各种成分化合：一般经过 3 d 时间，溶解氧就会消失一半，而以结合态氧存在。这一结合态氧可用葡萄酒的氧化-还原电位进行测定。由于葡萄酒中的氧以结合状态存在，所以葡萄酒的氧化反应很缓慢。我们对‘赤霞珠’干红葡萄酒的研究结果表明，在发酵结束后，葡萄酒中起始溶解氧浓度很高，达到 7.5 mg/L，接近葡萄酒中最大溶解氧浓度，这是采取开放式转罐，使空气中的氧融入葡萄原酒的缘故。同期测定氧化还原电位表明，此时葡萄原酒的氧化还原电位约 300 mV，而一周后葡萄酒中溶解氧浓度已降至 0.2 mg/L（图 13-2）。可见，新葡萄酒中存在着大量的耗氧物质，其耗氧能力很大（康文怀等，2006）。

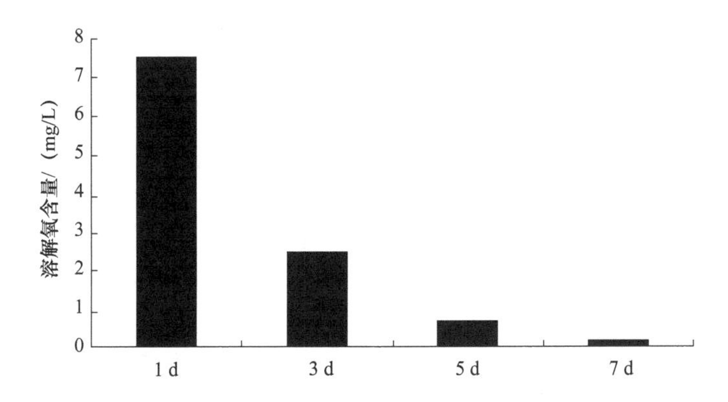

图 13-2　浸渍发酵结束后赤霞珠葡萄酒中溶解氧的变化

1. 被氧化物质

1）*酒石酸*　纯酒石酸溶液是不会被氧化的。但只要溶液中含有微量的铁和铜，就会导致一系列的反应。首先酒石酸被氧化为草酰乙醇酸，然后一分子酒石酸与一分子草酰草酸反应形成两分子草酰乙醇酸。草酰乙醇酸由于含有一个酮基，在葡萄酒的醇香形成过程中占有重要的地位。而且由于其很强的还原性，草酰乙醇酸在葡萄酒的氧化-还原系统中也占有不可取代的地位。草酰乙醇酸具有很强的嗜氧性，在葡萄酒通气较强的情况下，很快被氧化消失，而形成草酸（COOH—COOH）。因此，如果将已开瓶的葡萄酒放置时间过长，则其香气和醇香都会消失。

2）*单宁与色素*　在葡萄酒的成熟过程中，单宁和色素都缓慢地被氧化。一方面红葡萄酒的颜色逐渐由鲜红色变为橙红色，最后变为瓦红色，白葡萄酒则稍微变黄；另一方面葡萄酒的苦涩味和粗糙的感觉逐渐减少、消失。这都是由于单宁和色素在氧的作用下转化的结果。

在成熟过程中红葡萄酒颜色的这一变化，主要是由于在生葡萄酒中，花色素苷和单宁使葡萄酒的颜色为鲜红色；而在成熟过程中，游离态花色素苷的含量逐渐降低，单宁-花色素苷的复合物形成，使成熟葡萄酒具典型的瓦红色。在这一变化过程中，必须有氧的参加（李华等，2005）。李伟等（2020）研究也证实了这一点，随着葡萄酒的成熟，葡萄酒的明亮度 L^*、黄色色调 b^* 呈增加趋势，红色色调 a^* 呈降低趋势，葡萄酒颜色由紫红色迅速向黄红色转变，以后稳定在棕红色。

这也能解释为什么有的生葡萄酒颜色很深，而在贮藏过程中颜色变浅，而另一些生葡萄酒的颜色较浅，但在贮藏过程中逐渐变深。在第一种情况下，葡萄酒因浸渍时间短或热浸渍发酵等，色素含量虽高，但单宁含量低；而后一种情况则相反，葡萄酒色素含量低，但单宁含量高。此外，这还可解释为什么 SO_2 只能使生葡萄酒脱色，而不能使陈葡萄酒脱色，因为只有游离花色素苷对 SO_2 敏感（李华等，2007）。

3）乙醇　如果葡萄酒通气过强，则乙醇可被氧化为乙醛。

对于白葡萄酒，如果乙醇氧化太重，生成的乙醛量太大，则葡萄酒会变味。氧化太重，还会使葡萄酒出现过氧化味。

葡萄酒的过氧化味主要是由乙醛及其衍生物造成的。在经 SO_2 处理的葡萄酒中，乙醛可与游离 SO_2 化合生成稳定的乙醛亚硫酸，从而除去过氧化味。但在葡萄酒通气后，随着葡萄酒中游离 SO_2 的不断氧化，乙醛亚硫酸分解为乙醛和亚硫酸，从而释放出大量游离乙醛，导致葡萄酒的苦味和过氧化味。

为了避免在装瓶过程中由于氧的溶解而使 SO_2 与乙醛的结合物释放出游离乙醛，可在葡萄酒装瓶前加入 20～30 mg/L SO_2。这样，即使在装瓶过程中通气很强，也能使葡萄酒保持与不通气条件下相同的品质。但如果加入的 SO_2 浓度过高，如 50～100 mg/L，则会影响葡萄酒的品质。此外，也可采用尽量缩短最后一次换桶，即最后一次添加 SO_2 与装瓶之间的时间，在尽可能低的压力下大股装瓶，或将装瓶导管末端插到瓶底等方法，减轻葡萄酒的过氧化味（李华等，2005）。

2. 氧化的效应　葡萄酒的很多特性及其变化都取决于是否有氧的存在：成熟过程中各种氧化反应、非生物性病害和细菌性病害等。

很明显，在贮藏过程中，过强的通气会严重影响葡萄酒的质量，特别是铁和氧化酶含量高的葡萄酒。但适量的通气对葡萄酒的成熟却是完全必要的（李华等，2007；韩国民，2015；李华和王华，2017）。

13.3.2 酯化

葡萄酒中含有有机酸和醇，在发酵和贮藏过程中都存在着酯化反应（李华等，2007）。

1. 发酵过程中的酯化　在发酵过程中形成的酒精与有机酸发生酯化反应，这是一种化学反应或生物化学反应。这一酯化过程很快，形成的酯为挥发性中性酯，主要有乙酸乙酯和乳酸乙酯。

1）乙酸乙酯　乙酸乙酯的形成途径主要是生物化学反应。在发酵过程中，由于尖端酵母的活动可形成少量的乙酸乙酯。在正常情况下，葡萄酒中乙酸乙酯的含量为 40～160 mg/L。如果其含量过高（≥200 mg/L），葡萄酒就具乙酸味和特殊的气味。

乙酸乙酯含量过高，主要是一些酵母，如汉逊酵母（*Hansenula*）和醋酸菌活动的结果。

2）乳酸乙酯　在乳酸含量高的葡萄酒中，乳酸乙酯较为普遍。它可在酒精发酵过程中形成，也可在苹果酸-乳酸发酵过程中（后）形成。

2. 陈酿过程中的酯化　在葡萄酒的整个陈酿过程中，酯化反应都在不停地但缓慢地进行。在这一过程中形成的酯主要是化学酯类，包括酒石酸、苹果酸、柠檬酸等的中性酯和

酸性酯。

3. 酯化的作用 葡萄酒中的酯类来源于三种途径：存在于葡萄浆果果皮中的构成果香的酯类，这类酯量很少；在发酵过程中由酵母菌和细菌活动形成的酯类；在贮藏过程中由酯化反应形成的酯类。

在发酵结束以后，葡萄酒中酯类的含量为 2～3 mEq/L。贮藏 2～3 年后为 6～7 mEq/L，贮藏 20 年后为 9～10 mEq/L。所以酯化反应主要在贮藏中的头两年进行，以后就很缓慢了。在葡萄酒的陈酿过程中，所产生的主要是酸性酯类（酒石酸乙酯、琥珀酸乙酯等），而且其酯化作用非常缓慢，需要很长的时间，才可能有 1/10 的酸处于酯化状态。

酯类物质是构成果香和酒香的重要物质。但在葡萄酒贮藏过程中通过缓慢的酯化作用形成的酯类（如乙酯）对醇香的产生并不起任何作用。相反，随着贮藏时间的延长，由酵母活动形成的酯还逐渐地水解。而且有的酯，如由细菌活动产生的乙酸乙酯还会影响葡萄酒的质量，因为乙酸乙酯含量的增加是葡萄酒变酸的主要原因（李华和王华，2017）。

13.3.3 单宁和色素的变化

在葡萄酒的成熟过程中，单宁与其他物质形成聚合物，改良葡萄酒的感官质量，也引起少量的单宁沉淀。单宁可与蛋白质、多糖、花色素苷聚合。由单宁与花色素苷聚合而形成的聚合物，颜色稳定，不随葡萄酒 pH 或氧化-还原电位的变化而变化。单宁的结构、组成受成熟过程中 SO_2 含量的影响。高 SO_2 含量使单宁活性和平均聚合度（mDP）降低，与蛋白质结合水平下降，并且磺酸盐修饰的黄烷-3-醇单体大量形成，这可能是陈年红葡萄酒的涩味降低的原因之一（Ma et al.，2018）。

花色素苷除与单宁聚合外，还可与酒石酸形成复合物，从而导致酒石酸的沉淀。

此外，花色素苷与蛋白质、多糖聚合，形成复合胶体，也导致在储藏容器或在瓶内的色素沉淀（李华和王华，2017）。

13.4 醇　　香

13.4.1 醇香的形成

葡萄酒的香气在储藏过程中逐渐发生变化：果香、酒香浓度下降，而醇香逐渐产生并变浓。醇香在储藏的第一年夏季就开始出现。并在以后逐渐变浓，但其最佳香气是在瓶内储藏几年以后获得的（李华等，2022）。

葡萄酒醇香的形成首先与葡萄果皮中的芳香物质有关（李华，2001），但也与葡萄酒氧化还原电位逐渐降低有关。葡萄酒的氧化还原电位在溶解氧消失以后继续下降，而其浓郁的醇香是在氧化还原电位降至最低限时才达到的。

葡萄酒的还原程度受温度的影响。温度稍有升高，葡萄酒中氧的含量和电位就迅速下降，因此在 25℃以下，醇香的浓度随着储藏温度的升高而增加。但在 25℃以上，葡萄酒，特别是 SO_2 和酸含量高的葡萄酒，就会出现煮味。

葡萄酒的还原程度还受 SO_2 浓度的影响：SO_2 浓度越高，电位越低，醇香的形成越快。有些优质白葡萄酒醇香的形成，甚至需要 50～60 mg/L 的游离 SO_2。

葡萄酒中如果含有微量的铜（＜1 mg/L），它对醇香的产生也是有利的。在起泡葡萄酒去塞后，加入抗坏血酸也有利于醇香的产生。

此外，葡萄酒的品种、离子和 pH 等均能影响葡萄酒的氧化还原电位，从而影响醇香的形成（李维新等，2020）。

13.4.2 醇香在瓶内的发展

由于在葡萄酒装瓶以后（在封瓶效果良好的情况下），醇香的发展是在完全无氧、氧化还原电位足够低的条件下进行的，因此醇香是还原过程的结果。相反，只要将葡萄酒进行轻微的通气，其醇香就会消失或发生深刻的变化。所以，葡萄酒的醇香是由一些可氧化物引起的，它们只有当处于还原状态时才具有使人愉快的气味。但过浓的还原醇香，可以使一些葡萄酒具有不愉快的气味。而柔和、圆润的口味，一方面是由于红葡萄酒中多酚物质的沉淀，另一方面也是由于产生醇香的物质出现。在储藏过程中适当的氧化可产生一些还原性物质，从而有利于葡萄酒在瓶内的还原作用。

醇香产生的最佳温度条件，取决于葡萄酒的种类，红葡萄酒为 20℃，白葡萄酒为 25℃。总之，优质葡萄酒的醇香的形成和发展需要以下几个条件。

（1）源于优良葡萄品种浆果果皮的芳香物质或其前体物质。

（2）密封良好。

（3）具适当的还原条件。

（4）在装瓶以前适当的氧化（李华和王华，2017）。

13.5 葡萄酒的橡木桶陈酿

橡木桶的清洗

橡木桶直接参与了葡萄酒成分的变化，这是由于氧气及酚类和芳香化合物从木材转移到葡萄酒中而产生的（Carpena et al.，2020）；在橡木桶中，葡萄酒表现出深刻的变化：其香气发育良好，并且变得更为馥郁，橡木桶的通透性可保证葡萄酒的控制性氧化。因此，橡木桶不仅仅是只能给葡萄酒带来“橡木味”的简单的储藏容器。

由于橡木桶的通透性和能给葡萄酒带来水解单宁，使葡萄酒发生一系列缓慢而连续的氧化，从而使葡萄酒发生多种变化。如果葡萄酒的酿造工艺遵循了一系列原则（原料良好的成熟度、浸渍时间足够长），在橡木桶中的陈酿，可以使葡萄酒更为柔和、圆润、肥硕，完善其骨架和结构，改善其色素稳定性。相反，如果葡萄酒太柔和，多酚物质含量太低，在橡木桶中的陈酿，则会使其更为瘦弱，降低其结构感，增加苦涩感，大大降低红色色调、加强黄色色调。

在橡木桶中，氧气可缓慢而连续地进入葡萄酒，使葡萄酒中的溶解氧的含量维持在 0.1～0.5 mg/L，氧化还原电位在 150～250 mV（战吉宬等，2016），葡萄酒的氧化为控制性氧化，并由此引起葡萄酒缓慢的变化。在橡木桶陈酿过程中，可观察到 CO_2 的释放、葡萄酒的自然澄清、色素胶体逐渐下降、酒石沉淀等。此外，酚类物质也发生深刻的变化：T-A 复合物使葡萄酒的颜色稳定；颜色变为淡紫红色且变暗；单宁之间的聚合使葡萄酒变得柔和。为了防止降解性氧化反应，单宁和花色素的比例必须达到一定的平衡：花色素的降解会降低红色色调，单宁的部分降解会加强黄色色调，从而使葡萄酒变为瓦红色而早熟。要防止葡萄酒的早熟，单宁 / 花色素的摩尔质量比应为 2 左右（质量浓度单宁 1.5～2 g/L，花色素 500 mg/L）。

二氧化硫处理以不中断控制性氧化为宜，应将游离 SO_2 保持在 20～25 mg/L。

橡木桶的选择和木板烘烤的强度，对于葡萄酒最终的香气至关重要，这也是为什么越来越提倡使用新橡木桶。在这种情况下，由于由橡木桶带来的单宁量较大，只有优质健康的原料，才能承受且值得木桶陈酿。

但是，橡木桶的使用，不仅大幅提高葡萄酒的成本和卫生管理的难度，如果使用不当，还会降低葡萄酒的质量和风格。

总之，橡木桶陈酿并不是葡萄酒的必需工艺，也不是葡萄酒高贵的象征，目前全世界的红葡萄酒当中，进行橡木桶陈酿的约占 30%，在决定是否使用时，必须考虑葡萄酒类型、质量、风格、成本等因素（李华和王华，2017）。

13.6 葡萄酒的微氧陈酿

葡萄酒在陈酿过程中，需要微量氧来促进其成熟，但过量的氧又会导致其氧化，降低其质量。葡萄酒陈酿对微量氧的需求，过去是通过橡木桶的通透性来实现的。

随着不锈钢大容器在葡萄酒行业的普及，大都采用不锈钢罐替代价格昂贵的橡木桶来陈酿葡萄酒。但是，不锈钢罐具有密闭性，不能长期给葡萄酒补充微量的氧，若通过开放式倒罐形式来补充氧，可能又会造成葡萄酒中的溶解氧含量或高或低，不利于葡萄酒的陈酿。

微氧技术是指在葡萄酒陈酿期间，添加微量氧，以满足葡萄酒在陈酿期间各种化学和物理反应对氧的需求，模拟葡萄酒在橡木桶中陈酿、成熟的微氧环境，达到促进葡萄酒成熟、改善葡萄酒品质的目的。微氧技术在葡萄酒陈酿和成熟过程中起着重要的作用，尤其对干红葡萄酒的成熟作用更加明显。张众（2020）的研究结果显示，微氧处理能够提升贺兰山东麓赤霞珠干红葡萄酒的苯乙醇、苯甲醛、双乙酰和 2,3-戊二酮的含量，减弱了葡萄酒生青味和动物气味特征，增强了葡萄酒果脯、花香和坚果的香气特征，对葡萄酒的香气品质具有一定的提升作用。我们的研究结果表明，对赤霞珠干红葡萄酒每月一次 40 mL（2.80 mg）/L 微氧处理，能有效地促进葡萄酒的成熟，使葡萄酒的口感更为柔和、协调，香气更为优雅（李华和王华，2017）。

13.7 葡萄酒的带酒泥陈酿

酵母菌壁含有多糖，特别是葡聚糖和甘露蛋白。在酒精发酵过程中，这两种物质，特别是甘露蛋白，被释放出来。另外，当葡萄酒在酒泥上陈酿时，由于酵母菌的自溶，甘露糖蛋白大量进入葡萄酒。如果在陈酿过程中加上搅拌，葡萄酒的酵母胶体的含量会进一步提高。这些物质具有与多酚物质结合的能力。

在酒泥上陈酿，会限制葡萄酒的氧化还原反应。搅拌可使葡萄酒的氧化-还原电位均匀一致。

将葡萄酒在酵母菌的自溶物（酒泥）上陈酿，也可加强葡萄酒的品种香气。

因此，带酒泥陈酿的目的是使葡萄酒更加馥郁、柔和、醇厚。在这一过程中，一方面应通过搅拌，使葡萄酒与酒泥充分接触，另一方面是通过对溶解氧的管理，防止葡萄酒的还原味，特别是对于在不锈钢罐中陈酿的葡萄酒（李华和王华，2017）。

13.8 葡萄酒的勾兑

在各葡萄酒产区，由于各个葡萄品种既具有一定的优点，又有一定的缺点，所以通常都具有一定数量的、能够相互补充、“取长补短”的葡萄品种。为了最大限度地提高葡萄酒的质量，并且使各年份之间的葡萄酒质量及其特征、风格基本一致，就需要利用不同品种的葡萄酒和不同发酵罐（橡木桶）的葡萄酒进行相互勾兑。此外，葡萄酒的勾兑还可以用于修正一些葡萄酒的缺陷，生产适于某一类顾客要求的葡萄酒类型等目的。

对大多数葡萄酒，勾兑可在陈酿期间的任何时候进行，而起泡葡萄酒则在二次发酵前进行勾兑。

葡萄酒的勾兑是一项技术性很强的工作，并且要求操作人员具有丰富的经验（李华和王华，2017）。

13.8.1 勾兑的数学模型

取 A、B、C 分别由三个品种酿造的葡萄酒，利用它们进行相互勾兑，以求获得质量良好的勾兑葡萄酒 M，则主要研究的是葡萄酒 M 中每个组分（A、B、C 三种葡萄酒）对其主要成分和感官质量的影响。如果用 X_a、X_b、和 X_c 分别表示这三种葡萄酒的比例，则有

$$X_a+X_b+X_c=1 \quad (A)$$

而且所有勾兑配方的总和（实验范围）可用一等边三角形表示。常用 q 表示混合物组分数量（用于勾兑的葡萄酒数量）。如果 $q=3$，则配方的总和为一等边三角形，如果 $q=4$，则配方的总和为一正四边形……

如果考虑葡萄酒的主要成分（如酒度），仍用上述例子，则有

$$d_m=d_aX_a+d_bX_b+d_cX_c \quad (B)$$

式中，d 表示酒度（或其他主成分），这就是酒度（或其他主要成分）的混合定律，即酒度等主要成分具有可加性。

如果用 Q 表示葡萄酒的感官质量，则

$$Q_m \neq Q_aX_a+Q_bX_b+Q_cX_c$$

因为混合物 M 的质量可优于或差于其组分的质量，即感官质量具有非可加性。

但是，由于 M 的质量受各组分的质量及其比例的限制，因此有函数：

$$Q_m=\mathrm{f}(X_a, X_b, X_c, Q_a, Q_b, Q_c) \quad (C)$$

这就是质量的混合定律。

很明显，如果要获得最佳勾兑比例，必须在实验范围内选择最有代表性的点进行品尝，然后利用品尝得分求得 Q_m，进行计算，即可求得最佳勾兑方案。但是，在实验范围内，对那些在经济上并不重要的勾兑配方进行品尝毫无用处。因此，应将注意力集中到其他的勾兑配方上，这些勾兑配方就构成了有效实验范围。

13.8.2 成分混合定律

对于在勾兑过程中葡萄酒的酒度、糖、酸等主要成分的变化，均可用成分混合定律［式（B）］进行计算，或利用更为简单的交叉法进行计算。下面举例说明这两种方法的利用。

【例 1】现有酒度分别 9.5% 和 11.7% 葡萄酒 A 和 B，需用它们勾兑酒度为 11.0% 的葡萄酒 M，求 A、B 两种葡萄酒的勾兑比例。

根据成分混合定律，可建立方程组：

$$\left.\begin{aligned} 9.1X_a + 11.7X_b = 11.0 \\ X_a + X_b = 1 \end{aligned}\right\}$$

解方程组得 $X_a = 7/22$，$X_b = 15/22$。

利用交叉法计算则更为简单：将所需酒度 11.0 置于“叉”的中间；在“叉”的左边分别写上 A、B 两种葡萄酒的酒度并用它们与所需酒度交叉相减，即得右边的两个数据 0.7 和 1.5，再将右边两数相加得 2.2。

A 葡萄酒　9.5 ╲　　　╱ 0.7
所需酒度　　　11.0
B 葡萄酒　11.7 ╱　　　╲ 1.5
　　　　　　　　　　　　2.2

据此得出：0.7 L 的 9.5% 葡萄酒加 1.5 L 的 11.7% 葡萄酒等于 2.2 L 11.0% 葡萄酒。如果需要 500 L 的勾兑葡萄酒，则需

$$\left.\begin{aligned} \text{葡萄酒 A：} 500 \times 0.7/2.2 = 160\ \text{L} \\ \text{葡萄酒 B：} 500 \times 1.5/2.2 = 340\ \text{L} \end{aligned}\right\}$$

利用交叉法进行这类计算非常简单。因此，我们举出另一些例子对它做进一步的使用介绍。

【例 2】现有以下三罐葡萄酒：1 号酒度为 9.5%，2 号酒度为 10.6%，3 号酒度为 11.3%，要用它们配制 800 L 酒度为 10.5% 的葡萄酒，每罐葡萄酒各需多少？

由于有两个罐的葡萄酒酒度比所需酒度高（2 号和 3 号罐），所以应用酒度低的 1 号罐作两次交叉计算。

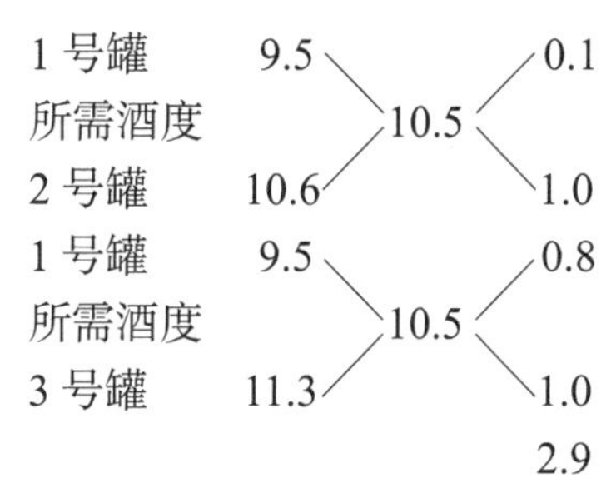

因此，要获得 800 L 酒度为 10.5% 的葡萄酒，需要：

1 号罐：800×（0.1＋0.8）/2.9≈250 L

2 号罐：800×1.0/2.9≈275 L

3 号罐：800×1.0/2.9≈275 L

【例 3】现有三罐葡萄酒，各罐的总酸（g H_2SO_4/L）分别为：1 号 5.1、2 号 6.2、3 号 4.9。要用它们勾兑 700 L 总酸为 5.5 g H_2SO_4/L 的葡萄酒，各需多少？

由于有两罐葡萄酒的酸度比所需酸度低（1 号和 3 号），所以应用酸高度的 2 号做两次交叉计算。

因此，要获得 700 L 总酸为 5.5 g H_2SO_4/L 的葡萄酒，需要：

2 号：700×（0.4+0.6）/2.4≈290 L

1 号：70×0.7/2.4≈205 L

3 号：70×0.7/2.4≈205 L

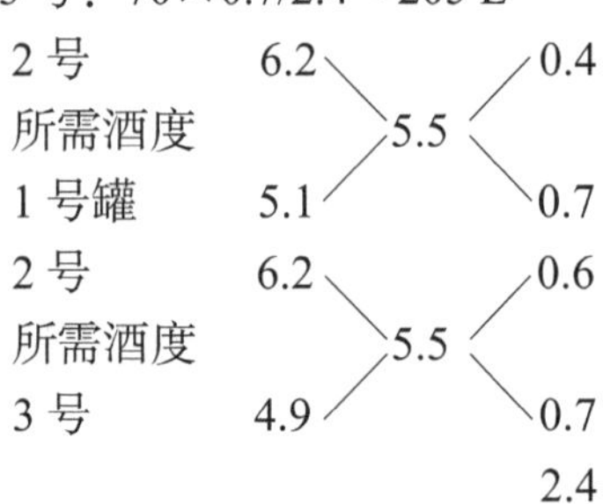

表 13-3 勾兑用葡萄酒的酒度和用量

葡萄酒	酒度 /%	用量 /L
A	10.6	150
B	11.2	450
C	11.7	300

【例 4】将 A、B、C 三种葡萄酒按表 13-3 的比例勾兑，求勾兑葡萄酒 M 的酒度。

首先计算葡萄酒的体积：

$$X_m = X_a + X_b + X_c = 150 + 450 + 300 = 900 \text{ L}$$

然后将上述酒度和体积代入成分混合定律（式 B），则有

$$900d_m = 10.6 \times 150 + 11.2 \times 450 + 11.7 \times 300$$

所以，葡萄酒 M 的酒度 d_m≈11.3%。

13.8.3 质量混合定律

下面仍然通过举例来说明，如何通过试验以求得质量混合定律方程，并据此找出最佳质量勾兑配方。

利用‘赤霞珠’‘西拉’‘歌海娜’三种葡萄酒勾兑出质量最好的葡萄酒。

由这三种葡萄酒构成的实验范围为一等边三角形。在这一范围内选取具代表性的点，并让品尝组进行鉴定（表 13-4）。

表 13-4 勾兑代表点及其得分

代表点	（1）	（2）	（3）	（4）	（5）	（6）	（7）	（8）	（9）	（10）
赤霞珠	100	0	0	50	50	0	33	66	17	17
西拉	0	100	0	50	0	50	33	17	66	17
歌海娜	0	0	100	0	50	50	33	17	17	66
得分 /20	16.0	12.5	11.5	17.0	14.0	8.0	15.0	15.5	9.5	13.0

由图 13-3 可以看出，得高分的都接近三角形的顶端，即‘赤霞珠’比例高的配方得分高。因此，可从大三角形中取出由（1）、（4）、（5）构成的小三角形作为新的实验范围进行试验（图 13-4）。

根据对在新的实验范围内选取的代表点的品尝结果（表 13-5），则可建立数学模型。

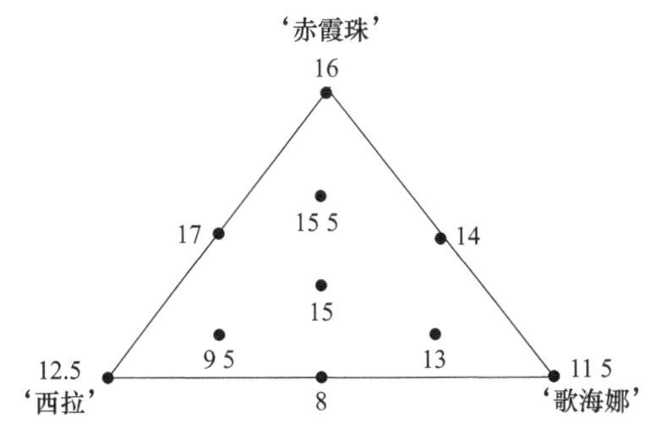

图 13-3 勾兑实验范围及其代表点的得分

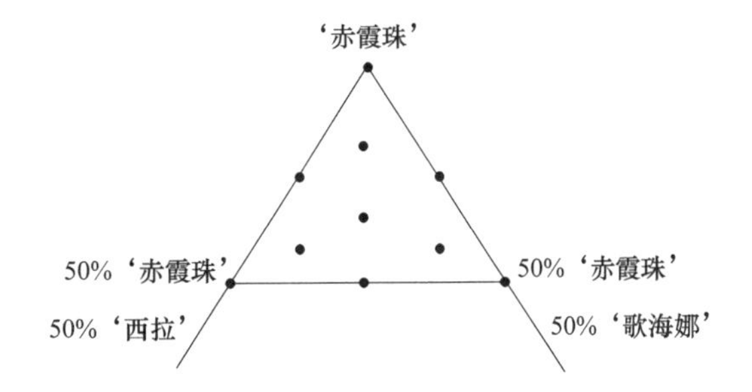

图 13-4 缩小后的实验范围及其代表点的得分

表 13-5 新的勾兑代表点及其得分

代表点	(1)	(2)	(3)	(4)	(5)	(6)	(7)	(8)	(9)	(10)
赤霞珠	100	50	50	75	75	50	66	84	58	58
西拉	0	50	0	25	0	25	17	8	34	8
歌海娜	0	0	50	0	25	25	17	8	8	34
得分/20	13	11	9	12.5	13.75	13	13.5	13.5	14	13

设混合物的质量 y（得分）取决于各种成分的比例 X，则可得标准方程：

$$y=b_1x_1+b_2x_2+b_3x_3+b_{12}x_1x_2+b_{23}x_2x_3+b_{13}x_1x_3+b_{123}x_1x_2x_3$$

利用得分结果和最小二乘法，可得出以下模型：

$$y=12.7x_1+11.1x_2+9.5x_3+1.7x_1x_2+11.4x_1x_3+13.2x_1x_2x_3$$

因此，可计算任何 X_1、X_2 和 X_3 上的 y 值。如果将实验范围内所有的得分相同的点连接起来，可得到等反响曲线（图 13-5）。根据这一曲线就可很容易确定最佳配方，然后根据成分混合定律则可计算出该配方的主要成分（如酒度、糖、酸等）（李华和王华，2017）。

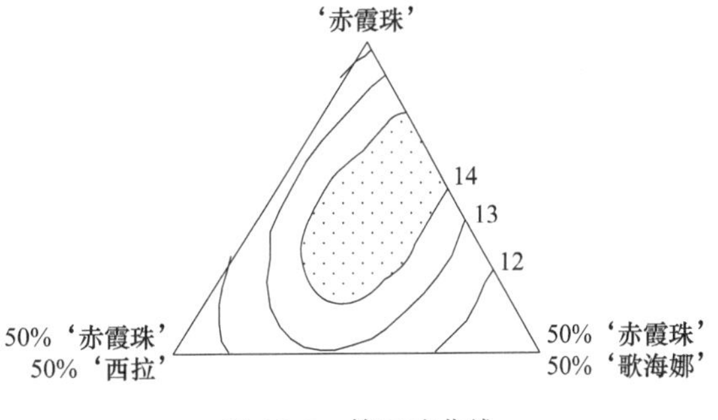

图 13-5 等反响曲线

13.9 小　　结

刚刚酿成的葡萄酒为生葡萄酒，它是葡萄（汁）在酵母菌的作用下或者在酵母菌和乳酸菌的作用下的一系列生物化学转化的结果。但是，在生葡萄酒中，还含有一些非葡萄酒的构成成分；一些葡萄酒的构成成分的溶解特性还会不停地变化；葡萄酒的构成成分之间还会发生一系列的化学变化。葡萄酒的成熟，就是以下这一系列物理、化学反应的结果。

（1）以悬浮状态存在于葡萄酒中的大颗粒物质（非葡萄酒的构成成分）逐渐沉淀，使葡

萄酒澄清。

（2）葡萄酒构成成分的溶解特性发生变化而沉淀，以胶体状态存在于生葡萄酒中的物质的絮凝沉淀使葡萄酒趋于稳定。

（3）单宁与色素的结合，使葡萄酒的颜色趋于稳定；单宁与其他物质的结合，使葡萄酒的口感更为柔和。

（4）芳香物质的化学反应，使葡萄酒的香气向更浓厚的方向变化，从而减轻生葡萄酒的果味特征，并使各种气味趋于平衡、融合、协调。

（5）在合理使用橡木桶陈酿葡萄酒的情况下，存在于木桶中的挥发酚、呋喃醛、橡木内酯、萜类、单宁等，由于溶解、浸渍等作用而进入葡萄酒中，增加了酒的风味复杂性；并可防止因带酵母菌皮而引起酒的过分还原，还可增强酒的品种香气。

我们的研究结果还表明，在红葡萄酒的陈酿过程中，合理利用微氧技术，能有效地促进葡萄酒的成熟，使葡萄酒的口感更为柔和、协调，香气更为优雅。

因此，葡萄酒陈酿的任务就是，促进上述物理、化学和物理化学反应的有序顺利进行；防止任何微生物的活动（需生物性陈酿的谐丽葡萄酒除外）；防止葡萄酒的病害；防止葡萄酒的衰老和解体（如过强的氧化等）；避免任何对葡萄酒的不必要处理，保证葡萄酒的正常成熟。

为了最大限度地提高葡萄酒的质量，并且使各年份之间的葡萄酒的质量及其特征、风格基本一致，就需要利用不同品种的葡萄酒和不同发酵罐（橡木桶）的葡萄酒进行相互勾兑。此外，葡萄酒的勾兑还可以用于修正一些葡萄酒的缺陷，生产适于某一类顾客要求的葡萄酒类型等目的。

第 14 章　葡萄酒的澄清

葡萄酒的澄清度是消费者所需求的第一个质量指标。如果瓶内的葡萄酒浑浊不清或瓶底具有沉淀物，那么消费者则不管产品的味感如何，都认为这种葡萄酒一定变质。因此，葡萄酒只具有良好的风味是不够的，还必须具有良好的澄清度。虽然有的沉淀并不影响葡萄酒的感官质量，但从经营的角度看，必须将之除去，以满足顾客的要求（李华，2022）。

葡萄酒的一些浑浊现象也会影响葡萄酒的感官质量。悬浮状的粒子会在品尝过程中影响触觉；很多浑浊现象也是变质的象征，如破败病、微生物病害等。

葡萄酒不仅应该在某一段时间上具有良好的澄清度，而且不管通气条件、温度条件及光照条件怎样变化，应能长期保持这一澄清度。

在葡萄酒的酿造过程中，我们应区分两个概念，即澄清和稳定。澄清就是为了获得葡萄酒的澄清度；而稳定，则是为了保持这一澄清度并且无新的沉淀物产生。澄清和稳定，既有区别，又有联系。在本章中，我们主要讨论葡萄酒的澄清问题。

葡萄酒的澄清，可分为自然澄清和人工澄清。葡萄酒在储藏和陈酿过程中，一些物质可逐渐沉淀于储藏容器的基部，我们可用分离的方式将这些沉淀物除去。此外，为了防止氧化和变质，还应经常添罐（李华和王华，2017）。

在葡萄酒中，除缓慢沉淀的固体物质外，还含有一些胶体物质，由于它们的存在及它们的不透光性，甚至它们的颜色、对光线的折射和散射（丁达尔效应）等特性，可使葡萄酒浑浊。

这些胶体物质的带电性和布朗运动，使它们以悬浮状态存在。但它们可吸附带相反电荷的胶体物质，从而变大并失去带电性。这样就会加重葡萄酒的浑浊性，并形成沉淀物，这就是胶体的絮凝作用。人工澄清就是人为促进可使葡萄酒变浑或将使葡萄酒变浑浊的胶体物质絮凝沉淀，并将之除去，以保证葡萄酒现在和将来的澄清度和稳定性。其方法包括下胶、过滤和离心等处理（李华，2005）。

14.1　分　　离

在发酵结束以后，葡萄酒仍较浑浊，因为它还含有一些悬浮物，包括果胶、果皮、种子的残屑、酵母和一些溶解度变化很大的盐类等。由于 CO_2 的释放，这些物质仍悬浮在葡萄酒中。经过静置以后，这些物质逐渐地沉淀于罐底。

分离，就是将葡萄酒从一个储藏容器转到另一个储藏容器，同时将葡萄酒与其沉淀物分开。分离是葡萄酒在陈酿中的第一项也是最重要的一项管理措施。葡萄酒陈酿的失败，常常是由分离次数过少或分离方法不当造成的（李华和王华，2017）。

14.1.1　分离的效应

分离的第一个效应是将葡萄酒与酒脚分开，从而避免腐败味、还原味及 H_2S 味等。葡萄酒的酒脚含有酵母和细菌，将它们与澄清葡萄酒分开，可避免由它们重新活动引起的微生物病害。在酒脚中还含有酒石酸盐、色素、蛋白质及铁、铜等的沉淀，分离可防止它们在温度升高等条件下重新溶解于葡萄酒中。此外，分离也可避免沉淀物重新以悬浮状态进入葡萄酒，使葡萄酒重新变浑。

分离过程中由于葡萄酒与空气接触，溶解了部分氧（2.5～5 mg/L），可消除葡萄酒不愉快的气味（H_2S 味），使部分乙醇转化为乙醛增强了颜色的稳定性，从而有利于葡萄酒的变化及其稳定（Ribéreau-Gayon et al.，2006）。因此，生葡萄酒的分离应为开放式。

生葡萄酒为 CO_2 所饱和。分离有利于 CO_2 和其他一些挥发性物质的释出，尤其是转入大的容器。在分离时，酒精的挥发量很小。

分离可使陈酿容器中的葡萄酒均质化。葡萄酒如果在大容器中静置的时间较长，就会形成不同的沉降层次，甚至各层次中游离 SO_2 的含量也不相同。这样在最下和最上的层次中游离 SO_2 的含量就可能不够。

分离时可调整葡萄酒中游离 SO_2 的浓度，这一调整可通过混合不同容器中的葡萄酒或添加 SO_2 而获得。

利用分离的机会，可对储藏罐进行去酒石、清洗及对橡木桶进行检查、清洗等工作（李华等，2007）。

14.1.2 分离的时间和次数

关于分离的时间和次数，没严格的规定。首先，陈酿容器不同，分离的频率也不相同。在大容量中陈酿的葡萄酒，需分离的次数就比在小容量的橡木桶中的多。例如，在陈酿的第一年，前者一般每两个月就需分离一次，而后者全年只分离 4 次。

其次，葡萄酒的种类不同，其分离频率也有所变化。一些果香味浓、清爽的白葡萄酒，分离次数很少。如果需要进行苹果酸-乳酸发酵，只有当这一发酵结束后才能分离。在橡木桶中陈酿的甜白葡萄酒第一次分离和红葡萄酒一样，即在发酵停止后进行，几周后再进行第二次（Ribéreau-Gayon et al.，2006）。

为了简便起见，我们在这里给出一个分离方案。

第一年：

第一次分离，在出罐后 15～21 d 或在苹果酸-乳酸发酵结束后进行。

第二次分离，在初冬（12 月）时进行。

第三次分离，在春天（3～4 月）进行。

第四次分离，在盛夏（6～7 月）进行。

第二年中，可进行 1 或 2 次分离（李华等，2007）。

14.1.3 分离方式

分离方式有封闭式和开放式两种（图 14-1）。

对于容易破败的葡萄酒及容易被突然氧化的陈葡萄酒，必须用封闭式分离。

对于生葡萄酒，开放式分离可有以下几方面的作用。

（1）如果葡萄酒中含有残糖，可使酵母重新活动，以完成酒精发酵。

（2）去除过量的 SO_2 以避免 H_2S 气味。

（3）使部分氧溶解，以利于葡萄酒成熟过程中的各种反应。

一般情况下，第一次分离应为开放式，以后视情况而定。

利用橡木桶储藏葡萄酒的不同换桶方式见图14-2。

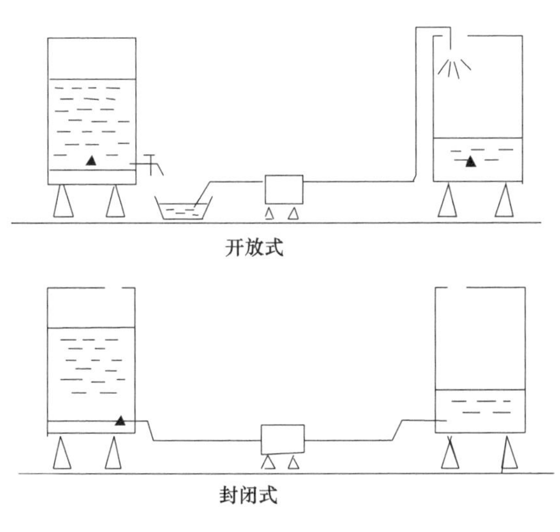

图14-1 分离示意图

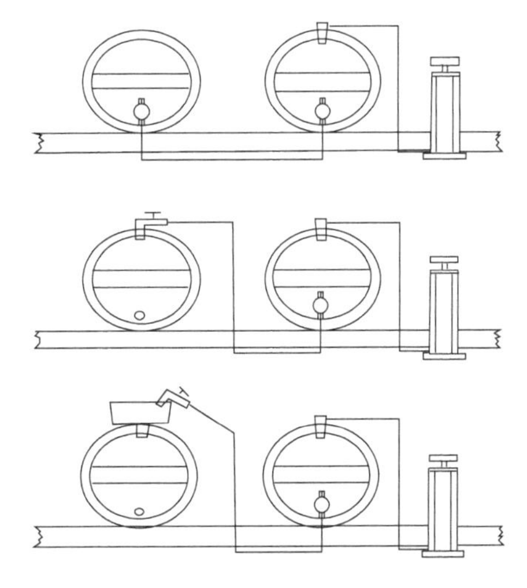

图14-2 各种木桶换桶示意图

上图为封闭式；中、下图为开放式

分离应选择天气晴朗、干燥，即气压高的时候进行。否则由于溶解于葡萄酒中的CO_2气体的逸出，导致沉淀重新进入已澄清的葡萄酒中，影响分离效果。

在分离以前，应对接酒容器进行认真的清洗，然后熏硫。熏硫用量为30 mg/L硫黄。熏硫后容器封闭几小时。然后打开，并进行很强的通气。

如果进行开放式分离，应先进行葡萄酒的抗氧试验，以免葡萄酒破败。

在葡萄酒的陈酿过程中，游离SO_2浓度逐渐下降，储藏容器越小，下降幅度越大。因此，应在分离以前进行游离SO_2的分析，并在分离时按以下浓度进行调整。

（1）优质红葡萄酒，10～20 mg/L。

（2）普通红葡萄酒，20～30 mg/L。

（3）干白葡萄酒，30～40 mg/L。

（4）加强葡萄酒，80～100 mg/L。

需说明的是，在加入的总SO_2量中，只有2/3以游离状态存在。

为了检查葡萄酒的变化，应进行品尝和挥发酸的测定（李华和王华，2017）。

14.2 添罐（添桶）

在葡萄酒陈酿过程中，由于以下几方面的原因，葡萄酒体积缩小，从而使储藏容器口和葡萄酒表面之间，形成空隙。

（1）发酵结束后，葡萄酒品温降低。

（2）溶解在葡萄酒中的CO_2不断地、缓慢地逸出。

（3）葡萄酒通过容器壁、口蒸发。

由于空隙中充满空气，葡萄酒容易被氧化、败坏。因此，必须隔一定时间，用同样的葡

萄酒将这些容器添满，以减少葡萄酒与空气接触的机会，这就是添罐。

添罐用酒应为优质、澄清、稳定的葡萄酒。一般要用同品种、同酒龄的酒进行添罐。在某些情况下可用比较陈的葡萄酒。但在任何情况下，都应注意以下几点。

（1）不能用较新的酒添较老的酒。

（2）必须对添罐用酒进行品尝和微生物检验。

（3）添罐用酒必须健康无病。

此外，为了保证葡萄酒在储藏过程中始终保持“添满”状态，在设计或购买储藏容器时，应考虑一系列容积不同、相互补充的容器。

每次添罐间隔时间的长短取决于空隙形成的速度，而后者又取决于温度、容器的材料和大小及密封性等因素。不同的添桶频次对贮酒品质会产生不同影响（柴菊华等，2008）。一般情况下，橡木桶贮藏的葡萄酒每周添两次，金属罐贮藏则每周添一次。

在生产中，有些葡萄酒贮藏容器常常不能完全添满，往往由于过强的通气而引起葡萄酒的变质。

为了避免上述缺点，可使用浮盖防止空气进入葡萄酒。浮盖始终漂浮在葡萄酒的液面，并与容器内壁相嵌合。

但是最好的方法是通入氮气以填补空隙（图 14-3），氮气与葡萄酒不起反应，而且溶解度很低（0.02 g/L）。

由于 CO_2 具有较强的溶解性，如果葡萄酒中 CO_2 的含量接近 0.7 g/L，就会影响其感官质量。所以，CO_2 不能用于充气贮藏。但是，有时为了避免某些葡萄酒 CO_2 的损耗，也可用 CO_2 与氮气的混合气体（85% N_2 + 15% CO_2）进行充气贮藏（李华和王华，2017）。

图 14-3 是充氮储藏的一种方法。平时，每个储藏罐通过罐口的关闭而相互独立，氮气的通路被切断。储藏罐的密封性可通过气压表进行检查。在装罐时，先用葡萄酒将储藏罐装

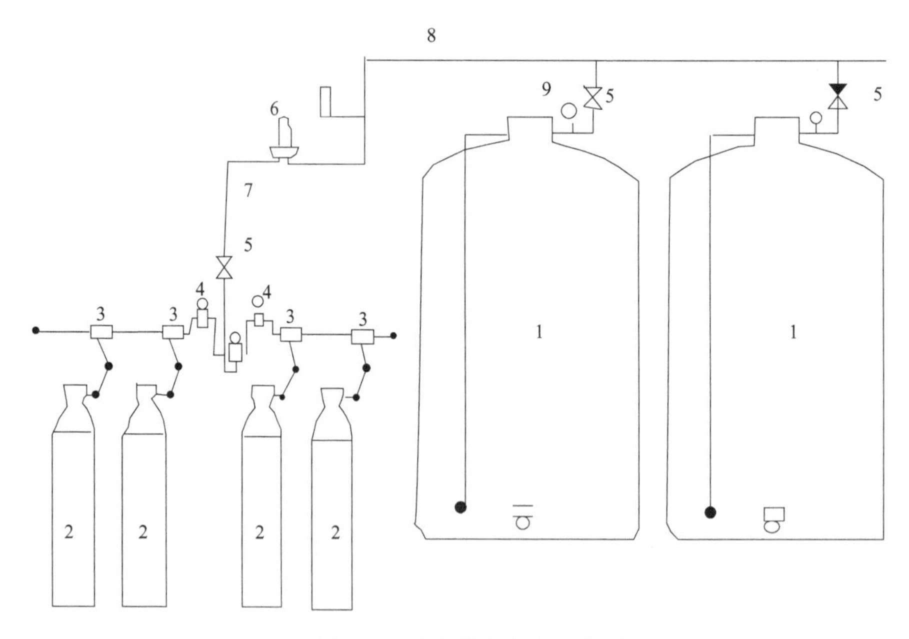

图 14-3　充氮储藏方式示意图

1. 储藏罐；2. 氮气瓶；3. 转换开关；4. 调压器；5. 阀门；6. 高-低压整流阀；7. 中压段；8. 低压段；9. 压力表

满，然后通入氮气，并从出酒口放出一定量的葡萄酒，以给氮气形成一定的缓冲空间，最后将储藏罐内压调至 50～100 g/cm^2。

如果需要出酒，则依次打开氮气瓶、氮气入罐开关和出酒口。如果用于储藏的葡萄酒澄清度和稳定性良好，这种方式可使葡萄酒在无挥发、无氧化的条件下储藏几个月，且耗氮量极低，葡萄酒的成熟与在完全添满的储藏罐中完全一样（李华等，2007）。

14.3　下　胶

下胶，就是在葡萄酒中加入亲水胶体，使之与葡萄酒中的胶体物质和单宁、蛋白质及金属复合物、某些色素、果胶质等发生絮凝反应，并将这些物质除去，使葡萄酒澄清、稳定（李华和王华，2017）。

14.3.1　下胶材料及其选择

（1）膨润土（bentonite），又称皂土，可用于对葡萄汁的澄清处理，对生葡萄酒及装瓶前的处理。

膨润土的用量一般为 400～1000 mg/L。在使用时，应先用少量热水（50℃）使膨润土膨胀。在这一过程中，应逐渐将膨润土加入水中并搅拌，使之呈奶状，然后再加进葡萄酒中。

最好利用倒罐或分离的机会进行膨润土处理，以使膨润土与葡萄酒充分混合。处理后应静置一段时间，然后分离、过滤。

（2）明胶（gelatin，gelatine），明胶可吸附葡萄酒中的单宁、色素，因而能减少葡萄酒的粗糙感。不仅可用于葡萄酒的下胶，还可用于葡萄酒的脱色。

在使用以前，应先做下胶试验，以决定明胶用量。明胶的使用分以下两个步骤。

a. 在下胶的前一天，将明胶在冷水中浸泡，使之膨胀并除去杂质。同时，如果需要，应在待处理的葡萄酒中加入单宁。因为明胶的沉淀作用是在单宁含量较多的情况下发生的。

b. 在下胶时，先将浸泡明胶的水除去，并将明胶在 10～15 倍于其体积的水中溶解后，再倒入需处理的葡萄酒中。

在处理白葡萄酒时，最好用明胶与膨润土混合处理，以避免由于单宁含量过低而造成的下胶过量。

（3）鱼胶（fish glue），鱼胶在冷水中可膨胀，并且变得不透明；可溶于热水中，但有 3% 左右的杂质。在使用时，只能用冷水进行膨胀，而不能加热。

在处理白葡萄酒时，鱼胶与明胶比较有以下优点：①用量少，澄清效果好，且葡萄酒具光泽；②它的沉淀作用所需单宁量少；③不会造成下胶过量。

但由于鱼胶的絮块比重小，在使用后形成的酒脚体积大，下沉速度慢并可结于容器内壁，其絮块还会堵塞过滤机。因此，下胶后必须进行两次分离。鱼胶的用量为 20～50 mg/L。最好的使用方法为：先制备含有 100 g 酒石酸和 20 g SO_2 的 100 L 水溶液，将 1000 g 蠕虫状鱼胶倒入该溶液中，并进行搅拌。5～10 d 后，将颗粒用钢刷搅烂，并过筛，然后加进待处理的葡萄酒中。

（4）卵清蛋白（ovalbumin），在溶液中，卵清蛋白可与单宁形成沉淀，一般 1 g 卵清蛋白可沉淀 2 g 单宁。澄清效果较佳，但澄清速度慢（陈瑶，2008）。

使用时，先将卵清蛋白调成浆状，再用加有少量碳酸钠的水进行稀释，然后注入葡萄酒中。用量为 60～100 mg/L。

除卵清蛋白外，也可使用鲜蛋清，其效果与卵清蛋白相同。

在使用蛋清时，先将鸡蛋清调匀，并逐渐加水。加水量为每 10 个鸡蛋清加 1 L 水，最好在每个蛋清中加入 1 g NaCl。用量为每 1000 L 葡萄酒 20 个蛋清。卵清蛋白和蛋清是红葡萄酒的优良的下胶物质，但不能用于白葡萄酒。

（5）酪蛋白（casein），使用酪蛋白时，先将 1 kg 酪蛋白在含有 50 g 碳酸钠的 10 L 水中用水浴加热溶解，再用水稀释至 2%～3%，并立即使用。

如果仅仅用于葡萄酒的澄清，酪蛋白的用量为 150～300 mg/L。如果使用浓度较高（500～1000 mg/L），它还可使变黄或氧化白葡萄酒或用红色品种酿造的白葡萄酒脱色，除去异味并增加清爽感，沉淀部分铁。此外，由于酪蛋白沉淀是酸度的作用，所以不会下胶过量。因此，酪蛋白是白葡萄酒最好的下胶材料之一。

在市场上可找到可溶性酪蛋白，它实际上是酪蛋白与碳酸钾的混合物。

由于红葡萄酒含有单宁，有利于下胶物质的沉淀，而且所使用的下胶物质对感官质量的影响较小，所以红葡萄酒的下胶较为容易，大多数下胶物质都可使用，尤以明胶为好。

白葡萄酒的下胶较难，必须在下胶以前进行试验，以决定下胶材料及其用量。常用的下胶物质有酪蛋白、鱼胶或蛋白类胶与无机盐结合使用，以避免下胶过量（表 14-1）（李华和王华，2017）。

表 14-1　常用下胶材料

白葡萄酒		红葡萄酒	
下胶材料	用量 /（mg/L）	下胶材料	用量 /（mg/L）
鱼胶	10～25	明胶	60～150
酪蛋白	100～1000	蛋白	60～100
膨润土	250～500 或更多	膨润土	250～400

近年来，针对壳聚糖、大豆蛋白、木瓜蛋白酶等新型的澄清剂的应用，进行了相关的研究，为新型澄清剂在葡萄酒中的应用提供了实验基础（陈玉颖等，2018；鲁榕榕等；2018）。但每种澄清剂特点不同，澄清效果也不同，生产过程中应选择合适的澄清剂，尽量减少因澄清对葡萄酒品质造成的影响（卢新军等，2019；张宁波等，2019）。和单一下胶材料相比，复合下胶材料可以相互弥补各自的不足，通过“协同”作用使酒体的澄清及稳定效果变得更加有效、明显（姚瑶等，2017；豆一玲等，2019）。

目前，OIV（2022a）使用的下胶材料包括：明胶、蛋清、鱼胶、脱脂牛奶、酪蛋白、海藻酸盐、胶质二氧化硅溶液、高岭土、膨润土、阿拉伯树胶、酪蛋白酸钾、植物蛋白、壳聚糖、几丁质、酵母蛋白提取物、PVI/PVP、PVPP 等。

14.3.2　下胶试验

下胶试验可以在 750 mL 的白色瓶内进行，也可在长 80 cm、直径为 3～4 cm 的玻璃筒内进行。瓶子有利于摇动，使下胶物质分布均匀，絮凝沉淀的速度较快；在玻璃筒内进行时，则更易观察沉淀所需要的时间。

在下胶试验过程中应该记录下列项目：①絮凝物出现所需的时间；②絮凝物沉淀的速

度；③下胶后葡萄酒的澄清度；④酒脚的高度及其下沉和压实的情况。

通过下胶试验选择澄清效果最好、絮凝沉淀速度最快、酒脚最少的下胶材料（李华和王华，2017）。

14.3.3　下胶操作

下胶应选择低温，气压较高的天气。此外，用于下胶的葡萄酒应满足以下条件。

（1）必须结束酒精发酵，CO_2 的释放影响下胶的效果。

（2）苹果酸-乳酸发酵（如果进行的话）必须结束，下胶会除去乳酸菌，从而抑制、阻止苹果酸-乳酸发酵的顺利进行。

（3）必须无病，如果葡萄酒已发生病害，则应在下胶以前加入 50 mg/L 的 SO_2，以杀死病原微生物。

最后，在下胶以前必须进行试验；在下胶过程中，应使下胶物质与葡萄酒混合均匀。

在一些葡萄酒中，保护性胶体含量较高，下胶效果很差，在这种情况下，可在下胶以前进行果胶酶处理，将果胶（保护性胶体）水解，从而提高下胶效果（李华和王华，2017）。

为了使胶液与葡萄酒迅速地混合均匀，根据酒厂的设备不同，一般采用以下方式（图 14-4）进行混合。

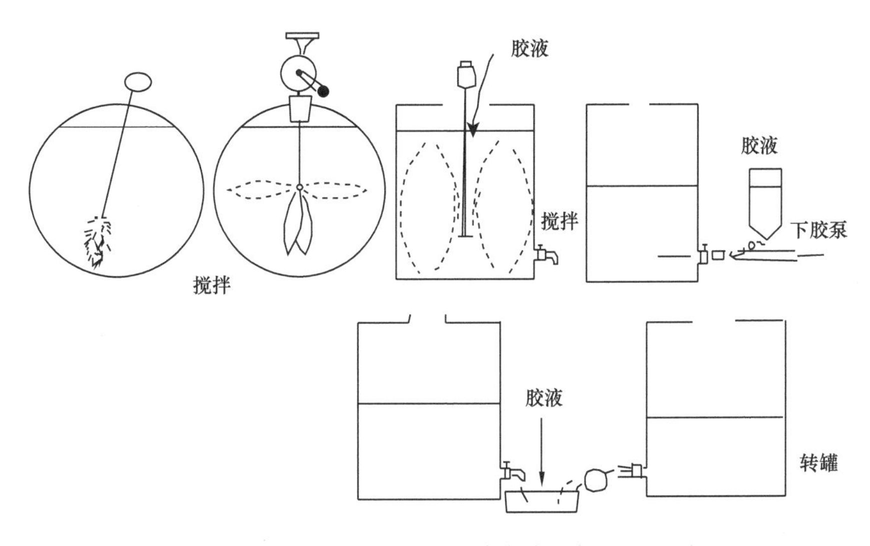

图 14-4　各种下胶混合方式示意图

（1）搅拌。在下胶前和下胶过程中，用木棒或毛刷、搅拌器进行强烈的搅拌。

（2）下胶泵。将下胶液根据酒泵的流量调节至一定的流量，使下胶液与葡萄酒通过同一输送管同时进入下胶罐。

（3）分离。在分离时将胶液少量地、逐渐地放入接受容器与葡萄酒混合，并通过酒泵泵入下胶罐（李华等，2007）。

14.3.4　下胶过量

在下胶时，必须使加入的蛋白质胶体全部絮凝沉淀，而不能保留在葡萄酒中。下胶过量葡萄酒的澄清是不稳定的，温度变化（降温或升温）、与其他葡萄酒相混合、在木桶中进行储藏，甚至装瓶后软木塞浸出的极少量的单宁等因素，都会使葡萄酒重新变浑。

下胶过量常出现在白葡萄酒中，特别是用明胶下胶时。而红葡萄酒则含有足够量的单宁将胶液絮凝、沉淀。其他下胶物质引起下胶过量的可能性要小得多。

为了检验下胶过量，可在 1 L 下胶后的葡萄酒中加入 0.5 g 单宁。如果下胶过量，24 h 以后，葡萄酒就会变浑，浑浊的程度取决于过量的程度。

为了纠正下胶过量，过去一般使用单宁处理，以除去过多的蛋白质。但这种方法往往增强葡萄酒的苦涩感。所以，最好使用膨润土处理。膨润土不仅可沉淀蛋白质，还可沉淀一些正离子，在澄清的同时，可提高葡萄酒的稳定性。

另外，可使用硅藻土-明胶或明胶-硅胶结合下胶（李华和王华，2017）。

14.4 过　　滤

过滤就是用机械方法使某一液体穿过多孔物质，将该液体的固相部分与液相部分分开。

用于过滤的葡萄酒必须无病，具有一定的稳定性，含有足够量的游离 SO_2。在每次过滤前，都必须检查葡萄酒中游离 SO_2 的含量，以免氧化。

此外，最好在过滤机的出口处，安装一自动电子浊度计，并根据要求设定过滤后葡萄酒的浊度。这样，当过滤达不到要求时，过滤后的葡萄酒就会自动地回到待过滤葡萄酒中。

对葡萄酒的过滤，可以在以下三个时期进行。

（1）粗滤，一般在第一次分离后进行。这次过滤的目的是除去一些酵母菌、细菌、胶体和杂质，而不是为了澄清。粗滤多用层积过滤。在过滤前下胶，效果更好。

（2）陈酿葡萄酒的澄清。这次过滤的目的是使葡萄酒稳定，其效果在很大程度上取决于过滤前的准备，如预滤、下胶等。这次过滤可用层积过滤或板框过滤。葡萄酒的澄清度越好，所选用的过滤介质应越“紧实”。在选择纸板时，应先做过滤试验，以免过早堵塞或澄清不完全。

（3）装瓶前的过滤。这次过滤必须保证葡萄酒良好的澄清度和稳定性，以免在瓶内出现沉淀、浑浊和微生物病害。因此，首先必须保证良好的卫生条件。这次过滤可选用除菌板或膜过滤（李华和王华，2017）。

此外，不同过滤方式效果不同，对葡萄酒品质的影响也不同；错流过滤和膜过滤均能降低葡萄酒浊度、提高澄清度，降低酚类物质的含量；但对红葡萄酒过滤后，酚类物质的组成成分、感官特征有显著的差异（牛见明等，2019；Prodanov et al.，2019；Rosária et al.，2022）。

14.5 离　　心

离心处理可加速葡萄酒中悬浮物质的沉淀，从而达到澄清、稳定葡萄酒的目的。现在用于处理葡萄汁或葡萄酒的离心机多为连续离心机，对沉淀物的去除用程序控制。

传统离心机的离心加速作用为 5000～8000 g，为离心澄清机，主要用于葡萄汁的澄清处理和葡萄酒的预滤。这种离心机可除去 95%～99% 的酵母菌，但留下的细菌比例较高。

高速离心机的离心加速作用为 14 000～15 000 g，主要用于装瓶前的处理，它可除去所有的酵母菌和 95% 的细菌。但它只能处理已经通过下胶和酶处理进行预澄清的葡萄酒，因

为超速离心机并不能除去很多胶体物质（李华等，2007）。

14.6　小　　结

我们将不同澄清方法的优、缺点列入表 14-2。对它们优、缺点的分析使我们认为在一个葡萄酒厂，最好能对同一种葡萄酒既下胶，又过滤或离心。这样可以使它们相互取长补短。实际上，在过滤前下胶，可提高过滤葡萄酒的比例。因为下胶可使一些粒子絮凝沉淀，从而减少对过滤介质的堵塞。相反，过滤可使下胶提早，此外，过滤可除去一些较大的胶体粒子，提高下胶的效果。

表 14-2　不同澄清方法的优、缺点

方法	优点	缺点
下胶	除去胶体粒子，保证澄清稳定性，不需贵重设备	处理速度慢、受外界条件限制，降低葡萄酒的色度和单宁含量
过滤、离心	澄清速度快、效果好。处理不受外界条件的限制，可在任何时候进行	需贵重设备。易氧化葡萄酒，出现过氧化味

第 15 章 葡萄酒的稳定

澄清葡萄酒有时也会浑浊，产生沉淀。例如，如果葡萄酒中金属物质或仅仅是酒石酸氢钾含量过高，虽然经过下胶、过滤等澄清处理，但仍然会产生沉淀。如果这一沉淀现象出现在贮藏过程中，则会使葡萄酒自然稳定，如果它出现在瓶内，则是一种病害，因为它将影响葡萄酒的销售。

澄清葡萄酒的变浑一方面是由于微生物的活动（酵母或细菌），另一方面是由于化学沉淀。由化学沉淀引起的浑浊通常叫作“破败”。

葡萄酒的稳定并不是将葡萄酒固定在某一状态，阻止其变化、成熟，而是避免病害的发生，保持其颜色和澄清度的稳定性。而且只有稳定的葡萄酒，其感官质量才能正常地向良好的方向发展（李华等，2007）。

15.1 葡萄酒稳定性处理的基础

15.1.1 葡萄酒浑浊的原因

葡萄酒浑浊是指澄清葡萄酒重新变浑浊或出现沉淀，它影响葡萄酒的质量和颜色。因此，应将“葡萄酒浑浊”与未经澄清处理的生葡萄酒的“不澄清”区分开来（李华和王华，2017）。

葡萄酒的浑浊主要有三方面的原因（表 15-1）：氧化性浑浊、微生物性浑浊和化学性浑浊（李华和王华，2017）。

表 15-1 葡萄酒浑浊的种类

葡萄酒的浑浊	葡萄酒浑浊的原因
氧化性浑浊	氧化破败
微生物性浑浊	酵母、细菌，特别是乳酸菌
化学性浑浊	白葡萄酒：铁破败病、铜破败病、蛋白质破败病、酒石沉淀 红葡萄酒：铁破败病、色素沉淀、酒石沉淀

注：桃红葡萄酒易出现白葡萄酒型的浑浊；甜型葡萄酒和加强葡萄酒则易出现红葡萄酒型的浑浊

1. 氧化性浑浊（氧化破败病） 氧化性浑浊主要是多酚氧化酶（包括漆酶和酪氨酸酶）引起的。空气中的氧，在酶的作用下氧化葡萄酒的某些成分，特别是多酚物质，使白葡萄酒的颜色变深、浑浊，呈“牛奶咖啡”状，红葡萄酒的颜色则变为“巧克力”色。

氧化破败病常见于生葡萄酒，主要发生在贮藏开始的几个星期中。一般情况下，在第一次分离时，只要加入足够量的 SO_2（30～50 mg/L）就可使之消失。以后再发生，则再加入 SO_2。但在少数情况下，氧化破败病也可发生于成熟葡萄酒，甚至在瓶内贮藏几年后的葡萄酒中（李华等，2005）。

为了确定葡萄酒是否容易发生氧化破败病，可对葡萄酒进行氧化试验。其方法为：取少量葡萄酒过滤，装半杯过滤后的葡萄酒置于空气中 12～15 h。如果在此期间，葡萄酒颜色变浑，出现浑浊、沉淀、失去光泽，或者特别是颜色向褐色转变，表面出现虹色薄膜，则该酒已氧化破败。在出罐或进行第一次转罐以前，必须进行氧化试验，以根据试验结果确定转罐方式和加入 SO_2 的量。

2. 微生物性浑浊 关于这个问题，我们将在“葡萄酒病害”一章中讨论。除细菌外，酵母也可引起葡萄酒变浑，并常常发生在对葡萄酒通气以后。由酵母引起的沉淀，症状变化很大，沉淀物呈较轻的尘状，或者呈絮状如蛋白质沉淀，或者如酒石样较重的沉淀。微生物性浑浊可通过事先显微观察和酵母或细菌计数（Delanoe and Suberville，2005），或将葡萄酒在 25℃的温箱中放置一段时间进行诊断。可用过滤、SO_2 处理或加热处理进行防治。

3. 化学性浑浊 表 15-1 列出了几乎所有的化学性浑浊。铁破败病，主要是由于葡萄酒中铁含量过高造成的，常出现在葡萄酒通气以后。铜破败病则在还原条件下出现，由铜含量过高引起。蛋白质破败病，是白葡萄酒中蛋白质自然沉淀引起的。色素的沉淀仍然是色素物质的正常变化。酒石酸氢钾和中性酒石酸钙的结晶沉淀，常出现在低温以后或由于未成熟葡萄酒装瓶过早，而在瓶内出现。

在少数情况下，还可出现铝、锡、铅、锌等重金属盐的沉淀，且易与铁、铜沉淀相混淆。此外，所有的胶体沉淀都伴随着多糖的沉淀。

15.1.2 葡萄酒浑浊原因的鉴别

如果葡萄酒变浑或产生沉淀，首先需找出其原因，浑浊产生的条件可帮助我们进行鉴别。另外，做一些必要的分析，显微观察和试验，能更进一步地寻找浑浊的原因。对沉淀物进行镜检，如果需要，应先进行离心处理，可以区别三大类沉淀，即生物沉淀（酵母、细菌）、结晶沉淀（酒石）和其他沉淀（边界不明显的颗粒、不规则的堆积等无定性沉淀）（李华和王华，2017）。

各种化学性浑浊的鉴别方法见表 15-2。

表 15-2 各种化学性浑浊鉴别方法及稳定性试验

浑浊类型	浑浊特点	检验方法
铁破败病	1. 在低温下溶于稀 HCl 溶液，加热溶解加快 2. 加入 1 g/L 连二亚硫酸钠立即溶解（特殊反应） 3. 清洗后的沉淀物加入 HCl 和硫氰酸盐后呈红色	充氧或强烈通气 在 0℃下贮藏 7 d
铜破败病	1. 在低温下溶于稀 HCl 溶液，加热溶解加快 2. 在空气中放置 24～48 h 后，葡萄酒重新变清（特殊反应）	光照 7 d 30℃温箱 3～4 周
蛋白质破败病	1. 不溶于稀释 HCl 溶液 2. 加热至 80℃即溶解	加热至 80℃ 30 min 加入单宁 0.5 g/L
色素沉淀	1. 在 40℃下溶解或溶于酒精 2. 在显微镜下呈有色的细粒、堆状、片状	0℃或 4℃：12 h
酒石沉淀	1. 酒石酸氢钾：溶于热水，结晶具酸味 2. 中性酒石酸钙：不溶于热水；溶解在微酸性溶液中，可与草酸反应生成白色沉淀	0℃或 4℃：几周

15.1.3 合理的葡萄酒稳定处理的基础

适用于所有葡萄酒和所有浑浊类型的稳定处理，必须建立在以下检验的基础上。

（1）稳定性试验或检出试验，与分析相结合，可将葡萄酒置于最不良的贮藏条件，从而使葡萄酒表现出浑浊的可能性。

（2）根据稳定性试验结果，采取相应的处理措施。

（3）对处理后的葡萄酒再次进行稳定性试验，以检查处理的效果。只有那些在第二次稳定性试验中保持其澄清度的葡萄酒，才能装瓶。

如果处理的都是同一类型的葡萄酒，则可简化以上程序：根据分析结果进行金属破败病处理；其他稳定性处理都进行标准处理。但处理以后，都必须进行稳定性试验（李华和王华，2017）。

1. 稳定性试验 最好取澄清葡萄酒进行稳定性试验。如果葡萄酒浑浊，则取样时用滤纸过滤。对于白葡萄酒应避免使用石棉或硅藻土过滤，因它们可固定蛋白质。过滤后的葡萄酒再用于进行稳定性试验（表 15-2）。

1）*铁破败* 用白色酒瓶装上半瓶澄清酒样，并充入氧气（或进行通气处理），塞住酒瓶摇动 30 min，以使葡萄酒被氧饱和。然后将酒瓶倒置于酒库的黑暗处。如果葡萄酒很易破败，则 48 h 就会变浊。如果 1 周后葡萄酒不变浊，则不易破败。

将葡萄酒特别是红葡萄酒在 0℃的条件下放置一周也可检验铁破败。

2）*铜破败* 将澄清白葡萄酒在白色酒瓶中装满、密封，水平地置于非直接阳光下 1 周。如果葡萄酒不变浊，则无铜破败危险。非直接阳光，可为室外荫处或室内窗后。也可用紫外线照射几小时进行检验。

此外，可将葡萄酒平放于 30℃的温箱中 3～4 周进行检验。

3）*蛋白质破败* 将葡萄酒在 80℃水浴中加热 30 min。在加热过程中葡萄酒澄清。如果冷却后葡萄酒变浊，则它含有易于沉淀的蛋白质，葡萄酒澄清度的观察应在加热 24 h 后进行。

加入 0.5 g/L 的单宁，也可检出蛋白质破败的可能性。

4）*色素沉淀* 将红葡萄酒在 0℃或 4℃放置 12 h 左右，可使色素胶体沉淀，再加热时沉淀消失。

5）*酒石沉淀* 取 750 mL 葡萄酒在 0℃或 4℃放置几周，最好加入少量酒石结晶，可检出酒石沉淀的可能性。但由于有时结晶速度很慢，这一检验结果并不很准确。此外，应防止葡萄酒结冰，以免影响检验结果。

2. 稳定处理方法 表 15-3 列出了可用于葡萄酒处理的各种方法。但这些仅仅是可能的处理方法，并不是所有的葡萄酒都必须经过这些处理。因为，首先，某一处理只有在必须进行时，才有益于葡萄酒的稳定；其次，对葡萄酒的处理越多，对其质量的影响越大。最理想的是在葡萄酒的酿造过程中，尽量采取各种合理的措施，以减少对葡萄酒的处理。

表 15-3 葡萄酒处理方法一览表（OIV，2022b）

处理目的	处理方法及其分类
澄清处理	沉淀性处理：下胶、离心 过滤性处理：筛析、吸附、除菌

续表

处理目的	处理方法及其分类
澄清度稳定处理	物理处理：加热、冷冻、电渗析、离子交换 化学处理：抗坏血酸、柠檬酸、二氧化硅、单宁、偏酒石酸、硫化钠、外消旋酒石酸、植物蛋白、酒石酸钙、甘露蛋白、膨润土、亚铁氰化钾、阿拉伯树胶、充氧、植酸钙、PVPP、葡聚糖酶
微生物稳定处理	物理处理：加热（包括瓶内巴氏灭菌） 化学处理：二氧化硫、山梨酸、DMDC
降（脱）色处理	着色白葡萄酒的活性炭处理 氧化葡萄酒的酪蛋白处理

15.2 葡萄酒的热处理

热处理就是将葡萄酒在一定温度条件下处理一定的时间，以阻止葡萄酒中微生物的活动。但葡萄酒的热处理效应并不局限于杀菌作用。

15.2.1 热处理效应

葡萄酒热处理的效应主要有两方面，即加速葡萄酒的成熟和稳定葡萄酒（Ribéreau-Gayon et al.，2006）。

1. 加速成熟 热处理可加速氧化、色素的水解和酯化等成熟反应，可以有效降解单宁，加速咖啡酸和香豆酸的水解，从而分别释放出游离的咖啡酸和对香豆酸，进一步与花青素反应形成羟基苯基吡喃花青素（de Castilhos et al.，2016），从而具有加速成熟的效应。为了防止葡萄酒的氧化变质，热处理必须在密闭条件下进行，以避免葡萄酒成分的强烈氧化和挥发性物质的逸出。

2. 葡萄酒的稳定

1）*蛋白质絮凝沉淀* 热处理可导致蛋白质的变性，从而使之在冷却后凝结。根据不同的情况，凝结后的蛋白质逐渐沉淀或使葡萄酒保持稳定的浑浊（不沉淀），在后一种情况下，必须进行过滤或下胶处理。

对红葡萄酒和桃红葡萄酒处理时，蛋白质的凝结可沉淀出部分色素。对白葡萄酒在80℃处理10 min或60℃处理30 min，在冷却后24 h进行澄清处理，可使葡萄酒在瓶内保持良好的澄清度，但这种处理可破坏少量芳香性物质，因此只有在蛋白质含量过高需要膨润土量过大时才使用（李华等，2007）。

目前，蛋白酶结合热处理是一种有前景的技术，但还需要进一步研究以优化热处理的时间、温度，以获得最佳的葡萄酒品质（Vernhet et al.，2020；Comuzzo et al.，2020）。

2）*去除铜离子* 在热处理过程中，过多的铜离子可使葡萄酒变浊，形成胶体，可下胶将之除去。

3）*形成保护性胶体* 在热处理后进行过滤，可避免葡萄酒的铜破败和蛋白质破败。温度升高，可使葡萄酒中保护性胶体粒子变大，加强其保护作用。

4）*防止结晶沉淀* 热处理可破坏结晶核，使之以超饱和状态存在于葡萄酒中，从而防止结晶沉淀。因此，对瓶内葡萄酒进行热处理后，酒石沉淀要困难得多（Ribéreau-Gayon et al.，2006）。

5）杀菌和破坏氧化酶　微生物的抗性和酶的稳定性不仅仅取决于温度条件，而且取决于某一温度持续的时间。这一关系用巴氏单位表示。1 巴氏单位即在 60℃下处理 1 min。

巴氏杀菌的效果还取决于葡萄酒的 pH、游离和总 SO_2 的含量及酒度。温度越高，杀菌时间也可越短。一般建议使用的巴氏杀菌的温度和时间如下：70℃ 3 min；75℃ 1 min；90℃ 1 s（李华等，2007）。

15.2.2　热处理方法

有的厂家主要用瓶内水浴加热对葡萄酒进行热处理。这种方法一方面加热时间较长，另一方面必须在瓶内留一定的空间。热装瓶可避免这些缺点。热装瓶就是在葡萄酒温度为 45～48℃时进行装瓶，装瓶后自然冷却。这种方法很适于酒龄较短的红葡萄酒、甜型葡萄酒，并可使之具有良好储藏性。在装瓶时，足够量的游离 SO_2 可避免在这一处理中的氧化作用。此外，装瓶最好在充氮条件下进行。

大量处理葡萄酒时，现在一般用板式热交换器进行。葡萄酒在热交换器中很薄，与热水流动方向相反，并可调节处理后葡萄酒的温度。

此外，也有的设备用红外线对葡萄酒进行处理。而较原始的设备则是将葡萄酒通过蛇形管穿过水浴而进行热处理的。

根据热处理的目的不同，热处理的温度和时间也不相同。表 15-4 列出各种处理的温度和时间组合（李华等，2007）。

表 15-4　热处理效应和温度-时间组合

处理	目的	温度-时间*
巴氏杀菌	杀菌	55℃、60℃、65℃，几分钟
瞬间巴氏杀菌	杀菌、酶稳定	90℃、100℃，几秒钟
热装瓶	杀菌	45～48℃装瓶，瓶内自然冷却
热稳定	除去白葡萄酒的蛋白质 除去过多的铜离子	75℃ 15 min；60℃ 30 min 75℃ 15～60 min
空调储藏	某些种类葡萄酒的催熟	30～45℃几天；通气或不通气 19～22℃几周，根据酒种而定

* 温度为葡萄酒的温度

15.3　葡萄酒的冷处理

低温是葡萄酒稳定和改良质量的重要因素。很久以来，人们都观察到冬季低温能促进酒石沉淀，而当葡萄酒经过一个冬季后，冷处理改善感官质量的效果则不太明显。而生葡萄酒经冷处理后，其感官质量明显得到改善，酒龄越短，其效果越明显。冷处理可以促进酒石酸盐晶体沉淀，并吸附色素，影响葡萄酒的有机酸和芳香化合物浓度，进而对葡萄酒的感官品质产生影响（Alcalde-Eon et al.，2014；Xia et al.，2022）。所以，冷处理能改善生葡萄酒的质量，主要是由于酒石沉淀，酸涩味降低，使葡萄酒圆润。因此，现在用低温处理使生葡萄酒稳定，已成为葡萄酒生产极其重要的工艺条件（李华等，2007）。

15.3.1 葡萄酒的稳定

1. 酒石沉淀 在葡萄酒中含有中性酒石酸钙和酸性酒石酸氢钾，它们在葡萄酒中的溶解性取决于pH、酒度和温度。酒石沉淀在生葡萄酒中受胶体的影响。因此，在葡萄酒中的酒石呈过饱和状态。在储藏过程中，特别是以下因素可引起酒石沉淀：①苹果酸-乳酸发酵；② SO_2 处理；③葡萄酒间混合；④温度的变化。

酒石沉淀可在生葡萄酒的陈酿过程中很快地出现，也可在装瓶后的葡萄酒中缓慢地出现。因此，必须在装瓶以前使葡萄酒稳定，使其装瓶后不出现酒石沉淀（李华等，2007）。一般在实际生产中，利用冬季的自然低温并结合稳定剂的使用，以除去酒石稳定葡萄酒，既省去人工冷冻、过滤等工艺，减少对葡萄酒的处理，又有利于酒自然品质的保持，还可以降低生产成本（张宁波等，2019）。

酒石酸稳定可用以下几种方法获得。

（1）加入偏酒石酸。最大用量为100 mg/L。偏酒石酸可与酒石酸形成可溶性复合物，但其化学稳定性较短，只能持续几个月。因此，偏酒石酸处理实际上只能推迟酒石沉淀。

（2）加入聚天冬氨酸钾。欧盟授权使用聚天冬氨酸钾（KPA）作为葡萄酒澄清用的添加剂，用量为100 mg/L。聚天冬氨酸钾抑制酒石酸氢钾晶体的形成，可以稳定保持1年（Bosso et al.，2020）。

（3）热处理可促进结晶核的溶解，从而抑制酒石的结晶沉淀。

（4）冷处理可加速酒石结晶沉淀，然后通过过滤或离心将酒石沉淀去除（表15-5）（李华等，2007）。

表15-5 在冷处理（−2.5℃）过程中红葡萄酒成分的变化

项目	处理前	1 d	3 d	6 d
干浸出物 /（g/L）	27.2	26.4	25.6	25.3
灰分 /（g/L）	2.40	2.00	1.69	1.64
pH	3.55	3.57	3.55	3.55
总酸 /（g/L）	6.3	6.1	5.9	5.7
酒石酸 /（g/L）	2.35	1.65	1.35	0.96
铁 /（mg/L）	13	10	9	7
总氮 /（mg/L）	708	701	700	688

2. 色素沉淀 红葡萄酒中的部分色素以胶体状态存在，这部分色素在常温下呈溶解状态，葡萄酒澄清；但当温度降低，它们就会沉淀，使葡萄酒变浑。在储藏过程中，冬季低温可导致部分色素的自然沉淀，而在瓶内则可在瓶底沉淀。下胶，如明胶、蛋白质或膨润土处理，可沉淀出几乎所有的色素胶体。冷处理可获得同样的效果：经过冷处理去除色素胶体的葡萄酒，当再次受冷时，仍保持澄清。

对于长期储藏的葡萄酒，这样通过下胶或冷处理获得的稳定性是暂时的，因为色素胶体在储藏过程中可缓慢地形成（几个月），但可通过储藏几年后再处理获得良好的稳定性（李华等，2007）。

3. 其他沉淀 低温可促进正价铁的磷酸盐、单宁酸盐沉淀和蛋白质凝结（表15-5）。

但低温处理后过滤，只能除去少量的铁（数 mg/L）和少量的蛋白质。在低温下下胶的效果却要好得多，因为促进铁复合物的凝结可除去更多的铁。但低温处理，并不能保证治疗易感染铁破败病和蛋白质破败病的葡萄酒。低温还可导致其他胶体的凝结，因此经低温处理的葡萄酒的过滤质量要好得多（李华，2006）。

15.3.2 冷处理方法

冷处理方法主要有三种：长时间处理、接触稳定和连续稳定。

1. 长时间处理

1）影响低温作用的因素

（1）澄清度：用于冷处理的葡萄酒应较为澄清，因为浑浊葡萄酒中的悬浮物会影响酒石结晶沉淀。

（2）温度：理论上讲，温度越低，沉淀出的酒石量越大。但在实践中，一般将温度降至接近葡萄酒的冰点，即 $T=-$［（酒度-1）/2］℃。

（3）降温速度：如果降温速度较慢，形成的酒石结晶较大，但酒石沉淀不完全。相反，如果降温速度很快，则结晶较小，但沉淀完全。因此，降温应很迅速。

（4）搅拌：在冷处理过程中，搅拌可促进细小结晶体的增大，从而便于过滤除去。

（5）时间：冷处理的时间应足够长，一般为 7～8 d，有时可达 20 d。

2）处理方法　长时间冷处理主要用于生葡萄酒。在处理前应先通过酶处理或下胶过滤，除去影响结晶的物质。由于结晶都是在晶核的基础上进行的，因此可加入少量酒石结晶以提高处理效果，如可加入 200 mg/L 磨碎的酒石。

长时间冷处理包括以下 4 个步骤（图 15-1）。

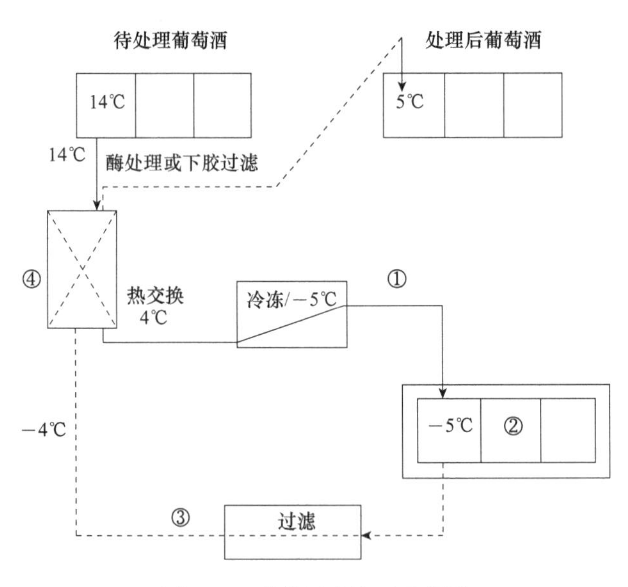

图 15-1　葡萄酒冷处理示意图

图中实线代表冷处理前和冷处理的葡萄酒；虚线代表冷处理后的葡萄酒

（1）通过冷冻机或热交换器，将葡萄酒的温度降至其冰点；

（2）将降温后的葡萄酒在绝热罐中储藏一定时间；

（3）在葡萄酒出罐时保持其最低温度并过滤，以防止酒石重新溶解；

（4）通过温度交换器与开始降温的葡萄酒之间的温度交换进行升温。

2. 接触稳定　这一方法结合了冷处理和晶核的效应，首先将葡萄酒的温度降至 0℃，然后加入磨得很细、纯度很高的酒石酸氢钾晶体，其最佳用量为 3～4 g/L，搅拌 36 h（Ribéreau-Gayon et al.，2006）。葡萄酒中酒石的原始含量越低，搅拌时间应越长。此外，如果同时加入中性酒石酸钙作为晶核，还可促进葡萄酒中中性酒石酸钙的结晶沉淀。

这种方法处理时间短，而且不需要将葡萄酒的温度降至 0℃以下，可节省能源。此处，所加入的酒石可重新使用，一般红葡萄酒可使用 2～3 次，白葡萄酒可使用 5～8 次（李华等，2007）。

3. 连续稳定　这种方法的原理与接触稳定相同，只是所使用的设备可连续工作。将温度接近其冰点的葡萄酒送入“结晶器”，在结晶器中，通过连续搅拌，葡萄酒与酒石结晶接触，处理 10 min 左右。酒石结晶可来自葡萄酒本身，或如需要可人工加入。处理后的葡萄酒过滤后进入热交换器。

过滤出的酒石结晶被送入结晶器再次作为晶核促进葡萄酒的酒石沉淀。有的设备则将温度降至低于葡萄酒的冰点，这样由于结冰而加速结晶过程：一方面结冰可暂时提高酒度，另一方面冰晶本身也可作为晶核（Ribéreau-Gayon et al.，2006）。

此外，对葡萄酒进行其他处理，如阳离子树脂交换处理，可使葡萄酒的 pH 下降，钙离子和钾离子的浓度降低，从而降低了酒石酸盐沉淀出现的可能性（Ibeas et al.，2015；Ponce et al.，2018）。而经过电渗析处理系统，葡萄酒中的 K^+和 HT^-（酒石酸氢根）就被间接地除去了，虽然可基本满足酒石稳定的需求，但其效果不如冷冻法显著，不过电渗析处理对葡萄酒质量不会产生大的影响，且在某些感官方面还有所提高（严斌等，2007）。

15.4　其 他 处 理

15.4.1　阿拉伯树胶

阿拉伯树胶可形成保护性胶体，本身很稳定，可阻止非稳定胶体的凝结。因此，阿拉伯树胶可防止澄清葡萄酒的胶体性浑浊和沉淀，但它也可通过同样的作用稳定胶体性浑浊，所以阿拉伯树胶只能用于澄清葡萄酒。

阿拉伯树胶以溶液状态使用。市场上的阿拉伯树胶溶液一般浓度为 150 g/L 或 200 g/L。也可用粉末状的阿拉伯树胶在热水中溶解后使用，但在这种情况下，应在使用前使溶液澄清或过滤后再使用。如需储藏阿拉伯树胶液，则应加入 0.5 g/L SO_2。

阿拉伯树胶的使用量根据不同情况而有所差异。如果为了防止白葡萄酒的铜破败，其用量为 100～150 mg/L；为了防止铁破败或用于红葡萄酒的色素稳定，则可用 200～250 mg/L。阿拉伯树胶一般在装瓶过滤前使用（李华等，2007）。

阿拉伯树胶绝对不能用于储藏时间长的葡萄酒，因为它阻止陈葡萄酒沉淀的自然形成，可使葡萄酒呈乳状，颜色浑暗。通常被用作年轻红葡萄酒中的保护胶体，以防止色素沉淀（Nigen et al.，2019）。

15.4.2 偏酒石酸

1. 偏酒石酸的制备 将酒石酸晶体研成细粉末，直接加热或在烘箱中在常压下加热至170℃（或在减压下加热至150～160℃），就开始熔化。然后搅拌并保持这一温度10 min左右，液体开始沸腾，释放出水蒸气，液体逐渐变浓，并开始变为棕色。如果继续加热，释放出的气体更多，体积增大，并出现很多气泡。这时停止加热，并使之冷却。这样我们就得到一种海绵状、易碎、玻璃状的物质，这就是偏酒石酸。

在减压条件下制备偏酒石酸，不仅可降低溶化温度，而且获得的偏酒石酸更白、更易溶解、更无气味（李华等，2007）。

2. 偏酒石酸的作用 偏酒石酸能够强烈地抑制酒石的结晶沉淀，其作用原理是偏酒石酸由于吸附作用而布满在酒石酸盐的晶体表面，从而包被酒石酸盐晶体，阻止那些微小的盐晶体相互结合变成更大的晶体沉淀。

在葡萄酒中，偏酒石酸缓慢水解，重新形成酒石酸，从而逐渐失去其保护作用。偏酒石酸的有效期限，主要取决于葡萄酒的储藏温度：温度越低，其作用期限越长，如在0℃下，其作用可持续几年，而在25℃下，其作用只能持续1～2个月。因此，如果葡萄酒在夏天前处理装瓶，则在冬天时，就可能不再受偏酒石酸的保护。所以，偏酒石酸处理只能用于那些很快将被消费的葡萄酒。

在使用前，先用冷水溶解偏酒石酸（200 g/L），然后立即加入葡萄酒中，其用量为不得大于100 mg/L（OIV，2022b）。加入的时间应在下胶以后，过滤以前（李华等，2007）。

15.4.3 活性炭

活性炭只许用于白葡萄酒的脱色，如由于色素的溶解、氧化等原因而引起颜色过深的葡萄酒（OIV，2022b）。其用量一般为100～500 mg/L，最大用量不得大于1000 mg/L。此外，活性炭处理不得既用于葡萄汁，又用于葡萄酒。

以上用量仅仅是参考用量。在使用时，应先进行试验，以确定实际使用量。其使用方法为，先将活性炭与两倍的水混合搅拌成浓厚糊状物，然后倒入葡萄酒中并进行搅拌。

活性炭处理的效果，取决于活性炭与葡萄酒的混合程度。而且炭在酒中应经过较长时间的作用，并要多次搅拌，以免炭沉淀。处理结束后，应下胶、过滤，以除去悬浮在葡萄酒中的炭粒（李华等，2007）。

15.5 小　结

为了保证葡萄酒的瓶内稳定性，除应加强在装瓶过程中的技术、卫生管理，保证酒瓶具有良好的密封性外，还必须进行稳定性分析，并做相应的稳定性试验，根据试验结果进行相应的稳定处理后，再做稳定性试验，直至试验证明葡萄酒稳定后，才能装瓶。其程序如图15-2所示。

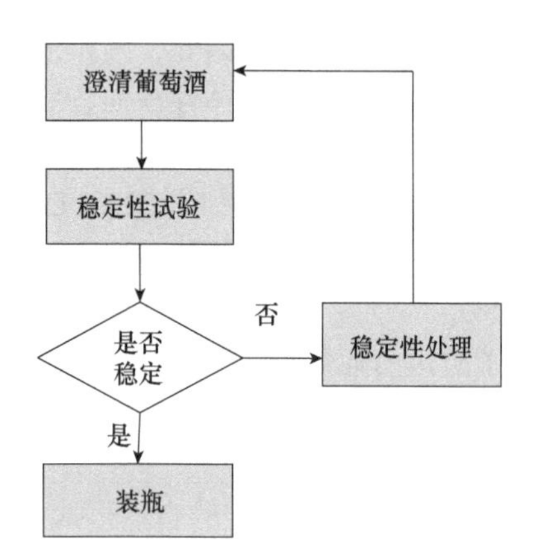

图15-2 葡萄酒稳定性处理程序

第16章 葡萄酒的病害

葡萄酒的病害就是葡萄酒被饮用时所表现出的感官缺陷或不良风味。随着葡萄酒科学技术的发展，目前葡萄酒的病害越来越少。但在各类葡萄酒大赛中，我们仍会发现一些葡萄酒的病害（李华和王华，2017）。因为葡萄酒是有生命的饮料，是容易受微生物作用而变质的食品。同时，葡萄酒也是一些物理化学反应的场所，其中一些反应导致葡萄酒的浑浊或沉淀，使葡萄酒表现出一些缺点或不良风味。

有的葡萄酒会出现一些轻微的感官缺陷。通常，这些缺陷会随时间逐渐消失。此外，在饮用前，通过在醒酒器中醒酒，也可减轻它们的表现。我们将这些缺陷称为轻微病害，主要包括还原味、CO_2的刺口感和轻微的SO_2味。葡萄酒的还原味是由葡萄酒的通气不够或分离次数太少造成的。在装瓶前的除气，可防止过量的CO_2。SO_2味主要是由SO_2的添加量或添加方式不妥造成的，它在白葡萄酒中容易出现（李华和王华，2017）。另一些缺陷是无法接受且不能治疗的，我们称之为严重病害，包括微生物病害、物理化学病害及不良风味等三大类（李华等，2007）。

16.1 微生物病害

微生物的活动，会导致储藏过程中葡萄酒的成分发生变化，进而影响葡萄酒的质量。所以，必须采取有效措施抑制这些微生物的活动或将之除去（翁鸿珍等，2011）。引起葡萄酒病害的微生物可分为两大类，即好气性微生物和厌气性微生物。

16.1.1 好气性微生物病害

1. 酵母病害：酒花病

1）症状　如果葡萄酒在储藏过程中没有添满，与空气接触一定的时间后，葡萄酒的表面逐渐形成一层灰白色或暗黄色的膜，开始时呈光滑状，而且轻而薄，并慢慢地加厚，出现皱纹，最终将酒液面全部覆盖，俗称酒花病。在显微镜下进行观察，则会发现这层膜是由很多像椭圆酵母的细胞构成的。酒花病主要是由葡萄酒假丝酵母属（*Candida*）和毕赤酵母属（*Pichia*）引起的。这种酵母菌为侵染性酵母，出芽繁殖很快，大量存在于葡萄酒厂的表土、墙壁及罐壁和管道中。此外，有孢汉逊酵母属（*Hanseniaspora*）和酒香酵母属（*Brettanomyces*）等都可在葡萄酒表面生长，形成膜。

2）化学变化　葡萄酒假丝酵母，主要引起葡萄酒的乙醇和有机酸的氧化。例如，

$$CH_3CH_2OH+3O_2 \longrightarrow 2CO_2+3H_2O$$

$$CH_3CH_2OH+1/2O_2 \longrightarrow CH_3CHO+H_2O$$

所以，酒花病会引起酒度和总酸的降低，感病的葡萄酒一方面味淡，像掺水葡萄酒，另一方面由于乙醛含量的升高而具有过氧化味。

3）发病条件

（1）葡萄酒与空气接触。

（2）生葡萄酒酒度较低，为6%～9%（体积分数）。

4）防治　酒花病并不危险，而且很好预防，只需做好添罐，防止葡萄酒与空气长期接触即可（李华等，2007）。

2. 醋酸菌病害：变酸病

1）症状　当醋酸菌污染葡萄酒时会导致葡萄酒中的乙酸等挥发酸含量显著升高，使葡萄酒产生令人不愉快的酸苦味。一般在感染初期，葡萄酒会变浑浊，在葡萄酒表面形成很轻的、不如酒花病明显的灰色薄膜，其表面会形成分散的灰色斑点，之后会产生带有皱纹的灰白色薄膜，发出醋酸味；感染后期，菌膜将不断加厚，颜色由灰白色转变为玫瑰红色。这时薄膜还可沉入酒中，形成黏稠的物体，俗称“醋母”。该病是由细胞很小的细菌——醋酸菌引起的。

2）化学变化　醋酸菌的活动将酒精氧化成乙酸和乙醛，然后形成乙酸乙酯：

$$CH_3CH_2OH + O_2 \longrightarrow CH_3COOH + H_2O$$

$$CH_3CH_2OH + 1/2O_2 \longrightarrow CH_3CHO + H_2O$$

$$CH_3CH_2OH + CH_3COOH \longrightarrow CH_3COOCH_2CH_3 + H_2O$$

这就降低了葡萄酒的酒度和色度，提高了挥发酸的含量。

3）发病条件

（1）葡萄酒与空气长期接触。

（2）葡萄酒设备、容器清洗不良。

（3）葡萄酒酒度较低。

（4）葡萄酒固定酸含量较低（$pH>3.1$），挥发酸含量较高。

4）防治　这是一种很严重的病害，只有预防措施才最有效，包括以下几点。

（1）保持良好的卫生条件。

（2）在发酵过程中采取措施，使葡萄酒的固定酸含量足够高，尽量降低挥发酸含量。

（3）正确使用SO_2，以最大限度地除去醋酸菌。

（4）严格避免葡萄酒与空气接触。

（5）适当提高酒的酸度，使总酸保持在6～8 g/L。

（6）对已感染上醋酸菌的酒，没有最有效的办法来处理病菌，只能采取加热灭菌，感病的葡萄酒在72～80℃保持20 min即可。凡已存过感病葡萄酒的容器要用碱水浸泡，洗刷干净后用硫黄杀菌。

对于醋酸菌病害治疗措施的使用范围很小，因为如果白葡萄酒的挥发酸含量高于0.88 g H_2SO_4/L，红葡萄酒的高于0.98 g H_2SO_4/L，则不能以葡萄酒销售，而只能用作醋或蒸馏酒精。

如果挥发酸含量低于以上指标，则所有的治疗措施都是为了避免病害的加重：SO_2处理（30～50 mg/L）后进行下胶或过滤，或进行巴氏消毒（李华等，2007）。

16.1.2　厌气性微生物病害

与好气性微生物病害相反，这类微生物病害在还原条件下发生。其病原微生物虽然不氧化乙醇，但可分解葡萄酒的其他成分如残糖、某些发酵副产物（如甘油），特别是有机酸等。

1．酵母病害　干葡萄酒和甜型葡萄酒中的残糖可由酵母菌进行发酵。引起再发酵的酵母菌主要有以下几种。

（1）酿酒酵母属（*Saccharomyces*），正常发酵酵母，其抗 SO_2 能力强，可发酵最后的糖，并在葡萄酒的储藏过程中存活下来，是引起再发酵的主要酵母菌种。

（2）类酵母属（*Saccharomyces*），是引起经 SO_2 处理后的白葡萄酒再发酵的酵母。它在葡萄酒中形成白色絮状菌落。菌落表面的细胞，能够产生过量乙醛，可通过形成乙醛而结合游离 SO_2，这就更有利于其活动和菌落的繁殖。

（3）毕赤酵母属（*Pichia*），可在葡萄酒表面形成膜，并发酵葡萄糖和果糖，导致葡萄酒挥发酸的升高。

（4）酒香酵母属（*Brettanomyces*），也可引起葡萄酒的再发酵，并形成具典型"鼠尿味"的乙酰胺。这类酵母不管在好氧还是厌氧条件下都很易繁殖，且不需维生素。

（5）接合酵母属（*Zygosaccharomyces*），抗 SO_2 能力强，主要引起酒度低于15%（体积分数）的葡萄酒的再发酵，产生大量 CO_2、沉淀，同时生成过量乙酸及其酯类。

（6）有孢汉逊酵母属（*Hanseniaspora*），产生过量的乙酸及其酯类与毒素物质（王树庆等，2019）。

2．乳酸菌病害：酒石酸发酵病　虽然对 SO_2 和酒精都很敏感，但乳酸菌存在于葡萄酒中。它们可分解葡萄酒的不同成分，如糖、酒石酸、甘油等。

乳酸菌一方面可进行苹果酸-乳酸发酵，而有益于某些葡萄酒，另一方面则可引起厌气性病害而有害于葡萄酒。这主要取决于糖和pH两个因素。pH一方面决定活动的微生物种类，另一方面又决定被分解物质。细菌分解糖或分解有机酸，主要取决于其pH临界值。如果某细菌分解糖和分解酸的pH临界值不同，则在某一pH条件下，它只能分解一种物质。相反，如果pH临界值相近，则细菌在给定pH条件下可分解多种物质，葡萄酒病害常由这类细菌引起。

1）症状　产生大量 CO_2 气体。葡萄酒变浑，平淡无味，失去色泽，变得浑暗。如果摇动生病的酒，可见移动缓慢的光亮的丝状沉淀。

2）化学变化　酒石酸发酵病引起的主要化学变化，是将酒石酸分解为乙酸、丙酸及 CO_2。例如：

$$3(COOHCHOHCHOHCOOH) \longrightarrow 2CH_3COOH + CH_3CH_2COOH + 5CO_2 + 2H_2O$$

因此，酒石酸发酵病一方面降低固定酸的含量，提高pH，另一方面提高挥发酸的含量，从而使葡萄酒的抗性越来越弱。

3）发病条件

（1）高温。

（2）含酸量低，$pH > 3.4$。

（3）含有残糖。

（4）含氮量高，主要是由原料变质引起的。

4）防治　预防酒石酸发酵病的一切措施，都是为了提高葡萄酒对细菌的抗性。

（1）在发酵过程中防止温度过高。

（2）发酵彻底。

（3）储藏温度足够低。

如果发病不是很重，挥发酸含量低于0.9 g H_2SO_4/L，则可采取以下治疗措施。

第一步：50～70 mg/L SO_2 处理以杀死细菌。

第二步：加入 300～500 mg/L 柠檬酸和 150～250 mg/L 单宁，提高葡萄酒的抗性。

第三步：SO_2 处理 24 h 后，下胶、过滤以除去被杀死的细菌（李华等，2007）。

3. 乳酸菌病害：苦味病

1）症状　　发病葡萄酒具有明显的苦味，并伴随 CO_2 的释放和颜色的改变及色素沉淀。主要发生于瓶内陈酿红葡萄酒，尤其是单宁含量高的红葡萄酒中，但在一些白葡萄酒中也有发现，特别是带酒泥陈酿的白葡萄酒，还有高 pH 的葡萄酒也容易感染此病（Grainger，2021）。

2）化学变化　　苦味病是甘油被细菌分解而形成的，一些乳酸菌，特别是干酪乳杆菌（*Lactobacillus casei*）、食果糖乳杆菌（*L. fructivorans*）和希氏乳杆菌（*L. hilgardii*），可能还有一些片球菌属（*Pediococcus* sp.）的细菌，将甘油转化为 3-羟基丙醛（3-HPA），也称罗伊氏菌素，即丙烯醛的前体物质。当丙烯醛与酚类物质结合时，会产生苦味（Grainger，2021）。

3）防治　　其预防措施与其他细菌性病害的预防相同。

如果苦味病开始出现，应进行 1～2 次下胶处理，但这很难将病原菌完全除去。

若葡萄酒已染上苦味菌，首先将葡萄酒进行加热处理，再按下列方法进行处理。

（1）将新鲜的酒脚按 3%～5% 的比例加入病酒中或将病酒与新鲜葡萄皮渣混合浸渍 1～2 d，将其充分搅拌、沉淀后，可去除苦味（酒脚洗涤后使用）。

（2）将一部分新鲜酒脚同酒石酸 1 kg、溶化的砂糖 10 kg 进行混合，一起放入 1000 L 的病酒中，接着放入纯培养的酵母，使它在 20～25℃下发酵，发酵完毕，再在隔绝空气下过滤换桶。

（3）得了苦味病的酒在倒罐或过滤时，应尽量避免与空气接触，因为一接触空气就会增加葡萄酒的苦味（陆正清，2008）。

4. 乳酸菌病害：甘露糖醇病

1）症状　　感病葡萄酒变浑，侵染性强，具有腐蚀性，质地黏稠。味既酸又甜，像烂水果味。

这种病主要发生在较热的地区。如果发酵温度过高，pH 较高，它可在发酵罐内发生。发病主要有两种情况：一种是由于发酵温度过高，酒精发酵停止；另一种是葡萄酒中含有糖。

2）化学变化　　甘露糖醇（mannitol）是由果糖的酶促还原反应形成的，主要由异型乳酸发酵细菌——短乳杆菌（*L. brevis*）在甘露醇脱氢酶的催化作用下，代谢果糖产生甘露糖醇（Grainger，2021）。而且根据发酵基质不同，发酵产物也不相同。

（1）果糖：

$$C_6H_{12}O_6 + 6H_2O \longrightarrow 6CO_2 + 12H_2$$

$$12C_6H_{12}O_6 + 12H_2 \longrightarrow 12C_6H_{14}O_6\text{（甘露糖醇）}$$

（2）葡萄糖：

$$C_6H_{12}O_6 \longrightarrow 3CH_3-COOH \text{ 或 } 2CH_3-CHOH-COOH$$

因此，含有残糖的葡萄酒有时会发生甘露糖醇病，尤其是经过苹果酸-乳酸发酵、低 pH 的葡萄酒，短乳杆菌在分解果糖时还伴随着丙醇、丁醇、乳酸和高含量的乙酸生成，所以，甘露醇含量过高的葡萄酒通常挥发酸的含量过高（Grainger，2021）。

3）防治　　对甘露糖醇病只能预防，即加强发酵管理（如发酵要完全，加糖不能太多）；在发酵过程中尽量防止温度过高而导致的发酵停止，并且正确进行 SO_2 处理。

5. 乳酸菌病害：油脂病 油脂病主要发生于比较寒冷地区，酿造不好、酒度低、pH高的白葡萄酒中，而在红葡萄酒中很少见。

1）症状 最明显的特征是葡萄酒变浑，失去流动性，变黏，像油一样，在酒杯中摇动时最为明显。口感平淡无味。

2）化学变化 主要由有害片球菌属（*P. damnosus*）、戊糖片球菌属（*Pediococcus pentosaceus*）、酒酒球菌（*O. oeni*）和肠膜明串珠菌（*Leuc. mesenteroides*）引起的，在代谢葡萄糖和右旋糖时产生多糖和葡聚糖。即使装瓶后葡萄酒的游离 SO_2 含量达到 50 mg/L，引起“油脂病”的有害片球菌（*P. damnosus*）的数量也可以在 10^4 ～10^6 cfu/mL，该细菌对酒精有很高的耐受性，并且对 SO_2 有很大的抵抗力。而植物乳杆菌（*L. plantarum*）、旧金山乳杆菌（*Lactobacillus sanfrancisco*）和酿酒酵母（*S. cerevisiae*）也能够将葡萄糖和右旋糖代谢成多糖。可以通过将 pH 降低到 3.5 或更低来控制油脂病的发生（Grainger，2021）。除此之外，有的细菌能分解酒石酸和甘油。

3）防治 在 50～55℃下杀菌 15 min，或加入适量的亚硫酸并加入下胶剂沉淀，再经过滤。在发酵过程中正确控制发酵条件和使用 SO_2。对生病葡萄酒先进行搅拌以去除其黏滞性，然后与酒石酸发酵病同样处理。

16.1.3 防止微生物病害的措施

为了防止微生物病害的发生，必须去除发病条件，并在酒精发酵（酵母菌）和苹果酸-乳酸发酵（细菌）结束后，杀死或去除所有的微生物，这就必须首先保持葡萄酒厂良好的清洁状态；控制发酵，使之正常进行，并保证发酵完全（李华等，2007）。

在发酵结束后的葡萄酒储藏过程中，还必须采取以下措施。

1. 正确使用 SO_2 在葡萄酒的储藏过程中，应保持一定的游离 SO_2 浓度，并经常进行检验，调整。

作为 SO_2 的辅助物，山梨酸也具有杀菌能力，但其杀菌能力只限于酵母菌，而对细菌无明显作用。因此，山梨酸必须与 SO_2 结合使用才有良好的效果。如果单独使用，只能促进细菌性病害的发生。此外，细菌还可分解山梨酸，产生 2,4-己二烯醇：

$$CH_3-CH=CH-CH=CH-CH_2OH$$

2,4-己二烯醇具老鹳草味，只要 0.009 mg/L 就可感觉到。

在使用山梨酸时，应注意以下几点。

（1）山梨酸稍溶于水，因此应使用山梨酸钾。

（2）山梨酸只能用于甜型葡萄酒，而对于干型葡萄酒毫无用处。

（3）山梨酸并不能使酒精发酵停止，因此不能用于停止发酵，而只能在储藏过程中，经分离或最好经过滤等除去多数酵母后才能使用（Ribéreau-Gayon et al.，2006）。

2. 正确进行添罐、分离 在发酵结束后，应经常地进行添罐，防止葡萄酒与空气接触。此外，正确进行分离，必要时进行过滤、下胶或离心等处理，以除去微生物。

3. 微生物计数 在装瓶以前，最好在显微镜下或通过培养，对酵母菌和细菌进行计数，以决定并检查无菌过滤或离心效果。需指出的是，离心处理只能除去酵母菌，而去除细菌的效果较差。

此外，还可检查葡萄酒的微生物抗性，其方法如下。

1）醋酸菌试验 将葡萄酒在小瓶中装一半，敞开置于 25℃温箱中，如果葡萄酒在 48 h

内表面生膜，则其抗病能力差；如能保持 5～6 d 不生病，则很易储藏。

2）其他病害　包括所有的厌气性病害和苹果酸-乳酸发酵。将葡萄酒在瓶中装满，密封，置于 25℃温箱中。3～4 周后测定其挥发酸含量和总酸含量并与对照比较。这一试验可在初冬时进行，以预测葡萄酒在春季升温后的储藏性。

4. 巴氏杀菌　用于巴氏杀菌的葡萄酒必须稳定，而且杀菌时应注意防止氧化（李华等，2007）。

16.2 物理化学病害

16.2.1 氧化病害

由氧化引起的葡萄酒浑浊、沉淀主要有两大类，即由铁离子引起的铁破败病和由氧化酶引起的棕色破败病。

1. 铁破败病

1）原理　一般葡萄酒中铁的含量为 2～5 mg/L，但有时因为不同的原因可高达 20～30 mg/L。随着不锈钢罐的广泛应用，葡萄酒中的铁含量大幅下降（López-López et al.，2015）。然而，近年来的研究表明，葡萄酒中铁的离子形态及其分布是其催化氧化作用的关键所在，即使是微量的铁也能引起葡萄酒的氧化褐变，严重影响酒的感官质量（Oliveira et al.，2011；Danilewicz et al.，2016；Guo et al.，2017）。葡萄酒中的铁一般以还原状态存在。但对葡萄酒通气以后（如转罐、过滤等），亚铁（Fe^{2+}）可被氧化为正铁（Fe^{3+}）。如果亚铁含量过高（15～20 mg/L），在被氧化后，则可与葡萄酒的其他成分结合成不溶性物质，使葡萄酒变浑（图 16-1）。

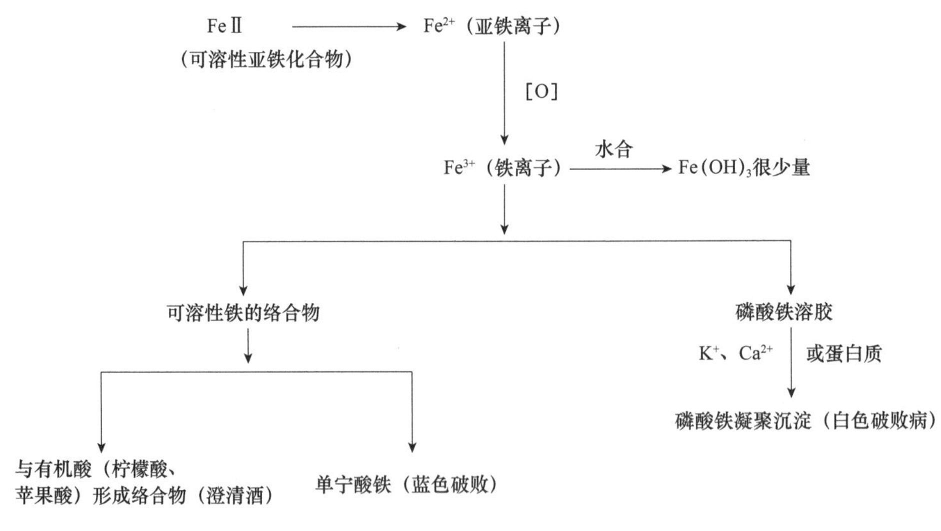

图 16-1　铁破败病生成原理

（1）白色破败。如果 Fe^{3+} 与磷酸根结合，则生成白色沉淀，使葡萄酒呈乳状浑浊。白色破败病主要出现在白葡萄酒中。白色破败病是可逆的，无论是加入强酸（几滴）还是置于阳

光下，浑浊都会消失。

（2）蓝色破败。由 Fe^{3+} 与单宁结合而引起。在红葡萄酒中，开始在表面形成很薄的红色的膜，然后出现蓝色沉淀。白葡萄酒则变黑，呈铅色。

2）影响因素　葡萄酒的通气可使亚铁被氧化为正铁；而 SO_2 则可抑制这一氧化作用。pH 越低，氧化作用越弱，当 pH＜3.5 时，铁破败病则不可能发生。氧化酶可促进氧化作用，从而有利于铁破败病的发生。

葡萄酒中铁、铜及 PO_4^{3-} 都可促进铁破败病的发生。而有机酸则可提高正铁复合物的溶解度，尤以柠檬酸的溶解性最强，因此可抑制铁破败病的发生。

3）防治　在葡萄酒的酿造过程中，应尽量避免与铁器直接接触，以防止葡萄酒含铁量不正常地升高。

对于那些经稳定性试验表现出铁破败病症状的葡萄酒，必须进行处理。

（1）柠檬酸处理。柠檬酸可与葡萄酒中的氧化铁形成可溶性稳定复合物，一般用量为200～300 mg/L，最多不能超过 500 mg/L。但这一处理只适用于含铁量低于 20 mg/L 的葡萄酒。另外，由于柠檬酸可被乳酸菌分解成乙酸，所以柠檬酸只能用于生物稳定的葡萄酒。最后，由于加入柠檬酸会提高葡萄酒的酸度，所以在处理以前，必须进行试验，以保证加入的柠檬酸不影响葡萄酒的感官质量。

（2）抗坏血酸。抗坏血酸具有很强的还原能力，易与 O_2 发生反应，从而阻止 Fe^{2+} 向 Fe^{3+} 的转化，因此具抗氧化作用，可防止亚铁的氧化，其用量为 50～100 mg/L。

（3）亚铁氰化钾。亚铁氰化钾（又称黄血盐）可与葡萄酒中的铁形成不溶性物质，其原理为普鲁士蓝反应：

$$3K_4Fe(CN)_6+4FeCl_3 \longrightarrow Fe_4[Fe(CN)_6]_3+12KCl$$

即

$$3Fe(CN)_6^{4-}+4Fe^{3+} \longrightarrow Fe_4[Fe(CN)_6]_3$$

使用亚铁氰化钾前必须先做试验以确定亚铁氰化钾的用量。根据化学反应式，沉淀 1 mg 的正铁，需要 5.65 mg 亚铁氰化钾 $[K_4Fe(CN)_6 \cdot 3H_2O]$。但实际用量应稍大一些，因为亚铁氰化钾还可沉淀亚铁、铜、锌、铅、锰等。将确定后的用量先用冷水溶解为 50～100 g/L 的溶液，然后直接加入葡萄酒混匀。处理 4 d 后，分离、过滤。

由于游离态亚铁氰化钾在酸的作用下，会产生剧毒的氢氰酸，50 mg 便可使人死亡。因此，在使用时，必须使所加入的亚铁氰化钾全部沉淀去除，被处理的葡萄酒只有在证明不含任何亚铁氰化钾或其衍生物后才能投放市场。

利用亚铁氰化钾处理葡萄酒的试验包括两个阶段（李华等，2005，2007）。

准备试验：在 A、B、C、D 4 个烧杯中各加入 100 mL 待处理葡萄酒。然后分别加入 0.5 mL、1.5 mL、2.5 mL、3.5 mL 的 1% 亚铁氰化钾。

这样在 A、B、C、D 4 个烧杯中所加入的亚铁氰化钾的量分别相当于每百升葡萄酒中加入 5 g、15 g、25 g、35 g 亚铁氰化钾。

再在每个杯子中各加入 1 mL 4% 的明胶溶液，并充分搅拌，静置 5 min。

分别进行离心或过滤，并将每个烧杯的澄清葡萄酒装入两支试管中。

在第一支试管中加入 2 滴铁铵矾 $[NH_4Fe(SO_4)_2 \cdot 12H_2O]$ 饱和溶液和 2 mL 10% 的盐酸，并观察颜色变化，如果酒液变蓝（普鲁士蓝反应），则亚铁氰化钾用量过大。

在第二支试管中加入 2 滴亚铁氰化钾溶液和 2 mL10% 的盐酸，如果酒液变蓝，则亚铁

氰化钾用量过小。

通过准备试验，可确定使用的亚铁氰化钾的浓度范围，然后再在这一范围中进行正式试验。

正式试验：在预备试验决定的范围内，重复以上试验，以最后决定应加入的亚铁氰化钾的量。例如，如果预备试验结果在1.5～2.5 mL，则A、B、C、D 4个烧杯中应加入1%的亚铁氰化钾的量分别为1.7 mL、1.9 mL、2.1 mL、2.3 mL。

最后，为了保险起见，在试验确定的每百升葡萄酒的亚铁氰化钾的用量中应减去3 g。

（4）植酸钙处理。植酸钙可与正铁形成白色沉淀，处理4 d后用下胶的方式将沉淀除去。但这种处理方式并不能除去亚铁。由于植酸钙的溶解度高，在处理后，如果发生氧化，就会产生新的沉淀。

因此，在使用植酸钙时，必须注意以下几点：①处理前应对葡萄酒通气；②处理前进行试验，以确定植酸钙的用量。

一般情况下，每5 mg植酸钙可沉淀1 mg铁。但为了保证葡萄酒的稳定性，在试验确定的每百升葡萄酒的植酸钙用量中应减去1 g。

其他铁破败病的处理方法在表16-1中列出（李华等，2007）。

表16-1 铁破败病的处理方法

原理	处理方法和药品	使用方法和原理	用量	备注
降低铁含量处理	加单宁后通氧	在氧化条件下，单宁与铁形成沉淀，可用下胶，特别是酪蛋白将之除去	根据铁含量、试验而定	由于过多的单宁影响质量，现在很少采用
	植酸钙	正铁植酸盐不溶；必须通气，然后下胶；沉淀时间为4 d	1 mg铁→5 mg植酸钙	不能除去亚铁
	新鲜小麦酸钠	小麦麸皮含植酸钙	1～2 g/L	不能除去亚铁
	六偏磷酸钠	六偏磷酸正铁盐不溶；方法同植酸钙	150～250 mg/L	不能除去亚铁
	亚铁氰化钾	亚铁氰化铁盐不溶；沉淀时间为2～5 d	浓度试验	可产生剧毒的氢氰酸
	离子交换	离子交换器可用Na^+或Mg^{2+}与铁交换		
还原处理	抗坏血酸	抗氧化，在通气前或紧接通气使用	50～100 mg/L	
络合处理	柠檬酸	与正铁形成稳定可溶性络合物	500 mg/L	
	多缩磷酸盐	多缩磷酸盐在pH较低的条件下可与铁形成稳定可溶性络合物	100～300 mg/L	
	乙二胺四乙酸钠	在葡萄酒的酸度范围内与铁形成稳定的可溶性络合物	100～200 mg/L	
保护性胶体	阿拉伯树胶	可阻止正铁胶体的凝结	100～200 mg/L	必须与柠檬酸结合使用效果才好

2. 棕色破败病（氧化破败病）

1）*症状*　如果将葡萄酒置于空气中，感病葡萄酒则或快或慢（几小时到几天）地变浑。

红葡萄酒的颜色带棕色，甚至带巧克力或煮栗子水色，颜色变暗发乌，此后出现棕黄色

沉淀。

白葡萄酒的颜色变黄，最后呈棕黄色，也形成沉淀，但比红葡萄酒的沉淀少。

患有棕色破败病的葡萄酒都有程度不同的氧化味和煮熟味。

2）原因　棕色破败病是葡萄酒中氧化酶活动的结果。霉变葡萄浆果中的酪氨酸酶和漆酶都可强烈氧化葡萄酒中的色素，并将它们转化为不溶性物质。

在多酚氧化酶的作用下，多酚被氧化为醌，且这一反应一般都在葡萄酒成熟过程中进行，从而改变葡萄酒的颜色。如果这一反应太强烈，反应生成物醌则聚合为黑色素。黑色素为不溶性棕色物质，从而导致棕色破败病。

经灰霉菌（*Botrytis cinerea*）侵染的葡萄浆果中漆酶含量高，所以用这类原料酿造的葡萄酒易感染棕色破败病。此外，铜对酪氨酸酶的活动具有催化作用。而抗坏血酸，由于其还原性，可抑制多酚氧化酶的活动。

3）防治　所有预防棕色破败病的措施都是为了尽量减少多酚氧化酶（特别是漆酶）在葡萄酒中的含量。

（1）原料分选时，尽量去除破损、霉变和腐烂的果实。

（2）加入 SO_2：SO_2 具有抗氧化作用，所以在用霉变原料酿造葡萄酒时，应加大 SO_2 的用量。

（3）热处理：发酵前对葡萄醪在70～75℃条件下进行1 h热处理或对葡萄酒进行热处理，以破坏多酚氧化酶。

（4）进行膨润土处理：一方面可除去酶的蛋白质部分，另一方面可沉淀以胶体状态存在的色素。

如果经氧化试验，葡萄酒有患棕色破败病的危险，则可采取以下措施。

（1）对葡萄酒在70～75℃条件下进行热处理，最好紧接着进行下胶或封闭式过滤。

（2）加入 SO_2（20～50 mg/L）。

（3）加入抗坏血酸，30～50 mg/L。

（4）用50～800 mg/L的酪蛋白进行下胶（李华等，2007）。

16.2.2 还原病害

1. 症状　与铁破败病相反，铜破败病是在还原条件下出现的病害。因此，主要出现在瓶内，特别是装瓶以后暴露在日光下和储藏温度较高时。其症状为葡萄酒在装瓶后发生浑浊并逐渐出现棕红色沉淀。如果将患病的葡萄酒进行通气，则浑浊和沉淀逐渐消失。

2. 原理　铜破败病主要是由于葡萄酒中的铜被还原成亚铜而引起的。Ribéreau-Gayon等（2006）认为，可用下列反应简单说明铜破败病产生的原理。

（1）铜的还原：

$$Cu^{2+} + RH \longrightarrow Cu^{+} + R + H^{+}$$

（2）亚铜将二氧化硫还原为硫化氢：

$$6Cu^{+} + 6H^{+} + SO_2 \longrightarrow 6Cu^{2+} + H_2S + 2H_2O$$

（3）硫化氢与铜离子生成硫化铜：

$$Cu^{2+} + H_2S \longrightarrow CuS + 2H^{+}$$

（4）硫化铜为胶体，在电解质和蛋白质的作用下发生絮凝作用，使葡萄酒产生浑浊、沉淀。

此外，含硫的氨基酸如半胱氨酸、蛋氨酸等和蛋白质，也可与铜形成不溶性复合物或胶体沉淀。

因此，铜破败病的产生必须具有 4 个条件，即含有一定量的铜（1～3 mg/L）、SO_2、蛋白质和还原条件。

3. 防治 铜破败病的预防措施主要是尽量降低葡萄酒中铜的含量。例如，在葡萄采收以前的两三周应严格停止使用含铜的化学药剂；在葡萄酒的酿造过程中应尽量避免葡萄酒与铜器直接接触等。

由于铜破败病主要发生在瓶内，因此在装瓶以前，必须对葡萄酒进行稳定性试验。如果试验结果表明葡萄酒易产生铜破败病，则应对葡萄酒采取以下措施。

（1）硫化钾（K_2S）或最好用硫化钠（$Na_2S \cdot 9H_2O$）处理。硫化钠可与葡萄酒中的 SO_2 形成 H_2S，H_2S 则与 Cu^{2+}形成 CuS 胶体。然后立即下胶、过滤将 CuS 胶体除去。硫化钠的使用浓度一般为 25 mg/L。但在处理以前，为了保证葡萄酒的还原性，应加入 50 mg/L 抗坏血酸。如果铜的含量高于 2 mg/L，则应先做 Na_2S 的浓度试验，以正确确定 Na_2S 的使用浓度。

（2）膨润土处理，以除去蛋白质。

（3）加入保护性胶体，以抑制硫化铜胶体凝结。可用 100～200 mg/L 的阿拉伯树胶进行处理。

（4）离子交换处理，也能取得良好的效果（李华等，2007）。

其他防治措施见表 16-2。

表 16-2 铜破败病的防治措施

原理	处理方法和药品	化学式	使用方法和原理	用量	备注
降低铜含量处理	硫化钠	$Na_2S \cdot 9H_2O$	在还原条件下形成硫化铜胶体，再通过下胶除去	约 25 mg/L	用量过大会产生 H_2S 味
	亚铁氰化钾	$K_4Fe(CN)_6$	亚铁氰化铁和铜盐都为不溶性盐	根据葡萄酒中铁、铜含量而定	用量过大会产生剧毒性氢氰酸
降低铜含量处理	二硫代草酰胺	$H_2N\text{-}CS\text{-}CS\text{-}NH_2$	二硫代草酰胺的铜盐不溶，沉淀时间：4 d，然后下胶	1 mg Cu → 2 mg 二硫代草酰胺	
	离子交换		离子交换可用 H^+（或 Na^+）交换铜离子		
	热处理		将葡萄酒在 75～80℃下处理 1 h 可除去铜和蛋白质，还可形成保护性胶体；热处理后下胶		
抑制硫化铜胶体沉淀处理	膨润土	$Al_2O_3 \cdot 4SiO_2 \cdot nH_2O$	除去铜胶体凝结所需蛋白质	500～1000 mg/L	
	阿拉伯树胶		为抑制铜胶体凝结的保护性胶体	50～200 mg/L	

16.2.3 其他浑浊性病害

除以上病害外，葡萄酒还可发生由酒石酸盐沉淀及蛋白质、色素等胶体凝结引起的

非生物性浑浊性病害。如果发生在瓶内，则会影响葡萄酒的澄清和商品价值。关于这类病害，我们在前几章中都已进行较为详细的讨论，这里只列出各种可能的处理方法（表 16-3～表 16-5）。

表 16-3　酒石酸盐稳定处理

处理方法和药品	使用方法和原理	用量
冷处理	在接近冰点的温度条件下，根据处理方法不同处理一定的时间，促进沉淀	详见第 15 章
外消旋酒石酸	与钙形成不溶性沉淀，处理时间为 3～7 d	3 倍的钙含量
热处理	破坏结晶核，抑制结晶沉淀	详见第 15 章
偏酒石酸	可包被吸附在晶体表面，阻止晶体扩大	100 ～ 150 mg/L，详见第 15 章

表 16-4　蛋白质稳定处理

处理方法和药品	原理	用量
热处理	使蛋白质变性，冷却后沉淀：70～80℃，15 ～ 30 min	详见第 15 章
冷处理	促进蛋白质絮凝沉淀，但不完全	
单宁	与蛋白质絮凝沉淀	100～500 mg/L
膨润土	为带电荷的胶体，可与蛋白质凝结，沉淀	500～1000 mg/L
高岭土	为带电荷的胶体，可与蛋白质凝结，沉淀	2～5 g/L
硅酸	为带电荷的胶体，可与蛋白质凝结，沉淀	300 mg/L
亚铁氰化钾、硅藻土等	都可引起蛋白质沉淀	

表 16-5　红葡萄酒的色素稳定处理

处理方法和药品	原理	用量
下胶	明胶、血粉、蛋清等下胶材料都可与色素胶体凝结、沉淀	100～200 mg/L，详见第 14 章
膨润土	与色素胶体凝结、沉淀，效果比有机胶好	250～400 mg/L
冷处理	使色素胶体凝结；冷处理后最好下胶、过滤	
阿拉伯树胶	保护性胶体	100～250 mg/L

16.3　不良风味

有的葡萄酒的分析结果完全正常，但却因为具有不良风味（怪味）而没有任何商品价值。葡萄酒的不良风味种类很多，原因也各不相同。

16.3.1　臭鸡蛋味

臭鸡蛋味也叫还原味，有时还包括酒脚味和蒜味。主要是由于硫或 SO_2 被还原为 H_2S，后者又与醇类化合为硫醇造成的。这类化合物的气味很浓，如人对 H_2S 的感觉临界值为 0.12～0.37 mg/L。此外，新酒与酵母泥（酒脚）长时间接触，也会产生这类气味。

因此，这种不良风味，可通过在出罐或分离过程中，进行足够强的通气和尽快将新葡萄酒与酒脚分离的方式防止。如果葡萄酒已经产生臭鸡蛋味（H_2S 味），则可通过对葡萄酒进行较强的通气去除。但通气并不能使蒜味（硫醇味）消除。在这种情况下，可进行硫酸铜处理，其用量最多不能超过 20 mg/L，处理后的葡萄酒中铜的含量也不得超过 1 mg/L。

16.3.2 马德拉化

马德拉葡萄酒是葡萄牙马德拉岛生产的葡萄酒。葡萄酒的马德拉化，就是指白葡萄酒由于氧化作用，颜色变为黄色、棕色，失去其清爽感和果香，并出现与马德拉葡萄酒相似的气味。这一气味是由乙醛和多酚物质氧化引起的，因此又叫过氧化味。

葡萄酒的马德拉化现象可通过加入抗氧剂，如抗坏血酸，特别是 SO_2 等进行防治，既可防止氧化，又可与乙醛结合减少或去除过氧化味。葡萄酒的颜色可通过用酪蛋白下胶使之变浅。

此外，为了防止白葡萄酒的马德拉化和颜色变深，还可使用聚乙烯聚吡咯烷酮（PVPP），其用量为 200～300 mg/L。PVPP 可与葡萄酒中的多酚物质形成沉淀，从而可防止白葡萄酒颜色变深，而且可使马德拉化的葡萄酒重新具清爽感。

16.3.3 燥辣味

对于酒龄不太长的葡萄酒，正常情况下，燥辣味是由于利用长期未使用的橡木桶或具有干酒脚的橡木桶储藏葡萄酒引起的。在这种情况下，应首先分离葡萄酒，然后进行下胶处理；刮除桶内垢物，并用温水浸泡 2 d 左右，然后用 5% 热碱液（Na_2CO_3）进行冲洗，再用水冲洗后进行熏硫（30 mg/L）。

16.3.4 马厩味

马厩味（brett flavor）是葡萄酒中一些挥发性酚类物质所形成的特殊不良风味，主要由酒香酵母属（*Brettanomyces*）酵母在发酵过程中代谢形成。其主要过程如下：葡萄汁和葡萄浆果中含有的大量酚酸类物质与酒石酸等一起被酯化为相应的酯，在肉桂酰酯酶作用下生成相应游离的酚酸，主要是 *p*-香豆酸、阿魏酸和咖啡酸，它们在羟基肉桂酸脱羧酶（HCDC）作用下脱羧成羟基苯乙烯类物质（4-乙烯基苯酚、4-乙烯基愈创木酚、4-乙烯基儿茶酚），随后由乙烯基酚还原酶还原为 4-乙基苯酚（4-EP）、4-乙基愈创木酚（4-EG）和 4-乙基儿茶酚（4-EC）（图 16-2）。香豆酸也能被其他酵母菌还原生成 4-乙烯基酚，而布鲁塞尔酒香酵母（*B. bruxellensis*）却专一地还原乙烯基酚生成可嗅闻到的 4-EP 和 4-EG（Oelofse et al., 2008；游雪燕，2014）。

16.3.5 不良风味的其他处理方法

1. 新鲜葡萄酒皮渣　将新鲜葡萄酒皮渣装入罐内，然后将待处理葡萄酒从上部输入，经皮渣后从下部放出。这种方法可除掉霉味和木桶引起的燥辣味。但处理后的皮渣和压榨酒由于吸附了异味而不能再利用。

2. 新鲜牛奶　用新鲜牛奶下胶，可去除葡萄酒的不良气味，其用量为 2～4 mL/L，如果不良气味过重，鲜牛奶的用量可提高到 10 mL/L。

3. 通气　通气及用 CO_2、氮气和氩气等除气，可除掉葡萄酒的过氧化味、硫醇味和苯

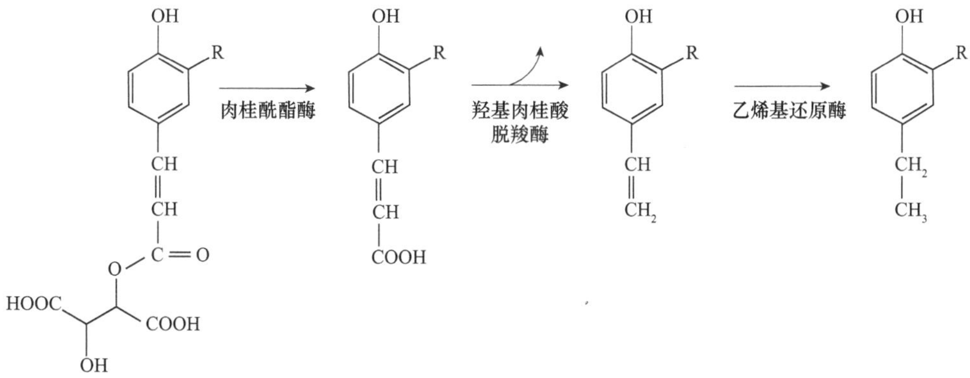

肉桂酰酯酶 → 羟基肉桂酸脱羧酶 → 乙烯基还原酶

羟基肉桂酸酒石酸酯	羟基肉桂酸衍生物	羟基苯乙烯衍生物	乙基酚衍生物
R=H:香豆酸酒石酸酯 →	对-香豆酸 →	4-乙烯基苯酚 →	4-乙基苯酚
R=OCH:阿魏酸酒石酸酯 →	阿魏酸 →	4-乙烯基愈创木酚 →	4-乙基愈创木酚
R=OH:咖啡酸酒石酸酯 →	咖啡酸 →	4-乙烯基儿茶酚 →	4-乙基儿茶酚

图 16-2 红葡萄酒中马厩味的产生路径（Oelofse et al.，2008）

乙醛味。如果葡萄酒的上述气味过重，可将待处理葡萄酒从罐的上部向下喷成雨状，同时从罐的下部向上强烈通气。这样连续处理两次，基本上可除去葡萄酒的异味，但同时会降低酒度。

4. 再发酵 再发酵可以有效地去除葡萄酒的乙酸味和苦杏仁味。酵母菌可利用乙酸，并将之还原为乙醇，同时提高发酵副产物，特别是甘油的含量。

因此，如果将挥发酸含量过高（但不能超过标准）、生物稳定的葡萄酒与葡萄汁混合，经再发酵后的葡萄酒的挥发酸含量，一般不会高于正常发酵的葡萄酒的含量。此外，再发酵在降低乙酸含量的同时，还能降低乙酸乙酯的含量。

5. 其他处理 用明胶对葡萄酒下胶或用黄血盐处理葡萄酒时，处理不当可使葡萄酒带苦杏仁味（苯乙醛）。在这种情况下，有两种方法可去除苦杏仁味。

（1）在轻微的 SO_2 处理后，将葡萄酒静置数月后，苯乙醛会逐渐消失。这是由于苯乙醛一方面与葡萄酒的其他成分结合，另一方面逐渐转化为苯乙酸，而后转化为酯的结果。

（2）去除苦杏仁味的最有效最快的方法，是使葡萄酒再发酵，因为即使很微弱的酒精发酵，也足能将苯乙醛转化为苯乙醇。

16.4 小 结

葡萄原料良好的成熟度和卫生状况、良好的工艺条件和卫生条件、与原料和所需酿造的葡萄酒种类相适应的工艺和储藏管理措施，是防治葡萄酒病害的最有效的方法。一名优秀的葡萄酒酿酒师，不在于他能治疗葡萄酒的病害，而在于他能预防各种病害的发生。此外，葡萄酒一旦生病，即使经过最合理的治疗，也永远达不到它应有的质量水准。表 16-6（A、B、C、D）至表 16-8 列出了葡萄酒各种可能的异常现象及其鉴定（李华等，2007；Ribéreau-Gayon et al.，2006；李华等，2022）。

表 16-6A 葡萄酒外观异常鉴定-Ⅰ引起浑浊

酒类	颜色	外观	品尝	诊断	确诊方法
红和白	变浅	白色沉淀、CO_2 释放	发酵气味、CO_2 刺口	再发酵	有活酵母；含糖量分析
白	严重变浅	灰白色浑浊；少量沉淀	金属刺激	铁破败	连二亚硫酸钠使浑浊消失；测铁含量
红	变巧克力色	浑浊	金属气味 氧化特征	氧化破败	OD_{520} OD_{420}
白	变牛奶咖啡色	浑浊	金属气味 氧化特征	氧化破败	OD_{520} OD_{420}
红	变浅	细沉淀、轻微浑浊	正常	蛋白破败	水浴试验； 测定氮含量

注：红代表红葡萄酒；白代表白和桃红葡萄酒，下表同

表 16-6B 葡萄酒外观异常鉴定-Ⅱ引起沉淀但酒澄清

酒类	颜色	外观	品尝	诊断	确诊方法
红和白	正常	沉淀紧密、轻微 CO_2 释放	轻微冒泡，发酵味，果香	瓶内发酵	活酵母、糖、SO_2
白	金黄色调；光亮	牛奶咖啡色沉淀，长期通气后沉淀消失	金属刺激	铜破败	通气试验；测定铜
红	灰玫瑰红色	结晶沉淀	正常柔和	酒石酸氢钾沉淀	显微鉴定；测定钾、钙
白	奶油色	结晶沉淀	正常柔和	酒石酸氢钾沉淀	显微鉴定；测定钾、钙
红	正常略带瓦红色、砖红色	沉淀；粘瓶	柔和正常	色素沉淀	显微鉴定；酸性溶解

表 16-6C 葡萄酒外观异常鉴定-Ⅲ外观不正常

酒类	颜色	外观	品尝	诊断	确诊方法
红和白	正常	沉淀；不规则悬浮颗粒	正常，略有颗粒感	脏酒	显微鉴定
红和白	正常鲜艳	澄清，CO_2 气味	针刺感、乳酸味	苹果酸-乳酸发酵	显微鉴定；苹果酸，乳酸

表 16-6D 葡萄酒外观异常鉴定-Ⅳ澄清但有悬浮物

酒类	颜色	外观	品尝	诊断	确诊方法
红和白	正常或加深	澄清，表面有白膜	发甜气味，平淡	酒花病	显微鉴定
红和白	正常	半透明的白色颗粒	正常	漂浮的蜡粒	溶点

表 16-7 葡萄酒气味异常鉴定

酒类	颜色	外观	气味	品尝	诊断	确诊方法
红和白	正常、鲜艳	澄清	酸	酸，具醋的气味	酸败	显微鉴定挥发酸
红和白	正常或加深	澄清	臭鸡蛋	难受的味 （臭鸡蛋）	H_2S 气味	硫酸铜固定

续表

酒类	颜色	外观	气味	品尝	诊断	确诊方法
红	正常或加深	澄清	老鹳草	似老鹳草气味	山梨酸使用不当	山梨酸
白	严重变浅	澄清	硫味	SO_2	SO_2	SO_2
红和白	正常、红或正常、金黄	澄清	腐烂味；碘味	甜、厚、水果、碘	腐烂味	
红和白	正常	正常	石油	石油	石油	
红和白	正常	正常	木塞	木塞	木塞味	
红和白	正常	正常	霉	霉味	霉味	
红和白	正常至黄棕色	澄清	木味	似湿橡木味，略苦	木味	
红和白	正常	澄清	狐臭	狐臭滞重	狐臭	
红和白	正常	澄清	沥青	沥青	沥青	
红和白	正常	正常	烟味	烟味	葡萄酒接触了有机物燃烧的气味	
红和白	正常	正常	草味	草味	接触该味	

注：表中空白处表示目前没有确诊方法

表 16-8 葡萄酒口感异常鉴定

酒类	颜色	外观	气味	品尝	诊断	确诊方法
红和白	正常或微失光	正常	鼠味	平淡，缺酸，甜、苦	酒石酸发酵病	镜检，pH，挥发酸
红和白	正常	澄清	乙酸和乳酸味	带甜味	乳酸病	镜检、挥发酸
红	正常	正常	香味变淡	明显苦味	苦味病	镜检
白	正常带黄色	有的带牛奶咖啡色沉淀	金属	化学刺激	铜	铜
红和白	鲜艳	正常	刺鼻	酸而刺口	采收过早	总酸、pH
红和白	正常	正常	植物	植物气味口感生硬	生酒	总酚、总酸、pH
红和白	鲜艳	光亮	土味	土、布味、平淡	过滤不当	
红和白	正常	正常	橡胶	橡胶	与橡胶接触	
红和白	变浅	澄清	碱味	碱味、平淡	与水泥面接触	钙
红和白	正常	澄清	腐败	腐败、滞重	下胶味	
红和白	正常	正常	灰尘	湿布袋味	与木桶塞的布接触	
红和白	正常	澄清	漆味	喷漆味	在塑料容器中储藏	苯乙烯
红和白	正常	澄清	淡	气味、口感都平淡	因各种处理而疲倦	

注：表中空白处表示目前没有确诊方法

第17章 葡萄酒的封装

葡萄酒的封装就是将处理好的葡萄酒装入销售容器（瓶内）并进行封口的操作过程，以便保持其现有质量及其正常发展，便于推荐和销售。用于葡萄酒封装的容器一般有玻璃瓶、塑料容器、木桶等。以瓶装葡萄酒为例，葡萄酒的封装一般包括洗瓶、装瓶、压塞（压盖）、套帽（胶套）、贴标、装箱等工序（李华等，2007）。

在葡萄酒封装前需要考虑以下方面的问题：容器的容量、产品种类、装瓶后储藏时间的长短、运输及其目的地、价格、有关法规等。

在封装前，必须对葡萄酒的质量进行检验。无论是何种类型的葡萄酒，一个好葡萄酒在灌装前必须具有如下特点。

（1）典型性强，具有标示的葡萄品种及产品类型应有的特征和风格。

（2）香气纯正、优雅、怡悦。

（3）口味纯正、和谐。

（4）澄清稳定。

在灌装前，对葡萄酒的处理方法很多。但是，对葡萄酒的处理必须遵循以下基本原则。

（1）根据葡萄酒当时的情况进行必要的处理，任何非必要的处理都会降低葡萄酒的质量。

（2）完成葡萄原酒向瓶装葡萄酒的过渡，即

$$\text{葡萄原酒} \xrightarrow{\text{必要的处理}} \text{瓶装葡萄酒（待装瓶葡萄酒）}$$

对葡萄酒平衡的修正，主要是在葡萄酒酿造过程中进行的，如酒度的调整、酸度的调整、浸渍时间、下胶等。但在装瓶前，可根据感官及理化分析结果进行以下各方面的调整。

（1）单宁（加单宁或下胶）。

（2）酸度。加酸［根据葡萄酒酸的组成，只能使用乳酸、L（－）或DL-苹果酸、L（＋）-酒石酸、柠檬酸，但经过调配处理后葡萄酒中柠檬酸的含量不得超过国家标准］或降酸。

（3）加二氧化硫。

（4）不同酒间的调配等。

葡萄酒的香气是一些挥发性的有气味的分子。为了防止香气的损失，应防止以下几点。

（1）氧化和不添满。

（2）太强的机械处理。

（3）过高的温度（特别是在通气条件下）。

（4）过重的下胶处理。

（5）特别是防止能去除可固定一部分香气的大分子胶体物质过细的过滤。

相反，在有惰性气体条件下的瞬间巴氏杀菌并不影响香气。

在过重的下胶或过细的过滤后，葡萄酒干物质的损失是很明显的，从而减少了葡萄酒的厚度和醇和感。

很少有葡萄酒能在简单的过滤后长期保持澄清。因此，必须对所有待装瓶的葡萄酒进行稳定性试验。产品的种类不同，其稳定性所保持的时间也不相同。所有的稳定性处理结果，都必须经过微生物和理化分析及相应的稳定性试验进行检验。

在灌装前对葡萄酒的检验，即稳定性试验，可以确定现有的浑浊或潜在浑浊的原因，有利于选择合适的处理方法，保证葡萄酒的质量，该处理必须由葡萄酒工艺师指导进行。

此外，严格的卫生条件是葡萄酒质量最重要的秘密之一（李华和王华，2017）。

所以，葡萄酒的装瓶不仅有利于葡萄酒的销售和批发，而且是葡萄酒感官质量保持和发展的最好方式。用于装瓶的葡萄酒必须健康无病，澄清稳定。装瓶不仅要保证葡萄酒的质量，而且应使葡萄酒在装瓶以后的储藏过程中，充分表现出其潜在质量。因此，在装瓶时，必须进行以下方面的工作。

（1）装瓶前检验葡萄酒的质量。

（2）装瓶过程中保证设备和场地清洁卫生。

（3）装瓶以后检查装瓶的质量（李华等，2007）。

17.1　装瓶前的准备

装瓶前的准备工作非常重要，任何一个环节的疏忽，都可造成无法挽回的损失。

17.1.1　葡萄酒质量的检测与处理

在装瓶以前必须对葡萄酒进行稳定性试验、感官品尝及化学分析。

对葡萄酒的化学分析必须包括以下项目。

（1）总酸和挥发酸。

（2）SO_2 总量和游离 SO_2。

（3）铁、铜和蛋白质的含量。

（4）细菌和酵母计数。

根据以上分析结果再决定是否对葡萄酒进行下胶、过滤和离心等处理。

下面举几个例子说明这一问题（李华等，2007）。

1. 发酵当年装瓶迅速投放市场的新鲜红葡萄酒

1）装瓶前的分析结果　　具体见表 17-1。

表 17-1　新鲜红葡萄酒装瓶前的分析

分析项目	分析结果	分析项目	分析结果
糖 /（g/L）	＜2.0	游离 SO_2/（mg/L）	＜10
总酸 /（g H_2SO_4/L）	3.90	CO_2/（mg/L）	1400
挥发酸 /（g H_2SO_4/L）	0.20	苹果酸-乳酸发酵	结束
pH	3.52	氧化试验结果	良好
铁 /（mg/L）	6.00		

2）要求

（1）尽量不下胶。

（2）葡萄酒澄清，光亮，果香味浓郁、纯正。

（3）CO_2 接近 650 mg/L。

（4）具酒石酸盐稳定性。

3）装瓶前的处理

（1）分离并用氮气除气（CO_2 含量过高）；除气也可在过滤后立即进行，但因葡萄酒流量不断降低，所以应进行试验。

（2）澄清过滤。

（3）SO_2 处理 10 mg/L。

（4）最后过滤，用除菌过滤。

（5）加入 10 mg/L 抗坏血酸。

2. 干红葡萄酒

1）装瓶前的分析结果　具体见表 17-2。

表 17-2　干红葡萄酒装瓶前的分析

分析项目	分析结果	分析项目	分析结果
酒度（体积分数）/%	12.8	二价铁 /（mg/L）	8.00
糖 /（g/L）	1.50	游离 SO_2/（mg/L）	5
总酸 /（g H_2SO_4/L）	3.20	总 SO_2/（mg/L）	48
挥发酸 /（g H_2SO_4/L）	0.45	CO_2/（mg/L）	400
pH	3.5	苹果酸-乳酸发酵	结束
正价铁 /（mg/L）	2.00	氧化试验结果	良好

2）说明

（1）葡萄酒既不含可发酵糖，又不含可发酵苹果酸，发酵完全结束。

（2）在 28℃的温箱中进行 8 d 氧化试验后，挥发酸量保持在合理范围内，结果良好。

（3）冷稳定试验无沉淀。

（4）离心处理有少量沉淀。

（5）总酸、pH 适宜。

（6）挥发酸含量适宜。

（7）CO_2 含量过高，可用分离或最好用氮气除气。

（8）总 SO_2 量合理，但游离 SO_2 含量过低。

3）装瓶前的处理

（1）SO_2 处理，15 mg/L。

（2）下胶处理，可用蛋白类的下胶剂在小试确定用量后，进行生产处理。

（3）过滤。

从而提高 SO_2 含量，去除现存的少量悬浮物。

3. 干白葡萄酒

1）装瓶前的分析结果　具体见表 17-3。

表 17-3　干白葡萄酒装瓶前的分析

分析项目	分析结果	分析项目	分析结果
酒度（体积分数）/%	13.4	游离 SO_2/（mg/L）	10
还原糖 /（g/L）	1.30	总 SO_2/（mg/L）	48
总酸 /（g H_2SO_4/L）	4.20	CO_2/（mg/L）	900
挥发酸 /（g H_2SO_4/L）	0.20	氧化试验结果	好
pH	3.25	温箱试验	稍浑
正价铁 /（mg/L）	0.5	蛋白质试验	好

2）评语　　该葡萄酒的所有分析结果都很正常，但游离 SO_2 含量稍低，温箱试验表明该酒存在着细菌破败的危险。

3）装瓶前的处理

（1）膨润土下胶，在小试确定用量后，进行生产处理。

（2）过滤，先采用澄清过滤，再用除菌过滤。

（3）加入 SO_2，15～30 mg/L。

4. 桃红葡萄酒

1）装瓶前的分析结果　　具体见表 17-4。

表 17-4　桃红葡萄酒装瓶前的分析

分析项目	分析结果	分析项目	分析结果
酒度（体积分数）/%	12.25	铜 /（mg/L）	0.05
还原糖 /（g/L）	＜2.0	游离 SO_2/（mg/L）	9
总酸 /（g H_2SO_4/L）	3.15	总 SO_2/（mg/L）	45
挥发酸 /（g H_2SO_4/L）	0.28	氧化试验 /（96 h）结果	良好
pH	3.25	酒石酸盐稳定性	好
铁 /（mg/L）	5.00	蛋白质试验	好

2）说明　　发酵前对葡萄汁用膨润土下胶（1 g/L）。装瓶前完全达到生物稳定性。

3）装瓶前的处理

（1）加入 SO_2，20 mg/L。

（2）加入抗坏血酸，40 mg/L。

（3）除菌过滤。

17.1.2　生产环境卫生条件

灌装车间应为无尘环境，保持正压过滤空气。车间内必须达到国家 GB 12696—2016《食品安全国家标准 发酵酒及其配制酒生产卫生规范》要求，灌装线现场要保持整齐、整洁；车间及附近区域的地面、地沟、墙面要有防水、防湿性能；易清洗、排水；车间要明亮、通风；地面、地沟要经常刷洗，做到室内无异味。

各岗位认真负责，工作人员及操作人员要按照国家食品卫生法要求及安全生产操作规程上岗，杜绝野蛮操作。

17.1.3 设备检测

一切与封装有关的设备，包括除菌过滤系统、酒瓶输送系统、酒瓶清洗杀菌系统、葡萄酒装瓶系统、木塞输送系统、木塞封口系统、胶帽热缩系统、标签粘贴系统、装箱封箱系统和链道输送系统必须符合食品卫生要求，保证完好，运转正常，并注意清洗、消毒、杀菌处理，避免因设备原因影响产品质量。

在装瓶前，必须对葡萄酒进行除菌过滤。如果使用除菌纸板过滤，则葡萄酒的压力不能超过 0.05 MPa，而且应平稳一致。因此，最好在过滤机与灌装机之间安装一个容器，以起到缓冲作用，并可协调过滤机与灌装机的流量。但如果使用膜过滤，压力则并不影响质量。因此，与其他过滤方式一样，重要的是要使葡萄酒预澄清进行好。

过滤机、调节压力的酒泵、管道及盛酒容器等都必须清洗并消毒。

新酒瓶必须清洗并沥干；而回收瓶必须消毒。

如要在装瓶过程中，中断时间超过 1 h，则必须更换过滤纸板，并对灌装机和压盖机头进行消毒。

如果使用除菌板过滤，最好先用 20 L 左右的水通过滤板，并检查经过滤板的水是否有味。然后用几升葡萄酒将水冲出后再行过滤。

葡萄酒装瓶前的过滤必须是除菌过滤，虽然单独用深层过滤板就可实现无菌过滤，但通常还是在除菌板过滤后再进行膜过滤。目前，在葡萄酒行业中，膜过滤一般作为终端过滤，应用最为广泛。

膜除菌过滤滤芯的孔径一般是 0.2～0.45 μm，可捕捉住酵母和细菌，完全保证葡萄酒的生物稳定性。

必须强调，装瓶前过滤以后的所有设备，包括过滤设备，一定要做到无菌，并且一定要采用热杀菌。将热水或蒸汽通过过滤器及支架，通过所有经过过滤器的管线，通过过滤器的料桶和全部出口。推荐的方法是让热水（进口 82℃，出口 72℃）或蒸汽从过滤器的出口流出，保持至少 20 min。

如果灌装线取样进行无菌检验不合格，就必须在灌装线各控制点进行直接的微生物检验，这包括从灌装车间的空气，洗瓶和洗软木塞的清洁液中按标准方法取样，也包括用棉球棒从过滤器出口不易接触的地方、从过滤器中心和出口处、从打塞机加料斗、斜槽和夹头处取样。质量控制实验室所用的仪器设备和检测手段也要仔细检查（李华和王华，2017）。

17.1.4 包装物质量检测

符合该产品包装物质量标准的内、外在的质量检测，如木塞、瓶子、胶帽、标签、纸箱等。

17.2 酒　　瓶

现行国家标准 BB/T 0018—2021《包装容器 葡萄酒瓶》详细规定了酒瓶的一般参数，如容量、允许误差、外观质量等；还规定了起泡葡萄酒和静止葡萄酒在酒瓶使用上的区别，如

酒瓶形状、瓶内可耐受压力等。

17.2.1　酒瓶

酒瓶的颜色对保护葡萄酒不受光线的作用非常重要。根据酒瓶颜色的种类和深浅的差异，可对透过酒瓶的光线种类进行过滤、选择。例如，无色酒瓶主要阻止紫外光和紫光，而选择透过几乎所有其他光线，绿色酒瓶则更有效地阻止紫外线和紫光，主要选择透过黄光（图 17-1）。

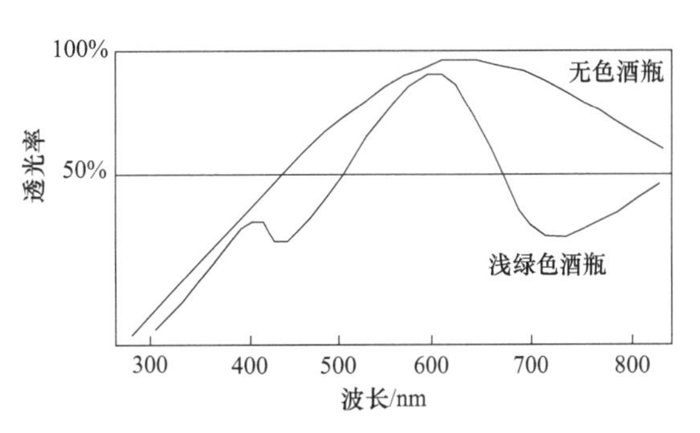

图 17-1　酒瓶对不同波长的光线的透光率

由于玻璃中含有的氧化铁种类不同，酒瓶可呈现不同的颜色。例如，FeO 可使酒瓶带蓝色，而 Fe_2O_3 可使酒瓶带黄色。不同颜色的酒瓶透过光的波长各不相同，330 nm 以下的光，无法透过无色或者淡色的酒瓶，而棕绿色的酒瓶可以阻挡 450 nm 以下的光；波长 200～420 nm 的紫外光和近紫外光极易导致葡萄酒出现品质降低的反应，破坏酒体稳定性。

在无色酒瓶中，白葡萄酒的成熟速度比在有色酒瓶中要快。在浅色瓶中，葡萄酒的氧化还原电位不仅下降速度快，而且极限值也较小。因此，对于那些需在瓶内还原条件下形成醇香的白葡萄酒，无色酒瓶是较为理想的。而对于那些特别是用芳香葡萄品种酿制的、需保持其清爽感和果香的白葡萄酒，无色酒瓶显然是不适宜的。无色酒瓶的另一缺点是降低氧化还原电位，还原铜离子，从而造成铜破败病。即使对于透光性弱、对光线的作用不太敏感的红葡萄酒，也是在深色酒瓶中成熟得最好。因此，应根据葡萄酒的种类不同，选择酒瓶的颜色。一般情况下，白葡萄酒可选用无色、绿色、棕绿色或棕色的酒瓶；红葡萄酒多使用深绿色或棕绿色酒瓶（李华和王华，2017）。

17.2.2　酒瓶的大小和形状

葡萄酒瓶容量有 125 mL、250 mL、500 mL、750 mL 和 1000 mL 等几种，但以 750 mL 的最为常用。中国及法国、美国规定允许使用的容量见表 17-5。

表 17-5　葡萄酒瓶的容量（mL）

国家	规格							
法国	250	375	500	750	1000	1500	2000	5000
美国	100	187	375	750	1000	1500	3000	
中国		187	375	750	1000	1500		5000

葡萄酒瓶的式样也很多，有长颈瓶、方形瓶、椰子瓶、偏形瓶等。但最常用的酒瓶如图 17-2 所示，或与之相近似的酒瓶。

17.2.3　瓶颈形状

标准瓶的瓶颈形状应能满足三方面的要求：外径大小与瓶帽大小相适应，内径大小与灌装机头和木塞大小相适应。通常情况下，瓶颈“木塞区”的内径为（18.5±0.5）mm，而在离瓶口 45 mm 处的内径最大为 21 mm，所以瓶颈的形状近似于圆锥。为了获得良好的密闭性，

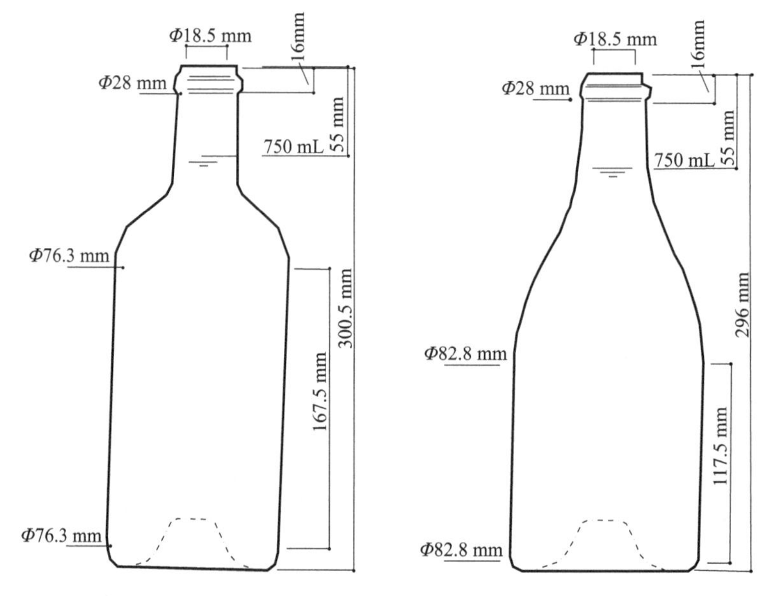

图 17-2 常用葡萄酒瓶

木塞在瓶颈中受压程度应使其直径减少 1/4，即约为 6 mm。对于带气的葡萄酒，这一减少幅度应更大一些：气酒为 7 mm，而起泡葡萄酒则为 12 mm。

17.2.4 其他包装

目前，葡萄酒主要采用玻璃瓶包装。但盒中袋、PET（聚对苯二甲酸类塑料）瓶和铝瓶等包装形式，由于使用方便、成本低和不存在 TCA（2,4,6-三氯-苯甲醚）污染等而在市场上广泛使用。盒中袋包装必须在 18 个月内饮用完，可以满足大部分葡萄酒的包装，开启后由于负压袋内液体可以保持更长时间的新鲜程度，但不宜长时间储存；PET 瓶重量轻、硬度大、不易碎、可以制作成各种形状，同时也节约运输成本和减少运输中的损失，但具透气性，使葡萄酒很快失去新鲜度和果香。研究表明，PET 瓶装桃红葡萄酒 12 个月后，可以保持其芳香特性。铝瓶质量轻，同时可循环使用（Dombre，2015；Caillé et al.，2018；Aversa et al.，2021）。

葡萄酒包装材料的使用不仅应考虑产品保存时间、运输距离、生产成本等因素，而且应更加关注环境和可持续发展问题（Ferrara et al.，2020）。

灌装视频

17.3 灌 装

灌装系统一般包括以下主要部分：上瓶机、洗瓶机、灌装机、打塞机、烘干机、封胶帽机、贴标机、装箱机、封箱机、码垛机及输送系统。

17.3.1 洗瓶

用于装酒的葡萄酒瓶主要有两大类，即新酒瓶和回收酒瓶，它们在使用以前都必须进行清洗。

现在常用的洗瓶方法是，结合水冲淋的机械作用和去垢剂（常用1%～2%氢氧化钠）热溶液的化学作用进行洗瓶。根据需要，可选择半自动或自动洗瓶机。

洗瓶机有冲淋和浸泡-冲淋两大类。

1. 冲淋洗瓶机 冲淋洗瓶机主要用于清洗新酒瓶，主要有以下两大类。

半自动冲洗机：频率较小。在洗瓶过程中，瓶口向下倒立，洗瓶机先后用水、去垢剂向瓶内冲淋，然后用清水将酒瓶内外冲净。

自动旋转式冲洗机：用于中速及高速的自动灌装生产线上，它配有能够对不同形状、不同尺寸的玻璃瓶及塑料瓶进行抓紧的瓶爪。瓶子通过送瓶传送带输送到设备上，瓶口向下倒立，用0.4～1 mg/L 臭氧水喷入瓶子内外部，冲瓶时间7 s，空瓶时间3 s。经空滴后，用空气＋惰性气体的混合气体喷射吹干，再翻转至垂直位，输送到设备出口处的送瓶传送带上。

2. 浸泡-冲淋洗瓶机 这种洗瓶机通常为全自动，频率大，主要用于大型厂家。它使酒瓶在清洗以前，先经过一段时间浸泡。浸泡-冲淋洗瓶机既可用于旧瓶的清洗，也可用于新瓶的清洗。

此外，在人工进行洗瓶时，应先用碱液进行浸泡，然后将酒瓶内外洗刷干净。经浸泡、洗刷后的酒瓶先后用清水冲淋干净，再用0.4～1 mg/L 臭氧水或2%亚硫酸水、清水进行冲淋。用于洗瓶的水必须是过滤水，而且最后一次冲淋用水最好是软水。

最后，洗净的酒瓶必须空干。

洗瓶后要求瓶内无水印、刷子印、水锈、沙土、刷毛等杂物、脏物。瓶子要清亮透明，瓶口要完整，无裂纹缺口，残留水小于1 mL。应设有空瓶检验岗位。

在利用旧瓶时，要获得良好的洗瓶质量，必须满足以下条件。

（1）碱液浸泡时间为10 min，其中碱液冲洗时间不少于1 min。

（2）应有清除旧标签的系统，以防标签在洗瓶池中搅烂。

（3）碱液中NaOH的浓度应保持为1%。

（4）碱液温度应保持为66℃。

（5）选择适宜的清洗剂，以防洗瓶机结垢。

（6）良好的冲瓶质量（应用酚酞检验）。

（7）在洗瓶机前面的冲瓶区域应每天消毒，以防形成绿藻。

（8）洗瓶后的空瓶时间应不少于25 s。

同样，要获得良好的冲瓶质量，还应满足下列条件。

（1）用于冲瓶的水应为无菌水，最好用0.45 μm的过滤膜过滤。

（2）冲瓶机应能用热水或蒸汽消毒。

（3）冲瓶机最好具有在用水冲瓶前能冲消毒液的系统，或在用水冲瓶后，用杀菌气体吹瓶，以加快酒瓶的空干。

（4）在冲瓶后酒瓶空干的时间应足够长，以保证750 mL的酒瓶中残留的水少于1 mL（李华和王华，2017）。

17.3.2 装瓶

保证灌装质量的最佳条件如下。

（1）灌装机应便于清洗和消毒，维护良好。

（2）设备安装正确。

（3）无论葡萄酒的温度如何，无论酒瓶的形状如何，在酒瓶内葡萄酒的高度应保持一致。

目前比较常用的葡萄酒灌装设备可分为等压灌装和负压灌装两种类型，其中等压灌装是借助储酒槽和酒瓶之间的势能差，通过虹吸作用来实现的；而负压灌装是先将瓶内抽成真空形成负压状态，从而有助于酒液流入瓶内。

1）虹吸灌装机　所有的虹吸灌装机的工作原理都为连通器原理。在灌头口和瓶颈之间设有密闭阀，口的下端低于灌装机酒罐中的液面高度。位于灌头口顶端的管阀被酒瓶顶开，酒进入酒瓶；当酒瓶中酒的高度与酒罐中的高度达到一致时，则停止流酒。在装瓶过程中，随着酒瓶中液面的升高，流速逐渐降低。将装满的酒瓶拿走后，管阀掉下，关闭装瓶口。

在灌装线上，有两种方法将灌头置于瓶颈的中轴线上。

（1）虹吸管固定，酒瓶移动并升高，这种方法可以使酒瓶中葡萄酒的液面高度一致。

（2）虹吸管移动并插入酒瓶，因此需使瓶底的高度保持一致。酒瓶高度的差异，会造成液面高度的差异。

虹吸灌装机主要用于流量较小的生产线，其主要优点是装瓶口简单，其主要缺点包括：必须保证虹吸管的启动；装瓶口浸入葡萄酒会引起酒量的差异；破损的酒瓶也会接收葡萄酒。

2）等压灌装机　等压灌装机的灌装口与瓶口由灌装阀密闭，瓶内的气体与酒罐的气体相通，因此在所有通路中的压力完全一致，它可以等于、小于或大于气压。该压力并不影响酒的流速，在整个装瓶过程中，酒的流速保持一致。灌头上有一个回气管，其浸入的深度决定了葡萄酒的液面高度。

等压灌装机如果在其压力与气压相同的条件下工作，就会灌装破损酒瓶。此外，还需要保证灌头与瓶口间良好的密闭性，这是它的主要缺点。如果在负压下工作，它不会灌装破损酒瓶，但会损失 CO_2，特别是采用热装瓶时，CO_2 的损失会更严重。正压灌装机适用于带气葡萄酒的灌装。为了防止 CO_2 的损失，施加于葡萄酒的压力应高于溶解气体的压力，对于静止葡萄酒通常为 0.02 MPa，而对于起泡葡萄酒，则为 0.7 MPa。正压灌装机有很多优点，如酒瓶破损，或有裂缝，灌装阀就不能开启，不会引起酒的损失。

3）真空灌装机　真空灌装机在装瓶时，酒罐中保持大气的压力，而酒瓶则被抽空形成负压。其负压范围为大气压力的 10%～30%。

真空灌装机的工作原理或者为虹吸作用，或者为重力作用。在抽空室形成的负压，通过吸气管将瓶抽空。负压越大，酒的流速越快。当酒的高度达到吸气管口时，多余的葡萄酒被吸入抽空室，酒瓶与灌头分离。

真空灌装机的主要优点是灌装速度均匀一致，负压避免了灌头滴酒。其主要缺点是不便清洗和消毒；必须保证灌头与瓶口的密闭，CO_2 损失较重（李华和王华，2017）。

17.3.3　空间环境卫生

由于灌装间的空气可直接与葡萄酒接触，所以灌装间必须密闭，其中的空气必须无菌。因此，对空间环境的杀菌非常重要，可采用物理、化学方法相结合进行杀菌，如在适当部位安装正压无菌操作间；紫外线杀菌；用过氧乙酸类消毒剂（如 2% 康迪消毒液）进行密闭灌装间空间喷雾等。

在工作中随时处理灌装中产生的碎瓶并冲洗工作面。工作结束，对密闭灌装间的地面、

四壁及灌装设备外壁彻底洗刷。要做到灌装间的地面和灌装设备外壁干净，四壁干净、明亮。每天检查灌装间的清洗情况。定期对灌装线的密闭灌装间抽测空气清洁度。

17.3.4　灌装机关键部位的杀菌

灌装机影响葡萄酒质量的关键部位，主要有储酒槽、储酒管头、真空管路等。储酒槽一般用蒸汽或 90℃左右的热水杀菌半小时左右；储酒管头用 70% 左右酒精擦洗杀菌；真空管路在进空气的管路上安装过滤装置以滤去微生物。

17.3.5　灌装高度

首先，瓶内葡萄酒的液位必须保证葡萄酒的规定容量。在此前提下，不应过高或过低。过高会给压塞带来困难，并随着以后温度的变化，可能会引起塞的移动和酒的渗漏；过低则会给酒太多的氧化空间，对酒的口感产生影响，也会给消费者一个容量不够或渗漏的错觉。

灌装高度取决于酒瓶类型和葡萄酒的温度。但是，酒瓶的选择往往取决于价格，而不取决于灌装高度。因此，在灌装前，必须检查酒瓶的种类。

装瓶几乎不可能是在 20℃的标准温度下进行的，因此必须考虑葡萄酒的温度，温度低应降低灌装高度，温度高则应提高灌装高度。

17.3.6　温度作用下葡萄酒的膨胀

简单地讲，只有在热装瓶时才考虑葡萄酒的膨胀问题。温度升高时，葡萄酒的体积加大，在使用与之相适应的长度的瓶塞装瓶后，其体积必须遵循酒瓶在 20℃的使用容积。

葡萄酒随温度升高而膨胀的幅度，取决于酒度和含糖量。在酒瓶内，葡萄酒体积增加，则液面上升，与此同时压力加大。如果压力过大，则会超过封装的密闭压力。在这种情况下，瓶塞会首先被向上推动，然后出现渗漏。

在多数情况下，如果灌装高度在 20℃为正确高度的话，温度只要上升 15～20℃，葡萄酒的高度就会达到瓶塞，并造成渗漏。因此，如果葡萄酒在装瓶后的运输中可能升温，需采用能降低内压的灌装方法。

除此之外，在灌装结束后，在压塞以前，充入惰性气体，如氮气或二氧化碳气，一方面可以排除空气，另一方面在压塞结束后，随着惰性气体的溶解，可在瓶内形成负压，部分地避免葡萄酒膨胀引起的渗漏现象（李华等，2007）。

17.4　压　　塞

影响压塞的因素包括：瓶颈的形状、压塞机的特性和软木塞质量等。

17.4.1　软木塞

软木塞是密封葡萄酒的主要瓶塞，由栓皮栎（*Quercus suber*）的树皮加工而成。主要类型有自然塞、聚合塞、贴片塞。用软木直接加工而成的瓶塞为自然塞；用软木颗粒和黏结剂混合加工而成的瓶塞为聚合塞；用聚合塞做塞体，在两端或一端粘贴一块或两块软木圆片的瓶塞为贴片塞，通常表示为贴片 0＋1 塞、贴片 1＋1 塞等（党国芳等，2011）。一般聚合塞适用于葡萄酒的短期储存；贴片 1＋1 塞适用于葡萄酒的中短期储存；天然软木塞适用于葡萄酒的长期储存（冯韶辉，2012）。

软木是蜂房状的皮层组织，具有与泡沫塑料相似的中空结构。软木是由大小约 40 μm 的六边形细胞构成的，体积 1 cm^3 的软木，含有 1500 万～4000 万个细胞。充满细胞的氧和氮占软木体积的 85%。软木的木栓组织并不完全均匀，一些孔壁木质化程度不同的小孔（皮孔）横向地穿过软木的木栓组织。

在皮孔中充满了棕红色的、富含单宁的粉状物。在用软木塞封瓶时，这些粉状物可掉入瓶中。因此，在生产木塞时，应将这些粉状物除去。在气体和液体能透过的皮孔中，含有霉菌、酵母菌和其他微生物。最好的软木皮孔的数量很少，因此商业上用皮孔的数量和大小对软木进行分级。

软木的压缩性与其中含有气体的比例相关。在压缩时，软木的体积减小。其原初体积的回弹分为两步：在压力停止时，木塞可恢复至原有直径的 4/5；回弹至原初体积，则需要 24 h 以上。

有两个概念经常被混淆，即柔软性与弹性。柔软的木塞不一定具有弹性，它很容易被压缩，但不反弹或反弹很小。使用柔软的木塞时，回弹的第一步较好，而较硬的木塞对回弹的第二步则更好。

木塞的摩擦系数高，在表面上的滑动性小。在割开软木时，形成的细胞切面的帽状体就像很多微小的吸盘一样，能吸附在瓶颈内壁上，再加上它对瓶颈内壁的压力，就能保证密封性。

通常情况下，长度为 54 mm 的优质木塞都是精选出来的，其表面光滑，无皮孔，无任何缺陷。其他软木塞的主要参数见表 17-6。

表 17-6　软木塞的主要参数

主要参数	自然塞	贴片 1+1 塞	聚合塞
直径 /mm	24、25（±0.5）	23.5（±0.4）	23、24（±0.4）
长度 /mm	38、45、49（±1.0）	38、44（±1.0）	38、44（±0.5）
含水率 /%	4.9	4～8	4.6
外观颜色	原色、漂白色	原色、漂白色	原色、漂白色
外观孔洞 /mm	＜0.5	＜0.4	＜0.4
密度 /（g/cm^3）	0.12～0.22	0.25～0.33	0.26～0.38
拔塞力 /N	280	150～450	330
回弹率 /%	97.11	90	97.92
掉渣量 /（mg/ 只）	3.0	2.0	1.0
密封性能	在 0.15 MPa 气压条件下，保持 30 min 不渗漏	在 0.20 MPa 气压条件下，保持 3 h 不渗漏	在 0.20 MPa 气压条件下，保持 3 h 不渗漏

1. 软木塞的选择　在选择瓶塞时，必须考虑待装瓶的葡萄酒种类及其装瓶后的去向。

（1）装瓶后需长期陈酿。

（2）装瓶后很快被消费。

（3）装瓶后需长途运输。

（4）装瓶后需在货架上垂直存放等。

这些问题应由葡萄酒酿酒师考虑，因为是他负责葡萄酒的处理和灌装。但同时，推销人员还应决定市场类型，因此应考虑葡萄酒的外观形象，包括酒瓶、瓶帽、标签和瓶塞等；然后经济师还必须从成本的角度进行考虑。因此，瓶塞的选择必须考虑质量-价格比和使用效果。

只有通过上述考虑以后，才能进一步进行如下选择：①自然塞；②聚合塞；③贴片塞；④长度和直径；⑤表面处理；⑥包装。

上述因素可以区别软木的质量、密度、柔韧度、生长层数及木塞的外观。

常用的木塞直径为 24 mm，但如果葡萄酒的 CO_2 含量较高，或采用特殊酒瓶，则应用 25 mm 或 26 mm 的瓶塞。

木塞的长度包括 38 mm、44 mm、49 mm 和 54 mm。需在瓶内陈酿时间越长的葡萄酒，其木塞的长度也应越长。实际上，对于现在大多数的酒瓶，38 mm 的木塞就可以保证良好的密封性（表 17-6）。

软木塞储存条件的好坏，不仅影响到软木塞的使用，更重要的是影响到酒的质量。品质优良木塞的含水量应该在 5%～8%，含水量过低，木塞中的细胞太干就会在打塞时导致木塞破碎；若含水量太高，塞子不够坚硬，并且容易滋生霉菌，造成微生物污染（林博学等，2017）。葡萄酒生产厂采用的软木塞，如果条件允许，应单独存放。存放时要保持空气流通，严禁将软木塞存放在潮湿及有污染源的地方。存放地严禁使用含氯的消毒剂、杀菌剂。存放时如果发现密封软木塞的塑料袋漏气或破损，应及时进行处理。

软木塞在使用过程中对温度有一定的要求，使用前最好在常温下存放 24 h。如果环境温度低于 5℃，使用中易造成软木塞弹性不足、易打碎，其储存温度在 10～20℃为宜。

2. 软木塞质量的检验 在对软木塞进行质检时，首先应根据下述方面决定取样的方式：①进货量；②一致性；③取样单位；④取样数量；⑤检验的项目及其指标。

所以，必须知道需要检验什么，用什么方式检验，需要什么样的精度，以及检验的条件。如果软木塞的种类、长度和直径都已选定，在接受软木塞时，则应检验它们是否符合合同所规定要求，以及它们的打塞特性。

1）外观检验 除外包装以外，即不管在运输过程中外包装的破损状况如何，主要需检验软木塞本身的外观状况。该项检验主要包括软木塞的孔隙率、皮孔的数量、大小和分布。软木塞的购买决定，可能基于与供货商原来的样品或现有其他样品的比较。因此，外观检验应首先比较采样是否与标准样品一致。

软木塞的外观应考虑颜色、皮孔的数量和大小、缺陷的大小和数量等。实际上，软木塞的颜色没有任何质量意义，它只是一个可能影响某一批软木塞外观特性的主观因素。皮孔的数量和大小是软木塞分类的主要指标，但它只能说明软木塞的种类，而没有任何质量内容。即它代表“好看”或“不好看”的软木塞，而不能代表“好的”或“差的”软木塞。

软木塞的一些缺陷可能影响其外观，但并不影响其封装质量，如被视为小缺陷的中等大小的皮孔。被视为大缺陷的，主要是降低封装安全性、密封性和寿命的特性，包括有裂缝（特别是未到顶的短裂缝）、略带木质部的软木塞等。最严重的缺陷是密封率低的软木塞，包括虫蛀的木塞、带较多木质部的木塞及有严重剪裁缺陷的木塞等。

如果在所检验的样品中，有的木塞表现出上述各类缺陷，则应进行缺陷的分类并分别记数，并与参考值比较后，再决定是否购买。

参考值可以是百分数，也可以是根据不同需要而确定的接受或拒绝的绝对值。但是，在整个检验过程中，只通过外观的检验是不够的，还应综合考虑其他的指标。最好是在检验总表上列出所有的检验项目，并根据项目的重要性列出相应的权重。

2）大小检验　大小检验是有关标准规定的最为详细的一项检验，ISO 4707 就规定了其取样和检验方法及可接受的质量水平，木塞的大小允许误差范围。ISO 3863 对木塞大小误差范围的规定为：长度 ±0.5 mm，直径 ±0.4 mm（对静止葡萄酒而言）（表 17-6）。软木塞直径的测定，应平行于和垂直于皮层生长线进行两次测定，并计算两次测定的平均值。软木塞直径的差异如果太大，将会由于过大的木塞阻塞木塞通道管而中断打塞机的木塞分配系统。而木塞长度的变化，则不会影响打塞机的工作。

需要强调的是，在测定木塞的大小时，木塞的温度和湿度都将影响测定的结果。因此，在测定前，木塞应在 25℃的温度和 65% 的相对湿度条件下储藏。

3）相对湿度测定　木塞的相对湿度无论对于其储藏特性，还是对于其微生物的活动，以及木塞的机械特性，都具有重要的影响。

对于软木塞储藏和表现其最佳密闭性的最好相对湿度是 4%～8%。软木塞的相对湿度受环境湿度和温度的影响很大。

软木塞相对湿度的测定方法是，木塞称重后，将木塞在 105℃的烘箱中烘 24 h，再称重，再烘，再称重，直至两次称重的结果一致。将称重前后的重量相减，即可计算出木塞的准确湿度。该方法非常精确，但所需时间很长，故常用带插入式电子探头的湿度计测定木塞湿度的近似值。

4）机械检验　该检验的目的是评价木塞的机械质量、压缩性和弹性及其寿命。软木的机械特性取决于其细胞的数量和大小、细胞壁的厚度及软木的湿度。

可用一些简单的方法检验木塞的机械特性。

（1）加压破坏木塞，可检验其“硬度”和收缩性。

（2）大小的恢复，可检验其弹性。

也可在应用条件下检验木塞的机械特性。可用压塞机将木塞压缩，然后记录其反弹的时间。根据木塞的直径和压塞机的压力，可将结果计为木塞单位时间内反弹的直径或百分比。由于木塞的表面处理会直接影响压塞和开瓶，所以木塞的机械检验必须考虑其表面处理。

5）表面处理的检验　如果直接使用干软木塞，木塞的表面必须经过处理以使其光滑。生产上可以采用一些简单的方法，检验表面处理的特性。

（1）将木塞的温度提高到 50℃，在冷却过程中观察其黏结性。

（2）滑动试验可了解木塞在打塞和开瓶时的特性，该项试验可用测定木塞在一个表面上开始滑动所需的牵引力，也可测定木塞在一光滑表面上开始滑动的角度。

（3）木塞的可湿度可表现表面处理是否有利于减少木塞和酒瓶之间的毛细现象。

一般来讲，可测定木塞的表面张力。在检验木塞的表面处理时，可同时检验其表面状况。实际上，清洗可改变木塞外层细胞的结构，从而改变其表面特性。

将木塞垂直浸入染色溶液（如番红溶液）中，就可观察到木塞的表面会不同程度地染色。

6）木塞去尘检验　在生产厂中，木塞的去尘水平很不一致。此外，表面处理也可固定一些灰尘，木塞的湿度也会影响其所释放的灰尘。

木塞去尘检验的最好方法是，取 10 只木塞，在 200 mL 蒸馏水或蒸馏水-酒精溶液（最好加点洗涤剂）中搅动清洗。将溶液过滤。待干燥后，木塞清洗前后的重量差，就是其灰尘

的精确量。每个木塞的灰尘量不得超过 3 mg。此外，也可将过滤后的过滤膜与一系列已知灰尘量的过滤膜比较，得到木塞的灰尘量：沉淀的颜色越深，灰尘量就越大。在木塞接收时的检验中应包括此项检验。但是，即使生产商对木塞进行了去尘处理，在用户储藏过程中，木塞的干燥，也会使之产生新的灰尘。

此外，如果在装瓶后的检验中发现瓶内有异物，应区分它是细菌或酵母菌沉淀，还是酒石或色素沉淀，是过滤带来的异物，还是木塞带来的异物。

最后，需检查打塞机是否会损坏木塞，酒瓶和打塞机口是否对齐。

7）标记的检验　虽然木塞上对葡萄酒生产商的标记不是封装的质量指标，但它却是影响酒瓶美观的一部分。所以，其印刷质量也是接收木塞时的检验项目之一。

8）木塞的微生物检验　此项检验只对那些专为无菌装瓶的葡萄酒特殊准备的木塞而言，而对于大包装的木塞，微生物检验则毫无用处。

微生物的分离鉴定，是专门实验室的事。葡萄酒厂可通过选用适宜的培养基，来鉴别酵母菌、霉菌和细菌的总量（表 17-7），其方法如下。

表 17-7　软木塞微生物检验（GB/T 23778—2009）

项目	数量 /（cfu/ 只）
酵母菌	≤5
霉菌	＜3
菌落总数	≤5

（1）在无菌条件下随机取出 10 个左右软木塞，在 200～300 mL 无菌水中搅拌清洗 15 min。为了将皮孔中的微生物洗出，最好在水中加入洗涤剂。

（2）将洗涤液用无菌过滤膜过滤后，将过滤膜在琼脂培养基上培养后，进行微生物计数。

（3）也可以 4 只软木塞作为一组，取两组做平行试验。在无菌条件下，将每组软木塞放入盛有 100 mL 生理盐水的无菌容器中，密封。摇动 0.5 h，用 0.45 μm 无菌滤膜过滤，把滤膜放入培养皿，倒入温度为（46±1）℃的营养琼脂培养基，培养后计数。

为了更为精确地测定木塞内部的微生物数量，可将木塞打成细粉末，用已知量的粉末在蛋白胨的无菌水中搅动清洗 10 min。将洗涤液用无菌过滤膜过滤后，将过滤膜在琼脂培养基上培养后进行微生物计数。

做平板菌落计数时，可用肉眼观察，必要时用放大镜检查，以防遗漏。记下各平板的菌落总数，除以总数即每只试样的菌落总数。

3. 软木塞的处理　没有进行表面处理的木塞，在使用前必须软化处理，以提高其在打塞机及瓶颈内的滑动性及改善其弹性。

在人工打塞时，传统的软化处理方式是将木塞在 40℃的水中浸泡 45 min～1 h。这样处理后的湿木塞很软，很容易压缩，但在打塞时，会从木塞中流出浑浊的液体进入葡萄酒。对木塞的机械化处理也沿用了这一技术。但为了防止浑浊液体进入瓶内，木塞从浸泡槽中取出后先用离心机甩干再使用。

但是，对于半自动或自动打塞机，使用湿木塞还会带来许多麻烦，湿木塞由于水的表面张力作用可能相互黏结，导致输塞管的堵塞或者使两个塞同时进入压缩套中。在后一种情况下，第二个进入的木塞将被压烂，弄脏压缩套，不仅使第一瓶封装不良，而且木屑残屑会进入以后的酒瓶中。

因此，长期以来，人们更倾向于使用干木塞，这些木塞通常经过涂蜡或硅铜处理。但是，使用未经软化处理的干木塞，压塞后回弹很慢；在去除压力时，其回弹为85%，10 min后，只能达到其原有体积的90%。

目前，可用微波进行木塞的软化处理。尽管木塞的导热性很低，但由于其本身的湿度，微波可使其各个部位达到30～45℃，从而使木塞软化。微波处理有以下特点。

（1）在灌装线上，木塞的连续输送可以自动化，而且无论木塞储藏时的温度如何，进入压塞机的木塞温度稳定一致。

（2）微波不仅可以杀死木塞表面的微生物，而且可能杀死内部的微生物。

（3）微波可以促进木塞内黏胶的聚合反应，因而可以提高木塞对扭力的抗性，所以可以防止在起泡酒开瓶时木塞的破裂（起泡酒的木塞为多块软木黏结而成）。

（4）在装瓶数月后的开瓶试验证明，用微波处理后的木塞更易开启。

（5）微波处理可以降低在压塞时木塞内部的温度，由于木塞温度较高，其各个部位都软，因此对于压缩而言处于最佳状态。

实际上，当木塞的相对湿度为8%～12%时，其机械性能和弹性最好。因此，木塞的最好处理是进行快速冲洗，以去除木屑并使木塞湿润，在使用前沥干（李华等，2007）。

4. 软木塞使用方法 由于葡萄酒在封口后应做到不漏酒、漏气，以防止氧化，所以对软木塞质地及塞子与瓶口的压缩量要求比较讲究，一般标准直径为18.5 mm的瓶口，自然塞适用直径为24～25 mm；聚合塞适用直径为23～23.5 mm。

软木塞在使用时应考虑以下几点。

（1）瓶口的实际内径，标准的瓶口内径一般掌握在18.5 mm左右。

（2）打塞机缩口最小直径为16.5～17.0 mm，极限压缩量一般应小于31%，否则塞子内部结构会受到一定程度的破坏，影响长期储藏的封装性。

采用自然塞对葡萄酒进行封装后，葡萄酒应倒放或卧放，让酒汁能浸润软木塞，使软木塞膨胀以增加回弹力，防止瓶壁漏酒漏气。

采用聚合塞对葡萄酒进行封装后，葡萄酒应正放出厂。由于在生产聚合坯料时经压聚后产生的内应力较大，塞子打入瓶时，回弹力较大，瓶壁一般不易漏酒漏气。聚合塞封装的葡萄酒，不宜倒放或卧放，以防止聚合塞中心渗酒。

在使用软木塞封装时，一般应将酒稳定处理后，将酒液恢复至室温再进行灌装，保证装入瓶内的酒不产生大量气体，形成较高瓶压以致不利于封口（李华和王华，2017）。

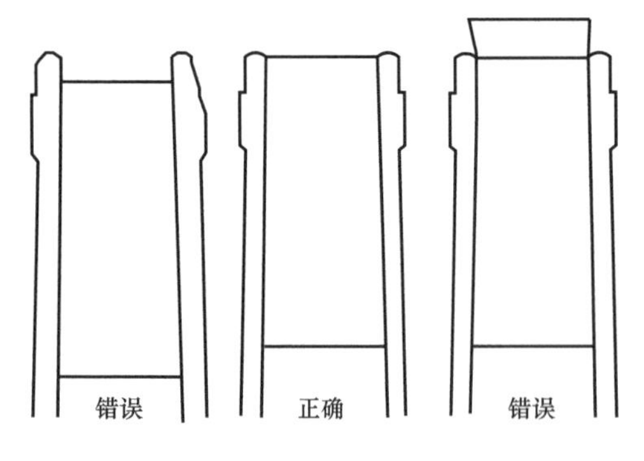

图 17-3 压塞深度

17.4.2 压塞机

压塞机的工作分两步完成。第一步是压塞管将木塞压缩，使其直径小于瓶颈的内径，第二步是压塞头的垂直活塞将压缩后的木塞突然压入瓶颈。

为了防止木塞破损、打褶，木塞在压塞管中的受力必须均匀一致。此外，木塞的上端应与酒瓶的上端保持一致（图 17-3）。

17.4.3　酒瓶内压

在压塞时，由于将瓶内空气压缩，因而形成内压。内压的大小主要取决于木塞的湿度、灌装高度和压塞的速度。

在压塞后，瓶内压缩气体的压力很大，然后逐渐降低。其降低的速度取决于木塞的湿度和酒瓶的存放方式。如果所用的是干木塞，装瓶后垂直存放，则内压降低速度较快。相反，如果所用的是湿木塞，装瓶后水平存放，则内压降低速度变慢。

如果密封压力大于酒瓶内压，则瓶内的气体和葡萄酒不能溢出。但在压塞时，由于压缩气体的作用，或在装瓶后由于升温葡萄酒膨胀时，这一密封稳定性往往不能保证。因此，在这两种情况下，常常出现葡萄酒沿瓶内壁和木塞之间渗漏的现象。

一些简单的方法可以减轻甚至避免这一现象，如装瓶后将酒瓶垂直存放；使用抽空灌装；冲入 CO_2。

但是，不能用氮气代替 CO_2。因为氮气不溶于葡萄酒，而空气中的氧可溶，所以充入氮气后形成的内压会高于压缩空气的内压。

17.4.4　香槟塞的使用

起泡葡萄酒的压塞分两步进行。首先将直径为 31.5 mm 的木塞压入直径为 17.5 mm 左右的瓶颈；然后用铁丝封口机进行封口。

如果使用未经表面处理的木塞，则应在装瓶以前对木塞进行表面处理，以提高其柔软性，便于压缩和回弹，同时改善其光滑度。

表面处理的方法包括冷水或热水浸泡、蒸汽处理或微波处理。

冷水浸泡实际上并没有多大作用，现在很少采用。

蒸汽处理可以改善木塞的柔软性，但也改变其颜色，变为灰色。

效果最好的处理方法是在 40℃的热水中浸泡 40～60 min，但这也存在一些问题。

（1）需在装瓶前预先准备水浴。

（2）不能控制木塞的湿度，而且可能使水浴的水进入酒瓶。

（3）易受微生物侵染。

（4）在装瓶线上难以连续提供木塞。

所以，对于起泡葡萄酒，与静止葡萄酒一样，目前的趋势是直接使用已经以硅酮为主的物质进行了表面处理的干木塞。

此外，目前可用微波处理木塞。经微波处理后（45℃左右）的木塞的使用，不仅在起泡葡萄酒，而且在静止葡萄酒方面，都取得了良好效果（李华和王华，2017）。

17.4.5　其他瓶塞

近几年，金属螺旋盖在国外部分国家（如英国、澳大利亚等），已逐渐被人们接受和使用。这是因为用螺旋盖密封不会给葡萄酒患上软木塞味，又能有效防止空气进入，较大程度地防止葡萄酒的渗漏、氧化变质。

化学合成塞是用发泡剂聚烯烃发泡而成，外面有一层硬质光滑的包裹层，即食品级硅树脂涂层。目前对这类瓶塞的利用及其对葡萄酒质量的影响的研究，也越来越深入（Ling,

2019）。

塑料塞主要是聚乙烯塞，在1950年左右开始在香槟地区使用，它由带沟纹的塞头和带封密环的塞体两部分构成。塑料塞的最大优点是价格便宜。其主要缺陷是聚乙烯的气体通透性，从而导致葡萄酒的氧化。目前，聚乙烯塞多用于罐式发酵的起泡葡萄酒和氧化陈酿的葡萄酒（李华和王华，2017）。

17.4.6 封帽

封帽的目的最初是为了防止已装瓶的葡萄酒受到虫蛀及防造假。随着螺旋瓶塞的出现，封帽的作用已经不大，但是仍然有许多葡萄酒使用软木塞封口，软木塞与瓶口之间难免会产生一定的缝隙，葡萄酒很容易随时间延长被氧化。有了酒帽的保护，软木塞不用直接与空气接触，酒帽也可以保护软木塞免受污染。除了要保证葡萄酒的品质不受损之外，封帽还可以使葡萄酒整体看起来美观大方，更利于销售。

目前常见的热缩帽有以下几种。

（1）PVC材质：收缩性能好，不易滑落，价格低廉，能有效地防水、防潮、防尘。

（2）铅/锡/铝制：品质较好，紧贴瓶口，外形美观，但是酒帽中的铅可能会在倒酒时随着酒液进入杯中，OIV（2022b）禁止铅制酒帽的使用。

17.4.7 酒瓶的倒放或平放

在采用传统的湿木塞封装时，在打塞后，酒瓶直放1～2 d才倒放。这一技术主要考虑了两方面的因素：木塞的回弹速度；瓶内压力。

如前所述，木塞的立即（减压时）回弹为原有体积的85%，24 h后才能达到93%。而葡萄酒密封性只有当木塞回弹完全时才能保证。

因此，在压塞后立即将酒瓶倒放，葡萄酒就有可能沿木塞与瓶颈内壁的间隙渗漏。瓶内压力越大，这一危险性就越大。

瓶内的压力是逐渐降低的，对于正放的酒，它是由于气体的排出，而对于平放的葡萄酒，则是由于气体和酒的排出。

因此，立即平放会降低葡萄酒的密封性。但是，在现代装瓶线上，又不能等24 h才平放打塞后的酒瓶。因此，应通过延长打塞后的输送线及设置积瓶平台来尽量延长酒瓶稳定的时间，这段时间至少应不少于3 min。

此外，充气（CO_2）压塞或抽空压塞结合使用湿木塞（7%～8%）能降低瓶内压力。因此，在这种情况下，可缩短压塞后酒瓶稳定的时间（李华和王华，2017）。

17.5 漏　　瓶

近年来，葡萄酒消费者对漏瓶越来越敏感。因此，在灌装时，必须尽量防止此类事故。漏瓶，即使很轻，都会影响葡萄酒的外观。它可引起以下现象：降低瓶内葡萄酒的体积和高度，可带来不符合标准的问题；腐蚀铅-锡瓶套，并使葡萄酒中铅含量升高；瓶塞发霉或生长其他微生物；腐蚀包装物和标签。

造成漏瓶的原因主要有以下几方面。

17.5.1 木塞的机械褶皱

木塞的原有直径常为24 mm，而瓶颈的直径为18.5 mm左右。因此，要使木塞进入瓶颈，必须使之压缩至直径为15～16 mm。这样，木塞所经受的机械作用很强。如果这一机械作用不均匀，则可使木塞产生纵向的褶皱。正因为如此，打塞机都具有可产生三重或四重压力的木塞压缩头。使用良好的设备，这类事故不易出现，但随着设备的磨损，它会越来越频繁。

17.5.2 木塞的质量

软木是一种特性很不均一的自然产品，即使在同一栓皮栎上，也存在着各种不同的软木。对软木的选择，只能依靠外观检查。

漏瓶可以由木塞的结构引起。有的结构可使葡萄酒通过与瓶颈接触的很小的褶皱流出，优质木塞在各个方向都具有弹性。为了检验木塞的机械表面是否正常，可取样进行流体静力学检验（1 MPa、24 h）：将木塞样品装入一耐压小容器中，充满水，然后加压至1 MPa，保持24 h。在这一过程中，木塞吸水，变形，取出后能基本恢复原状的木塞为合格木塞。

即使是优质木塞，在压塞后也可能被衣蛾侵染。只有从在木塞的自由表面上的虫卵孵化出的幼虫才能引起危害，因为它可在木塞上挖小洞。这些小洞可以一步一步地穿透木塞，也可为霉菌的滋生提供条件。这类事故可用两种方式进行防治：在压塞后立即套上聚乙烯胶帽；在酒窖中使用杀虫剂，在产卵前将衣蛾杀死。

17.5.3 瓶内压力

当木塞被压进瓶内时，就像活塞一样将瓶内空气压缩，其压力可达0.15～0.2 MPa，数小时后，这一压力降至0.03～0.08 MPa。能保持不漏瓶的良好封瓶，其压力为0.08～0.15 MPa。如果瓶内压力高于这一压力，则易引起漏瓶。影响瓶内压力的因素包括：葡萄酒的膨胀、瓶颈部气体的种类及体积、木塞的湿度及封瓶速度等。

1. 葡萄酒的膨胀 现代葡萄酒瓶的标准容积是在20℃条件下测定的，750 mL葡萄酒的高度为至瓶颈55 mm或63 mm。在任何其他温度条件下装瓶，就必须考虑葡萄酒的膨胀或收缩，这一变化幅度很大。例如，从20℃提高到30℃，葡萄酒体积可提高7 mL，在瓶内的高度则可提高20 mm左右。此外，装瓶高度还应考虑外包装的时期及储藏期限。

2. 瓶颈部气体的种类及体积 瓶颈部的空隙越小，瓶内压力越大。例如，在压塞时，空隙的体积从10 mL降至1 mL，则压力从0.1 MPa升至0.15 MPa。在压塞前立即充入CO_2气体，因为CO_2的溶解可在压塞后使瓶内压力迅速降低，并且不会影响葡萄酒的感官质量。

3. 木塞的湿度及封瓶速度 湿木塞的弹性及在瓶颈的吸附性都很强，但也导致瓶内压力的增加；如果木塞的湿度由5%提高至20%，则瓶内压力可由0.06 MPa提高到0.12 MPa。加快压塞的节奏可降低瓶内压力。

由于微生物侵染的可能，不建议用葡萄酒浸泡木塞。

17.5.4 瓶颈缺陷

瓶口的内径应为18～19 mm，离瓶口45 mm处的内径应小于21 mm。如果瓶颈内径过大，则木塞附着差。最危险的缺陷则为瓶颈部倒圆锥形，即上大下小，这会使木塞很难承受

瓶内压力（李华和王华，2017）。

17.6 木 塞 味

目前，对所谓“真木塞味”的研究还很不够，因此还没有任何方法去除它。所谓真木塞味是给予酒的一种恶臭腐败味，它是由在栓木板上生长的霉菌引起的，其出现的频率为2%～3%。而由栓木单宁引起的“木塞味”则更为频繁。它具有单宁的一般味感，不同程度上影响葡萄酒的感官质量。对于白葡萄酒，它表现强烈，为异味；对于红葡萄酒，它有时可与葡萄酒的特性融合在一起。有些“木塞味”则是由瓶内质量不好引起的。例如，木塞的褶皱引起漏瓶，酒可停留在木塞与胶套之间而腐败，而腐败的酒也可反向地进入酒瓶，从而破坏葡萄酒的感官质量。

最新的研究证明，一些木塞味则是由氯化物的形成引起的，因为在木塞的生产过程中需要用含氯药品对之进行清洗。

TCA 化学结构式

目前发现多种化合物可导致木塞污染。其中最主要的是2,4,6-三氯-苯甲醚（2,4,6-trichloroanisole），也广泛地被称为TCA，占木塞污染的80%以上，因此木塞污染也被称为TCA污染（Joao，2005）。被TCA污染的葡萄酒具有典型的霉味、腐朽味和潮湿的麻袋气味特征。其他20%的木塞污染的酒通常有泥土味、烟熏味、药味或罐头蘑菇味（李华和王华，2017）。TCA的浓度超过10 ng/L会引起消费者的反感（Wang et al.，2020）

17.7 自动灌装线的其他岗位的工作要点

17.7.1 拆垛机（酒瓶）岗位

热塑包装的瓶垛，在进入灌装线自动上瓶机前，操作人员要做到以下几点。

（1）必须熟练掌握机器性能，机器应保持干净，要随时清理拆垛机里的碎玻璃。

（2）保证使用瓶子和当天所灌装的产品相符。

（3）使用瓶子的外包装应完好无损，应检查瓶子的外观质量，如有异常情况应保留生产厂家的合格证，做好详细记录，并及时反馈（李华等，2007）。

17.7.2 冲瓶机岗位

保证冲瓶机的正常工作，确保冲瓶水到位，使每个瓶子的里外都达到冲洗的要求，要随时清理冲瓶机里的碎玻璃。

每天开始工作前对臭氧浓度要有比对，比对的结果要有记录，每2 h检测臭氧水浓度，检测的结果要有记录，冲瓶水的臭氧浓度必须达到0.5～1 mg/L。

17.7.3 空瓶检验岗位

1. 自动空瓶检验机 操作人员必须熟练掌握机器性能，空瓶检验机里外必须干净，空瓶检验机的镜子每天上班前必须擦拭干净。应随时把从空检机里打出来的不合格瓶子拾到指定笼子里。

2. 人工空瓶检验

（1）必须保证瓶型使用正确。

（2）检查瓶子外观：将有尘土、油、返碱、喷涂不好、划痕、瓶口、瓶底有裂痕的瓶子挑出来。

（3）检查瓶子的内在质量：将瓶内有污水、异物、碎玻璃渣等不符合质量的瓶子挑出来。

（4）颜色异常、高度异常、瓶口歪等异型瓶挑出来。

17.7.4 灌装机岗位

灌装机操作人员必须熟练掌握机器性能，每天工作前应检查机器是否正常，正常后方可灌装。灌装机开始灌装时，灌酒容量应由质检人员和灌装人员共同确认，确认后方可开始灌酒。

灌装机操作人员要认真填写各项记录，包括储酒罐清洗、消毒、灌装机清洗、消毒，固定管道的清洗、消毒、膜棒的完整性测试记录等。

储酒罐每两天要清洗一次。每周用3%～5%氢氧化钠水循环喷淋直至罐壁清洁，用净水冲洗至中性，无异味。可用臭氧水或其他消毒剂水溶液喷淋酒罐，清除罐底积水擦净备用。

酒灌入瓶后应观察液面，如液面不稳定或异常，应找维修人员进行调试，维修后的机器应及时进行消毒和杀菌。要随时清理灌装机里的碎玻璃。

17.7.5 打塞机岗位

检查打塞机是否正常，木塞使用前检查塑料无菌包装是否完好。保证所使用的木塞必须与灌装品种相符，所打木塞应与瓶口对齐。

打塞机保养后，应注意开始灌酒时打塞后的液面，如果液面有油应停止灌酒采取必要措施，维修后的机器应及时进行消毒和杀菌。另外，要随时清理打塞机里的碎玻璃。

17.7.6 烘干机岗位

为了保证瓶帽及标签的整齐，灌装后的酒瓶外壁必须干燥，使用风力吹干瓶外壁水珠。在此岗位上，操作人员应检查烘干机工作是否正常，保证烘干后瓶子干净、无水渍。要随时清理烘干机里的碎玻璃。

17.7.7 封帽机岗位

目前，国内产品大多采用热收缩膜瓶帽，主要材质为聚氯乙烯（PVC），在打塞后套于瓶口并热塑封。

封帽机操作人员必须做到当天使用的帽和灌酒品种相符。

封帽机操作人员应检查所领帽的外包装是否完好，开箱后应检查因运输造成的瘪、裂、整根帽不够数现象等，发现有问题及时反馈。

封帽机操作人员要随时检查热缩后的帽，保证热缩后的瓶帽平整、无褶皱、不松懈。热缩后的遮盖面不能看到瓶壁。

17.7.8 贴标机岗位

贴标机操作人员必须做到当天使用的标和当天灌酒品种相符。

应检查当天使用的商标，如有空白标、倒标和其他因印刷造成的不合格商标应及时挑拣出来，把所出的不合格数记录下来，及时反馈。

贴标后商标的高度符合质量标准要求，标签牢固平整，位置正确、不歪斜、无翘边、无大小空、无遗漏和错标。

17.7.9 喷码机岗位

在国家标准中，预包装产品在醒目位置上必须标有生产日期、产品批号等内容，采用喷码技术将所需内容自动地反映在外包装上。在此岗位上，必须注意以下几点。

（1）当天生产的酒批号应和灌酒的批号一致，保证所喷出生产线号、灌装日期、瓶数及批号的字迹完整、端正、清晰、无变形和漏喷等，所喷的码应在规定的范围内。

（2）喷码机操作人员应勤观察喷码机的工作状态，发现喷码机有字迹、数字和符号不清晰应及时停机，必须把已过喷码机的瓶帽和纸箱马上追述回来，并应及时纠正后方可放行。

17.7.10 纸箱成型机岗位

纸箱成型机操作人员必须保证使用纸箱品种正确、颜色一致、字迹清楚。纸箱成型机在正常的工作中，操作人员应随时清理现场卫生。

无论是手工钉箱还是机器钉箱，都必须保证箱体方正，合缝要平整，手工钉箱要箱钉整齐，箱钉定的位置要均匀，胶黏带要平整，纸箱的两个侧面胶黏带要相应对齐。机器钉箱应保证纸箱底部黏和结实。

观察纸箱的外观，如发现纸箱有颜色不同、高矮不同、不同品种的纸箱混在一起等质量问题，向有关部门反馈。

17.7.11 装箱机和封箱机岗位

操作人员必须做到以下几点。

（1）注意观察酒在装入纸箱前标签是否有挫坏现象，如果有应及时挑拣出来。

（2）应保证装箱瓶数准确，无漏瓶。

（3）封箱后应合缝平整、封箱胶带平整、纸箱黏和必须结实。

17.7.12 码垛机岗位

自动灌装线上，经灌装、打塞、贴标等工序包装完毕并装箱后的产品，需要码放成垛，以便更好地存放及运输，在此岗位上，操作人员需注意以下几点。

（1）每天开始工作时必须把所用的木盘、勒包用的带子和记箱数用扉纸准备好。

（2）每天所出产品必须码放整齐，纸箱应完好。

（3）每出一盘成品都必须用带子勒好，把扉纸拴在勒包的带子上，记好盘数并写好连续数字。

（4）合理安排码垛形式，增加箱垛的稳定性，避免对箱子进行码垛后出现掉箱的现象，节约仓库存储的占地面积（王忠，2014）。

17.8 葡萄酒的储藏和运输

装瓶后的葡萄酒，或者在陈酿库中陈酿，或者套帽、贴标、装箱、进入成品库，它们各自需要不同的储藏条件。

对于瓶内陈酿葡萄酒，应在温度10～15℃，相对湿度65%～80%的陈酿库中（酒窖）陈酿。因此，陈酿库应具有良好的绝热性能，不受衣蛾的侵袭，以免它在瓶塞上产卵，形成木塞虫。陈酿库中应禁止使用任何带气味的挥发性物质，以免污染葡萄酒。需指出的是，如果酒瓶的密封性较差，则葡萄酒更易受污染并形成霉味。

在陈酿结束后，取出的葡萄酒应首先进行清洗，而且木塞顶端往往保持湿润。在套帽后，其顶部空间往往被霉菌充满。因此，最好使用穿刺套帽，即在胶帽顶部穿刺几个小孔。需指出的是，国际标准禁止使用含铅热收缩帽。

葡萄酒不得与有毒、有害、有异味、有腐蚀性物品和污染物混贮混运（SB/T 10712—2012）。

成品库应该干燥、冷凉、通风、避光、清洁，并配备相应的“防鼠”“防虫”设施。葡萄酒应“倒放”或“卧放”，严防日晒、雨淋，严禁火种。库内温度宜恒定（5～35℃），相对湿度60%～70%（SB/T 10712—2012）。

无论是在储藏过程中，还是在运输过程中，都必须考虑葡萄酒所能达到的最高温度，因为升温是引起漏瓶的主要原因之一。

航空运输对葡萄酒的影响不大，因为货运舱密封性良好，由高度引起的低压和低温对葡萄酒的密闭性影响很小。

但是，对于公路、铁路和轮船的长途运输，温差的变化就可能非常大，而且所经历的时间也相对较长，再加上路途的摇动，都对葡萄酒不利。所以，如果采用传统集装箱运输，就很难保证运输质量。因此，在这种情况下，应采用绝热集装箱或自动控温集装箱（李华和王华，2017）。

17.9 小　　结

葡萄酒的封装就是将处理好的葡萄酒装入销售容器（瓶内）并进行封口的操作过程。在封装前，必须对葡萄酒的质量进行检验和稳定性试验，并在必要时进行修正和稳定性处理，只有符合质量要求和稳定的葡萄酒才能被封装。

在葡萄酒的准备、封装过程中的各个环节，严格的卫生条件、防止任何污染，是保证葡萄酒质量的关键。

葡萄酒是有生命的，从葡萄酒装瓶到被消费前的各个阶段，都处于瓶内陈酿阶段，都必须尽量为其提供最佳的陈酿条件，即黑暗、安静、无任何气味和震动，温度10～15℃、相对湿度65%～80%。

附　　表

附表 1A　葡萄汁的比重与糖度和酒精换算表

普通比重计	波美比重计	每升葡萄汁中含糖量 /g	酿成酒后含酒精量 /%	普通比重计	波美比重计	每升葡萄汁中含糖量 /g	酿成酒后含酒精量 /%
1.035	4.9	63	3.7	1.064	8.6	140	8.2
1.036	5.0	65	3.9	1.065	8.9	143	8.4
1.037	5.2	68	4.0	1.066	8.9	146	8.6
1.038	5.3	71	4.2	1.067	9.0	148	8.7
1.039	5.4	73	4.4	1.068	9.2	151	8.9
1.040	5.5	76	4.5	1.069	9.3	154	9.0
1.041	5.7	79	4.7	1.070	9.4	156	9.2
1.042	5.8	82	4.8	1.071	9.5	159	9.3
1.043	6.0	84	5.0	1.072	9.7	162	9.5
1.044	6.1	87	5.1	1.073	9.8	164	9.6
1.045	6.2	90	5.3	1.074	9.9	167	9.8
1.046	6.3	92	5.4	1.075	10.1	170	10.0
1.047	6.5	95	5.6	1.076	10.2	172	10.1
1.048	6.6	98	5.7	1.077	10.3	175	10.3
1.049	6.7	100	5.9	1.078	10.4	178	10.5
1.050	6.9	103	6.0	1.079	10.5	180	10.6
1.051	7.0	106	6.2	1.080	10.7	183	10.8
1.052	7.1	108	6.3	1.081	10.8	186	10.9
1.053	7.2	111	6.5	1.082	10.9	188	11.0
1.054	7.4	114	6.7	1.083	11.0	191	11.2
1.055	7.5	116	6.8	1.084	11.1	194	11.4
1.056	7.6	119	7.0	1.085	11.3	196	11.5
1.057	7.8	122	7.2	1.086	11.4	199	11.7
1.058	7.9	124	7.3	1.087	11.5	202	11.9
1.059	8.0	127	7.5	1.088	11.6	204	12.0
1.060	8.1	130	7.6	1.089	11.8	207	12.2
1.061	8.3	132	7.8	1.090	11.9	210	12.3
1.062	8.4	135	7.9	1.091	12.0	212	12.5
1.063	8.5	138	8.1	1.092	12.1	215	12.6

续表

普通比重计	波美比重计	每升葡萄汁中含糖量 /g	酿成酒后含酒精量 /%	普通比重计	波美比重计	每升葡萄汁中含糖量 /g	酿成酒后含酒精量 /%
1.093	12.3	218	12.8	1.109	14.2	260	15.3
1.094	12.4	220	12.9	1.110	14.3	263	15.4
1.095	12.5	223	13.1	1.111	14.4	266	15.6
1.096	12.6	226	13.1	1.112	14.5	268	15.7
1.097	12.7	228	13.4	1.113	14.7	271	15.9
1.098	12.9	231	13.6	1.114	14.8	274	16.1
1.099	13.0	234	13.8	1.115	15.0	276	16.2
1.100	13.1	236	13.9	1.116	15.1	279	16.4
1.101	13.2	239	14.0	1.117	15.1	282	16.5
1.102	13.2	239	14.0	1.118	15.2	284	16.7
1.103	13.3	242	14.2	1.119	15.3	287	16.8
1.104	13.6	247	14.3	1.120	15.4	290	17.0
1.105	13.7	250	14.7	1.121	15.5	292	
1.106	13.8	252	14.8	1.122	15.6	295	
1.107	13.9	255	15.0	1.123	15.7	298	
1.108	14.0	258	15.1	1.124	15.9	300	

附表 1B 葡萄汁的比重与糖度换算表

普通比重计	波美比重计	每升葡萄汁中含糖量 /g	普通比重计	波美比重计	每升葡萄汁中含糖量 /g
1.125	16.0	303	1.140	16.6	316
1.126	16.1	306	1.141	16.6	316
1.127	16.2	308	1.142	16.6	316
1.128	16.3	311	1.143	16.6	316
1.129	16.5	314	1.144	18.2	354
1.130	16.6	316	1.145	18.3	357
1.131	16.7	319	1.146	18.4	359
1.132	16.6	316	1.147	18.5	361
1.133	16.6	316	1.148	18.6	364
1.134	16.6	316	1.149	18.7	367
1.135	16.6	316	1.150	18.8	370
1.136	16.6	316	1.151	18.9	373
1.137	16.6	316	1.152	19.0	375
1.138	16.6	316	1.153	19.1	378
1.139	16.6	316	1.154	19.3	381

续表

普通比重计	波美比重计	每升葡萄汁中含糖量 /g	普通比重计	波美比重计	每升葡萄汁中含糖量 /g
1.155	19.4	383	1.178	21.8	445
1.156	19.5	386	1.179	21.9	447
1.157	19.6	389	1.180	22.1	450
1.158	19.7	391	1.181	22.2	453
1.159	19.8	394	1.182	22.3	455
1.160	19.9	397	1.183	22.4	458
1.161	20.0	399	1.184	22.5	461
1.162	20.1	402	1.185	22.6	463
1.163	20.2	404	1.186	22.7	466
1.164	20.3	407	1.187	22.8	469
1.165	20.4	410	1.188	22.9	471
1.166	20.5	312	1.189	23.0	474
1.167	20.7	415	1.190	23.1	477
1.168	20.8	418	1.191	23.2	479
1.169	20.9	421	1.192	23.3	482
1.170	21.0	423	1.193	23.4	485
1.171	21.1	426	1.194	23.5	487
1.172	21.2	429	1.195	23.6	490
1.173	21.3	431	1.196	23.7	493
1.174	21.4	434	1.197	23.8	495
1.175	21.5	437	1.198	23.9	498
1.176	21.6	439	1.199	24.0	501
1.177	21.7	442	1.200	24.1	503

附表 2 普通比重计以 20℃为准在不同温度下比重校正表

温度 /℃	校正数	温度 /℃	校正数	温度 /℃	校正数	温度 /℃	校正数
10	−1.5	19	−0.2	28	+1.9	37	+4.8
11	−1.4	20	0	29	+2.2	38	+5.1
12	−1.3	21	+0.2	30	+2.5	39	+5.5
13	−1.2	22	+0.4	31	+2.8	40	+5.9
14	−1.1	23	+0.7	32	+3.1		
15	−0.9	24	+0.9	33	+3.4		
16	−0.8	25	+1.1	34	+3.7		
17	−0.6	26	+1.4	35	+4.1		
18	−0.4	27	+1.7	36	+4.4		

附表3　国际标准（OIV）允许使用的葡萄酒工艺Ⅰ——葡萄汁（醪）处理*

处理	目的	方法	限量	备注
过量氧化	提高所酿造葡萄酒的稳定性	在葡萄汁中充气或充氧		只能在发酵前进行
二氧化硫处理	防止氧化、微生物控制			
化学增酸	增酸	乳酸、L（－）或DL-苹果酸、L（＋）-酒石酸	增酸幅度≤4 g/L（酒石酸）	葡萄汁和葡萄酒的累计增酸幅度≤4 g/L（酒石酸）
生物增酸	增酸	增酸酵母		
物理降酸	降酸	低温处理		
化学降酸	降酸	酒石酸钾、碳酸钾、碳酸钙、双盐法	用降酸葡萄汁生产的葡萄酒的酒石酸应≥1 g/L	
生物降酸		乳酸菌 降酸酵母		包括酿酒酵母和裂殖酵母
酶处理	澄清，提高可过滤性、释放芳香物质 控制细菌	果胶酶、糖苷酶等 溶菌酶	≤500 mg/L	溶菌酶在葡萄汁和葡萄酒的累计用量≤500 mg/L
自然澄清	澄清			
胶体	澄清	明胶、单宁、膨润土、二氧化硅、酪蛋白、酪蛋白酸钾、植物蛋白、PVPP	植物蛋白的最大用量≤500 mg/L	还可预防破败、防止氧化等
活性炭	改善葡萄酒质量		≤1 g/L	
过滤	澄清			
悬浮澄清	澄清	在葡萄汁中通入氮气、二氧化碳或通气		
部分浓缩	浓缩、提高含糖量	冷冻、反渗透、真空蒸发、常压蒸发	体积降低幅度≤20%；自然酒度提高幅度≤2%（体积分数）	
除硫	除去全部或部分所加入的二氧化硫	只能用物理方法		
维生素C	防止氧化	最好在破碎后立即加入	250 mg/L	与二氧化硫结合使用
促进发酵		微晶状纤维、铵盐、硫胺、酵母制品、通气	酵母菌皮的最大用量≤400 mg/L	
防止发酵泡沫		油酸二甘油酯和油酸单甘油酯的混合物	10 mg/L	

注：在同一葡萄酒及其原料中不能既增酸又降酸

附表 4 国际标准（OIV）允许使用的葡萄酒工艺Ⅱ——葡萄酒处理*

处理	目的	方法	限量	备注
化学增酸	增酸	乳酸、L（－）或DL-苹果酸、L（＋）-酒石酸、柠檬酸	增酸幅度≤4 g/L（酒石酸）	葡萄汁和葡萄酒的累计增酸幅度≤4 g/L（酒石酸）
物理降酸	降酸	低温处理		
化学降酸	降酸	酒石酸钾、碳酸钾、碳酸钙、双盐法	降酸后葡萄酒的酒石酸应≥1 g/L	
生物降酸	降酸	苹果酸-乳酸发酵		
下胶	澄清、除菌、提高稳定性	明胶、蛋白、鱼胶、酪蛋白、酪蛋白酸钾、藻蛋白酸盐、硅胶、膨润土、高岭土、单宁、阿拉伯树胶、PVPP、酵母蛋白提取物		
过滤、离心	澄清，除菌			
酶处理	澄清，提高可过滤性、释放芳香物质 降低脲的含量 控制细菌	果胶酶、糖苷酶等 脲酶 溶菌酶	≤500 mg/L	溶菌酶在葡萄汁和葡萄酒的累计用量≤500 mg/L
物理化学稳定	除铁	单宁＋下胶、植酸钙、亚铁氰化钾、柠檬酸、加氧		
物理化学稳定	酒石稳定	电渗析、离子交换、冷冻 偏酒石酸 酒石酸钙 酵母甘露蛋白 羧甲基纤维素钠	≤100 mg/L ≤2 g/L ≤200 mg/L（一般用于白葡萄酒、桃红葡萄酒和起泡葡萄酒）	
生物稳定	热处理	巴氏杀菌、热灌装、瓶内巴氏杀菌		
生物稳定	除菌过滤			
生物稳定	化学方法	二氧化硫 山梨酸 维生素C DMDC 谷胱甘肽	≤200 mg/L ≤250 mg/L ≤200 mg/L ≤20 mg/L	只能在灌装前使用
去除硫味		加氧 $CuSO_4 \cdot 5H_2O$	≤10 mg/L	
活性炭	染色白葡萄酒的脱色		1 g/L	不能既用于葡萄汁，又用于葡萄酒
冷冻浓缩	提高酒度		体积降低幅度≤20%；酒度提高幅度≤2%（体积分数）	

续表

处理	目的	方法	限量	备注
橡木片	给予葡萄酒橡木味			
降低酒度	部分蒸发		酒度降低幅度≤2%（体积分数）	
分离、转罐（换桶）	澄清			
添罐（添桶）	防止氧化和微生物侵染			

附表 5 国际标准（OIV）有关成分的最高限量*

成分	处理限量	葡萄酒中残留量
维生素 C	250 mg/L	300 mg/L
柠檬酸		1 g/L
偏酒石酸	100 mg/L	
山梨酸	200 mg/L	
总酸	加入乳酸、L（－）或 DL-苹果酸、L（＋）-酒石酸、柠檬酸所引起的增酸幅度≤4 g 酒石酸 /L	
挥发酸		1.2 g 乙酸 /L
砷		0.2 mg/L
硼		80 mg 硼酸 /L
溴		1 mg/L
镉		0.01 mg/L
活性炭	1 g/L	
铜		1 mg/L
二甘醇		10 mg/L
二甲花翠素（锦葵色素）		15 mg/L
总二氧化硫		含糖量≤4 g/L 的红葡萄酒：150 mg/L 含糖量≤4 g/L 的白葡萄酒和桃红葡萄酒：200 mg/L 含糖量＞4 g/L 的葡萄酒：300 mg/L 特种甜白葡萄酒：400 mg/L
酵母菌皮	400 mg/L	
乙二醇		10 mg/L
氟		1 mg/L（在允许使用格陵兰晶石的国家：3 mg/L）
阿拉伯树胶	0.3 g/L	
溶菌酶	500 mg/L	
甲醇		红葡萄酒：400 mg/L 白葡萄酒和桃红葡萄酒：250 mg/L
黄曲霉素 A		2 μg/L

续表

成分	处理限量	葡萄酒中残留量
纳他霉素		5 μg/L
磷酸二铵	0.3 g/L	
PVPP	800 mg/L	
丙二醇		平静葡萄酒：150 mg/L 起泡葡萄酒：300 mg/L
钠		60 mg/L
硫酸盐		1 g 硫酸钾 /L 在橡木桶中陈酿 2 年以上的酒，加糖的酒，加葡萄汁或白兰地、葡萄酒精的酒：1.5 g/L 加浓缩葡萄汁的酒，自然甜型葡萄酒：2 g/L 产膜葡萄酒：2.5 g/L
硫酸铵	0.3 g/L	
硫酸铁	10 mg/L	
硫酸铜	10 mg/L	
酒石酸钙	200 mg/L	
锌	5 mg/L	
铅		利口酒：0.15 mg/L 除利口酒以外的葡萄酒：0.10 mg/L（从 2019 年开始）

* 附表 3～附表 5 是根据国际葡萄与葡萄酒组织（OIV）2022 年 1 月版的 *Code International des Pratiques Oenologiques* 编写的

主要参考文献

曹芳玲，康登昭，刘宗芳．2017．闪蒸技术对美乐干红葡萄酒品质的影响．安徽农业科学，45（26）：102-105

曹丽娟，张旭，陈朝银，等．2016．原花青素对 MSG 诱导的肥胖小鼠及脂肪变性 L-02 肝细胞的降脂作用．中国酿造，35（8）：155-158

曹培鑫，马涛，杨凯迪，等．2015．我国葡萄酒中布鲁塞尔酒香酵母的检测和鉴定．食品科学，36（23）：172-177

曹瑞红，雷振河．2019．饮酒与健康之间的关系研究分析．酿酒科技，2：135-142

柴菊华，崔彦志，王莉，等．2008．红葡萄酒添桶频次对国产橡木桶贮酒的影响．酿酒科技，（8）：89-91

陈欣然．2019．葡萄与葡萄酒中花色苷类物质 UPLC-ESI-MS/MS 分析方法建立及应用．兰州：甘肃农业大学硕士学位论文

陈雅纯，韩玮钰，张拓，等．2019．葡萄多酚类物质研究进展．农产品加工，19：83-86

陈瑶．2008．柿酒的澄清处理及稳定性研究．济南：山东轻工业学院硕士学位论文

陈玉颖，邹毅，王帅静，等．2018．发酵酒储藏期间浑浊沉淀类型及澄清措施．中国酿造，37（6）：10-14

程雪娇，王茜，李娜，等．2015．白藜芦醇对阿尔茨海默病模型大鼠海马组织星形胶质细胞及 TNF-α 表达的影响．卫生研究，44（4）：10-614

崔长伟，李洋，李雅善，等．2019．‘户太八号’与‘北冰红’混合酿造起泡葡萄酒研究．中外葡萄与葡萄酒，（1）：6-11

崔艳，吕文，党宏捷，等．2009．以宁夏芦花台霞多丽酿造起泡葡萄酒原料酒的研究．酿酒科技，（3）：57-58，62

戴铭成．2018．果胶酶添加条件对葡萄酒品质的影响．山西农业科学，46（9）：1461-1464

党国芳，施莲红，沈芳红，等．2011．软木塞和高分子合成塞密封干白葡萄酒的试验研究．中国食品学报，11（1）：172-182

丁姗姗，李洛洛．2015．反渗透膜技术的应用．山东工业技术，（22）：22，38

丁银霆，魏如腾，宋英珲，等．2021．葡萄生态系统中自然微生物群落多样性及其代谢酶系统的研究现状．微生物学通报，48（8）：2837-2852

董喆，袁春龙，闫小宇，等．2016．葡萄与葡萄酒中多酚氧化酶研究进展．食品科学，37（15）：271-277

都晗，梁艳英，王鑫，等．2018．酿酒和鲜食葡萄酿造起泡葡萄酒品质差异研究．中国酿造，37（12）：22-27

豆一玲，严玉玲，陈新军，等．2019．不同澄清工艺对无核紫桃红葡萄酒品质的影响．食品研究与开发，40（9）：118-122

杜娟，热比古丽·哈力克，沙吾提·阿布拉江，等．2020．甜型葡萄酒的加工工艺．黑龙江农业科学，2：84-87

段中岳．2015．浅析苹果酸 - 乳酸发酵对葡萄酒品质的影响．中国科技博览，（46）：246

冯韶辉．2012．不同种类葡萄酒软木塞的密封性能研究．酿酒科技，（4）：59-60

付丽霞．2016．干化处理对贺兰山东麓赤霞珠葡萄浆果及其葡萄酒品质的影响．银川：宁夏大学硕士学位论文

高畅，毛晓辉，吴秀飞，等．2011．干红葡萄酒发酵过程中发酵液比重下降与生成酒精浓度关系的研究．中外葡萄与葡萄酒，（1）：16-18

官凌霄，高飞飞，王华，等．2020．采收期对渭北旱塬北冰红葡萄香气成分的影响．中国酿造，29（12）：58-63

郭巍．2015．葡萄酒促进人体健康的证据和机制．河南教育学院学报（自然科学版），24（4）：87-89

韩国民．2015．氧接触对葡萄酒多酚和羰基化合物影响的研究．杨凌：西北农林科技大学博士学位论文

韩晓鹏．2016．天然甜葡萄酒的产品开发和技术研究．石家庄：河北科技大学硕士学位论文

侯国山，成甜甜，张耀伦，等．2019．陕西合阳地区酿酒葡萄果实成熟特性研究．中国酿造，38（12）：69-74

胡博然，徐文彪，杨新元，等．2005．霞多丽干白葡萄酒品种香和发酵香成分变化的比较研究．农业工程学报，21（12）：191-194

胡名志．2016a．论述葡萄酒中的二氧化硫．酿酒，43（3）：29-31
胡名志．2016b．葡萄酒弃二氧化硫的探析．酿酒，43（4）：84-87
康文怀，李华，杨雪峰，等．2006．微氧技术在葡萄酒酿造中的应用．食品与发酵工业，5（32）：77-81
康晓鸥．2015．葡萄花色苷的变色特征及其在鉴别红葡萄酒中色素的应用．保定：河北大学硕士学位论文
兰圆圆．2014．基于灰葡萄孢人工侵染的贵腐葡萄酒酿造工艺研究．杨凌：西北农林科技大学硕士学位论文
李华．1990．葡萄酒酿造与质量控制．杨凌：天则出版社
李华．1991．干白葡萄酒工艺研究进展．葡萄栽培与酿酒，1：19-30
李华．1999．论我国葡萄酒产业系统及其标准化建设．中外葡萄与葡萄酒，9：36-38
李华．2000．现代葡萄酒工艺学．2 版．西安：陕西人民出版社
李华．2001．葡萄的芳香物质．中外葡萄与葡萄酒，6：43-44
李华．2002．葡萄酒中的单宁．西北农林科技大学学报（自然科学版），30（3）：137-141
李华．2002．走进葡萄酒．北京：农村读物出版社
李华．2004．通过品尝评价酿酒葡萄的成熟度．中外葡萄与葡萄酒，1：53-56
李华．2006．葡萄酒酒精发酵终止．酿酒，33（2）：7-8
李华．2006．葡萄酒品尝学．北京：科学出版社
李华．2008．葡萄栽培学．北京：中国农业出版社
李华，房玉林．2005．论葡萄产业可持续发展模式的目标——优质、稳产、长寿、美观．科技导报，23（9）：20-22
李华，贺普超，王跃进．1990．广适性优良欧亚种酿酒葡萄品种研究初报．北方果树，2：12-17
李华，胡博然，张予林．2004．贺兰山东麓地区霞多丽干白葡萄酒香气成分的 GC/MS 分析．食品科学，4（3）：72-75
李华，胡亚菲．2006a．世界葡萄与葡萄酒概况．中外葡萄与葡萄酒，1：66-69
李华，胡亚菲．2006b．世界葡萄与葡萄酒概况．中外葡萄与葡萄酒，2：66-70
李华，惠竹梅，张艳芳，等．2001．加糖方式对干红葡萄酒浸渍发酵速度的影响．中外葡萄与葡萄酒，5：39-40
李华，李甲贵．2000．中国葡萄酒与葡萄酒文化．咸阳：2000 国际酒文化学术研讨会论文集
李华，刘延琳，惠竹梅．2001．浸渍时间对干红葡萄酒质量的影响 // 第二届国际葡萄与葡萄酒学术研讨会论文集．西安：陕西人民出版社：126-128
李华，刘延琳．2002．酵母菌在红葡萄酒酒精发酵串罐中稳定性研究．微生物学通报，29（1）：49-52
李华，王华．2010．葡萄酒产业发展的新模式——小酒庄，大产业．酿酒科技，12：99-101
李华，王华．2010．中国葡萄酒．杨凌：西北农林科技大学出版社：2-24
李华，王华．2015．中国葡萄气候区划．杨凌：西北农林科技大学出版社
李华，王华．2016．论中国葡萄酒产业的生态文明建设．中外葡萄与葡萄酒，1：52-55
李华，王华．2017．葡萄酒酿造与质量控制．杨凌：天则出版社
李华，王华．2017．葡萄酒酿造与质量控制手册．杨凌：西北农林科技大学出版社
李华，王华．2019．中国葡萄酒．2 版．杨凌：西北农林科技大学出版社
李华，王华．2020．极简化生态葡萄栽培．中外葡萄与葡萄酒，4：41-51
李华，王华，房玉林，等．2007a．我国葡萄栽培气候区划研究（Ⅰ）．科技导报，25（18）：63-68
李华，王华，房玉林，等．2007b．我国葡萄栽培气候区划研究（Ⅱ）．科技导报，25（19）：57-64
李华，王华，郭安鹊，等．2022．葡萄酒品尝学．2 版．北京：科学出版社
李华，王华，刘拉平，等．2005．爱格丽白葡萄酒香气成分的 GC/MS 分析．中国农业科学，38（6）：1250-1254
李华，王华，杨和财．2002．新型酵母和细菌抑制剂的研究．中外葡萄与葡萄酒，4：50-51
李华，王华，袁春龙，等．2005．葡萄酒化学．北京：科学出版社
李华，王华，袁春龙，等．2007．葡萄酒工艺学．北京：科学出版社
李华，杨晨露，王华．2021．葡萄酒质量安全风险与管理．食品科学技术学报，39（5）：1-8
李娜娜．2017．杨凌地区主要白色酿酒葡萄品种酿造白兰地的研究．杨凌：西北农林科技大学硕士学位论文
李宁宁．2019．咖啡酸和迷迭香酸辅助呈色对‘赤霞珠’干红葡萄酒色泽品质的影响．兰州：甘肃农业大学硕士学位

论文
李维新，苏昊，何志刚，等．2020．南方山葡萄酒的氧化褐变动力学研究．中国食品学报，20（1）：190-195
李伟，席晓敏，李辉，等．2020．贺兰山东麓赤霞珠干红葡萄酒陈酿过程中颜色变化研究．食品科学技术学报，38（2）：41-47
林博学，孔凡耿．2017．葡萄酒用软木塞加 / 除湿工艺的研究及应用．酿酒科技，（9）：71-74
刘春艳．2018．水分胁迫对赤霞珠葡萄果实挥发性风味物质的影响．银川：宁夏大学硕士学位论文
刘晶，王华，李华，等．2011．CO_2 浸渍法酿造两性花毛葡萄 NW196 葡萄酒的研究．中国酿造，9：19-21
刘晶，王华，李华，等．2012a．CO_2 浸渍毛葡萄酒香气成分的 GC/MS 分析．中国酿造，31（7）：159-163
刘晶，王华，李华，等．2012b．CO_2 浸渍法研究进展．食品工业科技，33（3）：369-372
刘旭，杨丽，张芳芳，等．2015．酿酒葡萄成熟期间果实质地特性和花色苷含量变化．食品科学，36（2）：105-109
刘玥姗．2015．葡萄果实糖苷酶活性、香气糖苷总量及其与成熟指标的关联分析．杨凌：西北农林科技大学硕士学位论文
卢新军，何少华，范永，等．2019．几种下胶材料对干红葡萄酒澄清效果及品质的影响．食品与发酵工业，45（19）：159-165.
鲁榕榕，马腾臻，张波，等．2018．大豆蛋白澄清剂对‘赤霞珠’干红葡萄酒品质的影响．食品与发酵工业,44（3）：135-145
鲁榕榕．2018．瓶内二次发酵及带酒泥陈酿对‘贵人香’起泡葡萄酒品质影响的研究．兰州：甘肃农业大学硕士学位论文
陆正清．2008．葡萄酒的病害与败坏及其防治．酿酒科技，3：29-31
吕建国，张克磊，贺全红，等．2013．反渗透浓缩技术的研究进展．山东工业技术，（9）：28-29，7
吕庆峰，张波．2013．先秦时期中国本土葡萄与葡萄酒历史积淀．西北农林科技大学学报（社会科学版），13（3）：157-162
马雯．2016．酿酒葡萄缩合单宁的化学合成、分离与分析．杨凌：西北农林科技大学博士学位论文
马旭艺．2018．化学协同生物法山葡萄酒降酸工艺的研究．哈尔滨：东北农业大学硕士学位论文
孟强，刘树文．2019．酿酒葡萄栽培和采收过程中的安全因素与控制措施．中外葡萄与葡萄酒，（3）：43-46
南立军，李雅善，刘丽媛，等．2014．架式对干白葡萄酒香气成分的影响．食品科学，35（4）：101-106
牛见明，张波，史肖，等．2019．三种澄清方式对‘美乐’甜型桃红葡萄酒品质的影响．食品与发酵工业，45（16）：128-135
庞建．2016．昌黎产区赤霞珠葡萄病虫害发生情况的研究．杨凌：西北农林科技大学硕士学位论文
彭军，盛慧，姜忠军．2005．一个容易控制的质量指标 pH 值．酿酒科技，（4）：68-71
屈慧鸽，徐栋梁，徐磊，等．2016．放汁法同时酿造干红和桃红葡萄酒及其酒质和抗氧化活性分析．食品科学，37（15）：179-184
苏鹏飞．2016．宁夏青铜峡产区主栽红色酿酒葡萄成熟度控制指标的研究．杨凌：西北农林科技大学硕士学位论文
苏鹏飞，杨丽，张世杰，等．2017．基于主成分分析的酿酒葡萄梅鹿辄的最佳采收期．中国食品学报，17（7）：274-282
苏鹏飞，袁春龙，杨丽，等．2016．不同采收期对黑比诺葡萄及葡萄酒品质的影响．现代食品科技，（5）：234-240
孙海燕．2019．贺兰山东麓干红葡萄酒多酚组分与其抗氧化、抗癌活性的关联性研究．杨凌：西北农林科技大学博士学位论文
谭立杭．2019．红葡萄酒中缩合单宁特性与感官收敛性的关系研究．杨凌：西北农林科技大学硕士学位论文
屠婷瑶，孟江飞，魏晓峰，等．2017．山西乡宁赤霞珠葡萄最佳采收期研究．西北农林科技大学学报（自然科学版），45（5）：139-146
王华．1999．葡萄与葡萄酒实验技术操作规范．西安：西安地图出版社
王华，宁小刚，杨平，等．2016．葡萄酒的古文明世界、旧世界与新世界．西北农林科技大学学报（社会科学版），16（6）：150-153
王华，宋建强，梁艳英，等．2014．搅拌棒萃取 - 气相色谱 - 质谱联用法分析‘媚丽’桃红葡萄酒中的香气成分．食

品科学，35（2）：177-181
王华，田雪林，杨晨露，等．2022．葡萄酒与健康．中国酿造，41（3）：1-5
王华，张莉，丁吉星，等．2015．山葡萄‘北冰红’起泡葡萄酒研发与评价．食品与发酵工业．41（7）：93-98
王瑾，冯作山，洪梅玲，等．2019．响应面法优化复合酶解制取赤霞珠葡萄汁工艺．食品工业科技，40（3）：141-146，152
王琳，赵裴，刘洋，等．2020．干化处理对霞多丽葡萄酒质量的影响．食品与发酵工业，46（7）：83-88
王琦．2019．可雅白兰地让世界重新认识“中国酿造”．中国酒，（7）：52-54
王树庆，姜薇薇，李保国，等．2019．葡萄酒酿造过程中的有害微生物．酿酒，46（3）：19-22
王卫国，胡晓伟．2017．葡萄酒中多酚及多酚氧化酶研究现状与展望．中国酿造，36（8）：16-19
王霞．2006．橡木制品在白兰地陈酿中的应用研究．无锡：江南大学硕士学位论文
王星晨．2018．基于优选胶红酵母与酿酒酵母混合酒精发酵的葡萄酒增香酿造研究．杨凌：西北农林科技大学硕士学位论文
王忠，陈兴忠，周晓芳，等．2014．PLC 在葡萄酒灌装线拆垛机上的应用．天津农业科学，（3）：76-80
文连奎，赵薇，张微，等．2010．果酒降酸技术研究进展．食品科学，31（11）：325-328
翁鸿珍，成宇峰．2011．葡萄酒微生物病害．酿酒科技，（8）：132-133，135
邢守营．2013．贵腐葡萄及贵腐葡萄酒的酿造工艺．中国林副特产，（4）：45-46
严斌，陈晓杰，李伟．2007．电渗析法在葡萄酒冷稳定处理中的应用研究．中国酿造，（3）：25-27
杨晨露，曹佩佩，单文龙，等．2019．葡萄酒质量安全影响因素及酿造过程中的质量管理．食品安全质量检测学报，10（6）：1573-1581
杨晨露，王华，李华．2017．中 / 欧葡萄酒工艺标准比较研究．食品与发酵工业，43（2）：252-256
杨晓雁，袁春龙，张晖，等．2014．酒度、总酸、pH 值以及饮用温度对干红葡萄酒涩味的影响．食品科学，35（21）：118-123
杨雪峰，翟婉丽，原雨欣，等．2019．“放血”（saignée）发酵工艺中媚丽不同酒种质量变化．食品与发酵工业，45（2）：129-135
姚路畅，李华．2008．冷冻处理温度对葡萄果皮细胞的影响．酿酒科技，6：52-54，58
姚瑶，周斌，张亚飞，等．2017．不同澄清剂对赤霞珠干红葡萄酒澄清效果的影响．新疆农业大学学报，40（5）：345-350
游雪燕．2014．红葡萄酒中“马厩味”不良风味物质产生机制及其检测方法的研究．上海：上海应用技术学院硕士学位论文
于清琴，张颖超，陈万钧．2017．葡萄酒生产过程中的氧化与预防措施．中外葡萄与葡萄酒，（3）：74-76
翟婉丽．2018．杨凌地区媚丽葡萄成熟度特性与分汁法酿酒工艺研究．杨凌：西北农林科技大学硕士学位论文
战吉宬，马婷婷，黄卫东，等．2016．葡萄酒人工催陈技术研究进展．农业机械学报，47（3）：186-199
张春晖，李华．2003．葡萄酒微生物学．西安：陕西人民出版社
张春芝，江志国．2013．微生物对葡萄酒香气的影响综述．中国酿造，32（9）：28-31
张方艳，蒲彪，陈安均．2014．果酒降酸方法的研究现状．食品工业科技，35（1）：390-393，400
张莉，王华，李华．2006．发酵前热浸渍工艺对干红葡萄酒质量的影响．食品科学，27（4）：134-137
张敏，刘晓秋，彭欣莉，等．2015．葡萄酒离子交换降酸的研究．食品研究与开发，36（20）：26-29
张宁波，夏鸿川，张军翔．2019．三种稳定剂对赤霞珠葡萄酒冷稳定性的影响．食品与发酵工业，45（17）：32-39
张宁波，徐文磊，张军翔．2019．澄清剂和温度对赤霞珠葡萄酒澄清效果的影响．食品工业科技，40（10）：87-92
张如意，卢丕超，成池芳，等．2020．贵人香葡萄生产白兰地原酒发酵工艺的研究．酿酒科技，（9）：34-39
张欣珂，赵旭，成池芳，等．2019．葡萄酒中的酚类物质 I：种类、结构及其检测方法研究进展．食品科学，40（15）：255-268
张众．2020．微氧工艺对贺兰山东麓赤霞珠干红葡萄酒香气调控的研究．银川：宁夏大学硕士学位论文
郑海武，雷蕾，李正英，等．2020．本土优良酿酒酵母的酿造学特性．食品与发酵工业，46（8）：118-122，130
中华人民共和国工业和信息化部发布行业标准．BB/T 0018—2021．包装容器 葡萄酒瓶

中华人民共和国国家标准．GB/T 15037—2006．葡萄酒

中华人民共和国国家标准．GB/T 23778—2009．酒类及其他食品包装用软木塞

中华人民共和国国家标准．GB 12696—2016．食品安全国家标准 发酵酒及其配制酒生产卫生规范

中华人民共和国农业部标准．NY/T 3103—2017．加工用葡萄

中华人民共和国商务部标准．SB/T 10712—2012．葡萄酒运输、贮存技术规范

朱晓琳．2017．糖苷酶处理葡萄酒酿造过程中香气物质的动态变化研究．杨凌：西北农林科技大学硕士学位论文

Albergaria H, Francisco D, Gori K, et al. 2010. *Saccharomyces cerevisiae* CCMI 885 secretes peptides that inhibit the growth of some non-*Saccharomyces* wine-related strains. Appl Microbiol Biotechnol, 86 (3): 965-972

Alcalde-Eon C, Garcia-Estevez I, Puente V, et al. 2014. Color stabilization of red wines. a chemical and colloidal approach. J Agric Food Chem, 62 : 6984-6994

Alexandre H, Costello P J, Remize F, et al. 2004. *Saccharomyces cerevisiae-Oenococcus oeni* interactions in wine: current knowledge and perspectives. International Journal of Food Microbiology, 93(2): 14-154

Angelkov D, Bande C M. 2018. Sensor module for monitoring wine fermentation process. 428. Lecture Notes in Electrical Engineering: 253-262

Argyrios T, Stamatina K, Yiannis K. 2014. Grape brandy production, composition and sensory evaluation. Journal of the Science of Food and Agriculture, 94: 404-414

Arriagada-Carrazana J P, éz-Navarrete C S A, Bordeu E. 2005. Membrane filtration effects on aromatic and phenolic quality of Cabernet Sauvignon wines. Journal of Food Engineering, 68(3): 363-368

Aversa C, Barletta M, Gisario A, et al. 2021. Design, manufacturing and preliminary assessment of the suitability of bioplastic bottles for wine packaging. Polymer Testing, 100: 107227

Avizcuri-Inac J M, Gonzalez-Hernandez M, Rosaenz-Oroz D, et al. 2018. Chemical and sensory characterisation of sweet wines obtained by different techniques. Ciencia E Tecnica Vitivinicola, 33(1): 15-30

Awad P, Athes V, Decloux M E, et al. 2017. Evolution of volatile compounds during the distillation of cognac spirit. Journal of Agricultural and Food Chemistry, 65(35): 7736-7748

Barata A, Malfeito-Ferreira M, Loureiro V. 2012. The microbial ecology of wine grape berries. Int J Food Microbiol, 153 (3): 243-259

Belda I, Zarraonaindia I, Perisin M, et al. 2017. From vineyard soil to wine fermentation: microbiome approximations to explain the “terroir” concept. Front Microbiol, 8: 821

Beltran G, Torija M. J, Novo M, et al. 2002. Analysis of yeast populations during alcoholic fermentation: a six year follow-up study. Syst Appl Microbiol, 25 (2): 287-293

Berger J L. 1991. Auto-enrichissement du mout par osmose inverse. Bulletin de l’OIV, 721-722: 189-210

Bosso A, Motta S, Panero L, et al. 2020. Use of polyaspartates for the tartaric stabilisation of white and red wines and side effects on wine characteristics. OENO One, 54(1): 15-26

Bostanian N J, Vincent V, Isaacs R. 2012. Arthropod Management in Vineyards: Pests, Approaches, and Future Directions. Dordrecht: Springer

Budic-Leto I, Lovric T, Gajdos Kljusuric J, et al. 2006. Anthocyanin composition of the red wine Babic affected by maceration treatment. Eropean Food Research and Technology, 222: 397-402

Buxaderas S, Lopez-Tamames E. 2012. Sparkling wines: features and trends from tradition//Henry J. Advances in Food and Nutrition Research, Vol 66. Amsterdam: Elsevier: 2-35

Cabaroglu T, Selli S, Canbas A, et al. 2003. Wine flavor enhancement through the use of exogenous fungal glycosidases. Enzyme and Microbial Technology, 33: 581-587

Caillé S, Salmon J M, Samson A. 2018. Effect of storage in glass and polyethylene terephthalate bottles on the sensory characteristics of rosé wine. Australian Journal of Grape & Wine Research, 4(3): 373-378

Calabriso N, Scoditti E, Massaro M, et al. 2016. Multiple anti-inflammatory and anti-atherosclerotic properties of red wine polyphenolic extracts: differential role of hydroxycinnamic acids, flavonols and stilbenes on endothelial inflammatory gene

expression. Eur J Nutr, 55(2): 477-489

Caldeira I, Climaco M C, Bruno de Sousa R, et al. 2006. Volatile composition of oak and chestnut woods used in brandy ageing: modification induced by heat treatment. Journal of Food Engineering, 76: 202-211

Capozzi V, Fragasso M, Romaniello R, et al. 2017. Spontaneous food fermentations and potential risks for human health. Fermentation, 3(4): 49

Carbajal-Ida D, Maury C, Salas E, et al. 2016. Physico-chemical properties of *botrytised* Chenin blanc grapes to assess the extent of noble rot. European Food Research and Technology, 242(1): 117-126

Carpena M, Pereira A G, Prieto M A, et al. 2020. Wine aging technology: fundamental role of wood barrels. Foods, 9(9) : DOI: 10. 3390/foods9091160

Castillo-Sanchez J J, Mejuto J C, Garrido J, et al. 2006. Influence of wine-making protocol and fining agents on the evolution of the anthocyanin content, colour and general organoleptic quality of Vinhao wines. Food Chemistry, 97: 130-136

Chao H, Tsai P, Lee S, et al. 2017. Effects of myricetin-containing ethanol solution on high-fat diet induced obese rats. J Food Sci, 82(8): 1947-1952

Chen C H, Chang M H, Shih M K, et al. 2009. Effect of thermal treatment on physicochemical composition and sensory qualities, including 'foxy' methyl anthranilate of interspecific variety Golden Muscat (*Vitis vinifera*×*Vitis labrusca*) fortified wine made in Taiwan. Journal of the Science of Food and Agriculture, 89(15): 2551-2557

Cheraiti N, Guezenec S, Salmon J M. 2005. Redox interactions between *Saccharomyces cerevisiae* and *Saccharomyces uvarum* in mixed culture under enological conditions. Appl Environ Microbiol, 71 (1): 255-260

Ciani M, Fatichenti F. 2001. Killer toxin of *Kluyveromyces phaffii* DBVPG 6076 as a biopreservative agent to control apiculate wine yeasts. Appl Environ Microbiol, 67 (7): 3058-3063

Coloretti F, Zambonelli C, Tini V. 2006. Characterization of flocculent *Saccharomyces* interspecific hybrids for the production of sparkling wines. Food Microbiology, 23: 672-676

Combina M, Elia A, Mercado L, et al. 2005. Dynamics of indigenous yeast populations during spontaneous fermentation of wines from Mendoza, Argentina. Int J Food Microbiol, 99 (3): 237-243

Comuzzo P, Voce S, Fabris J. 2020. Effect of the combined application of heat treatment and proteases on protein stability and volatile composition of Greek white wines. OENO One, 54(1): 175-188

Comuzzo P, Zironi R. 2013. Biotechnological strategies for controlling wine oxidation. Food Engineering Reviews, 5(4): 217-229

Cravero M C. 2019. Organic and biodynamic wines quality and characteristics: a review. Food Chem, 295: 334-340

Culbert J A, McRae J M, Conde B C, et al. 2017. Influence of production method on the chemical composition, foaming properties, and quality of australian carbonated and sparkling white wines. Journal of Agricultural and Food Chemistry, 65(7): 1378-1386

Danilewicz J C. 2016. Fe(Ⅱ): Fe(Ⅲ) ratio and redox status of white wines. American Journal of Enology and Viticulture, 67(2): 146-152

Darici M, Cabaroglu T, Ferreira V, et al. 2014. Chemical and sensory characterisation of the aroma of Calkarasi rosé wine. Australian Journal of Grape and Wine Research, 20(3): 340-346

De Castilhos M B M, Tavares I M, Gómez-Alonso S, et al. 2016. Phenolic composition of BRS Violeta red wines produced from alternative winemaking techniques: relationship with antioxidant capacity and sensory descriptors. European Food Research and Technology, 242: 1913-1923

Delanoe D, Maillard C, Maisondieu D. 2001. Le Vin, De L′Analyse A L′ Elaboration. 5th ed. Paris: Tec&Doc

Delière L, Cartolaro P, Léger B, et al. 2015. Field evaluation of an expertise-based formal decision system for fungicide management of grapevine downy and powdery mildews. Pest Manag Sci, 71(9): 1247-1257

Delphine W, Yoan C, Axel M. 2022. Isolation of a new taste-active brandy tannin A: structural elucidation, quantitation and sensory assessment. Food Chemistry, 377: DOI: 10. 1016/J. FOODCHEM. 2021. 131963

Dimakopoulou M, Tjamos S E, Antoniou P P, et al. 2008. Phyllosphere grapevine yeast *Aureobasidium pullulans* reduces

Aspergillus carbonarius (sour rot) incidence in wine-producing vineyards in Greece. Biological Control, 46(2): 158-165

Divol B, Strehaiano P, Lonvaud-Funel A. 2005. Effectiveness of dimethyldicarbonate to stop alcoholic fermentation in wine. Food Microbiology, 22: 169-178

Dombre C, Rigou P, Chalier P. 2015. The use of active PET to package rose wine: changes of aromatic profile by chemical evolution and by transfers. Food Research International, 74: 63-71

Domizio P, Liu Y, Bisson L F, et al. 2017. Cell wall polysaccharides released during the alcoholic fermentation by *Schizosaccharomyces pombe* and *S. japonicus*: quantification and characterization. Food Microbiol, 61: 136-149

Dubourdieu D, Tominaga T, Masneuf I, et al. 2006. The role of yeasts in grape flavor development during fermentation: the example of sauvignon blanc. Am J Enol Vitic, 57(1): 81-88

Ferrara C, De Feo G. 2020. Comparative life cycle assessment of alternative systems for wine packaging in Italy. Journal of Cleaner Production, 259: 120888

Flanzy C. 1998. Oenologie: Fondements Scientifiques Et Technologiques. Paris: Tec&Doc

Fleet G H. 2003. Yeast interactions and wine flavour. International Journal of Food Microbiology, 86 (1-2): 11-22

Fleet G, Prakitchaiwattana C, Beh A, et al. 2002. The yeast ecology of wine grapes. Kerala: Research Signpost

Galati A, Schifani G, Crescimanno M, et al. 2019. "Natural wine" consumers and interest in label information: an analysis of willingness to pay in a new Italian wine market segment. Journal of Cleaner Production, 227: 405-413

Gao F, Zeng G, Wang B, et al. 2021. Discrimination of the geographic origins and varieties of wine grapes using high-throughput sequencing assisted by a random forest model. LWT-Food Science and Technology, 145: 111333

Giacosa S, Marengo F, Guidoni S, et al. 2015. Anthocyanin yield and skin softening during maceration, as affected by vineyard row orientation and grape ripeness of *Vitis vinifera* L. cv. 'Shiraz'. Food Chemistry, 174: 8-15

Gomez-Alonso S, Collins V J, Vauzour D, et al. 2012. Inhibition of colon adenocarcinoma cell proliferation by flavonols is linked to a G2/M cell cycle block and reduction in cyclin D1 expression. Food Chemistry, 120(3): 493-500

González P A, Parga-Dans E. 2020. Natural wine: do consumers know what it is, and how natural it really is? Journal of Cleaner Production, 251: 119635

González-Alvarez M, Noguerol-Pato R, Gonzalez-Barreiro C, et al. 2013. Sensory Quality control of young vs. aged sweet wines obtained by the techniques of both postharvest natural grape dehydration and fortification with spirits during vinification. Food Analytical Methods, 6(1): 289-300

González-Royo E, Pascual O, Kontoudakis N, et al. 2014. Oenological consequences of sequential inoculation with non-*Saccharomyces* yeasts (*Torulaspora delbrueckii* or *Metschnikowia pulcherrima*) and *Saccharomyces cerevisiae* in base wine for sparkling wine production. European Food Research and Technology, 240 (5): 999-1012

Goode J, Harrop M S. 2011. Authentic Wine: Toward Natural and Sustainable Winemaking. London: University of California Press

Grainger K, Tattersall H. 2016. Wine Production and Quality. 2nd ed. Hobeken: Wiley-Blackwell: 148-154

Grainger K. 2021. Wine Faults and Flaws: A Practical Guide, © 2021. Chichester: John Wiley & Sons

Griggs R G, Steenwerth K L, Mills D A, et al. 2021. Sources and assembly of microbial communities in vineyards as a functional component of winegrowing. Front Microbiol, 12: 673810.

Gueguen Y, Chemardin P, Pien S, et al. 1997. Enhancement of aromatic quality of Muscat wine by the use of immobilized β -glucosidase. Journal of Biotechnology, 55: 151-156

Guimaraes T M, Moriel D G, Machado I P. 2006. Isolation and characterization of *Saccharomyces cerevisiae* strains of winery interest. Rev Bras Cienc Farm, 42(1): 119-126

Guo A, Kontoudakis N, Scollary G R, et al. 2017. The production and isomeric distribution of xanthylium cation pigments and their precursors in wine-like conditions: impact of Cu(Ⅱ), Fe(Ⅱ), Fe(Ⅲ), Mn(Ⅱ), Zn(Ⅱ) and Al (Ⅲ). Journal of Agricultural & Food Chemistry, 65(11): 2414

Han X, Xue T, Liu X, et al. 2021. A sustainable viticulture method adapted to the cold climate zone in China. Horticulturae, 7: 150

Hansen E H, Nissen P, Sommer P, et al. 2001. The effect of oxygen on the survival of non-*Saccharomyces* yeasts during mixed culture fermentations of grape juice with *Saccharomyces cerevisiae*. Journal of Applied Microbiology, 91: 541-547

Hao X, Gao F, Wu H, et al. 2021. From soil to grape and wine: geographical variations in elemental profiles in different Chinese regions. Foods, 10: 3108

He F, Liang N N, Mu L, et al. 2012a. Anthocyanins and their variation in red wines Ⅰ. monomeric anthocyanins and their color expression. Molecules, 17: 1571-1601

He F, Liang N N, Mu L, et al. 2012b. Anthocyanins and their variation in red wines Ⅱ. anthocyanin derived pigments and their color evolution. Molecules, 17: 1483-1519

Ho L, Ferruzzi M G, Janle E M, et al. 2013. Identification of brain-targeted bioactive dietary quercetin-3-*O*-glucuronide as a novel intervention for Alzheimer's disease. FASEB J, 27(2): 769-781

Howell K S, Klein M, Swiegers J H, et al. 2005. Genetic determinants of volatile-thiol release by *Saccharomyces cerevisiae* during wine fermentation. Applied and Environmental Microbiology, 71(9): 5420-5426

Hung M W, Wu C W, Kokubu D, et al. 2019. ε-viniferin is more effective than resveratrol in promoting favorable adipocyte differentiation with enhanced adiponectin expression and decreased lipid accumulation. Food Sci Technol Res, 25(6): 817-826

Ibeas V, Correia A C, Jordão A M. 2015. Wine tartrate stabilization by different levels of cation exchange resin treatments: impact on chemical composition, phenolic profile and organoleptic properties of red wines. Food Research International, 69: 364-372

ISO 3863—1989. Cylindrical Cork Stoppers Dimensional Characteristics Sampling Packaging and Marking

ISO 4707—1981. Cork; Stoppers; Sampling for Inspection of Dimensional Characteristics

ITV. 2003. Le Cout des Fournitures en Viticulture et Oenologie. Paris

Ivey M, Massel M, Phister T G. 2013. Microbial interactions in food fermentations. Annu Rev Food Sci Technol, 4: 141-162

Joao A. 2005. Bouchons liege: le controle chromatographique du TCA comme premiere mesure de prevention. Revue Des Oenologues, 117: 19-21

Jolly N P, Varela C, Pretorius I S. 2014. Not your ordinary yeast: non-*Saccharomyces* yeasts in wine production uncovered. FEMS Yeast Res, 14 (2): 215-237

Jones J E, Kerslake F L, Close D C, et al. 2014. Viticulture for sparkling wine production: a review. American Journal of Enology and Viticulture, 65(4): 407-416

Jordan D J. 2002. An Offering of Wine: An Introductory Exploration of the Role of Wine in the Hebrew Bible and Ancient Judaism Through the Examination of the Semantics of Some Keywords. Sydney: University of Sydney Thesis PhD

Kuflik T, Prodorutti D, Frizzi A, et al. 2009. Optimization of copper treatments in organic viticulture by using a web-based decision support system. Computers and Electronics in Agriculture, 68(1): 36-43

Kurtzman C P, Robnett C J, Basehoar-Powers E. 2008. Phylogenetic relationships among species of *Pichia, Issatchenkia* and *Williopsis* determined from multigene sequence analysis, and the proposal of *Barnettozyma* gen. nov. , *Lindnera* gen. nov. and *Wickerhamomyces* gen. nov. FEMS Yeast Res, 8: 939-954

Lappa I K, Kachrimanidou V, Pateraki C, et al. 2020. Indigenous yeasts: emerging trends and challenges in winemaking. Current Opinion in Food Science, 32: 133-143

Li H, Tao Y S, Wang H, et al. 2008. Impact odorants of Chardonnay dry white wine from Changli County (China). European Food Research and Technology, 227: 287-292.

Li H, Wang H, Li H M, et al. 2018. The worlds of wine: old, new and ancient. Wine Economics and Policy, 7: 178-182

Li Y, Li Q, Zhang B, et al. 2021. Identification, quantitation and sensorial contribution of lactones in brandies between China and France. Food Chemistry, 357, DOI: 10. 1016/J. FOODCHEM. 2021. 129761

Ling M Q, Xie H, Hua Y B, et al. 2019. Flavor profile evolution of bottle aged rosé and white wines sealed with different closures. Molecules, 24(5): 836

Liu D, Zhang P, Chen D, et al. 2019. From the vineyard to the winery: how microbial ecology drives regional distinctiveness of wine. Front Microbiol, 10: 2679

Liu L, Peng S, Zhao H, et al. 2017. The main lactic acid bacteria involved in wine-making. Adv Biotech & Micro, 4(2): 555628

Liu L, Peng S, Zhao Y, et al. 2017. *Oenococcus oeni*: the main lactic acid bacteria involved in wine-making. Adv Biotech & Micro, 4(2): 555628

Liu Y, Rousseaux S, Tourdot-Maréchal R, et al. 2017. Wine microbiome: a dynamic world of microbial interactions. Crit Rev Food Sci Nutr, 57 (4): 856-873

Longo R, Blackman J W, Torley P J, et al. 2017. Changes in volatile composition and sensory attributes of wines during alcohol content reduction. Journal of the Science of Food and Agriculture, 97(1): 8-16

López-López J A, Albendín G, Arufe M I, et al. 2015. Simplification of iron speciation in wine samples: a spectrophotometric approach. Pubmed, 63(18): 4545-4550

Loureiro V, Malfeito-Ferreira M. 2003. Spoilage yeasts in the wine industry. International Journal of Food Microbiology, 86 (1-2): 23-50

Lukic I, Milicevic B, Tomas S, et al. 2012. Relationship between volatile aroma compounds and sensory quality of fresh grape marc distillates. Journal of the Institute of Brewing, 118(3): 285-294

Ma L J, Watrelot A A, Addison B, et al. 2018. Condensed tannin reacts with SO2 during wine aging, yielding flavan-3-ol sulfonates. Journal of Agricultural and Food Chemistry, 66(35): 9259-9268

Ma W, Guo A, Zhang Y, et al. 2014. A review on astringency and bitterness perception of tannins in wine. Trends in Food Science & Technology, 40: 6-19

Malfeito-Ferreira M. 2010. Yeasts and wine off-flavours: a technological perspective. Annals of Microbiology, 61 (1): 95-102

Mane S S, Ghormade V, Tupe S G, et al. 2017. Diversity of natural yeast flora of grapes and its significance in wine making. DOI: 10. 1007/978-981-10-2621-8_1

Martins A A, Araújo A R, Graça A, et al. 2018. Towards sustainable wine: comparison of two Portuguese wines. Journal of Cleaner Production, 183: 662-676

Mateo J J, Maicas S. 2016. Application of non-*Saccharomyces* yeasts to wine-making process. Fermentation, 2 (4): 14

Maykish A, Rex R, Sikalidis A K. 2021. Organic winemaking and its subsets; biodynamic, natural, and clean wine in California. Foods, 10(1): 127

McGovern P E, Zhang J H, Tang J G, et al. 2004. Fermented beverage of pre- and proto-historic China. PNAS, 101(51): 17593-17598

Medina K, Boido E, Fariña L, et al. 2016. Non-*Saccharomyces* and *Saccharomyces* strains co-fermentation increases acetaldehyde accumulation: effect on anthocyanin-derived pigments in Tannat red wines. Yeast, 33(7): 339-343

Mendes D, Oliveira M M, Moreira P I, et al. 2018. Beneficial effects of white wine polyphenols-enriched diet on Alzheimer's disease-like pathology. J Nutr Biochem, 55: 165-177

Mendoza L M, de Nadra M C M, Farias M E. 2007. Kinetics and metabolic behavior of a composite culture of *Kloeckera apiculata* and *Saccharomyces cerevisiae* wine related strains. Biotechnology Letters, 29 (7): 1057-1063

Morakul S, Mouret J R, Nicolle P, et al. 2012. A dynamic analysis of higher alcohol and ester release during winemaking fermentations. Food and Bioprocess Technology, 6(3): 818-827

Mouret J R, Aguera E, Perez M, et al. 2021. Study of oenological fermentation: which strategy and which tools? Fermentation, 7(3): 155

Munoz D, Peinado R A, Medina M, et al. 2007. Biological aging of sherry wines under periodic and controlled microaerations with *Saccharomyces cerevisiae* var. *capensis*: effect on odorant series. Food Chemistry, 100: 1188-1195

Munoz O, Sepulveda M, Schwartz M. 2004. Effects of enzymatic treatment on anthocyanic pigments from grapes skin from chilean wine. Food Chemistry, 87: 487-490

Murat M L, Masneuf I, Darriet P, et al. 2001. Effect of *Saccharomyces cerevisiae* yeast strains on the liberation of volatile thiols in sauvignon blanc wine. Am J Enol Vitic, 52(2): 136-139

Murat M L, Tominaga T, Saucier C, et al. 2003. Effect of anthocyanins on stability of a key odorous compound,

3-mercaptohexan-1-ol, in bordeaux rosé wines. Am J Enol Vitic, 54(2): 135-138

Murat M L. 2005. Acquisitions recentes sur l'arome des vins roses. Partie 1: Caracterisation de l'arome, etude du potentiel aromatique des raisins et des mouts. Ruvues des Oenologues, 117: 27-30

Narukawa M, Noga C, Ueno Y, et al. 2011. Evaluation of the bitterness of green tea catechins by a cell-based assay with the human bitter taste receptor Htas2r39. Biochemical and Biophysical Research Communications, 405(4): 620-625

Navarre C, Langlade F. 2001. L'oenologie. 5th ed. Paris: Tec&Doc

Nigen M, Valiente R A, Iturmendi N, et al. 2019. The colloidal stabilization of young red wine by Acacia senegal gum: the involvement of the protein backbone from the protein-rich arabinogalactan-proteins. Food Hydrocolloids, 97: DOI: 10. 1016/j. foodhyd. 2019. 105176

Oelofse A, Pretorius I S, du Toit M. 2008. Significance of brettanomyces and dekkera during winemaking: a synoptic review. S Afr J Enol Vitic, 29(2): 128-144

OIV. 2011. Guidelines for Sustainable Viticulture Adapted to Table Grapes and Raisins: Production, Storage, Drying, Processing and Packaging of Producets: Resolution OIV-VITI 422-2011. Paris

OIV. 2020. State of The World Vitivinicultural Sector in 2019. Paris

OIV. 2021a. Recmmandations De L'oiv Concernant la Valorisation et L'imortance De la Biodiverstte Microbienne Dans le Contexte de la Vitiviniculture Durable. Paris

OIV. 2021b. State of the World Vitivinicutural Sector in 2020

OIV. 2022a. Code International Des Pratiques Oenologiques. Paris

OIV. 2022b. International Code of Oenological Practices. Paris

OIV. 2022c. Codex Oenologique International. Paris

Oliveira C M, Ferreira A C S, De Freitas V, et al. 2011. Oxidation mechanisms occurring in wines. Food Research International, 44(5): 1115-1126

Oro L, Ciani M, Comitini F. 2014. Antimicrobial activity of *Metschnikowia pulcherrima* on wine yeasts. J Appl Microbiol, 116 (5): 1209-1217

Palomero F, Morata A, Benito S, et al. 2009. New genera of yeasts for over-lees aging of red wine. Food Chemistry, 112(2): 432-441

Palomo S E, Hidalgo M C D M, Gonzalez-Vinas M A, et al. 2005. Aroma enhancement in wines from different grape varieties using exogenous glycosidases. Food Chemistry, 92: 627-635

Pardo F, Salinas M R, Alonso G L, et al. 1999. Effect of diverse enzyme preparations on the extraction and evolution of phenolic compounds in red wines. Food Chemistry, 67: 135-142

Patrick W, Hans S, Angelika P. 2009. Determination of the bovine food allergen casein in white wines by quantitative indirect ELISA, SDS-PAGE, western blot and immunostaining. Journal of Agricultural and Food Chemistry, 57(18): 8399-8405

Ponce F, Mirabal-gallardo Y, Versari A. 2018. The use of cation exchange resins in wines: effects on pH, tartrate stability, and metal content. Ciencia e Investigación Agraria, 45(1): 82-92

Porter T J, Divol B, Setati M E. 2019. *Lachancea* yeast species: origin, biochemical characteristics and oenological significance. Food Research International, 119: 378-389

Pozo-Bayon M A, Moreno-Arribas M V. 2011. Sherry wines. Advances in Food and Nutrition Research, 63: 17-40

Prodanov M P, Aznar M, Cabellos J M, et al. 2019. Tangential-flow membrane clarification of Malvar (*Vitis vinifera* L.) wine: incidence on chemical composition and sensorial expression. OENO One, 53(4): 725-739

Rabosto X, Carrau M, Paz A, et al. 2006. Grapes and vineyard soils as sources of microorganisms for biological control of *Botrytis cinerea*. American Journal of Enology and Viticulture, 57: 332-338

Renouf V, Claisse O, Lonvaud-Funel A. 2007. Inventory and monitoring of wine microbial consortia. Appl Microbiol Biotechnol, 75 (1): 149-164

Revilla I, Gonzilez-SanJose M L. 1998. Methanol release during fermentation of red grapes treated with pectolytic enzymes. Food Chemistry, 63(3): 307-312

Ribéreau-Gayon P, Dubourdieu B, Donèche A. 2006. Handbook of Enology. Chichester: John &Wiley

Ribéreau-Gayon P, Dubourdieu B, Donèche A, et al. 1998a. Traite D'Oenologie: 1. Microbiologie Du Vin: Vinifications. Paris: Dunod

Ribéreau-Gayon P, Dubourdieu B, Donèche A, et al. 1998b. Traite D'Oenologie: 2. Chimie Du Vin: Stabilisation Et Traitements. Paris: Dunod

Ribéreau-Gayon P, Dubourdieu B, Donèche A, et al. 2006a. Handbook of Enology-Volume 1: The Microbiology of Wine and Vinifications. 2nd ed. Chichester: John Wiley & Sons

Ribéreau-Gayon P, Glories Y, Maujean A, et al. 2006b. Handbook of Enology-Volume 2: The Chemistry of Wine Stabilization and Treatments. 2nd ed. Chichester: John Wiley & Sons

Rosária M, Oliveira M, Correia A C, et al. 2022. Impact of cross-flow and membrane plate filtrations under winery-scale conditions on phenolic composition, chromatic characteristics and sensory profile of different red wines. Processes, 10(2): 284

Sablayrolles J M, Blateyron L. 2001. Stuck fermentations. Bulletin De L'OIV, 845-846: 463-473

Santos J, Sousa M J, Carcloso H, et al. 2008. Ethanol tolerance of sugar transport, and the rectification of stuck wine fermentations. Microbiology (Reading), 154 (Pt 2): 422-430

Santos M C, Nunes C, Saraiva J A, et al. 2012. Chemical and physical methodologies for the replacement/reduction of sulfur dioxide use during winemaking: review of their potentialities and limitations. European Food Research and Technology, 234(1): 1-12

Schuller D, Casal M. 2005. The use of genetically modified *Saccharomyces cerevisiae* strains in the wine industry. Appl Microbiol Biot, 68(3): 292-304

Sebastian P, Nadau J P. 2002. Experiments and modeling of falling jet flash evaporators for vintage treatment. Int J Therm Sci, 41: 269-280

Sebastian P, Nadeau J P. 2002. Experiments and modeling of falling jet flash evaporators for vintage treatment. International Journal of Thermal Sciences, 41: 269-280

Sioumis N, Kallithraka S, Tsoutsouras E, et al. 2005. Browning development in white wines: dependence on compositional parameters and impact on antioxidant characteristics. European Food Research and Technology, 220(3/4): 326-330.

Suriano S, Basile T, Tarricone L, et al. 2015. Effects of skin maceration time on the phenolic and sensory characteristics of Bombino Nero rose wines. Italian Journal of Agronomy, 10(1): 21-29

Swiegers J H, Bartowsky E J, Henschke P A, et al. 2005. Yeast and bacterial modulation of wine aroma and flavour. Australian Journal of Grape and Wine Research, 11: 139-173

Thibon C, Dubourdieu D, Darriet P, et al. 2009. Impact of noble rot on the aroma precursor of 3-sulfanylhexanol content in *Vitis vinifera* L. cv Sauvignon blanc and Semillon grape juice. Food Chemistry, 114(4): 1359-1364

Tian T T, Ruan S L, Zhao Y P, et al. 2022. Multi-objective evaluation of freshly distilled brandy: characterisation and distribution patterns of key odour-active compounds. Food Chemistry: X, 14: DOI. org/10. 1016/j. fochx

Tosi E, Fedrizzi B, Azzolini M, et al. 2012. Effects of noble rot on must composition and aroma profile of Amarone wine produced by the traditional grape withering protocol. Food Chemistry, 130(2): 370-375

Urcan D E, Giacosa S, Torchio F, et al. 2017. 'Fortified' wines volatile composition: effect of different postharvest dehydration conditions of wine grapes cv. Malvasia moscata (*Vitis vinifera* L.). Food Chemistry, 219: 346-356

Usseglio-Tomasset L, Bosia P D. 1992. The deacidifying of musts by the German method. Bulletin De L'OIV: 731-732

Vázquez L C, Pérez-Coello M S, Cabezudo M D. 2002. Effects of enzyme treatment and skin extraction on varietal volatiles in Spanish wines made from Chardonnay, Muscat, Airén, and Macabeo grapes. Analytica Chimica Acta, 458: 39-44

Vernhet A, Meistermann E, Cottereau P, et al. 2020. Wine thermosensitive proteins adsorb first and better on bentonite during fining: practical implications and proposition of alternative heat tests. Journal of Agricultural and Food Chemistry, 68(47): 13450-13458

Vine R P. 1981. Commercial Winemaking: Processing and Controls. Westport: AUI Publishing Co

Vuchot P, Arioli X. 2002. Expérimentation de la technique de flash-detente. Forum Aredvi, 30: 41-44

Wang J M, Capone D L, Wilkinson K L, et al. 2016. Chemical and sensory profiles of rosé wines from Australia. Food Chemistry, 196: 682-693

Wang S Q, Chen H T, Sun B G. 2020. Recent progress in food flavor analysis using gas chromatography-ion mobility spectrometry (GC-IMS). Food Chemistry, 315: 126158

Wang X, Xie X, Chen N, et al. 2018. Study on current status and climatic characteristics of wine regions in China. Vitis, 57: 9-16

Wang Y, Cao X, Han Y, et al. 2022. Kaolin particle film protects *Grapevine* cv. Cabernet Sauvignon against downy mildew by forming particle film at the leaf surface, directly acting on sporangia and inducing the defense of the plant. Front Plant Sci, 12: 796545

Wang Z, Cao X, Zhang L, et al. 2021. Ecosystem service function and assessment of the value of grape industry in soil-burial over-wintering areas. Horticulturae, 7: 202

Wei R, Ding Y, Gao F, et al. 2022. Community succession of the grape epidermis microbes of Cabernet Sauvignon (*Vitis vinifera* L.) from different regions in China during fruit development. Int J Food Microbiol, 362: 109475

Wei R, Wang L, Ding Y, et al. 2022. Natural and sustainable wine: a review, critical reviews. Food Science and Nutrition, DOI: 10. 1080/10408398. 2022. 2055528

Whitelaw-Weckert M A, Curtin S J, Huang R, et al. 2007. Phylogenetic relationships and pathogenicity of Colletotrichum acutatum isolates from grape in subtropical Australia. Plant Pathology, 56(3): 448-463

Xia N, Cheng H, Yao X, et al. 2022. Effect of cold stabilization duration on organic acids and aroma compounds during *Vitis vinifera* L. cv. riesling wine bottle storage. Foods, 11: 1179

Zhao X, Ding B W, Qin J W, et al. 2020. Intermolecular copigmentation between five common 3-*O*-monoglucosidic anthocyanins and three phenolics in red wine model solutions: the influence of substituent pattern of anthocyanin B ring. Food Chemistry, 326(2020): 126960

Zhao Y P, Wang L, Li J M, et al. 2011. Comparison of volatile compounds in two brandies using HS-SPME coupled with GC-O, GC-MS and sensory evaluation. S Afr J Enol Vitic, 32(1): 9-20

Zhou Y, Su P, Yin H, et al. 2019. Effects of different harvest times on the maturity of polyphenols in two red wine grape cultivars (*Vitis vinifera* L.) in Qingtongxia (China). S Afr J Enol Vitic, 40(1): 1-12